应当感谢那些数学知识如此优异的人（作者按：这里指的是在华耶稣会士），感谢他们为我们发现了这个世界上前所未知的部分。由此，我们不仅希望能把这方面的知识充实起来，使之臻于完善，而且希望能继续发现其余的一切。我谨借此机会奉上研究有关中国文献的一些心得，这只不过是我在仔细阅读了他们一些著作的基础上所作的推测。我所要讲的，说不上是什么完满的发现，但我希望能启示和激励那些更有才华并且具备其他有利条件的人去完成这一伟大的功业。目前我们还只是刚刚走到这个知识领域的边缘，然而一旦对它有了充分的认识，就将会在我们面前展现出一个迄今为止只被人们神话般地加以描述的知识王国，并将使我们能够去和这个王国中古往今来最优秀和最伟大的人物进行交谈；同时这将会使我们发现一个新的“印度宝藏”，并通过新的“贸易”而把这些珍宝带到我们这里来。……

——英国皇家学会会员罗伯特·胡克（Robert Hooke），“关于中国文字和语言的研究和推测”，《皇家学会哲学汇刊》（1686年），第16卷，第35页

李約瑟 著

中國科學技術史

冀朝鼎

李约瑟《中国科学技术史》翻译出版委员会

第一卷　导　论

翻译　袁翰青　王　冰　于　佳

校订　王　冰

审定　袁翰青　何绍庚

志谢　龚方震　吴晓铃　巫白慧　金宜久　梁钟连杼

李约瑟

中国科学技术史

第一卷 导论

李约瑟 著
王 铃 协助

科学出版社
上海古籍出版社

图字：01-2018-4246 号

Joseph Needham

SCIENCE AND CIVILISATION IN CHINA

Volume I

INTRODUCTORY ORIENTATIONS

The Syndics of the Cambridge University Press, 1954

审图号：GS（2022）1767号

图书在版编目(CIP)数据

李约瑟中国科学技术史．第一卷，导论/(英）李约瑟（Joseph Needham）著；袁翰青等译．—北京：科学出版社，2018.7

书名原文：Science and Civilisation in China Volume 1 Introductory Orientations

ISBN 978-7-03-058171-6

Ⅰ.①李… Ⅱ.①李…②袁… Ⅲ.①自然科学史-中国-古代 Ⅳ.①N092

中国版本图书馆 CIP 数据核字(2018)第 139160 号

责任编辑：孙燕明　王晓华　吴伯泽

责任印制：赵　博 / 封面设计：无极书装

编辑部电话：010-64035853

E-mail：houjunlin@mail.sciencep.com

科学出版社
上海古籍出版社 出版

北京东黄城根北街 16 号

邮政编码：100717

http://www.sciencep.com

三河市春园印刷有限公司印刷

科学出版社发行　各地新华书店经销

*

2018 年 7 月第 一 版　开本：787×1092　1/16

2025 年 3 月第七次印刷　印张：22 3/4　插页：1

字数：388 000

定价：265.00 元

（如有印装质量问题，我社负责调换）

李约瑟 (Joseph Needham) 真可说是集数家于一身。有些人也许还不知道，他在 37 岁开始对中国产生深厚兴趣之前，就已经是著名的科学家了。大约就在那个时候，他被让·布拉歇 (Jean Brachet) 誉为“化学胚胎学之父”。这是因为李约瑟自1922 年从事研究工作起，就一直想把生物化学方法应用于研究发育过程中的胚胎。他在所著三卷本《化学胚胎学》中，试图概括地论述胚胎发育期所发生的全部化学变化（1931）；在另一部著作《生物化学与形态发生学》中，又试图把胚胎的发育与他当时称为的“形态发生激素”或“组织者物质”联系起来，这部著作在他首次赴华的那一年出版（1942）。

李约瑟的父亲是医生，母亲是作曲家，两人不甚相投。李约瑟也象父母亲不够和谐的其他孩子一样，总是一个架桥者。他在父母亲之间所作的沟通工作，日后却以更广泛的方式继续下来。

李约瑟在中学和大学学习期间，就曾经想方设法把科学与宗教结合起来。在这方面，他曾极大地受益于德国神学家鲁道夫·奥托 (Rudolf Otto) 和其他一些人的思想。这些人把人类认识宇宙的经验，概括为五种形式——科学、宗教、历史、哲学和艺术创造，并认为不涉猎这一切，就不能被视为全面的人。

在从事科学研究的那些年间，李约瑟又一次忙于架桥工作。但这一次他想沟通的，却是以解剖学或形态学的影响为一方，而以生物化学的影响为另一方。如何把这两个方面结合起来，是一个大课题。基因和激素的分子显然起着极其重要的作用，问题是如何把这两者之间的关系搞清楚。

最后，从 1937 年起，他要解决的明显课题，就是如何沟通东方与西方、中国与欧洲。李约瑟在这方面所做的架桥工作，导致现已出版的17 册《中国科学技术史》；在其余的12 册或更多的卷册出齐之后，全书即可告成。

为了达到这个目的，李约瑟必须首先成为科学史专家。实际上，他早已有志于此。在撰写《化学胚胎学》时，他就写下了胚胎学通史作为绪论。这部分内容后来以《胚胎学史》的名义另版单行。他以自己的成果否定了一种成见，即认为只有通过剑桥大学历史学荣誉学位考试的人，才能撰写科学史。李约瑟以其《中国科学技术史》表明，先前的生物化学家大可在科学史领域内成绩斐然。上述那种门户之见，与几乎全体医学史家的实际情况，也确实大相径庭，因为几乎所有这些人在成为医学史家之前，所获得的都只是医学学位。另外，还有一个语言问题。李约瑟出生于1900 年，与本世纪同庚。但他在 37 岁以前，却并不认识任何汉字，可是要研究中国科学史，又绝对需要使用原始资料，因此，他面临的工作量大得惊人。然而，李约瑟并没有退缩，反而学习和掌握了足够的汉语知识，以至能在编写本书时直接利用原始资料。

并非人人都能看到自己的成果通过经常召开的一系列国际会议而传之久远。但这对李约瑟来说，已经实现了。他对中国纯粹科学与应用科学的历史所作的研究工作，促成了一系列关于中国科学史的国际学术会议的召开：第一届于数年前在比利时的鲁汶举行，主席是数学史家李倍始 (Ulrich Libbrecht)；上一届在美国加利福尼亚的圣迭戈举行，组织者是物理学史家程贞一(Joseph Chen)，那已经是第五届了；第六届将于1990 年在剑桥李约瑟研究所 (The Needham Research Institute) 及罗宾逊学院 (Robinson College) 举行，这也是为了庆祝李约瑟九十华诞。让我们按照中国古老的长寿概念共同祝愿李老：工作顺遂，寿比南山。

鲁 桂 珍

1989 年 6 月 26 日

（刘祖慰 译　卢嘉锡 校）

中 译 本 序

中国人民的老朋友，英国伦敦皇家学会会员李约瑟博士，1900年12月9日生于英国伦敦，1922年毕业于剑桥大学，1924年获该校哲学博士学位。他早年从事生物化学研究，成绩斐然，尤以1931年出版三卷本《化学胚胎学》而著称于世。李博士从1937年开始学习中文，1939年完成第一篇中国科学技术史论文。1942年来华，任英国驻华使馆科学参赞，主持中英科学合作馆工作。在华期间，他一方面积极为战时的我国科学家提供各种帮助，与我国科学界有了密切的接触；另一方面，出于对中国古老文明的敬慕和进行深入研究的愿望，广泛搜集图书资料，并以惊人的勇气和独到的见解，毅然转向中国科学技术史这一对他说来是全新的研究领域。第二次世界大战结束后，他转赴巴黎任联合国教科文组织(UNESCO)科学部主任，1948年返回剑桥大学，着手撰写 *Science and Civilisation in China*。1954年，该书第一卷问世。随后于1956年出版了第二卷，1959年出版了第三卷。

根据作者新近修订的编写计划，这部巨著拟出7卷共34册：第一卷，导论（1册）；第二卷，科学思想史（1册）；第三卷，数学、天学和地学（1册）；第四卷，物理学及相关技术（3册）；第五卷，化学及相关技术（14册）；第六卷，生物学及相关技术（10册）；第七卷，社会背景和总结（4册）。目前，第一卷至第四卷已全部出齐，第五、六两卷各分册正陆续出版，第七卷在编写中。

李氏所著 *Science and Civilisation in China*，若直译应为《中国的科学与文明》或《科学与文明在中国》。我们在六十年代曾将其译为《中国科学技术史》，这是冀朝鼎博士（1903—1963年）当初为原著题写的书名。在这次翻译出版新中译本过程中，我们专门就书名问题进行了讨论，又与李约瑟、鲁桂珍两位博士书翰往还并多次面商。我们认为，冀朝鼎博士的题名沿用已久，较其他译法切题，且符合作者的写作目的，因此决定仍采用《中国科学技术史》作为书名。

李博士是一位学识渊博、研究成绩卓著的科学家。他不仅在自然科学方面造诣很深，而且熟悉哲学、历史、文学和多种语言。他有很高的西方文化素养，又对东方文化有相当深刻的体验和理解。因而他能充分地认识到，世界上各个国家与民族之间在科学技术方面是通过交流而互相渗透、互相促进的，整个科学技术的进步又是汇合了各个国家与民族科学技术精华而加以发展和创新的结果。他令人信服地证明，在近代科学技术兴起之前，中国的科学技术不仅自成体系，而且对其他国家的影响也是巨大的。李博士这部著作内容丰富、取材广泛，尤其是对中国和西方科学技术作了大量的比较研究。正是通过详细而具体的分析与比较，这部巨著才能全面地论述了中国古代科学技术的辉煌成就及其对世界文明的重大贡献，向人们展示出一幅中国古代科技文明的宏伟画卷，从而为西方学术界打开一个过去知之甚少的知识领域，促进了东西方两大文化体系的相互了解，推动了中国科学技术史研究。李氏著作的另一特色在于他并非仅仅着眼于史料的发掘和整理，而是把科学史同思想发展史、社会经济发展史有机地联系起来，把他所研究的对象提到认识论的高度和社会根源的深度来阐发。这种研究方法，值得我们赞赏和借鉴。他所提出的许多重要观点和问题，也值得认真思考和研究，以之作为我们深入研究的起点。譬如，中国古代科学技术十分光辉灿烂，许多发明和发现往往早于同时代的欧洲，而为什么后来却未能得到持续发展；为什么近代科学革命没有在中国发生，等等。这些问题在本世纪初就已引起了哲学界、史学界和自然科学界的关注，直至最近国内外学术界还在不断就此展开热烈争论。这也是李博士所要着重研究的重大课题。显然，他多年苦心求索的成果，将为我们提供有益的启示。又如，中国古代炼丹家曾发现了许多化学现象，掌握了不少有意义的化学知识，并且制备出一些新的化合物。但由于炼丹术带有浓厚的宗教神秘色彩，用语隐晦难懂，因而研究难度很大。过去虽有些学者做过开榛辟莽的工作，但未获解决的问题比比皆是。李博士用四册书的篇幅阐述中国炼丹术发展史，从古代丹药一直讲到合成胰岛素，并与阿拉伯、拜占庭和欧洲的炼金术作了对比，内容相当精彩。他的工作展示了中国古代炼丹术在早期化学和早期生物化学方面的成就，同时也表明，这个课题疑蕴尚多，仍然是值得化学史家深入发掘的“富矿”。

我们阅读这部著作一定还能体会到，要组织和完成这样一项编著大百科全书式的宏伟工程，没有明确的目标和统览全局的意识不行，没有周密的计划不行，没有庞大的资料库和合理的检索系统不行，没有锲而不舍的毅力也不行。李博士的处处留心、不耻下问、探幽烛微、见微知著、举一反三、融会贯通等等科学态度和科学方法，也会给我们留下深刻的印象。在《中国科学技术史》中，这类事例几乎到处可见：一件古瓷瓶上的彩画提供了中西文化交流的线索；一张告诫行人慎防恶犬的墙帖是我国早期发展印刷术的见证；从大渡河上的铁索桥联想到当年钢铁冶炼工艺的水平；从涌潮、验潮、潮汐表以及有关理论加以推演，引人入胜地写出了我国的潮汐学史。这种生动活泼、妙趣横生的写作方式，也把可能会艰深枯燥的学术著作写得深入浅出，有声有色。他还在每册书后分三类开列出大量参考文献。如在第三卷中三个参考文献目录共计一百多页，单以地学而论，所引文献即达一千七百余种。这样做既尊重了他的先行者的成就，又为后人研究提供了方便。李博士撰著《中国科学技术史》所显示的卓越的组织才能、出色的写作能力和尊重他人劳动成果的高尚品德，都是值得我们的科学史工作者赞赏和学习的。

这部著作自开始出版以来，就受到了学术界的高度重视，在全世界范围内持续不断地产生着广泛而深远的影响。英国著名历史学家汤因比(Arnold Toynbee, 1889—1975年)曾对这部书作了如下的评价："李约瑟博士著作的实际影响，正如它的学术价值一样巨大，这是比外交承认更高层次的西方人的'承认'行动。"我国著名物理学家和科学史家叶企孙(1898—1977年)说过："全球的学术界将通过这部书而对于中国古代的科学技术得到全面的清楚了解。"从1982年起，国际中国科学史讨论会已先后在鲁汶(比利时)、香港、北京(中国)、悉尼(澳大利亚)和圣迭戈(美国)召开过五届，第六届会议已决定于1990年李约瑟博士九十华诞前夕在英国剑桥举行。以一个国家的科学史为主题，定期召开国际性的会议，到现在还只有中国科学史一家。所以能形成这样的局面，与李氏这部著作的影响是分不开的。

中国是世界上文化发达最早的国家之一，有着悠久的历史和灿烂的文明。大力发掘和整理中国古代科学文化遗产，深入探讨中国科学技术的发展过程及其规律性，认真总结历史上的经验教训，是一项具有重要学术价值和现实意义的工作。鉴于李氏这部巨著的重要性，周恩来总理早在1964年就指示要把它译成中文出版。中国科学院自然科学史研究所随即组织力量着手翻译。遗憾的是，由于种种原因，这项翻译计划未能顺利实现。一直到1975年才由科学出版社分7册出版了原著第一卷和第三卷的中译本。在此前后，台湾同业在陈立夫老先生主持下也组织进行了翻译和出版工作，陆续出版了第一卷至第四卷以及第五卷二、三两册的中译本，共14册。这项工作理应继续下去，不能半途而废。"他山之石，可以攻玉"，中华民族不仅要继承和发扬自己的优良传统，而且必须善于学习和吸收外国文化的精华。我们相信，对这部著作进行全译，出版新中译本，必将有助于加深对国情的认识，增强民族自信心，有力地促进我们的精神文明和物质文明建设。1986年12月，中国科学院会同中国社会科学院、国家教育委员会、国家科学技术委员会、水利电力部、农牧渔业部、卫生部、城市建设环境保护部等单位，组织成立了"李约瑟《中国科学技术史》翻译出版委员会"来主持这项翻译工作，并委托科学出版社和上海古籍出版社出版。我们现正处在改革、开放的新时代，既需要竞争，又需要合作，还需要协调，以调动各方面的积极性，理顺各种关系和发挥各自优势。这两年来，我们正是本着这三"co" (competition, cooperation, co-ordination) 精神开展了紧张的工作：诸如组织翻译队伍；确定翻译原则，制订

“译、校、审条例”；将已出版过的第一、三两卷中译本进行重校，纠正过去翻译上的错讹，补译过去节译和漏译的段落；校审第二卷和第四卷各分册译稿；开译第五卷和第六卷等。在进行这些工作的同时，我们又随时与李约瑟博士和他的长期合作者鲁桂珍博士取得联系，得到了他们的帮助和合作。我们希望在5到7年内把原著已经出版的14册全部翻译出版；此后，剑桥大学出版社每出一册，我们将尽速翻译出版一册。

李氏巨著的翻译出版，是学术界和出版界的一大盛事，也是一项具有长远意义的基础性文化建设。象这样的名著，由于文体、史料、名词术语及对原文理解等原因，海峡两岸有两种中译本，无妨可以并存。这部巨著卷帙浩繁，又有大量文献资料引自中文和许多种文字的外文书刊等，译校审工作量和难度都很大；加上历史和哲学观点，见仁见智，未必完全相同，要在译文上做到忠实于原著，忠实于原始史料，确实是很不容易的。如第二卷中所引先秦诸子，历来校注诸家聚讼纷纭，我们的校译者采用了中华书局或上海古籍出版社的整理本，作为校勘和标点的依据。我们也曾参考过台湾学者的有关论著，但有时又发现所需要的部分或有疑义或付之阙如(如《墨子今译》未收“大、小取”等)。因此，假如读者有机会将这两种版本合而读之，或可取长补短，获得对作者原意更准确的理解。作为原籍台湾的科学家，我个人还十分恳切地希望海峡对岸的同行们，能在不远的将来把两岸的这项翻译出版工作看成共同事业，与我们进行多种形式的合作。这样就一定能进一步提高译文质量，缩短出版周期，使这部名著得以尽快和尽可能完美地与国人见面。这将是一件值得共同庆幸、共同享受的大喜事、大快事，企予望之。

在结束本序文前，我愿借此机会提起前年(1987年)两度访英期间专程到剑桥的东亚科学史图书馆拜访李约瑟博士的愉快情景。这个图书馆已由东亚科学史董事会 (East Asian History of Science Trust) 命名为李氏研究所 (Needham Research Institute)。他的工作室是一间典雅而简朴的学者书房。房间里，聚书环壁，积稿盈案。点缀有致的中国字画，尤使来访的中国学者倍感亲切。先师化学家张资珙教授赠给李博士的像片，更引起我的思念和回忆。我在厦门大学理科一年级从张老师学习普通化学时，他动员我改成化学主系，从此，化学就成为我毕生研习的方向。或许正因为我是学化学的缘故，李老兴致勃勃地向我介绍了他的关于火药为什么也是“药”的新观点。李博士虽已年登耄耋，但仍然思路清晰，精神矍铄。在这里，他每天还工作十几个小时，抓紧时间撰写《中国科学技术史》尚未完成的部分。这充分显示出他孜孜不倦、老而弥坚的研究毅力和精神。锐志求真，夙夜辛劳，荟萃成书，业广功高。他辛勤播下的学术和友谊的种子已经结出丰硕的果实，他的卓越成就已经赢得世界学界的公允肯定和人们的由衷敬佩。我和我国的同行们衷心祝愿他健康长寿，早日把这部巨著出齐，为世界科学技术史做出不朽的贡献。

最后，谨在此向协助将这部巨著译成中文出版的所有人士表示感谢，向原著的合作者们表示敬意，并试拟俚句七绝，奉赠李老约瑟博士，聊表微忱：

颂我古今不薄今，烛微知著为求真。

辉煌七卷科学史，天下谁人不识君！

卢嘉锡

1989年春节于中国科学院

作　者　序

——为卢嘉锡主持翻译出版的《中国科学技术史》全译本而作

《中国科学技术史》中文全译本将由我的老朋友卢嘉锡主持问世，这对我是莫大的喜讯。早些时候，北京和台北都曾有译本，但不很完全；由于种种原因，也并非尽如人意。我在研究中国与西方关系方面所发现的全部宝藏，将能以中国人自己的文字与中国读者见面，真可谓猗欤盛事。

如果要让我明确指出，中西关系研究的最主要特点是什么，我就会说是比较法。当然，还有许多别的要求。例如，必须能阅读中文和多种西方文字；必须具有能看出并非每一部著作都符合人们所声称的写作年代的良好的语文学基础。然而，绝对不可缺少的要求是，要能充分理解中国和西方许多发现和发明的年代差异。

例如，许多中国学者并非不知道苏颂在1094年撰著的《新仪象法要》[自动浑仪和浑象(天文钟)的新设计]。他们很熟悉这部著作，但却无人由于书中描述了擒纵机构这种巧妙的装置而产生强烈的印象，因为他们根本没有想到，迟至公元1300年左右，欧洲还没有类似的设计。擒纵机构是一种减低轮速的装置，以便实现它与人类的原始时计(星空的周日视运动)同步。办法是把时间分割为很短而均等的间隔。至于动力来源，究竟是使水或水银从一个液面恒定的容器(平水壶)流入轮边的许多水斗(受水壶)中去，还是象后来欧洲那样，来自下降的重锤，则完全与本题无关。中国的水轮联动擒纵机构，领先于欧洲的立轴横杆式擒纵机构至少二百年。我至今仍然觉得，这就是所谓"激发性传播 (Stimulus Diffusion) "的例证。我猜想，当时欧洲人曾互相传告："在遥远的东方，人们已经找到办法把时间分割为很短而均等的间隔，以减低轮子的转速。我们为什么不照办呢?"于是，他们利用希腊早就使用的重锤，着手发明了立轴横杆式擒纵机构。

我们的研究表明，这一年代差距，可能远远超过二百年。现有足够资料证明的第一个水轮联动擒纵机构，是一行和梁令瓒在公元720年前后制成的。因此，差距就不是两个世纪，而是将近六个世纪。由于东汉张衡有可能采用过类似的方法，因而，中国的水轮联动擒纵机构，就有可能领先于欧洲的立轴横杆式擒纵机构近十二个世纪。这一切意味着，如果早在公元9世纪有中国人来到欧洲，他就会发现这是一个相当落后的地方。无论情况如何，有一点很清楚：比较的观点的确至关紧要。人们有了它才能认清，直到1300年以前，也就是在但丁时代以前，欧洲还没有任何种类的擒纵机构。

关于旋转运动与直线往复运动相互转换的标准方法，情况也是这样。这种装置包括在今天的蒸汽机车甚至内燃机上都可见到的转轮、偏心曲柄、连杆和活塞杆。从1313年王祯的《农书》开始，在一切有关的中国著作中，都有结构与此类似的各种机械的插图与说明。由它们驱动的不仅有冶金鼓风器，还有筛粉机(面罗、水打罗等)以及其他需要直线往复运动的机械。差别只在动力来源不同：中国是用水轮驱动，欧洲的原始发动机则以蒸汽力作用于活塞。至于结构方面，其形态大致相同。中国机械把圆周运动转换成直线运动，因为一开始使用的就是水轮；反过来，欧洲机械则把直线运动转换成圆周运动；两者在其余各方面基本上完全一样。约在1445年，安东尼奥·皮萨内洛(Antonio Pisanello)绘制的一幅图，是欧洲有关这种机械整体结构的最早的绘画。图中有一对活塞泵，由摇杆操纵，摇杆则靠连杆上下运动，而连杆是由安装在上射水轮两侧相距180°的两个曲柄带动。因此，"推动活塞"装置(ad-pistonian arrangement)在欧洲出现，肯定比"活塞推动"装置(ex-pistonian arrangement)要早得多。事实上，在1780年"活塞推动"装置才由詹姆斯·皮卡德(James Pickard)获得专利。

从王祯书中的插图到安东尼奥·皮萨内洛的绘画，相距一百年或者更长一些。但是，中国机械中的许多构件，都可以追溯到比1313年早得多的年代。

曲柄最早以手柄形式出现在汉代(公元前2世纪至公元2世纪)明器农家庭院中的整体式风扇扬谷机上。到南朝(420—589年)时，又加上了连杆，使几个人能共同推动一盘人力磨[1)]。由1313年上溯，我们找到公元10世纪的一幅画，题为"闸口盘车图"。这是南唐卫贤的作品，约作于公元965年。这肯定是所谓《农书》型机械中有关"水排"的现存最古老的绘画。

然而现在看来，这种把旋转运动转换成直线运动的机械，公元547年即已存在了。这是《洛阳伽蓝记》的成书年代。该书记载了洛阳寺院中的奇观。关键是一个"簸"字。它指的是由水力驱动的筛粉机。看来，除非把旋转运动转换成直线运动，否则它是无法工作的。因此，现有资料表明，公元6世纪中叶是已经存在这种机械的最早年代。

再提一下，很多中国学者无疑都了解《农书》中的描述，但却无人意识到这一事实——皮萨内洛的画晚出了一百年。现在我们知道，就这类机械而言，中国人更可能领先了九百年。我举以上两个例子说明，在机械方面，运用比较法是多么

1) 应该注意，这是"活塞推动"装置，与后来欧洲的发动机相仿，因为它把直线运动(推和拉)转换成旋转运动。

重要。它们还只是机械工程上的例子。其他学科如天文学和医学，也能充分证明这一点。

关于中国和中国文化在古代和中世纪科学、技术和医学史上的作用，在过去30年间，经历过一场名副其实的新知识和新理解的爆炸。对中国人来说，这确实应该是一个理所当然值得自豪的巨大的泉源，因为中国人在研究大自然并用以造福人类方面，很早就跻身于全世界先进民族之林了。

最后，我不能不在结束这篇序文之前赞颂一下我的中国合作者。我经常说，这项工作所要求的知识范围极广，单由中国人和西方人来承担，几乎不可能有所作为，只能依靠我们的共同努力。因此，请允许我向鲁桂珍博士、王铃(王静宁)博士、何丙郁博士和黄兴宗博士——这里，我仅仅举出四位——致以深切的谢意，感谢我的合作者们多年来给予的创造性帮助和提供的许多真知灼见。

李约瑟

1988年5月10日

(刘祖慰 译 袁翰青 卢嘉锡 校)

凡　　例

1. 本书悉按原著逐译，一般不加译注。第一卷卷首有本书翻译出版委员会主任卢嘉锡博士所作中译本序言、李约瑟博士为新中译本所作序言和鲁桂珍博士的一篇短文。

2. 本书各页边白处的数字系原著页码，页码以下为该页译文。正文中在援引(或参见)本书其他地方的内容时，使用的都是原著页码。由于中文版的篇幅与原文不一致，中文版中图表的安排不可能与原书一一对应，因此，在少数地方出现图表的边码与正文的边码颠倒的现象，请读者查阅时注意。

3. 为准确反映作者本意，原著中的中国古籍引文，除简短词语外，一律按作者引用原貌译成语体文，另附古籍原文，以备参阅。所附古籍原文，一般选自通行本，如中华书局出版的校点本二十四史、影印本《十三经注疏》等。原著标明的古籍卷次与通行本不同之处，如出于算法不同，本书一般不加改动；如系讹误，则直接予以更正。作者所使用的中文古籍版本情况，依原著附于本书第四卷第三分册。

4. 外国人名，一般依原著取舍按通行译法译出，并在第一次出现时括注原文或拉丁字母对音。日本、朝鲜和越南等国人名，复原为汉字原文；个别取译音者，则在文中注明。有汉名的西方人，一般取其汉名。

5. 外国的地名、民族名称、机构名称，外文书刊名称，名词术语等专名，一般按标准译法或通行译法译出，必要时括注原文。根据内容或行文需要，有些专名采用惯称和音译两种译法，如“Tokharestan”译作“吐火罗”或“托克哈里斯坦”，“Bactria”译作“大夏”或“巴克特里亚”。

6. 原著各卷册所附参考文献分A(一般为公元1800年以前的中文书籍)，B(一般为公元1800年以后的中文和日文书籍和论文)，C(西文书籍和论文)三部分。对于参考文献A和B，本书分别按书名和作者姓名的汉语拼音字母顺序重排，其中收录的文献均附有原著列出的英文译名，以供参考。参考文献C则按原著排印。文献作者姓名后面圆括号内的数字，是该作者论著的序号，在参考文献B中为斜体阿拉伯数码，在参考文献C中为正体阿拉伯数码。

7. 本书索引系据原著索引译出，按汉语拼音字母顺序重排。条目所列数字为原著页码。如该条目见于脚注，则以页码加 * 号表示。

8. 在本书个别部分中（如某些中国人姓名、中文文献的英文译名和缩略语表等），有些汉字的拉丁拼音，属于原著采用的汉语拼音系统。关于其具体拼写方法，请参阅本书第一卷第二章和附于第五卷第一分册的拉丁拼音对照表。

9. p. 或 pp. 之后的数字，表示原著或外文文献页码；如再加有 ff.，则表示指原著或外文文献中可供参考部分的起始页码。

谨 以 本 卷 敬 献

南 京 药 商

鲁 仕 国

目　　录

插图目录

列 表 目 录

第一章 序 言 3

现在，人们已经越来越广泛地认识到，科学史是人类文明史中一个头等重要的组成部分。在这一认识的发展过程中，西欧人很自然地从近代的科学和技术回溯过去，认为科学思想的发展起源于古代地中海地区各民族的经验和成就。我们可以从现存的大量文献中看到希腊和罗马的思想家、数学家、工程师以及自然界的观察者们所奠定的这种基础。早期的一些著作，例如威廉·休厄尔（William Whewell）1837年所著《归纳科学发展史》，都不自觉地流露出，作者们甚至不知道在人类认识自己环境的历程中其他民族所作出的贡献。后来，人们才比较清楚地认识到，现在的比较成熟的科学思想，曾经受惠于古代埃及人的开拓工作，受惠于新月沃地的古代居民，如苏美尔人、巴比伦人、赫梯人等等的辛勤劳动，并且对这些史实进行研究。由于环境的关系，欧洲人从麦加斯梯尼（Megasthenes）时代到麦考利（Macaulay）时代都一直和印度的文化有着密切的接触。部分是由于这个原因，人们才能对印度人的成就作出比较公正的评价（这种评价还是很不够的），不过，这方面存在着许多年代学方面的困难问题，使人们仍然看不到一幅清晰的图景。至于远东的文明、特别是其中最古老而又最重要的中国文明对科学、科学思想和技术的贡献，直到今天还仍然为云翳所遮蔽，而没有被人们所认识。“远东”这个名词本身，就说明了欧洲人有一种根深蒂固的偏见，甚至连那些怀有良好意愿的欧洲人，也很难排除这种偏见。我自己在前面也自然而然地使用了“远东”这个名词，但是以后在这部书中，我将不再使用它。本书的主题就是要论述亚洲、特别是中国在科学上的贡献。

在不同的历史时期，即在古代和中古代，中国人对于科学、科学思想和技术的发展，究竟作出了什么贡献？虽然从耶稣会士17世纪初来到北京以后，中国的科学就已经逐步融合在近代科学的整体之中，但是，人们仍然可以问：中国人在这以后的各个时期有些什么贡献？广义地说，中国的科学为什么持续停留在经验阶段，并且只有原始型的或中古型的理论？如果事情确实是这样，那末在科学技术发明的许多重要方面，中国人又怎样成功地走在那些创造出著名“希腊奇迹”的传奇式人物的前面，和拥有古代西方世界全部文化财富的阿拉伯人并驾齐驱，并在3到13世纪之间保持一个西方所望尘莫及的科学知识水平？中国在理论和几何学方法体系方面所存在的弱点，为什么并没有妨碍各种科学发现和技术发明的涌现？中国的这些发明和发现往往远远超过同时代的欧洲，特别是在15世纪之前更
4 是如此（关于这一点可以毫不费力地加以证明）。欧洲在16世纪以后就诞生了近代科学，这种科学已被证明是形成近代世界秩序的基本因素之一，而中国文明却未能在亚洲产生与此相似的近代科学，其阻碍因素是什么？另一方面，又是什么因素使得科学在中国早期社会中比在希腊或欧洲中古社会中更容易得到应用？最后，为什么中国在科学理论方面虽然比较落后，但却能产生出有机的自然观？这种自然观虽然在不同的学派那里有不同形式的解释，但它和近代科学经过机械唯物论统治三个世纪之后被迫采纳的自然观非常相似。这些问题是本书想要讨论的问题的一部分。

在一些普通文献中，我们可以看到两种相互矛盾的倾向。17世纪的耶稣会士所传播的中国古代传说时代的纪年表至今仍然在起作用，它使人们把过多的东西看作是东亚发明的。然而同时却又存在着另外一种截然相反的倾向，认为任何一种重要的发明或发现都绝对不可能在欧洲以外的任何地方产生。在我写这一章的几天前，一个正在拍一部陶器制造史的科教片的电影制片人写信来征求我的意见，他认为陶工用的陶轮是中国人发明的。可是这种工具早在中国的黑陶创制者以及后来的商代人使用它们之前一千五百年，苏美尔人就已经知道了。与此相似，在过去几年当中，有一些谈到后来的物理学、工程学和制陶业的某些方面的历史的论文，也由于与传说的资料不一致，而被人们不公平地忽视了。反之，在1950年出版的一部关于技术史的有趣的著作中，作者则没有把一些明明是属于中国人的成就归功于中国人。例如，关于中国人最先认识到磁极性、发明火药以及最早制造铸铁等等，在这部著作中都只字不提。至于中国科学家本身，也往往忽视了他们自己祖先的贡献。例如，1952年在北京出版的一部介绍地植物探矿的佳作，就没有提到这种技术早在梁代（6世纪）就已开始应用。因此，本书的宗旨应当是使所有这一切都摆脱那些本身并不一致的传闻和所谓“公认看法”的束缚。

当然，欧洲学者也早就模模糊糊地觉察到，远在欧亚大陆另一端的这一浩瀚繁荣的文明，至少也和他们自己的文明一样地错综复杂和丰富多采。在18世纪时，欧洲人对于中国文明虽然往往了解得很不全面，但却常常把它当作典范。中国所使用的是一种与拼音文字截然不同的象形文字。这种文字作为最古老的现行语言的记载工具而被历代沿用不绝。使用这种文字的人数之多以及历史之久，曾得到人们的高度赞赏。但是，正是这种难懂的汉字成了人们了解中国时的一道几乎无法逾越的鸿沟。大多数汉学家必然具有文学方面的爱好和修养，然而在世界的进步迫使中国科学家和技术专家学会外国语言的时候，欧洲或者其他西方国家的自

然科学家却恰恰相反，他们当中懂得一点中国语言的人实在是寥寥无几。

这是历史的一种奇怪的变革，它使欧洲的自然科学家把学习东方语言看作是 5
一件极为反常的、有点奇怪的事情，有时甚至看作是该受到指责的事情。但是，从前并不都是这样的。例如，中古时期许多翻译阿拉伯书籍的伟大翻译家都是生长在大不列颠诸岛的英国人。正如希提[1] (Hitti) 所说，曾经在西西里岛和叙利亚旅居的巴斯城的阿德拉德[2] (Adelard of Bath) 于1126年把马杰里提 (al-Majrītī) 的天文表译成拉丁文，此外，他还翻译了其他许多种天文学和数学著作，从而成为许多通晓阿拉伯文的英国人中的第一人。在他的后继者当中，有同一世纪的切斯特的罗伯特[3] (Robert of Chester)，以及13世纪的艾尔弗雷德·萨雷希尔[4] (Alfred Sareshel) 和迈克尔·斯科特[5] (Michael Scot)，他们大多数时间都在西班牙工作。当然，这里有一点是不同的，在他们那个时代，东方研究（这是现在的名称）是探索当时最先进的科学的唯一途径，而这样的情况早就已经不复存在了。今天，我们所以要设法穿过这幅由语言构成的帷幕，正是为了研究整个文明史。幸而现在还有个别几位学者，如霍姆亚德 (E. J. Holmyard) 和温特 (H. J. J. Winter)，依然保持着巴斯城的阿德拉德的传统。至于谈到中国的情况，只有为数甚少的几位懂得中国语言的人具备足够的科学造诣，能对中国人的贡献作出评价。在18世纪，宋君荣 (Antoine Gaubil) 神父曾终身居住在中国 (1722—1759年)，研究中国的天文学和天文学史。到19世纪，研究中国科学的还有传教士兼数学家伟烈亚力[6] (Alexander Wylie)，航海家莱奥波德·德·索绪尔[7] (Leopold de Saussure)；更近些，还有马伯乐 (Henri Maspero)，他虽然原来是人文学家，后来却为了研究汉学而深入钻研天文学。现代，还有工程师查特利 (H. Chatley)，天文学家哈特纳 (W. Hartner) 及其他人。研究中国植物学的有贝勒 (Bretschneider)，研究中国医学的有胡勃特 (Hübotter)，可是他们的工作仅仅是一个开端。中国科学的广阔领域甚至连中国学者本身也从来未能概括无遗。

---

1) 见 Hitti (1), p.588。

2) 见 Sarton (1), vol. 2, pp.114, 167。

3) 见 Sarton (1), vol. 3, p.175。

4) 见 Sarton (1), vol. 3, pp.491, 561。

5) 见 Sarton (1), vol. 3, pp.491, 579。

6) 他的传记作者高第 [Cordier (7)] 告诉我们，他原来是学做细木工的——这是成为汉学家的绝佳的开端。他在旧书店找到一本马若瑟 (Prémare) 所著的《中国语文札记》(*Notitiae Linguae Sinicae*)，从中得到了鼓励。这和对中国植物学研究很深的迈克尔·哈格蒂 (Michael Hagerty) 一样；哈格蒂开始时是一个装订工人。

7) 据德·索绪尔 (R. de Saussure) 为他写的传记。

从本书所探讨的这个主题的研究现状来看，即使有二十个专家把他们毕生的精力全部投入，也只能得到某些初步的成绩而已，因此很明显，象目前这样一本书，当然只能是一个初步的探讨。我们所以要写这样一本书，主要是因为确实存在数量众多却又十分零散的文献，但从来还没有人曾经以上面所提出的问题作为框架把这些文献融汇进一本书之中。除了西文的以及中文、日文的这类文献以外，还有真正浩如烟海的中国原著本身。象本书这样的著作，至少在半个世纪以前就应该出现了，其所以迟迟未能写出，无疑地部分是由于能承担起这项任务的学者
6 必须具备某些比较难得的综合条件。这就是：（1）他必须有一定的科学素养，而且还必须多年从事过实用的和生产性的科学研究；（2）他必须很熟悉欧洲的科学史，并且已在其中某一方面进行过一些独创性的工作；（3）他必须对欧洲各个历史时期科学技术发展的社会背景和经济背景有兴趣并有所了解；（4）他还必须亲身体验过中国人的生活，并有机会在中国各地旅行，最好既不是以传教士或者正式外交使节的身份，也不是以商人的身份[1]；（5）他必须懂得中文，如果不能很快速地阅读中文书籍，至少也须足以查阅原著和必不可少的参考文献；（6）他必须能够有幸地得到很多中国科学家和学者们的指导。所有这些难得的综合条件，恰好我都具备了。这是我用来答复各种批评的基本理由。由于本书涉及的领域广泛，对各个领域的权威们的批评，我当然应该接受。然而，也正是出于这个理由，我准备付出巨大代价来完成计划中的全面研究。我以为，在另一人身上具备这些同样的综合条件之前，这样做更恰当。

对于任何一个只能完全依靠译本的人来说，要完成本书这样的工作，是绝对不可能的。这不仅因为大量必要的材料还从来没有被译成任何西方文字，而且也因为最可信的汉学家中也有许多人在使用科学技术名词方面非常随便，即使他们懂得这些名词，也常是这样。可以举出一些具体例子来着重说明这一点。

在《墨子》的唯一完整的译本中[《墨子》是墨翟的作品，是战国时代（公元前4世纪）一部关于社会伦理学、哲学和逻辑学的重要著作]，有一段讲到纺织技术[2]。西文译本的译文是："妇女们从事各种色彩的刺绣，男人们则纺织带有镶嵌花样的织物。"[3] 我们在后面将看到[4]，发明提花织机的年代在技术史上是非常重要的一件事。假如根据这段译文的字面意义，就很容易错误地把这种机器的发明年代放

1）"一切故事，假若不知道它发生的地点，它的趣味便会大大减少，因而也就无法增加读者的知识和了解"[沃尔特·瑞利爵士 (Sir Walter Raleigh) 语]。

2）《墨子》第六篇，译文见 Forke (3), p.183。

3）"Frauenarbeit ist die Buntstickerei; Männerarbeit das Weben eingefügter Figuren in den Stoffen..."

4）见本卷 pp. 185, 229。

在公元前4世纪，而不是正确地放在公元前1世纪。可是再看一下原文*，便知道它根本没有提到织带有花纹的图案；原来，男人们的工作称为“刻镂”，按字义是“割和刻”，这无疑是指“刻丝”，也就是将各种彩色丝线编入已经织就的织物而制成一种锦[1]。实际上，这里根本没有涉及提花织机[2]。

又如《论衡》一书，这是王充在公元83年左右写的非常重要的科学著作，其中 7
提到酒[3]。译文是这样的：“酒从煮过的谷物中蒸馏出来。”可是原书用的动词是酿**。酿是发酵，而不是蒸馏。译文中还有许多地方也有同样的情况[4]。假若信赖这位确实很有成就的著名汉学家的译文，便会使人错误地相信，中国人早在公元1世纪就懂得用蒸馏法从酒中提取含酒精成分很高的烈酒。这一错误是德贞[Dudgeon (2)]在五十多年以前指出的，德贞虽是一位平平凡凡的汉学家，可是作为医生，他懂得发酵和蒸馏的区别。菲弗尔（Feifel）于1944年翻译4世纪葛洪的炼丹术著作《抱朴子》[5]时，也有过同样的错误。当译者们遇到的不是实际事物，而是比较广泛的概念时，往往毫不犹豫地将典型的西方概念注入中国人的著作中。在关于原子[6]、自然法则[7]和类似概念[8]的论述中，可以发现许多这类例子。相反地，也有人倾向于不把象“道”这类中国所特有的术语翻译过来，只是在第一次出现时尽力给予定义或加以解释，以后便保持其音译的形式，这种做法是很有道理的。

写科学史有许多方法。有初级的，这种方法在要求超过一定程度时便不能令人满意；有逸话式的，这种方法只有在出自象布朗（E. G. Browne）这样的名家之手的《阿拉伯的医学》之类的名著中才差强人意。至于象奥尔多·米里（Aldo

---

* 《墨子·辞过》中的原文是：“女工作文采，男工作刻镂，以为身服。”——译者

** 《论衡·幸偶篇》中的原文是：“蒸谷为饭，酿饭为酒。”——译者

1）参阅本书第三十一章。

2）关于希腊考古学中极类似的情况见 Wace (1)。

3）《论衡》第五篇，译文见 Forke (4), vol.1, p.154。

4）如 Forke (4), vol. 2, p.167。

5）《抱朴子》卷三，译文见 Feifel (1), p.196；卷四，译文见 Feifel (2), p.6. 后面一卷中翻译的错误已由吴鲁强与戴维斯 [Wu & Davis (2), p.237] 改正，但总的说来错误还是很多。也可参阅 Balazs (1), p.107。

6）参阅本书第二十六章(b)。

7）参阅本书第十八章。

8）真正伟大的汉学家们都很清楚，对于著作的主题必须具有实际的与专业的学识。在夏德的自传中[Friedrich Hirth (10)]，我们可以看到下面一段：“翻译一篇古罗马史学家李维（Livius）的著作，一般只要懂得语法，借助于字典，便无困难了。可是，翻译一篇古代或中古时代的中国学术著作，情况就不是这样了，往往远非把字句搬译过来的问题。就欧洲学者来说，他应先掌握背景知识，即不仅仅是单纯的照抄照译，而且还应加以考证。只有弄清原话的来龙去脉，译文方能不失真意。因此，当文中涉及技术问题时，即使很有造诣的语言学家也要博览群书才能胜任愉快。”

Mieli) 所著《阿拉伯科学》那种书目式的科学史，虽然也很有价值，可是假使有人想确切地了解某人究竟有些什么贡献，而不仅是了解一长列的书名，那末看了这样的科学史，就只好干着急了，况且有些书的作者姓名还可能张冠李戴。然而详尽介绍的方法，无论是按乔治·萨顿 (George Sarton) 的杰作《科学史导论》或帕廷顿 (J. R. Partington) 的《应用化学的起源和发展》的方式来写，都会由于所涉及的科学领域太广而无法加以采用。至于象刘易斯·芒福德(Lewis Mumford) 在《技术与文明》和克劳瑟 (J. G. Crowther) 在《科学的社会关系》中或戈登·蔡尔德 (Gordon Childe) 的著作(这些全是名著)所采用的社会背景叙述法，则只有在研究科学史的一个方面时才是适用的。布吕内 (Brunet) 和米里所著《科学史》、查尔斯·辛格 (Charles Singer) 论草本植物和光学的卓越专著以及卡特 (T. F. Carter)所著《中国印刷术的发明及其西传》等书，也许最接近于我打算在本书中所采用的模式。

8 本书实际上既不是为汉学家、也不是为一般公众写的，它的对象是一切受过一定教育的人们，不管他们是不是科学家，只要他们对与全人类文明史有关的科学史、科学思想史与技术发展史，特别是对欧亚两洲的对比发展感兴趣。因此，本书的意图是在不遗漏重大史实的情况下力求内容广泛，可又并不是象学术杂志上的论文、或者象劳弗 (Laufer) 所著《中国伊朗编》(*Sino -Iranica*) 那样详尽无遗，对最细枝末节之处都详加考证，结果变成脚注所占的篇幅比正文还多。本书也不是象费子智 (C. P. Fitzgerald) 所著《中国文化简史》或乔治·桑塞姆爵士 (Sir George Sansom) 所著《日本文化简史》那样的"高级普及读物"，基本上不注明引证的出处。本书无疑是有脚注的，但是必然有许多注释不能被利用（因为我只打算指出事情的要点而不打算提供大量的细节)。欢迎有兴趣的读者向我查询这些背景材料或考证资料。

也许有人会提出疑问：既然这样，为什么在这本书里没有把汉字全部删去呢？我认为，在这样一本书里是绝对不能没有汉字的，因为汉字的同音字极多(当然也可以象本书一样，将汉字集中放在脚注和索引中)。任何一位懂得中文的人，如果只看到汉字的音译或拉丁拼音而没有看到原字，就会遇到极大的困难，而这样的著作便很难用作研究的工具。况且拉丁拼音的方法很多，人们往往各执一说而争论不休。同时，没有一种拉丁拼音能精确地表达出汉字发音中的许多细微的区别，因而至今还没有一种能为大家普遍接受的方法。上面已说过，本书主要不是为汉学家写的，而是为受过一定教育的广大读者写的，可是这并不是说希望汉学家们不要去翻阅；事实上，我敢相信他们在本书中能够找到一些新鲜而有用的科学材料。我特别希望目前正在学习汉语和其他亚洲语言的年轻一代当中，有人已具有或将具有自然科学方面的知识和经验，这样，本书就可能会鼓励他们对这一引人入胜的边缘领域进行深入的探索。因此，如果由于本书只用拉丁拼音而没有汉字，使他们受到涵义不准确甚至混乱之害，那将是不可饶恕的。同时，对于中国读者本身(无论是科学家还是学者)，这样做也是应有的礼貌。

任何一个单独工作的作者，即令他能象我这样，得到几位亲密的合作者的帮助，在这样广阔的领域里，要单凭原始材料来写作，那也是绝对不可能的。因此，我们在尽量利用原始材料的同时，也毫不踌躇地利用一切可以得到的第二手资料。事实上，大部分中文或日文的资料都是西方的科学史家们所不知道的。因此我感到，即便本书大部分由书目构成，也会有极大的用处。可是我相信，读者会感到它远不止如此。

实际上，这本书难道不能看作是对增进国际了解的一个贡献吗？中国人民的 9
才智禀赋难道没有被西方大大误解过吗？中国人的这种才智，过去很普遍而且经常地被一些中国文人向西方读者说成是主要表现在农业和艺术方面的才能。这种看法完全无视在纪元后的最初十三个世纪里西方曾从中国学到许许多多技术发明，而且往往一点也不知道它们是从哪里来的。例如，人们已经忘记了，整个化学中最重要的根源之一(即使不是最重要的唯一根源)就是地地道道从中国传出的。不过，这种例子实在举不胜举，但这里不能把本书后面要谈的内容都提前讲了出来。

近代科学是在17世纪欧洲兴起的那个运动中诞生的，因此，也许有人在评价过去的科学和技术时，会以它是否曾对这个运动作出过直接贡献来作为标准。中国的发明和发现在这一方面的贡献实际上究竟有多大，还有待研究。可是，即使假定研究的结果证明中国在这方面并未作出什么贡献，那末，是不是有任何理由贬低研究中国的发明创造的价值呢？不管怎样，事实是已铸定了的：世界只有一个。全世界人民必须共同生活在这个由于飞机和无线电的发明而日益缩小的世界内。如果一个人了解其他民族的文化圣贤和先驱者们的成就能象了解本民族的文化圣贤和先驱者们的成就一样清楚，那他就必定只能是对其他民族的成就给予应有的了解和赞赏。我们现在是生活在一种新的大同世界的黎明时期。假使人类能幸免于那些掌握着空前未有的强权而不负责任的人们所带来的危机，那末，大同世界的观念便能把一切种族的劳动大众团结成一个共同的、合作的社会。这座大厦的柱石就是相互间的谅解。事实上，本书就是本着兰斯洛特·安德鲁斯(Lancelot Andrewes)的团结精神来写的(而且“应用了出类拔萃的东方语言”)。17世纪为安德鲁斯写传记的人曾说过：“许多人认为，在各种语言和意见混乱纷争的时代，他可能恰好成为一个最高的仲裁者(假使他还活着的话)。”

今天，虽然有一些“白种人”可能已经放下他们的“包袱”，甚至把它忘记了，然而，难道就没有一些欧洲人，当他们看到现代科学技术已使整个世界的面貌发生了变化的时候，会常常情不自禁地对自己说，归根结蒂，这一切毕竟是从欧洲的伽利略（Galileo）和维萨留斯（Vesalius）开始的，从而得出欧洲人得天独厚的结论吗？这种看法必须加以有益的纠正。在人类了解自然和控制自然方面，中国人是有过贡献的，而且贡献是伟大的。象伽利略和维萨留斯等一类人物之所以都出在欧洲，很可能完全不是因为欧洲人有什么内在的优越性，而是由于欧洲有一些有利的环境因素，而这些有利因素过去没有也不能够在具有不同的地理背景以及受其影响的不同社会进程的其他文明中起作用罢了。无论如何，这个问题是值得探讨的。然而，有一点是肯定的：没有一个民族或一个多民族集体曾经垄断过对科学发展所作出的贡献。各个民族的成就，应该由全世界人民携起手来共同赏识，纵情歌颂。

10 志　谢

大约在二十年以前*，剑桥大学来了三位中国的生物化学家，他们都是攻读博士学位的研究生，工作多少和笔者比较接近，或在邻近的实验室。他们是沈诗章、王应睐（现在是中国科学院生物化学研究所的领导）和鲁桂珍。我首先应当感谢他们三位、特别是后一位，对笔者的推动和鼓励。他们从剑桥大学带走了什么，这里姑且不提，但他们在剑桥留下了一个宝贵的信念：中国文明在科学技术史中曾起过从来没有被认识到的巨大作用。正是他们在剑桥大学的时期内，由于他们的热情帮助，我能够初步了解汉语，并且不得不通过书写许多既好笑又烦人的信件的方式来掌握它。在这一方面，对我影响最大的是鲁桂珍博士。她的父亲鲁茂庭（字仕国）是南京一位著名的药剂师，对中西医药都很有研究。他除了教导他的女儿欣赏和了解现代科学以外，还使她相信：中国古代和中古代的医师和技士们的本领要比大多数汉学家通常所愿意承认的强得多。人类历史上的一些很基本的技术正是从中国这块土地上生长起来的，只要深入发掘，还可能找到更有价值的东西。至少必须说，中国的全部科学技术史，应该是任何一部世界成就史中不可缺少的组成部分。鲁茂庭的女儿成功地传播了这个信念。因此，我将本书的第一卷献给鲁茂庭先生是有充分理由的。

从那时直到第二次世界大战开始，我一直继续学习中国的文字和思想，而且

* 本书原著第一卷出版于1954年。——译者

非常荣幸地得到了著名汉学家古斯塔夫·哈隆 (Gustav Haloun) 的指导。他从1938年以来便一直主持剑桥大学的中文讲座。当时他的工作没有后来那么繁忙，还能在规定的几个下午，接待我这样一个在濛濛细雨中骑车到西奇威克大街去拜访他的科学家。他同我一起学习《管子》一书，并通过这一学习使我体会到阅读中国古籍的艰难。他对我的这些多种方式的帮助，一直持续到1951年底他逝世的时候[1]。在他逝世前几天，我还打电话向他请教有关《鹖冠子》这本奇怪的书的问题，他当即花了一刻钟时间详细说明了该书的疑难之处。现在本书已丝毫不能得到他的指教，确实是一大憾事。

大约在第二次世界大战开始时，亦即在我接受英国政府的邀请去重庆参加文 11
化与科学合作代表团[2]之前不久，我写这本书的计划就已经有了一个大体的轮廓。从1942至1946年，这个代表团发展成为在重庆的英国大使馆领导下的科学联络处，有六位英国科学家和十位中国科学家参加。这一工作给了我一个意想不到的好机会，使我能够初步知道一些中国的科技文献，因为在每一所大学里以及不少实业机构里，都有对科学史感兴趣的科学家、医生和工程师，他们不仅能够而且都非常乐意指引我走上正确的途径。下面我将对这些帮助过我的人致以谢忱，可是限于篇幅，这里只能提到少数较重要人士的姓名。

1943年初我刚到昆明时，在这方面给我帮助的人士中间有史学家雷海宗和闻一多（后者在担任民主同盟的领导工作时被暗杀了）。牛津大学汉学家修中诚 (E. R. Hughes) 博士当时和闻一多教授一起工作，对修中诚博士给我长时间富有启发性谈话的机会，我愿在此表示感谢。在科学家当中，钱临照博士对《墨经》（公元前4世纪）中的物理学原理所作的阐释使我惊叹不已。华罗庚教授曾帮助我了解中国的数学，而经利彬则帮助我了解药物学方面的资料。在战时的首都重庆，我曾得到卓越的考古学家兼历史学家郭沫若博士的指导，他后来在中国文化界占有非常显要的地位[3]。我还得到冀朝鼎的指导，他是《中国历史上的基本经济区》一书的博学多才的作者，现在是中国最重要的财政专家之一。本书的中文题字就是冀博士所写。这些朋友还介绍我认识对古籍有许多有趣的新见解的作者，例如侯外庐；当时在重庆的其他朋友，如陶行知、邓初民和林祖涵等，则使我对中国社会发展史和经济发展史有正确的了解。在各种科学领域，我还得到了陈邦贤和朱恒璧在医学方面、张孟闻在生物学方面、张资珙在化学方面的助益。

当我访问四川其他地方时，也得到同样的帮助。在成都和嘉定，我有机会聆

1) 赫伯特·弗兰克 [Herbert Franke (4)] 曾为他写了一本简明而出色的传记。

2) 在这里应当感谢乔治·桑塞姆爵士，因为主要是他提出需要有这样一个代表团。

3) 他现在（1952年）是中国科学院院长，政府文化教育委员会主任和副总理。

12 听郭本道以及已故黄方刚关于道教的艰深而重要的阐释。在楼观台住持曾永寿指导下，我得以看到活生生的传统道教；与此同时，当时武汉大学校长、已故王星拱博士，则使我看到了旧儒教各方面的教义。在成都还有许多值得钦佩的学者，如哲学家冯友兰，病理学家、解剖学及医学史家侯宝璋等等。

有一些巧遇简直是传奇式的。在陕西宝鸡时，有一天我乘坐铁路工人的手摇车沿着陇海路去武真寺，这是当时河南大学最后的疏散校址。河南大学利用一所很精美的旧道观作为它的一个校舍，这个道观座落在一个黄土陡壁上，大致在支流汧河从北面流入渭河的地方，向南可以隔着渭河流域（中国文明的摇篮）看到秦岭山脉。我花了一个下午和李相杰教授一起考察了图书馆。这个图书馆原来有很多藏书，可是连续几次疏散使图书受到很大的损失。图书目录已经找不到了，书籍堆在那里，许多还成捆地放在古老的神像脚下，就象刚刚由汗流浃背的搬运工从扁担上卸下来似的。就在这样的环境中，李相杰向我这个剑桥大学的生物化学家介绍说，在《道藏》中包含有4世纪以来的大量炼丹术著作，它们饶有兴味，而且是其他国家的化学史家所完全不知道的。李相杰对我所作的这番介绍，是我终身不能忘记的。

我几乎走遍了整个中国，并曾到达遥远的东南。一个炎热的夜晚，在粤北坪石河旁的阳台上，我和王亚南（现任厦门大学校长）在烛光下谈到了中古时期中国封建官僚社会的实质。除此以外，还和吴大琨在曲江的书店和茶馆中讨论了其他社会学问题。后来，大战结束了，我在远方四年的漫游达到了高潮，终于有机会短期停留在富有传奇意味的北京城。在那里，在张子高、曾昭抡和李乔苹等人热情的带动下，化学史再次成为我们进行学术讨论的主题。此外，在这个中国文献出版中心，我有可能买到许多在以后工作中必不可少的珍本，如《太平御览》和许多丛书。

完全可以理解，作者对于那些通过赠书（尤其是在工作的早期）给予帮助的中国学者是特别感激的。物理学家黄子卿博士是其中第一人。我到达昆明不久，他便赠给我一部《齐民要术》，即5世纪时贾思勰所著有关农业的著作。在良丰的
13 时候，心理学家唐钺博士赠给我一部《天工开物》，那是宋应星——中国的狄德罗(Diderot)——有关17世纪早期工业技术的一部重要著作。后来，前中央研究院历史语言研究所所长傅斯年又送我一部善本的《天工开物》。我们最慷慨的赞助人是著名的气象学家、长期担任浙江大学校长（现任中国科学院副院长）的竺可桢博士。在我将离开中国的时候，他劝说许多朋友检寻书籍副本，因此在我回到剑桥后不久，整箱整箱的书就运到了，其中包括一部《古今图书集成》(1726年)。我第一次认识竺博士是在贵州，即当时浙江大学的疏散地。在那里，我开始熟悉他在

天文学史方面所作的很有价值的工作。由于他的介绍，我认识了钱宝琮（及李俨——最杰出的两位中国数学史家）和王琎（他刻苦钻研冶金史和化学史）。

离开中国六年以后，我很荣幸地又在北京度过了 1952 年夏天的大部分时光。在那里我遇到了许多老朋友，如竺可桢博士、工程学史家刘仙洲教授、中国建筑艺术的积极保护者和建筑史家梁思成，以及著名的地质学家李四光和袁复礼。除了他们之外，我还认识了许多新朋友，例如火药和军事技术史专家冯家昇，以及王振铎。王振铎的卓越的考古研究对磁罗盘的起源和发展以及对唐代以前的工程成就提出了许多精辟的见解。我有幸和他一起在北海公园旁边团城的古老御佛寺的亭台上，共同讨论体现了他的结论的精美模型，这的确是一件非常愉快的事情。他当时是故宫博物院的院长之一，他的办公室就设在那里。我必须对李涛博士致以特殊的谢忱，他曾花费许多时间，在主要由他收集并保存在中国协和医学院图书馆里的中医图书珍藏旁边，和我讨论医学史。在那一段时间里，我有机会一次又一次地去著名的琉璃厂和北京许多市场的旧书铺，在那里我又获得了研究中国科技史所必不可少的一些书籍。

在本书的整个准备期间，我很高兴得到了我的朋友王铃（王静宁）先生在研究方面的帮助。1943 年我在四川李庄拜访当时疏散在那里的中央研究院历史语言研究所时，第一次遇到他。当时我做的一次有关科学史的演讲激发他去研究中国早期的火药和火器史，这一工作他在复旦大学（北碚）历史系任高级讲师时还继续进 14
行。1946 年他得到英国文化协会旅行奖学金，来到了英国。1948—1950 年，他得到牛津大学斯波尔丁（H. N. Spalding）先生和夫人所资助的特别奖学金；1950—1951 年获得英国大学中国委员会的奖学金；1951—1953 年得到利弗赫尔姆基金会的研究补助金。对于这一切支持，我们都非常诚恳地致以谢忱。

王铃先生和我两人都感到应该在这里说明一下他在这七年多时间内对本书所作帮助的性质。首先，他在中国史学研究方面的专业训练，在我们日常的讨论中，一直起着很大的作用。其次，由本书第一次译成英文的中国文献，其英文初稿十之七八是他翻译的，然后我们两人必定一同详细讨论校核，往往经过多次修改才最后定稿。别人的译文，我们两人必须核对中文原书后才加以采用[1]。王铃先生还花费许多时间去查找和浏览各种原先认为有用的材料，从这样的探究中往往又发掘出一些资料，对这些资料我们再从科学史的观点仔细地审查，然后确定它们的价值。许多烦琐的图书馆工作，以及各种索引和编目工作，都由他负责。假如没有这样一位合作者的友谊，本书即使能出版，也将推迟很久，而且可能会

1）只有在少数很难核对或不可能核对、而译者的名望又很高的情况下，才不加核对。

出现比我们担心现在实际有的甚至更多的错误。

除了王铃先生和剑桥大学出版社非常友好又极为认真的同事们以外，在至今还活着的人们当中，也许只有一个人曾经在本书出版之前逐字逐句地阅读过本书各卷。这就是我的妻子多萝西·尼达姆 (Dorothy Needham) 博士（英国皇家学会会员），因此我应该向她表示由衷的谢意。她为本书改正的地方不胜枚举；至于在写作本书的漫长岁月中她所给予的鼓励，决不是普通的言辞所能恰当表达出来的。同时我们非常感谢她的妹妹、联合国教科文组织的助理图书馆员穆里尔·莫伊尔 (Muriel Moyle) 女士，她为本书编制了索引。在曾热心帮助我们的许多图书馆员中，还有一位最值得我们致谢的，这是皇家亚洲学会的助理图书馆员费尔 (M. E. Fell) 女士，依靠她的帮助，我们有机会看到许多原来看不到的书籍和论文。贝姆布里奇 (B. A. Bembridge) 博士和斯特里特 (F. C. Street) 先生慷慨地借给我们一些有用的参考书。我也很感谢我周围的科学界同事们，他们对我的工作都表示关心和理解。最后，我相信，没有一个工作环境比我自己学院的同事们所形成的更和谐、更友好了。

在剑桥工作的确有许多方便；其中必须提到的是，剑桥有许多种不同专业领
15 域的专家，他们都乐于审阅他们感兴趣的文稿，并提出校正和改进。以他们为中心，我们又荣幸地得到更远一些的人们的协助。这些人曾慷慨地献出他们的时间和精力。现将他们的姓名列表如下，希望他们接受我们衷心的感谢。

承蒙热心审阅本书部分原稿的学者姓名录

说明：毋庸多说，本书任何错误都和下列各位朋友无关。由于本书所探索的领域涉及许多专业，假若没有他们可贵的批评，本书将会有更多的错误。下表只列出前几卷的审阅者姓名，以后将再提出补充。

艾德勒 (S. Adler) 博士（剑桥）	思想史各章
安德森 (R. C. Anderson) 先生（格林尼治）	航海技术
考特尼·阿切尔 (Courtney Archer) 先生（新西兰）	建筑技术
沙克尔顿·贝利 (Shackleton Bailey) 先生（剑桥）	佛教
白乐日 (Etienne Balazs) 博士（巴黎）	道教，理学，自然法则
比尔 (A. Beer) 博士（剑桥）	天文学和数学
埃里克·布莱科尔 (Eric Blackall) 先生（剑	

桥)	导论(语言)
卜德 (Derk Bodde) 教授(费城)	自然法则
安德鲁·博伊德 (Andrew Boyd) 先生(伦敦)	建筑技术
玛格丽特·布雷思韦特 (Margaret Braithwaite) 夫人(剑桥)	导论(语言),墨家和逻辑学家,理学和数学
班以安 (D. Bryan) 先生(剑桥)	导论
宾格尔 (K. Bünger) 教授(蒂宾根)	自然法则
赫伯特·查特利 (Herbert Chatley) 博士(巴斯)	天文学,机械和土木工程
郑德坤博士(剑桥)	导论(史前史,历史学和文化交往)
周辨明教授(厦门)	导论(语言)
戴 (Day) 海军少将(海军部水文测量家,伦敦)	地震学
戴维斯 (R. D. Davies) 先生(剑桥)	土木工程(桥梁)
杜赫斯特 (D. W. Dewhurst) 先生(剑桥)	天文学
多布森 (W. A. C. H. Dobson) 教授(多伦多)	道教和物理学(声学)
多兹 (E. R. Dodds) 教授(牛津)	自然法则
邓洛普 (D. M. Dunlop) 先生(剑桥)	导论(中国与阿拉伯之间的文化交往)
爱德华兹 (W. N. Edwards) 博士(伦敦)	地质学和古生物学
约翰·埃利森 (John Ellison) 先生(伦敦)	物理学
费希尔 (R. A. Fisher) 教授(剑桥)	数学
福克司 (W. Fuchs) 先生(慕尼黑)	地理学和制图学
霍尔 (A. R. Hall) 博士(剑桥)	天文学
布赖恩·哈兰 (Brian Harland) 先生(剑桥)	地质学和矿物学
哈里森 (K. P. Harrison) 博士(剑桥)	天文学的部分章节
徐利治博士(剑桥)	数学
亚历克·亨特 (Alec Hunter) 先生(布伦特里)	纺织技术
约翰·亨特 (John Hunter) 先生(萨克斯特德)	建筑技术
唐纳德·莱斯利 (Donald Leslie) 先生(剑桥)	导论,思想史各章和数学
廖鸿英女士(班以安夫人)(剑桥)	导论
龙彼得 (P. van der Loon) 博士(剑桥)	导论
卢贝特金 (B. Lubetkin) 先生(伦敦)	建筑技术

戈登·曼利 (Gordon Manley) 教授(伦敦)	气象学，地理学和制图学
莱斯利·马丁 (Leslie Martin) 先生(伦敦)	建筑技术
斯科特·麦肯齐 (Scott McKenzie) 先生(华盛顿)	矿物学
梅尔维尔·琼斯 (B. Melvill Jones) 爵士(法恩伯勒)	机械工程学(航空学)
米歇尔 (H. Michel) 博士(布鲁塞尔)	天文学(日晷)
莫里森 (J. S. Morrison) 先生(剑桥)	航海技术
乔治·奈什 (George Naish) 先生(格林尼治)	航海技术
奥克利 (K. P. Oakley) 博士(伦敦)	地质学，古生物学和地震学
沃尔特·帕格尔 (Walter Pagel) 博士(伦敦)	道教
帕廷顿 (J. R. Partington) 教授(剑桥)	矿物学，化学和化工
皮肯 (L. E. R. Picken) 博士(剑桥)	物理学(声学)
维克托·珀塞尔 (Victor Purcell) 博士(剑桥)	有关航海的磁学
拉维兹 (J. Ravetz) 先生(剑桥)	数学
朗科恩 (K. Runcorn) 博士(剑桥)	数学、物理学(磁学)
拉斐尔·萨拉曼 (Raphael Salaman) 先生(哈彭登)	工程学(工具)
多萝西娅·辛格 (Dorothea Singer) 博士(帕)	道教，物理学
弗朗西斯·斯金纳 (Francis Skinner) 先生(伦敦)	建筑技术
斯洛利 (R. W. Sloley) 博士(阿默舍姆)	天文学(漏壶)
奥托·范德斯普伦克尔 (Otto van der Sprenkel) 博士(伦敦)	历史介绍和思想史各章
斯特兰 (E. G. Sterland) 先生(剑桥)	机械和土木工程
韦德 (E. S. Wade) 教授(剑桥)	法家和自然法则
阿瑟·韦利 (Arthur Waley) 博士(伦敦)	自然法则
韦尔特菲什 (G. Weltfish) 博士(纽约)	总论(文化交往)
怀特 (E. W. White) 先生(伦敦)	航海技术
怀特 (F. P. White) 博士(剑桥)	数学
温特 (H. J. J. Winter) 博士(埃克塞特)	物理学(光学)
伍斯特 (W. A. Wooster) 博士(剑桥)	矿物学
夏士德 (G. R. G. Worcestor) 先生(温特尔	

舍姆)	航海技术
吴世昌博士(牛津)	甲骨文和青铜文字(语源学)，导论
吴大琨博士(沪江)	历史介绍的某些部分

此外，我们也很感谢邓洛普先生在阿拉伯人名和波斯人名发音上所给予的帮助，沙克尔顿·贝利先生在梵文标音上的帮助，以及麦克埃文 (J. R. McEwan) 先生在日文音译方面的帮助。

作者在准备写作本书的几年中，除了在他自己的大学内以东方研究学会和科学史研究委员会成员的身分举办讲座外，曾多次荣幸地被邀请发表正式演讲。其中最早的一次是1946年10月在巴黎举行的联合国教科文组织每月讲演会，所讲的题目是“中国对科学和技术的贡献”，后来发表在《对我们时代的回顾》这一文集中。另外一次联合国教科文组织每月讲演会是1948年12月在黎巴嫩的贝鲁特举行的，题目是“科学的整体性：不可缺少的亚洲支持”。这一次演讲着重谈到阿拉伯 17
和中国之间的科学交流。作者万分感谢马龙 (Mgr Maroun) 先生，这次演讲是由于他的要求而举行的。1947年5月作者在伦敦康韦纪念讲座上讲了“古代中国的科学和社会”，该稿由该讲座理事会出版了单行本。

在1949年四旬斋期间，作者担任了牛津大学拉斯金学院比尔德讲座主讲人，作了八次有关中国科学技术史的演讲。作者除了对这个理事会的领导机构表示感谢外，还希望理事们接受本书作为与该讲座有关的著作。此外，我还感谢德效骞 (H. H. Dubs) 教授，他和我们关于汉学方面的友好讨论对我们有很大的助益。我也感谢当时拉斯金学院的院长莱昂内尔·埃尔文 (Lionel Elvin) 先生。1950年早春时节，作者是在加利福尼亚的伯克利度过的；由于加利福尼亚大学校长斯普劳尔 (Robert G. Sproul) 的邀请，作者接受了希契科克访问教授的职位，在该校发表了八次讲演(其中七次在伯克利，一次在洛杉矶)，总的题目是“中国文明中科学思想的发展”。作者愿意在此对丹尼斯 (William R. Dennes) 院长、尤其是东方研究系的同事们的热烈欢迎表示感谢，对著名的莱辛 (F. Lessing) 教授、赵元任教授、布德堡 (Boodberg) 教授和艾伯华 (Wolfram Eberherd) 教授等表示谢忱。在这次访问之后，作者在巴尔的摩的约翰·霍普金斯大学医学史研究所担任了诺古奇讲座主讲人，在那里发表了三次讲演，总题目是“中国科学史的几个方面”。作者特在此感谢施赖奥克 (Richard H. Shryock) 博士和奥塞·特姆金 (Owsei Temkin) 博士的殷勤款待和富有启发性的交换意见。

1950年5月，作者在伦敦大学霍布豪斯讲演会演讲的题目是“中国和西方的人文法则和自然法则”，后来由理事会出版了单行本。一年以后，作者在担任法国里昂大学访问教授时，发表了两次演讲，总题目是“具有有机哲学思想的中国哲学”。1953年夏，作者曾在耶路撒冷召开的第七届国际科学史会议上发表了演讲，题为“东西方科学技术交往的通路”。作者对所有邀请他连续以各种方式发表他的见解的人们，以及所有主持并成功地安排这些讲演的人们，表示衷心的感谢[1]。

---

1) 王铃先生也希望乘此机会感谢剑桥大学科学史委员会在1953年邀请他发表一系列有关汉代数学的讲演。

第二章 全书编写计划 18

本书的导论部分包括下列简短的论述：(a) 地理背景，(b) 中国历史，(c) 中国语言的特征，(d) 各个世纪提供文化交往的机会，由于有这种机会，各种科学思想或技术方法才有可能输入东亚和从东亚输出，甚至能方便地交流。我认为导论这几个部分是必要的，因为不能设想科学家和科学史家对于古代和中古代中国科学家与技术专家的活动场所事先有足够的认识。希望这几章可以使他们省得经常去查考其他书籍或百科全书。

第二部分讨论中国哲学中科学思想的发生和发展的问题。我确信，中国人已经用自己的历史证明了，他们在较早时期至少是和希腊人一样善于推测大自然的法则的。假使说中国未曾产生象亚里士多德 (Aristotle) 那样的人物，我认为，那是因为阻碍近代科学技术在中国发展的那些抑制因素，早在中国可能产生一个亚里士多德以前，就已经开始起作用了。可是除了道家的幻想外，在整个中国历史中贯穿着一股理性的自然主义和开明的怀疑主义的潮流，这一股潮流比后来实际上发展出近代科学技术的欧洲相应时期所发现的往往要强烈得多。我们以后将看到，12 世纪的理学家在许多方面都和欧洲 18 和 19 世纪的不可知论和有机论的哲学家相似，尽管他们完全缺乏世界上已确立的科学知识的基础。

在第三部分中，依次讨论纯粹科学和应用科学。我们试图回答这样一个问题：在历史上各个世纪中，中国人对纯粹科学和应用科学究竟作出了些什么贡献？起先我计划将科学或准科学 (pre-sciences) 作为一个方面，技术作为另一方面，放在两个不同的部分，可是经过再三思考，我愈来愈感到不可能把它们分开；因此现在我将它们交叉并列在一起。中国古代和中古代的准科学最清楚地显示出实验性的和观察性的归纳科学的发展(包括手工操作在内)，尽管中国人往往是用原始型的理论和假说来加以解释。至于为什么会是这样，则还有待探讨。

同样，中国古代和中古代的技术都导致了一些经验性的发现和发明，其中有许多对世界的历史产生了深远的影响。很明显，中国人虽然照样总是以原始型的理论来解释技术，但是他们善于计划并能进行有用的实验来进一步改良技术。同样也很明显，中国社会发展技术的有利条件虽然少于文艺复兴以后的欧洲社会， 19
可是中国社会却比古代地中海地区奴隶制的城邦文化或封建时代的欧洲文明取得

大得多的发展。这两个差异实在值得社会学家进行讨论。无论何人，只要不辞烦劳，从头至尾读完这本书，我相信他会惊奇地看到，在纪元后的最初十四个世纪中，欧洲从中国所取得的，却又往往完全不知道其来源的技术是何等丰富多采。弗朗西斯·培根 (Francis Bacon) 曾写道：

> 我们应该注意各种发明的威力、效能和后果。最显著的例子便是印刷术、火药和指南针，这三种发明古人都不知道；它们的发明虽然是在近期，但其起源却不为人所知，湮没无闻。这三种东西曾经改变了整个世界事物的面貌和状态，第一种在学术上，第二种在战争上，第三种在航海上，由此又产生了无数的变化。这种变化是如此之大，以致没有一个帝国，没有一个教派，没有一个赫赫有名的人物，能比这三种机械发明在人类的事业中产生更大的力量和影响[1]。

在后来的几个世纪中，欧洲人获得了比培根时代多得多的关于中国的知识。可是那些应该知道得更多的人们，却没有对中国的发明作出应有的承认。例如，我们这个时代的伯里 (J. B. Bury) 在他所写《前进的思想》这部历史作品中，在叙述文艺复兴时代厚古薄今派和厚今薄古派之间的论争时指出，厚今薄古派一般被认为是占上风的，其所以如此，恰恰是由于当时有了培根所说的那三大发明[2]。可是在他的著作中没有一个地方、甚至也没有一个脚注指出这三种发明都不是起源于欧洲。

在这一部分的结尾，我们将会看到，我们所面对的是一系列惊人的科学创始精神、突出的技术成就和善于思考的洞察力。既然如此，那末，为什么近代科学，亦即经得起全世界的考验、并得到合理的普遍赞扬的伽利略、哈维 (Harvey)、维萨留斯、格斯纳 (Gesner)、牛顿 (Newton) 的传统——这种传统注定成为统一的世界大家庭的理论基础——是在地中海和大西洋沿岸，而不是在中国或亚洲其他任何地方发展起来呢？这就是第四部分所要讨论的问题。考虑这一问题时要探讨包括地理、水文以及由这些条件所造成的社会和经济制度等具体的环境因素。当然，也不能不考虑学术气氛和社会习尚等问题。在这一部份结束时，还要提到几种平行发展的文明的问题。在现阶段，我们没有必要说明可能得到什么结论，即使能得到结论的话。

总的计划就讲到这里为止。剩下需要说明的是本书中一些不可避免的技术性问题的处置。

---

1) *Novum Organum*, book 1, aphorism 129。

2) Bacon (1), pp.40, 78。

为什么除了拉丁拼音外还印出汉字的理由，在序言中已经说明了（p.8）。可是 20
为了便利读者和印刷者，我把它们分开了。因此有两种脚注，一种是文字说明和文献，用圆圈中的数字表示；一种是汉字原文，用数字来表示。在第一次提到一本中文书而它在后面不再出现时，书名和作者姓名都放在第二种脚注中[1]*。为了使不懂中文的读者更易懂得和更易记住，本书尽可能将中文书名译成英文。

书目和索引的系统必然是复杂的，因此作如下说明。本书有四种主要书目。

A. 1800年以前的中文书籍

每一本书依如下次序列出详细情况：

(a) 书名，按字母顺序排列，附上汉字；

(b) 别名，假如有的话；

(c) 书名的暂定英译名；

(d) 供相互参照的关系密切的书籍，假如有的话；

(e) 朝代；

(f) 年代，尽可能准确；

(g) 作者或编者的姓名，附上汉字；

(h) 另外一种书的书名，如果本书所引原文现在只是以编集在其中的形式存在；

(i) 参考译本，如果有的话，译者姓名在参考文献 C 中列出；

(j) 该书的任何索引或重要词语索引，如果有的话；

(k) 该书在戴遂良[Wieger (6)]所编的《道藏》目录中的编号，如果适用的话；

(l) 该书在南条文雄 [Nanjio (1)] 所编的《大藏经》目录中的编号，如果适用的话；

(m) 收有该书的丛书书名；

(n) 本书所用该书的版本。

最后两项只在总索引 (master-index) 中出现，总索引包括在本书最后一卷内。

B. 1800年以后的中文和日文书籍和论文

每一项目包括：

(a) 作者或编者的姓名，按字母顺序排列，附上汉字；

(b) 书名或篇名，附上汉字；

---

1) 偶而提到的中国人名在第一次出现时通常采用汉字放在脚注中，但传说中的或虚构的人物则例外。

* 在中译本中，前一种脚注改用数字加圆弧表示。由于中译本已把拼音还原成汉字，所以省略了后一种脚注。——译者

(c) 书名或篇名的英译名；

(d) 期刊名称和发表日期。

C. 西文书籍和论文

每一项目包括：

(a) 作者姓名；

(b) 书名或篇名；

(c) 期刊名称和发表日期。

21 **D. 1900年以前的中国科学技术专家和学者的传记目录**

每一项目列出以下详细情况：

(a) 个人姓名，按字母顺序排列，附上汉字；

(b) 朝代；

(c) 生卒年月或在世期，尽可能准确；

(d) 取得成就的领域，附简要说明；

(e) 传记辞典或其他可以由之获得进一步资料的书籍，如果有的话。

这个传记目录只列在本书最后一卷内；在其他各卷中，可用一般索引查找有关任何个人的情况。

除了上面所提到的以外，本书每一卷都将备有一切必要的索引。在最后一卷中还将包括技术词汇和短语。

惯例与缩写

译本的归属

本书在不加修改地采用前人的译文时(每次在和中文原书核对后，几乎都是不加修改地采用的)，在引用时便注明相应的出处，例如“tr. Hugh (7)”[译文见Hugh (7)]，或“tr. Whalley (3)”[译文见 Whalley (3)]。

在本书对采用的译文作了很少的必要修改时，便注明“tr. Hugh (7), mod.”[译文见 Hugh (7)，经修改]，或“tr. Fên Yu-Tan (5), mod.”[译文见 Fên Yu-Tan (5)，经修改]。

假使本书所采用的译文并非英文，而必须先将它译成英文时，我们便这样写：“tr. Eisenhelm (5), eng. auct.”[译文见 Eisenhelm (5)，由作者译成英文]，或“tr. Piot (1), eng. auct.”[译文见 Piot (1)，由作者译成英文]。在某些情况下，这些译文后面也要加上“mod.”(经修改)字样。

假使译文完全是作者和他的合作者所译，在注释中便只写“tr. auct.”（作者译）。

假使译文系由作者和他的合作者所译，可是曾借助于前人的译文，那末，即使只保存前人很少字句，也同样注明：“tr. auct.; adjuv. Ritti (2)”［作者译，借助于 Ritti (2)］。

参考文献

在本书正文或脚注中的作者姓名后面都有数字写在括弧中，对应于参考文献 B 和 C 两部分中的参考书号，例如，西文出版物：Smith (4), Li Tan-Yao (1)；中文或日文出版物：李丹耀（4）。使用“&”（和）表示该书是几位作者合作写成的。

本书在排列中文字词和中文书名时，将 Chh- 与 Ch-, Hs- 与 H- 区分开来，这是很方便的。因此，在中文文献索引中，就这样做了。但这只限于首字，例如 Chin 在 Chha 之前，Hu 在 Hsin 之前；而 Hsin Chhien 则列在 Hsin Chien 之前。凡已佚失的书籍和地图，其名目均不列入参考文献中；但可借助一 22
般索引在正文中查找。中国人的复姓，则写作一个词，如 Ssuma（司马）。

中文书籍的书名和作者姓名，通常只在首次出现时列出其汉字，但所有的中文书目均依字母顺序排列。中文原著分为长章（卷）和短章（篇）时，二者均顺序编号，所举参考文献的单位（如 ch.）常指较小单位。这种办法也用于某些书的情况，如《吕氏春秋》，其中较小单位一般作为较大单位的组成部分而给以编号。对于某些古籍，如《论语》、《孟子》等，在标准版本中分成很短的篇，本书则按罗马数字和阿拉伯数字系统排列，如同理雅各（J. Leggg）译本中所用的那样。某些如正史这样的大部头著作，章节既按主题划分编号，又从头至尾连续编号；我们则一律采用后一种编号*。

关于援引阿拉伯文和波斯文书籍的问题，需要作进一步的说明。每一个阿拉伯文专家对同一个阿拉伯人的一长串名字都有自己一套与众不同的索引方法，我们已注意到（本卷 p.213）由此带来的一些困难。在本书中，阿拉伯或波斯学者或科学家可从表明其出生地的那个名字找出来，例如“al-Andalusī”（意为“安达卢西的”）或“al-Baghdādī”（意为“巴格达的”）等。可是这条规则并没有得到严格遵循，因为在许多情况下，一个学者是以另外一个名字著称的。在这种情况下，便有相互参

* 中文和日文参考文献、以及索引，中译本改为以我国现行汉语拼音为序排列。——译者

照条目。如果所引的那本书只是手稿，那末，作者的姓名和书名（附有英译文，有时还有注解）就在参考文献C中再出现一次；要想了解更多的资料，就应该查找本书提到该书那一页的脚注或正文中所列的文献。如果一本书是用阿拉伯文或波斯文印刷和编纂的，便写明一般书目的详细内容。但如果该书已译成欧洲文字，那末，译者的姓名便列入相互参照条目（总是在参考文献C中），可以从那里找到比较详细的书目内容，而阿拉伯文本或波斯文本的书目内容便省略了。

遗憾的是，由于我们没有一个人能具备一切必要的外文水平，因此我们对日文和俄文书籍利用得比较少，这种欠缺只好留待别人来补充了。

常用参考文献缩写举例

B & M　Brunet & Mieli, *Histoire des Sciences* (*Antiquité*) ［布吕内和米里，《科学史》（古代）］

G　Giles, H. A. (1), *Chinese Biographical Dictionary* （翟理斯，《古今姓氏族谱》）

HCCC　《皇清经解》

K　Karlgren (1), *Grammata Serica* ［高本汉，《汉文典》（即《中日汉字形声论》）——汉文古字和音韵辞典］

23 *KCCY*　陈元龙，《格致镜原》——科学技术百科全书

PTKM　李时珍，《本草纲目》——药典

R　Read, Bernard E., Indices, translations and precis of certain chapters of *PTKM* ［伊博恩，《本草纲目》某些章节的索引、译文和摘要——如查考植物，参看 Read (1)；查考哺乳动物，参看 Read (2)；查考鸟类，参看 Read (3)；查考爬虫类，参看 Read (4)；查考软体动物，参看 Read (5)；查考鱼类，参看 Read (6)；查考昆虫类，参看 Read (7)］

STTH　《三才图会》——百科全书

TH　Wieger (1), *Textes Historiques* ［戴遂良，《历史文献》］

TSCC　《古今图书集成》——1726年的钦定百科全书［参看 Giles, L. (2)］

关于上述资料的更为详细的书目内容，可在参考文献中有关标题下找到。

这里没有列入的缩写可在参考文献所附的杂志和类似出版物的缩略语表中找到。

在很多地方，某些特殊缩写字只用于有关的表格或其他材料中；采用这样的

缩写时，将另加说明。

关于年代，本书一律采用－和＋分别表示公元前和公元后，以避免不方便地记作 B. C. 和 A. D.。对于从未成为基督教世界一部分的文明，看来这样一种方式更为适合，并且也符合惯用的中文表达“前”与“后”（从通常公认的公元纪年开始）。但是必须记住，采用类似系统的天文学家们还（在－1与＋1年之间）插入一个零年。因此，本书中公元前的年代虽带有负号，却是历史学上的年代，而非天文学上的年代*。

汉字的拉丁拼音

从事我们这行工作的任何人，都必须依靠某种拉丁拼音方法。不幸的是，这是一个争论非常多的问题。在较早的耶稣会士时代，他们做过一些非系统化的工作，曾使用 x 和 q 等字母，但语音很不准确。后来的威妥玛 [Wade (1)] 系统经过翟理斯 [H. A. Giles (2)] 和苏慧廉 [Soothill (1)] 等学者的修正，成为一种近代的基本系统。可是，现在已产生了许多竞相媲美的方法，有的是根据广州话进行拉丁化，例如一度曾被中国邮政正式采用的那种；其他的方法则是根据语音学家和语言学家们的研究作出的，例如周辨明等所推广的“国语罗马字”。关于这一问题，最好的论述是高本汉 [Karlgren (3)]的一篇短文，他指出，实际上需要有三种适当的系统：(a) 对语言进行科学研究所必需的、严格地属于语音方面的语言学系统；(b) 辞典、教科书和专业性论文用的汉学系统；(c) 可以用来创 26
造一种新的白话文学和排印报纸的普及性系统。由于某种原因（这将在后面说明），最近的将来，中国看来不会真正用一种拉丁化文字来完全代替表意文字。确实，在采取措施之前，必须极端审慎地考虑，否则，就会使年轻一代与极其丰富的中国文献宝库完全隔绝。在本书中，我们不用第一种系统，因为它要用到一些普通铅字所没有的符号。

威妥玛系统的主要目的之一，是要使它便于国际通用，因此，从表1可看出，他不仅仅采用英语语音。可惜，这种国际通用的方法没有被法国和德国的汉学家们所采用。他们编出并继续使用着只对以这些语言为母语的人们才适用的系统。例如，法国系统用 tcheou（代替 chou），cheu（代替 shih），tchang（代替 chang）等等形式，而德国系统则用 liän（代替 lien），tschou 等等。威妥玛系统只采用一种方言，即北方的“官话”，它现在构成了普通话（全国标准发音）的基础，在这一点上，威妥玛系统也是合乎逻辑的。

---

* 中译本现仍采取习惯方法表示，即用“公元前”或“公元”。——译者

24 **表1 汉语的拉丁拼音**

24个字首辅音

威妥玛-翟理斯系统	加德纳系统	本书采用系统	发音
ch-	j- 或 dz-	ch-	介于 chair 与 jar 之间
ch'-	ch- 或 ts-	chh-	如在 much harm 中，强送气音
f-	f-	f-	如在 farm 中
h-	h-	h-	如苏格兰高地的盖尔人的 -ch 音。如在 loch 中
hs-	hs- 或 s-	hs-	轻送气音变咝音，愈后愈强。试将 hissing 中第一个 i 去掉读之
j-	r-	j-	如法语 je 或 jaune 中的 j-，用嘴的前部发音的 j- 听起来象 r-（参考波兰语的 rz-）
k-	g-	k-	k 与 g 之间
k'-	k-	kh-	k 作强送气音，如在 kick hard 中
l-	l-	l-	如英语
m-	m-	m-	如英语
n-	n-	n-	如英语
p-	b-	p-	如 lobster 中的 b，或在法语 peu 中
p'-	p-	ph-	如 party 或 parliament 中的爱尔兰地方音，送气音比法语、德语和英语都强
s-	s-	s-	如英语
sh-	sh-	sh-	如英语
ss-	sz-	ss-	只和 -ŭ 连在一起(参见 -ŭ)
t-	d-	t-	近似英语中的 d-，但又不完全是 d-，略带 t- 音
t'-	t-	th-	t- 作强送气音。如在 torment 的爱尔兰方言中
ts-	dz-	ts-	如在 jetsam, catsup 中
ts'-	ts-	tsh-	ts- 作强送气音。如在 bets hard 中
tz-	tz-	tz- }	只和 -ŭ 连在一起(参见 -ŭ)，发音近似 ts'
tz'-	tz-	tzh- }	
w-	w-	w-	如英语，稍弱
y-	y-	y-	如英语，稍弱

42个元音、双元音和字尾辅音

-a 或 a	如 father，宽 a 音
-ai	如在 aye 中。更象意大利语的 hai, amai. 英语中的 why
-an	有些象英国人读荷兰语的 Arnhem；r 不发音。或如德语的 ahnung
-ang	-ng 对元音有半鼻音、半喉音的影响，有点象德语的 angst
-ao	如在意大利语 Aosta, Aorno 中，没有英语 how 中那么融合
25 -ê	最接近 earth, perch 或 lurk 中的英语元音
-êi	威妥玛说，发音如前一个音和 -y 自然接合。象英语的 money 去掉 -on-。一般发音如 -ei 或 -ui（参看下面）
-ei	一般和英语的 may, play, grey, whey 无法分辨
-en	如在英语 yet, lens, ten 中
-ên	如在英语 bun 中
-êng	如在英语 unctuous, flung 中
-erh	如在英语 burr, purr 中

-i	如英语 ease, tree 中的元音
-ia	不象 yah，两个元音较清楚地分开，可是也不象意大利语 Maria, piazza 中的元音那么清楚，并且不单独地重读
-iai	如在意大利语 vecchiaja 中
-iang	如上面的 -ang 加上一个元音
-iao	如上面的 -ao 加上一个元音
-ieh	如在法语 estropié 中
-ien	元音很清楚，如在意大利语 niente 中
-ih	短元音，如在 cheroot 中
-in	短元音，如在英语 chin 中
-ing	短元音，如在英语 thing 中
-io	短元音，如在法语 pioche 中
-iu	较英语词尾 -ew 为长，如 chyew，而不象 chew. 如作猫叫 mew 的拟声发音
-iung	如下面的 -ung 加一元音
-o	有点象介于英语 awe, paw 和 roll, toll 的元音之间
-ong	如在英语 dong 中，较短
-ou	正象 -eo，英语的 Joe
-u	如在英语 too 中
-ü	如在法语 eût, tu 中
-ŭ	在英语 bit 中的 i 和 shut 中的 u 之间。只和 ss-, tz- 及 tzh- 连在一起。威妥玛说："它从喉部发出来，有点象说话的人轻微打嗝似的"
-ua	如在西班牙语 Juan 中；可缩短成 wa
-uai	如在意大利语 guai 中
-uan	如上面的 -an 加上一个元音
-üan	ü 与上面相同，-an 如在英语 antic 中
-uang	如上面的 -ang 加上一个元音
-üeh	如在法语 tu es 中
-uei	-u 如上，-ei 如上；参考法语的 jouer
-ui	如在意大利语(不是法语) lui 中
-un	如在意大利语 punto, lungo 中
-ün	如在德语 München 中
-ung	如在英语兰开夏地方音 bung, sung 中的发音，没有 -oong 那么宽
-uo	o 音如在英语 lone 中的发音；整个音如在意大利语 fuori 中的发音

注：如上面所指出，威妥玛-翟理斯系统采用北京"官话"作为标准。可是今天的普通话发音和官话不尽相同，因此本书略作修改，以便和普通话相符合. 例如在 pên (本) 和 Chêng (郑) 中必须有长音符号"∧"，但在 jen (人)，chen (真)或 Chhen (陈)中，便无需应用. 同样，在 hsü 和 hsüan 中我们保留分音符号"‥"，但在 yuan 中便不写出. 用反长音符 ŭ 表示的音可以从总是和它连用的辅音来辨认，因此我们略去了"∨"这一符号.

高本汉 [Karlgren (3)] 建议对威妥玛-翟理斯系统作出某些改进，可是关于这些改进还有很多争议，因此我没有采用它们。我决定尽量依靠威妥玛系统，因为我很反对现代的和变革较大的系统。例如，就"国语罗马字"而言，"世界大同与基督教学生运动"这一用语，原来根据威妥玛系统是 Shih-chieh Ta-Thung yu Chi-tu Chiao hsüeh-sêng yün-tung，现在却变成了 Shihgieh Dahtung eu Gidugiaw Ciogshêng Yuindonq [Chou Pien-Ming (2), p. 38]。

对威妥玛系统的最有意义的修正是加德纳 [Gardner (1, 2)] 提出的方法，主要的区别在于将字首的辅音改变成更接近于大多数西方人听觉的辅音。例如，p- 改成 b-，送气音 p（即 p'-）改成 p-。有几位当代的汉学家也采用了类似的系统[如 Dubs (25)]，在麦戈文 (McGovern) 的中亚历史那样的书中便可以看到。可是高本汉 [Karlgren (3)] 提出了不采用这些方法的令人信服的理由，譬如说非送气音的 p 并不完全象 b，而只是象 lobster 一词中的 b 而已。虽然我没有采用这种简化办法，因而感到有些遗憾，但我在表中还是列出了加德纳的系统以资比较。

为了避免象威妥玛与翟理斯系统中那样用很多撇号来指明送气辅音，我依照已故友人古斯塔夫·哈隆的建议，如表中所示加上一个字母 h 来代替。因此本书所采用的系统可以说是尽量接近威妥玛—翟理斯系统，只是将 ch'- 改成 chh-，p'- 改成 ph- 等等而已。这样做还有一个方便，即可以直接和印度文字中的语音相比较。在印度文字中，总是用 -h- 来表示送气音，例如 Buddha, siddhānta 等。
27 因此，在某种意义上似乎又回到很久以前在“东方圣典”丛书中所应用的米勒-理雅各 (Müller-Legge) 系统了，但这里只是部分地相同，因为米勒-理雅各系统中并不用 ch- 与 chh-，ts- 与 tsh-，tz- 与 tzh- 等符号。而且，我采用的所有符号，其音值都是根据威妥玛的标准(参看表 1)，而不是采用米勒-理雅各表中所示的那些音值。应当说明，米勒-理雅各的表中所用的送气音 -h- 是印成斜体字的，我觉得不必要，因为人们会很快记住，这里的 th- 并不是英语中的 th-，而 ph- 也和希腊文中发 f- 音的复辅音毫无关系。此外唯一容易混淆的是 shang 和 tshang 两者发音上的不同，前者发音恰象英语一样，而后者的 -h- 是送气音符号，也就是说，这个词应该象 bets hard，而不是象 bet shard 那样发音。

为了避免学究气，著名的地名都按照最熟悉的方式写出，不很著名的地名则根据威妥玛系统[参看 A. R. H. (1) 的注解]。部落和市镇的名称一般用连字符和一个大写字母，例如 Yüeh-chih（月氏），Chiu-chhüan（酒泉）。国名则用连字符和两个大写字母，例如 Ta-Hsia（大夏）。

中国文字简述

在本书开始部分说明一下汉字拉丁化所采用的办法，这是必要的。以后，在关于中国地理的概述中，我们将简单地提到各种方言的分布，那时我们将看到，在中国的文化发展被地理上的重重障碍所分割的情况下，中国文字成为促进中国文化统一的一个多么强有力的因素。因此在进一步叙述以前，在这里对中国的文字作一个简短的说明是合适的，目的是概述后面将要讨论的科学技术贡献的语言媒介。扼要介绍中国文字的最好的英文读物是高本汉的一些小册子 [Karlgren (4, 5)]，特别是他的《中国文字的发音和符号》，读者可以参阅这本书[1]。

中国文字是三千多年以来一直保留着象形书写法（与拼音书写法相对立）的唯一文字。这可能是因为：(a)这种文字也许一开始便是严格的单音节的[2]，(b)它是“孤立的”，而非粘着的。它没有象埃及文字那样，从象形文字（碑铭体）经僧侣体再过渡到大众体，并由此产生出拼音字母 [Fevrier(1)；Forguson (1)]。

中国文字最原始的形式大体上是象形文字，亦即将图画减略到必不可少的程度，使之通俗化，后来就成为字体[3]。当然，具体的事物，例如天体、动植物、 28
工具和器具，都很容易画出来[4]。有些象形文字将在表 2 的第一部分中列出，该表录自哈隆的一篇著名的短文 [Haloun (1)]。可以看出，这些象形文字大部分在许多世纪中已成为一系列的部首（见表 2），可是也不全是这样，例如“象”字本身不是一个部首，但被归属于 152 号部首“豕”之下，而“壶”字则归属于33号部首“士”之下。当然，这取决于后来的辞典编纂者的决定。

后来，文字的范围扩充到包括由各种代用体形成的间接符号[5]，例如以部分代全体，以属性代事物，以果代因，以工具代动作，以姿态代行动等等隐喻的方式。表 2 表明，“陟”字，有向上登高的意思，起源是两只向上的脚印的图画；而“畐”字，意指充满，是从表示坛的古代图画中引伸出来的。

第三类文字是由两个或两个以上的象形文字有意义地组合起来，形成所谓联想组合[6]。例如，“婦”字包括女人、手和帚的符号；“父”字则包括手和杖的古代符号；“好”字（动词“爱好”或形容词“良好”）是妇女和孩子两个符号的组合字。特别明显的例子是“男”字，它表示“力”（耕种）和“田”两个部首，并且含有“在田间用力耕作者”的意思。当然，在组合中各基本单元的音便消失在“合成”音中，而后

1）最近出版的福雷斯特 (Forrest) 的著作，从语音学家的立足点更深入地论述了这方面的问题。该书的参考文献包括高本汉等人的技术性论文。

2）有些学者认为，古代中国的文字具有一个以上的音节，可是由于书写表意文字的困难而不得不成为单音节文字。人们无法确定古时一个词的每一个音节是否都用文字记载下来。见本卷 p.40，也可参阅 Dubs(27)。

3）搜集为数极多的汉字古代象形形式的辞典有高本汉的巨著 [Karlgren(1)]。本书引证该辞典时，指出有关章节的号码，例如 K451。

4）汉字的古代形式从科学技术史的观点来看，有时是非常有意义的。在有关章节中将不时地提到这一点。

5）这个名词是哈隆提出的，借以代替高本汉、蒋彝等所用的“指示符号”。“指示符号”这个名词不很恰当，因为它将使符号类型的这种分类法（主要是按起源分类）和本书第四十九章将要讨论的“逻辑语法”分类法产生混淆。

6）高本汉、蒋彝等称之为“逻辑复合字”，这个名称因为与前述相同的理由而完全无法被接受。

29

表2 中国文字的演变

象 形 文 字

古代字体	小 篆	现代字体	各种书写方式	部首号码
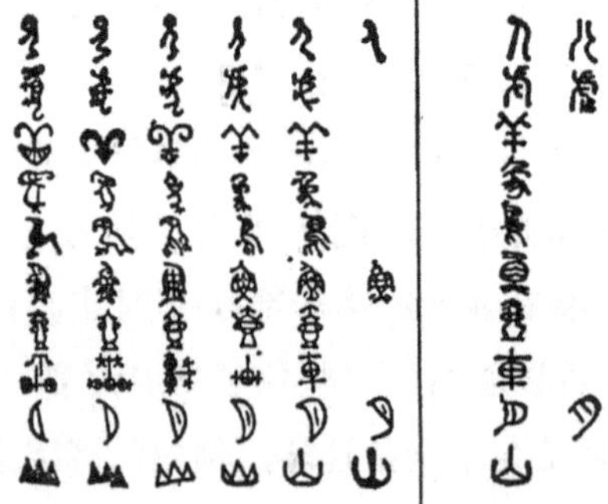		人	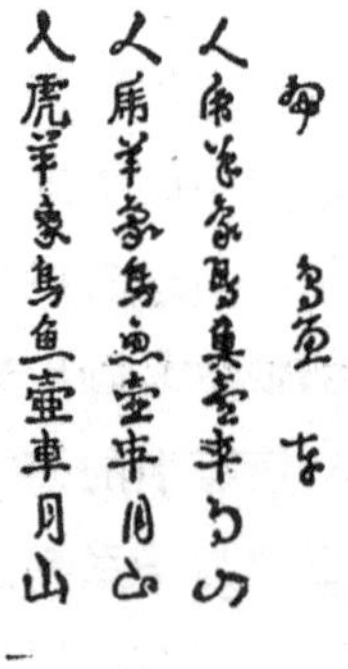	9
		虎		141
		羊		123
		象		—
		鸟		196
		鱼		195
		壶		—
		车		159
		月		74
		山		46

间 接 符 号

射——用弓射击；伐——攻击(人被斩首)；为——做，管，领(用手牵住象鼻前进)；立——站(一个人站着)；降——下降(山和向下指的两只脚印)；陟——登上(向上的脚印)；至——到达(箭射中目标)；回——回转(迂回)；曰——讲话(嘴和呼吸)；甘——甜(嘴中有物)；高——高耸(一个高楼的图形)；長——年长，成长，伸长(一个长发人拿着手杖行走)；力——力量(耕种)；畐——祝福(一只酒坛的图形)；酉——酿造的酒(坛及坛内有液体)。

联 想 组 合

父(手和杖)；婦(女和帚)；好(妇女和孩子)；奻——吵架(两女)；林(两木)；森(三木)；析(树和斧)；牧(牛和挥动鞭子的手)；鸣(鸟和口)；男(在田中用力)。

限 定 字 和 语 音 字

"耳"(êrh)是下列各字的语音字：珥(êrh)——耳环(限定字：玉，耳的同源字)；饵，鬻(êrh)——饼(限定字：食或鬻——大锅)；毦，毴(êrh)(限定字：毛)；佴(êrh)——助手(限定字：人)；[illegible](êrh)——诱虫的饵(限定字：虫)；衈(êrh)——一种祭品(限定字：血)；耻(chhih)——羞耻(限定字：心)；弭(mi)——抑制，弓的末梢(限定字：弓)。"耳"又是下列各字的限定字：闻(wên)——听(语音字：门)；聆(ling)——倾听，领悟(语音字：令)；聳(lung)——听不见声音(语音字：龙)；聰(tshung)——听觉灵敏，聪明(语音字：悤)；耸(sung)——惊，激动(语音字：从)。

"立"(li)在下列各字中是语音字：笠(li)——锥状的帽子(限定字：竹)；粒，[illegible](li)——米粒(限定字：米或食)；苙(li)——动物的围栏，(chi)风信子(限定字：草，植物)；泣(chhi)——哭(限定字：水)；拉(la)——拽，摧(限定字：手)；翋(la)——飞(限定字：羽)；雴(li或chhih)——大雨(限定字：雨)；飒，颯(sa)——风暴(限定字：风)；"立"在下列各字中作限定字：站(chan)——立着(语音字：占)；竚(chu)——等待(语音字：宁)；竣(chün或tsun)——停工(语音字：夋)；靖(ching)——平静(语音字：青)；端(tuan)——极端，开始，结束，本原(语音字：耑)；竭(chieh)——用尽(语音字：曷)。

者在造字者将具有不同音的各个符号合在一起来表示组合字之前就已存在。这样，我们便得出一种方程式：力＋田＝男。这类方程式在人们熟悉了这种文字时，便会在头脑中形成一个半自觉的概念。

和这类有意义的组合字密切相关的还有一小类文字，我们也许可以称之为互解符号[1]。例如，“考”字据说是从“老”字而来，因为很自然，总是老年人考年青人（K1041, 1055）。可是实际上这两个字原来是完全同义的，即“年长”的意思， 30
后来字义和字音分家。的确，这两个字原来可能是一个字，发音有点象 khlog。然而，也许这一类中的每一个字原来都属于其余各类的一种或他种。

到此为止，我们已经提到象形文字、间接符号、联想组合和互解符号。中文中属于这几类的字，现在还有二千个左右。但是，由于中文的同音字非常多（如英语中的 sow, sew, so），因此自古以来便有一种趋势，即借用一个具有某种意义的同音字，严格说来是同音异形的另一个字。哈隆［Haloun (1)］认为，公元前两千年的一件青铜器上的铭文，是用“蝠”的图案来表示“福”，现代的刺绣上也许还有这样的做法。这种很强烈的双关语趋向使得已失去原来意义的一些字接受了完全新的词义。例如，古代的缀字法清楚地表明，“來”字原来表示一种谷物（K944）。现在作为第三人称代词的“其”字，原来表示一个簸箕（K952）。“萬”字原来表示蝎（K267）。这种转移，是由于不同字同音引起的。这样的语音字称为假借字。

K 952　K 267　K 944　K 952

在中国文字的演变中，最大的发明是限定语音字。一个限定字是把一个部首加到语音字上去，这样便指出了字义所在的范畴。这样，一系列具有同样（或几乎同样）发音的字便可以毫不混淆地书写出来。例如，同和各种不同的部首组合成下列各字：

1）中国学者们对这一类文字争论很多。有人认为它应包括现在列入第六类中的许多字（见后文），并且认为它只应包括写法和发音相同而意义不同又大都是罕见和废弃的字。在阅读下面数页之后可以更清楚理解这个注释。

金＋同＝铜 木＋同＝桐

心＋同＝恫 竹＋同＝筒

行＋同＝衕 水＋同＝洞

31 这个**同**字始终是语音字，而绝对不是部首或限定字。相反，**水**字却几乎总是部首或限定字，表示该字和水有关。例如：

水＋末＝沫 水＋阑＝澜

水＋桼＝漆 水＋叉＝汊

水＋每＝海

这样的组合字究竟有多少是周代早期造字者所精心探索的结果，还是一个疑问。其中有许多看来确实是很合适的，有时甚至颇有诗意，可以看到思想的前因后果，但是，对我们来说，凭空想象来解释这些组合的机会实在太多了，我们只能利用这些并列组合来帮助我们学习中文。现在我们已经看到语音字和部首限定字的功用，还有一点要说的是：有些字既可以用作语音字，也可以用作部首限定字，视情况而定。这一类的例子，如**耳**和**立**，可参看表2。

前面各类中，任何一个象形文字和符号都可以用作语音字，也就是说，可以使构成的字具有和它原来表示的字相同或类似的音。可是限定字的数目是有限的，因为在原始文明的各个阶段中所需要表达的范畴比较小。因此，部首限定字便逐渐成为辞典中汉字分类的便利的工具。

公元前9世纪时，部首方法已经得到充分使用，并在公元前213年前后，由秦始皇的丞相李斯整理出来(见本卷p.101)。第一部大辞典是许慎的《说文解字》，完成于公元121年，共有541个部首。这个数目一直到明、清两代才有实质性的改变，当时经过连续数次合理的修订，部首起初减到360个，后来又减到214个，直到今天还保持这个数目。

对于研究中国文字的自然科学家来说，若把这些部首类比成化学中的“分子”与“原子”，可能是有帮助的——汉字大致可以看作许多分子，它们是由一套214个原子用各种排列、组合方法构成的。这种说法是对的，因为几乎所有的语音字都可以拆开成几个部首，虽然这是晚期的一种人为的方法。许多字原来和各个部首没有任何关系，但约定俗成使它们归属于某些部首。有些汉字很难查找，结果一些辞典后面只得加上一个特殊的表，将这些“部首不明”的字列入表中。在一个
32 “分子”中所包括的“原子”可以多至七个，并且“原子”可以重复（象形成晶体一样），在一个字中可以有三个同样的要素，例如在“森”字中，“木”这一部首便重复了三次。有些最复杂的字是不可分割的，如“龜”字，因为它们是定型了的古代象形文字，字形复杂，笔划有十七划，排在部首表末尾。关于这一切对中国科

学术语发展的影响，在后面的章节里还将更详细地加以讨论【本书第十三章 (b)、第三十八章、第三十九章和第四十九章】。

上面所述汉字的六种分类，最初是由汉代的刘歆和许慎划分的，从此以后，便一直成为中国学者们经常讨论的问题。它们被称为“六书”[1]。并由此而产生了《六书故》这样的字典，它是由宋代戴侗(约1237—1275年)编纂的，在元代(1320年)印行［参阅 Nacken (1) 及 Hopkins (36)]。这六类字的名称是（次序如上述)[2]：

(1)象形——描写形状(象形文字)

(2)指事——指示状况(间接符号)

(3)会意——观念会合(联想组合)

(4)转注——意义转移(互解符号)

(5)假借——借用(语音借用)

(6)形声——形与声(限定语音)

在1716年出版的《康熙字典》中有49，000个字，其中象形和符号类字不超过百分之五，其余都属于第六类。

商代(公元前14世纪至前11世纪)的铭文大部分是象形文字，还有一些会意字和假借字。形声字在周代(公元前11世纪至前3世纪)有很大发展。这样，中国文字本质上是语音文字，用大约一千个符号表示所有不同的单音字的音，并和说明意义的限定字组合成为形声字。可是，在文字进一步语音化时，原来几乎完全同音并可用同一语音字来表示的各个语音组合字，却变得完全不相似了。例如，现在的“工”字就不能恰当地表示“江”字的音了，而“占”字则完全不能表示“帖”字的语音[3]。一般说来，在中国文字中，一个字的发音和它的书写方式是没有任何关系的。确实，在这种意义下，写出来的文字的意思是固定的，不管讲什么方言的 33
人都能明白，但他们发出来的音可能完全不同，彼此无法听懂。就是这种语言中的“数学”素质，给14世纪早期的波斯人留下极深的印象(见本卷 p.218)，后来又引起象莱布尼茨 (Leibniz) 这样的18世纪欧洲学者的注意，也许还推动了欧洲

1) 这一名称在《周礼》卷十三第二十七页提到过 [E. Biot (1), vol. 1, p.298]，可是张政烺最近指出(附有碑铭证据)，在西汉时，学童练习写六十个字（见本卷 p.79）称为六书，和许慎及以后的学者们所说的意义不同。对于这一点，康有为等学者早就提出过不同看法。

2) 蒋彝曾对此作过通俗的叙述。它们和逻辑语法类文字有什么关系是一个很有趣味的问题，这在后面将谈到。

3) 参阅 Karlgren (5), p.39.

数学逻辑的发展[1]，后面我们将谈到这一点（本书第四十九章）。可是狭义地说，对于某一字形来说，语音是固定的，因为在一种方言结构内，例如威妥玛用来作为汉字拉丁拼音基础的北方官话，有一定的发音范围，即使是人们过去没有碰到过的字，也肯定是处在这一发音范围内的（也有某些例外）。例如，沿用上面所举的例子，“侗”这个字（这恰巧是《六书故》作者的名字）只能读成 thung 或 tung，而不可能变成 ping 或 kuo。同样，“员”这个语音字，不管在哪一个组合字中，它的发音都是 yün 和 sun，而决不会成为 li 或 ma。关于这些语音以及它们在许多世纪中所经历的变化的详细研究，可以查考高本汉的著作〔特别是 Karlgren (7)〕，以及福雷斯特的著作〔Forrest (1)〕，等等。

对科学家说来，这里有一点是很有意思的。当我开始研究中文时，我采用了一种很少有人提倡的方法，可是这种方法显然是有用的。我把笔记本的每一页写上四十个韵母中的一个，例如 -i, -ia, -iai, -iang, -iao 等，并在每一页上成纵列写上一套二十三个声母，如 ch-, chh-, f-, h-, hs- 等。再用四纵栏区分四声[2]。然后将学过的字填在它们合适的位置上，就象在笛卡儿座标上那样。一本笔记本上写文字，另一本上则写它们相应的拉丁拼音，把写和读分开来，这一方法已证明对学中文是非常有用的。

过去，我完全不知道我所用的方法和中国学者们许多世纪以来用以分析字音的方法相似。他们发明了“反切”体系作为文字的“拼音”方法[3]。象上述那样把所有的单音节分开，他们便能指出给定的字的发音，例如，kan 是由 k (uo)＋(h)
34 an 反切读出的。这一方法似乎始于公元 270 年左右魏国（三国时代）的孙炎，也许是由于与梵文学者的交往而促成的[4]。古代用反切法来表明字音的最重要的辞典是陆法言的《切韵》，该书经过长期编写，在 601 年，即在唐代以前不久的隋代出版（见本卷 p.122）。这一著作本身作为一个整体是散佚了，可是它的“拼法”却

1）这里的困难在于：就在这种符号的语义学意义确实与发音无关的情况下，一个符号本身还可以有、并且往往有非常多的不同含义。中国字的定义甚至比欧洲字的定义更不确切。高本汉［Karlgren (4), p.85］曾举例如下：“经”字原来的意义是织布机上的经线，可是后来变成：(a) 有机体中的脉管，即动脉、静脉和神经；(b) 地理上的经线，即子午线；(c) 表示基本路线，计划，调整，安排，甚至治理国家；(d) 固定，因而也指恒星；(e) 不变的规则、原理，进而引伸为经书、佛经或祷词；(f) 遵循一种原理，实践，体验，经受艰苦；(g) 经过、通过，过去、较早、已经。总之，在各种情况下的含义视上下文的关系而定，这里是不合数学逻辑的。见 Cohen (1).

2）在这里我不想多谈四声，因为在威妥玛的著作以及所有对中国文字的介绍中都可以找到关于四声的论述。可是应该指出，四声还不足以区别同音字。例如 shih 这个音，用第二声发音时，可以作“十”、“时”、“食”、“蚀”、“拾”、“石”、“埘”、“峙”、“鲥”、“祠”等解释。

3）参阅 Karlgren (5), pp.67ff.

4）Nagasawa, p.143; Forrest (1), p.149

保留了下来，一直为后世所沿用。

中国文字在中国整个历史中，经历了不断的删减和简化。古代的中国文字可能不仅有某些尾音变化[1]和其他复杂的文法(这些后来都消失了)，而且肯定具有比中古代和近代中国文字更多的音[2]。具体地说，大多数现代中国方言由于失去了许多辅音尾(如 -p, -t, -k, -m, -n 等)，而变得贫乏得多。只有在广州、厦门和其他南方方言中，还保留着这些尾音。例如"衣"，"一"和"揖"这三个字，在北方官话中发音都一样是 i，可是在广州话中却分别为 i, yat 和 yap。从比较法研究中发现，现在所读的"佛"，在古代中国文字中读 budt (实际上是 b'juet 或 b'jued)。这些古代的发音还保存在翻译中文专用名称或技术术语的外国文字（如梵文）或藏文译文中，以及在外国地名或人名的中文音译中。在亚洲语言学研究中，大部分工作在于清理古代语音[参阅 Hirth (1), Laufer (1)]，这种研究在科学技术史上是很重要的，因为它们影响到关于自然产物、思想和技术传播的一切结论。

因此，到 11 世纪时，陆法言的《切韵》已不能再用，这是可以理解的，因为发音已经不知不觉地改变了。因而司马光在1067年发表了对《切韵》作系统解释的一套通常所称的"韵表"，将文字按照宋代发音重新排列。这便是司马光的辞典《类篇》。后面将说明，在中国语言学发展中这样产生出的图表系统，实在值得数学史家们予以更多的注意，因为精确的表格肯定是座标几何学的根源之一（参阅本书第十九章)。中国学者在历史学、语音学和语言学的研究中比在自然科学的研究中更多地利用表格，这或许是中国文化的特点，虽然我们将看到，中国数学的极大部分都应用矩阵或表格表示法。司马光之后，其他许多书中都有语音表（参 36
看图 1)，例如，1150 年左右郑樵的《通志略》和 1250 年左右周德清的《中原音韵》都有这样的表[3]。到了明代，对中文古音的研究，运用科学方法取得了巨大的进步[4]，特别是在17世纪更是如此(见本卷 p.145)。

也许正是在发展了的语言中的这种语音上的贫乏，使中国文字在形成科学术语方面遇到困难。从表 3 可以看出，中文语音少到什么程度。这个表是按威妥玛-

---

1) Karlgren (6).

2) 所有的汉学家们现在都接受格鲁贝 [Grube (2)] 在 1881 年首先提出的看法，即现代中国文字几乎使人为难的简单程度是文字极端高度发展的标志，而不是原始文字的标志。在印欧语系文字中，英文已大为简化，可是中文把同样的过程进行得更彻底。

3) 参阅 Wylie (l), pp.8 ff.。

4) 这种研究的后果之一，是郑麟趾和其他学者在一位开明王子的支持下，于 1446 年制定并推广了朝鲜的"音文"字母[参阅 J.S. Gale (l)]。

35

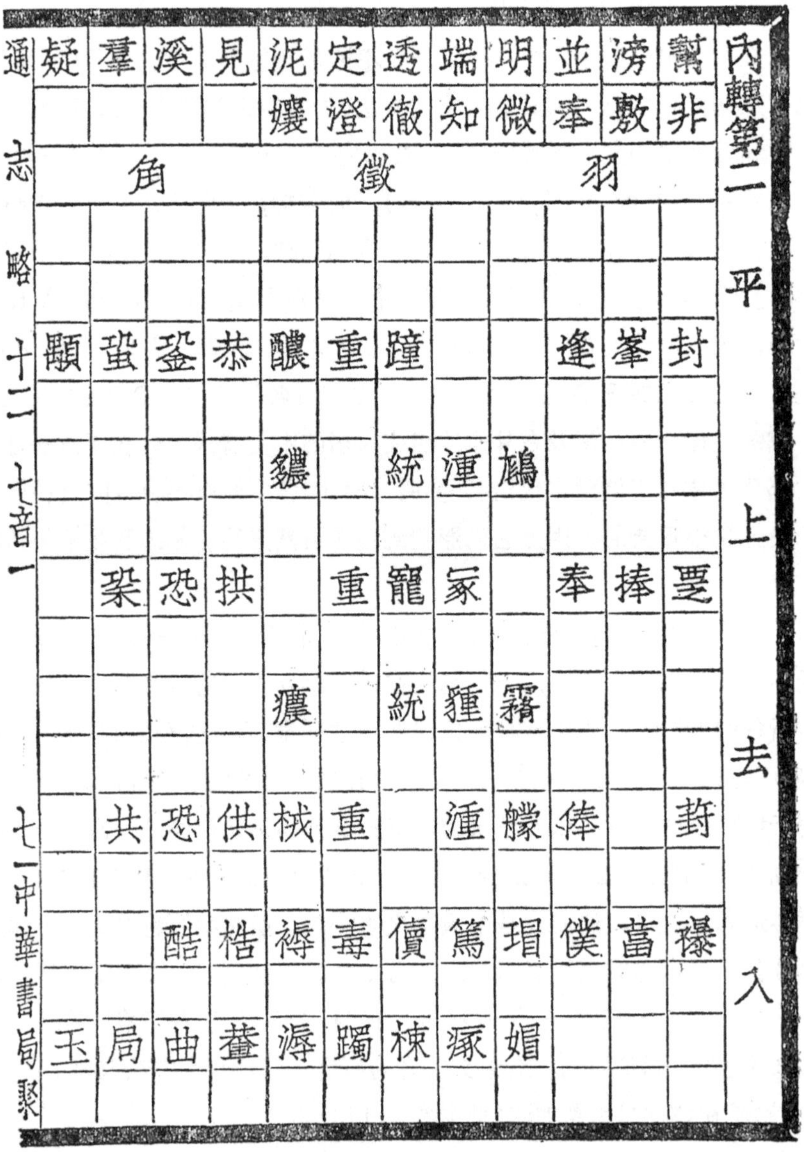

图 1 采自郑樵《通志略》的语音表(约1150年)。字被置于座标系统中，横轴(从右至左读)以字首辅音(声母)"分度"，而纵轴(从上至下读)以元音及尾音(韵母)"分度"。横轴也可用来按乐符分类(从上算起第三行)，而纵轴上各字的位置按四声排列。

翟理斯系统(北方官话)编制的[1]，表中的空白点表示缺少了许多可能的语音组合。实际上，至少有 58.8%，即一半以上的可能语音组合都空着。为了了解这一情况，人们应该知道，《康熙字典》共有字 49 000个，但使用的音只有412个。在实际

1) 有些地方方言的发音当然要丰富得多，可是这并不影响这里的看法，因为北方官话在最近三百年来，亦即从近代科学技术兴起时起，已成为知识界唯一普遍应用的语言了。

表 3 中国文字的语音组合

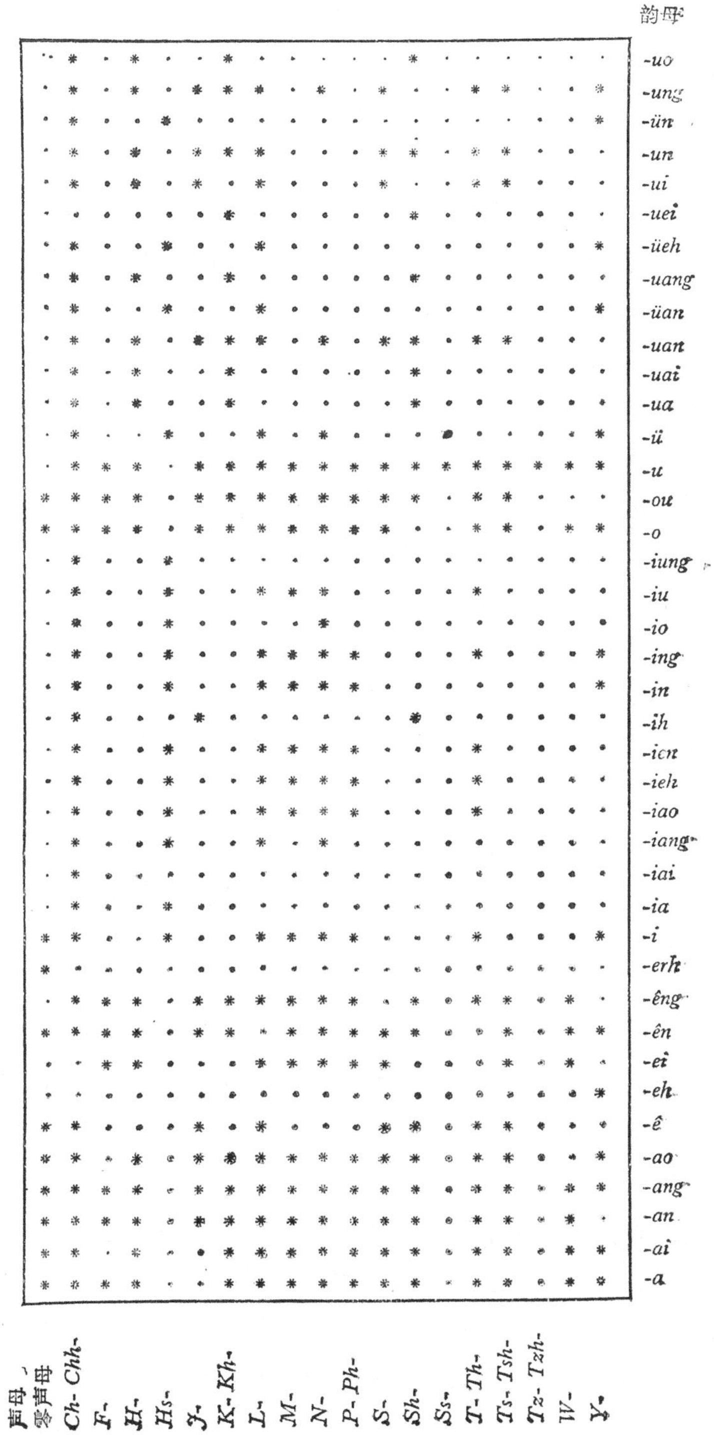

应用中，这种状况由于使用四声而有所缓和，使可能运用的语音数目增加到1648个左右。因此，平均算来，每一个语音大约有四十个意义。当然，情况并没有这么严重，因为很大一部分字是废弃的字、诗词用字和高度专门化的字。记得我初学中文时，在一本辞典上看到一个字，它的意义是“樵夫夜归时的歌声”，考虑之下，我想无论如何不会常用到那个字。可是，反过来说，在现代中文中已为科学名词创造出许多新字。在这方面，中文是非常不方便的。在创造科学名词时，西欧不仅可以用希腊文和拉丁文的词根，而且还可以用阿拉伯文词根，把它们添加到原来已经很丰富的条顿语的复杂的辅音组合词中，例如 athwart, flowsheet, sibling, splash, clingstone 等。这样便发展出许多差不多同义的词，它们可以表达意义的许多极细微的差别。中文则没有这样的资源可供利用，虽然它也有几乎是无限的可能性，可以形成许多新的视觉组合字，并且现在已经在某种程度上加以开拓利用了。我们不知道这些事实对以后要谈到的名词学问题是否重要（本书第四十九章），可是它们在这里应引起我们的注意。

有意思的是，在很早的时候，声母和韵母的表就已在欧洲的汉学书籍中出现了，例如，在李明 (Louis Lecomte) 所著《回忆和考察——最近在中华帝国内的旅行见闻》一书 1698 年版本第 176 页的对页中便可看到（形式已变）[参阅 Pinot (1), pp. 90ff.]。完整的西方汉学史至今还没有写出来，可是高第 (Cordier) 已经
38 简要地概述了它的初期发展过程[1]。17 世纪初叶，耶稣会士们在北京定居后，中国学者便有机会去欧洲旅行。第一个人(他的姓名我们不知道)于 1654 年和卫匡国 (Martin Martini) 一同西行，他们在莱顿的码头上和哥里乌斯 (Golius) 作了一次著名的会见，他们的谈话确定了“十二支”（即地支）和“二十四候”的起源，关于它们，哥里乌斯在纳绥尔丁·图西 (Nasīr al-Dīn al-Tūsī) 及兀鲁伯 (Ulūgh Beg) 的著作中看到过（参阅本卷 pp. 79, 217ff.）。第二人是沈福宗，他在 1683 年和柏应理 (Couplet) 一起西行，后来和托马斯·海德 (Thomas Hyde) 在牛津的博德莱恩图书馆一起工作，那里至今还保存着注明那个年代的《水浒传》抄本[2]。

这样，在17世纪时，欧洲人对中国的非拼音文字已有一般的认识，而且因为欧洲人早已知道埃及象形文字的存在，所以，早期对中文的研究很自然地认为中文起源于埃及文。这个看法持续了很长一个时期，从1667年阿塔纳修斯·基歇尔 (Athanasius Kircher)[3] 的《中国……图说》(China … Illustrata) 一书和约翰·韦

1) Cordier (1), vol.1, pp.10 ff.; (9,10); 亦可参阅 Duyvendak (13)。

2) Duyvendak (15)。

3) 这位耶稣会士在细菌学史方面的地位是众所周知的 [Dobell (1), p.370; Bulloch (1)]。

布 (John Webb) 的被遗忘了的著作[见 Chhen Shou-I (I)]，直到1760年德金 (Joseph de Guignes) 大胆地题为《回忆录——证明中国是埃及的殖民地》一书和1761年我的一位祖先约翰·特伯维尔·尼达姆 (John Turberville Needham) 所著《埃及碑文研究》一书[1]，都是如此。可是到18世纪后期，在这一问题上又有了新的认识，在德·波 (de Pauw) 所著的《埃及人和中国人的哲学研究》(1774年和1795年)中，他用了很大篇幅来驳斥这两种文明之间有任何关系的说法，可是他对这两种文明都知道得不多[2]。

现代的汉学实际上是从19世纪开始的。阿贝尔·雷米萨 [J. P. Abel Rémusat (2)] 1815年在法兰西学院所发表的就职演讲，至今还值得一读。在这里，我情不自禁地想把他当时有关中国文字在科学和历史上的价值的话抄录如下：

> 许多西方人被教导说，中国人还停滞在文明的最初阶段。假使我可以冒 39
> 着被谴责为偏袒某一民族(对它的文化我已研究了许多年)的风险的话，那末，我很乐意尽力把西方人引导到一种错误较少的观点上来。大多数欧洲人听到中国的几何学、天文学或自然史时，都是一笑置之。可是，即使这些科学近年在西方的进展确实使我们不必要求助于这些远方民族的知识，我们是否就应当因而拒绝研究他们的知识的现状，特别是拒绝研究一个一向培植和尊重知识的民族的古代文化呢？中国人早在公元前2200年便已知道直角三角形的性质。大禹治理了两条大河，它们的流速等于而宽度几乎等于美洲的那些大河；并且把成百条河流的大水疏导到十万平方里格 (league) 以上的土地上，这些功绩便是更充分的证明。如果我想动摇已被大家接受的看法，那末我可以证实，我曾在一本出版时期比发现引力要早得多的中文辞典中找到潮汐的原因，它非常恰当地被称为"月亮对地球的爱情"。即使这个民族的天文学理论有缺点，但他们关于日月食和彗星的记录还是很有意义的；即使人们坚持说中国人在计算中有错误，但至少必须承认他们的观察力和我们的一样好。

---

1) 这便是和斯帕朗扎尼 (Spallanzani) 在自然发生说上有争论的那位尼达姆；作为布丰 (Buffon) 的一位持后成论的朋友，我曾试图提高他的声誉 [J. Needham (2), p.188]。他曾在都灵的博物馆里发现一个花瓶上刻有埃及文(或者伊特拉斯坎文)的象形符号，并想说服在梵蒂冈的一位中国籍图书馆员，让后者同他一样相信其中有些符号和某些中国文字相似。无论如何，我的这位祖先是当时当地认识到中文的非拼音结构的一个先驱者。当然，早在13世纪，修道士罗伯鲁 (William of Rübruck) 早就发现这一点，并清楚地说明过这种情况。见 Yule (2), vol.1, p.161。

2) 德·波的写法有一些武断，整个说来，他对中国人及其支持者比对埃及人及研究埃及的学者们更无礼貌。可是在他的书中有许多饶有风趣的故事。他提到中国的龙和埃及的鳄鱼；埃利奥特-史密斯 (Elliott-Smith)的支持者们被说得一无是处，连祖宗三代都被攻击到了。埃及和中国之间的任何类似之处(例如人工孵卵的技术)都被认为纯属偶然，中国的炼丹术和建筑术被断然贬低了，万里长城也被斥为"古代世界所建的最伟大而最无用的建筑"。

> 不仅如此，他们的农村和家庭经济是很进步的，足以使我们学到许多有用的东西——至少那些把这类科学作为研究对象的人们是这样向我证实的。至于中国人对自然界各种生物的描写，即使不说在欧洲人可以自由进入他们的国家以前这些描写是无法超越的这个事实，而作为一个这样严谨的民族的产物，这些描写也是绝对不容轻视的；我希望能完全根据中国作者们的资料编写一本植物学，借以证明，他们所达到的水平远较拉丁民族或中古时代的博物学家们为高，即使低于个别人物如林耐 (Linnaeus)、朱西厄 (Jussieu) 或德方丹 (Desfontaines) 的水平。

雷米萨所举的事实和他的判断究竟正确到什么程度，也许大家在后面就会清楚了。

现在我要离开这一段插曲(假使它是插曲的话)回到正题，再对汉语语法谈几句结束语。在这方面，加贝伦茨 (v. d. Gabelentz) 的古老的著作一直没有被超越过。除了上面已经提到的一些书籍外，我也参考了戴遂良的著作 [Wieger (5)]，以及马伯乐的清晰而简短的文章 [Maspero (6)]。假使说中文的书面文字是极其复杂的话，那末，它的语法之简单却是另一个极端。

中文没有正式的词类，一句话的各个部分之间也没有区别。名词和动词是通用的，例如，"树"可用作名词，可是在"树人"这一表达中便成了动词，而在"树林"中便成了形容词。汉语没有动词、词尾和词形的变化，动作的时间依靠添加一些独立的表示各种时间的词来表示；人称代名词往往是不必要的，而且也没有性别。最重要的语法关系是由词的排列次序来表示的，例如，"手背"表示人的手背，而"背手"则表示把手放在背后。汉语唯一比我们熟悉的其他语言复杂的方面，是它对于集合物体有大约四十种"量词"。因此，"三人"必须写成"三个人"，"三书"
40 必须写成"三本书"，"三楼"必须写成"三座楼"。它也有一些"虚字"，插进虚字是为了使句子的节奏适当[1]。中国的古文没有标点，这个事实对于上下文的解释有时可能引起严重障碍[2]。

前面说中文是一种严格的单音节语言，这句话需要斟酌，因为在口语中已产生了一种趋向，即把两个同义字连在一起，成为同源异体重叠词，例如"看见"，"感谢"等，以免发生同音异义的误解。有的辞典，如麦吉利夫雷 (McGillivray) 的辞典，把这些词全部列进去。当人们和中国人谈话时，马上就会感到他们尽力避免同音异义的混淆，因为人们经常会听到象"火车的火"等等这样的一些解释。

1）这或者是传统的看法，但外国的语法家们也许无法欣赏中文词句结构中的所有微妙之处。

2）参阅 Karlgren (4), p.91。

这在专用名词上更为显著。还有许多同源异体词，其中第二个字已失去它的特色，如“头”字加入到许多名词中就表示具有突出部分的物体，如“木头”，即一段木料；又如“儿”和“子”原意都是儿子，加在某种东西上，起初大概是指小东西，可是现在则指任何东西，如“桌子”。但是这和科学史家必须研究的“文理”、即“文言文”关系很少。中国人的所谓“白话”，应用在写作中最初见于元代(13 世纪)罗贯中的《三国志演义》中，到明代(16 世纪)在吴承恩所著《西游记》中得到了充分的发展[1]。同源异体词的产生也可以认为是对语音日益贫乏的补偿。如福雷斯特(Forrest) 所说[2]，这两种过程一定是齐头并进的，并不是语言先变成不能理解而后再设法补救，而是采用了辨别各词之间的新方法，使人们不需要完全依靠语音的差别。他发现，旧的发音体制崩溃的原因在于数量上占优势的民众在沿用这种语言时感到这种体制的发音奇特，因而难于采用。

因此，虽然存在着许多不同的方言和口语，可是全中国人民却用古老的文言文作为统一的“世界语”。正如高本汉所说[3]：

> 一千多年以来，文言文一直是一种人为之物，而且尽管有那么多格调的变化，这些年代以来它基本上是一样的。一个中国人一旦掌握了它，他所读的诗，无论是在基督时代写的，还是公元一千年以后写的，或者是昨天写的， 41
> 从语言学观点上看，对他都是一样的；不管是什么时代写的，他都能理解并欣赏它。可是在别的国家，书写文字随着口语而演变，在几个世纪中才可形成一种实际上完全新的书面语言。今天普通的英国人几乎看不懂三、四百年前的本国文学作品；最早期的文学作品只有经过专门的语言学学习才能欣赏。对中国人说来，则是数千年的文学作品都能欣赏；他们对本国古代文化的无比热爱和理解，大都是由于文言文的这种特殊性质之故。

的确，这种古老的文字，尽管字义不明确，却有一种精炼、简洁和玉琢般的特质，给人的印象是朴素而优雅，简练而有力[4]，超过人类创造出来的表达思想感情的任何其他工具。

1) Nagasawa (1), pp.246, 295; tr. Waley (17).
2) Forrest (1), p.190.
3) Karlgren (4), p.37.
4) Karlgren (5), p.48.

第三章　参考文献简述 42

(a) 总的说明

据我们所知，迄今为止还没有一本书，无论是中文的或西文的，曾包括过本书所涉及的范围[1]。可是，一些有关书籍必须在这里提到。

萨顿所著《科学史导论》这部五卷巨著的最大功绩之一是：在所有关于科学史的著作中，它最先详细地谈到许多中国科学家和他们的成就，书中还备有中国人名和日本人名的原文索引。当然，该书所采用的百科全书式的方法无法对世界的这个特定部分的科学发展给出一个连贯的史实，而且它也没有试图提出(我不敢说有谁能回答)为什么近代科学和技术是在西欧而不是在东亚发展起来的这一问题。萨顿的五卷著作虽然篇幅浩大，但毕竟有限，因此还有大量很重要的亚洲发明家不得不被略去；况且，他的著作只写到 1400 年，而在以后两个世纪中(在耶稣会士到达以前)，却产生了固有的中国科学中的几项最卓越的成就。然而，萨顿的卓越的巨著将永远是指引研究的宝库，同时也是一个提供资料的百科全书。希望没有人会(我相信他本人不会)感到，他的如此巨大的成就使得象本书这类研究世界上某些特殊部分的特殊问题的详尽专论成为不必要。

第二本要提到的是阿贝尔·雷伊 (Abel Rey) 的四卷著作《古代科学》，其中第一卷“希腊科学以前的远东科学”用大约六分之一的篇幅讨论中国的科学。可是它只论及最早期的天文学和数学，加之作者未能获得这方面的第一手资料，因而即使在这一有限的题目上，也是很不全面的。的确，他的这一部分论述与关于早期希腊科学哲学的详尽而生动的论述相比较是如此之贫乏，以致常常给人一种印象，以为古代中国人的科学并没有多大成就。

另外一类西文书是试图介绍整个中国文明的一些较老的著作。这些书中有时有一、二章谈到中国的自然物产以及艺术和科学。在 17 和 18 世纪，有许多这样的书，从金尼阁 (Trigault) 和李明的著作开始，直到杜赫德 (du Halde) 1735 年 43

---

1) 有少数较短的评论阐述过这个总的题目，这些评论都有一定价值，如 Chatley (3), Vacca(1), 以及很久以前的 Edkins (1). 张荫麟(*2*)的论文，也许是最有用的。吴承洛(*1*)曾将中国的发现、发明和学术成就与欧洲的对照编制成简要的年表。

的名著[1]。1819年格罗西尔 (Grosier) 所著七卷巨著中有一篇 (V) 谈中国自然史，一篇 (VI) 谈中国矿物，一篇 (XV) 谈中国工业技艺，另一篇 (XIII) 谈中国科学。1844年德庇时 (J. F. Davis) 所著《中国人》一书也是这样。他曾在1816年随阿美士德勋爵 (Lord Amherst) 出使中国。他的著作第三卷中有四章谈到中国的科学。1848年卫三畏 (S. Wells Williams) 的著作《中国总论》中也有类似的记述。到19世纪末，丁韪良 (W. A. P. Martin) ——应中国邀请去办学的第一批盎格鲁-萨克逊教育家之一 —— 出版了两本书 [Martin (1,2)]，其中《中国知识》(*Lore of Cathay*) 特别谈到了传统形式的中国科学。丁韪良的声望在于他是最早欣赏中国远古炼丹术的人之一。虽然这些书中关于东亚的自然史以及作者们在旅游中亲眼所见的关于工业的记述，对读者仍是有益的，可是从科学史的观点来看却极不可靠。在过去半个世纪中，汉学研究发展十分迅速，因此就古物的意义而言，这些著作在今天的价值主要是历史性的。

乍看起来非常奇怪的是，没有一本中文书谈到整个东亚科学史，哪怕只是某一时期的科学史。我所知道的唯一著作是陈文涛的《先秦自然学概论》，讨论的是周、秦时期(亦即直到公元前2世纪)的科学发展情况。可是这只是一篇简短而非学术性的论文，它也有中文书的普遍缺点，即对引用的内容不注明出处[2]。

这并不是说没有描写19世纪科学发展的中文书，可是这些都在我们的研究领域之外[3]。无疑，中国人自己极少写科学史的一般著作，这主要是由于下面几个明显的原因：(a)在传统的学术界里极端重视文学研究，而不了解中国科学的历史，
44 也没有感到写一本科学史是非常有意义的[4]。(b)现代中国自然科学家们本身苦于一些不利条件，他们一开始便由于必须掌握至少一种欧洲语言而耽误了几年，之后又忙于赶上最新的发展，以致无暇顾及他们自己文明中的科学史。(c) 中国人最初

---

1) 参阅 Pinot (1), pp.167ff。

2) 第二次世界大战时我在中国，听说鲁胜慕想写一本类似的范围广些的著作，可是还没有见到此书。

3) 中文书籍中也有二、三本论欧洲科学史的佳作(从古代开始)，例如张子高(*1*)和丁绪贤(*1*)。

4) 这种重视人文主义的倾向至少产生了一个好处。从科学史的观点来看，包含有价值的资料的中国古代和中古代著作不致于被伪造或篡改，因为传统的中国学者不会想到通过声称一项发现或发明的时间比实际情况更早而从中获得荣誉——科学、尤其技术是没有任何社会声望的。但同时也必须防范另外一种倾向，有人在"引证"古书时不知不觉带上了他们自己时代的"现代"感觉。例如，公元983年的《太平御览》(卷九二六，第二页)引用了李斯在公元前208年被腰斩前对他儿子说的话："唉！我们多么希望牵着我们的黄犬，臂上架着猎鹰去打猎啊，但我们现在不能这样做了！"可是原文*(《史记》卷八十七，第二十三页)根本没有提到猎鹰，尽管其余的话都是一样的[参阅 Bodde (1), p.52]。因此这一段并不证明公元前3世纪就有驯鹰术。可是奇怪的是，《太平御览》的编者们在写到驯鹰术时也引用了这一段，他们可能是从当代人的引文中取得的，而没有不厌其烦地查一下原文。关于这一例子，我们要感谢韦利 (A. Waley)博士(私人通信)。从这里得到的教训是，完全依靠别人的引文是不行的，即使有时不可避免。

*《史记·李斯列传》的原文是："吾欲与若复牵黄犬俱出上蔡东门逐狡兔，岂可得乎！"——译者

曾被欧洲列强的军事和政治优势所迷惑，以致认为造成这种优势的欧洲科学技术传统似乎是无可匹敌的。的确，把科学称为“西洋科学”，把它看成是中国难以理解的、在中国文明中没有根的这种倾向，至今还没有完全消除。可是也有少数人反对这种传统的看法，我下面就将谈谈他们的著作。

论述各门科学的历史的中文专著为数自然是很多的(见本卷 p.47)。

当然，现代西方汉学同样也特别着重于文学的研究。在 19 世纪初期，艾约瑟(Joseph Edkins)、施古德 (G. Schlegel) 和艾德 (E. J. Eitel) 等人非常重视科学和技术方面的问题。后来却产生了一种相反的倾向，这种倾向一直延续到现在。汉学家们一直在苦心从事纯文学和小说的翻译，非常细致地去钻研艺术作品和创作技巧，极力想要穿过佛教神学的迷宫，千方百计地设法弄清诗人和哲学家、僧侣和传教士生活中的每一细节。以法律和经济等作为主题的历史被搁置在次要的地位，而科学和技术则完全被遗忘了。那些著名的人物如顾赛芬 (Couvreur)、沙畹 (Chavannes)、伯希和 (Pelliot) 和劳弗，自然都不会随波逐流。当代的一些汉学家已认识到科学技术史的价值，例如德效骞对炼丹术和天文学的研究，白乐日对道教的研究，艾伯华对历法科学的研究，慕阿德 (A. C. Moule) 对潮汐、植物和动物的研究，另外如戴闻达 (J. J. L. Duyvendak) 对天文、地理和航海以及关于加帆手推车的奇异历史的研究，他们都应得到特别表彰。

(b) 资料来源

原始资料自然可以从所有收藏中文书籍的图书馆和收藏馆中获得。可是，在西方各国的图书馆中缺少的部分太多，假若作者在中国期间没有注意收集许多必要的书籍，而且这些书在运到英国的途中不是安然无恙的话，那末，本书的写作便是不可能的，这决非过分之说。手稿在研究中国的历史时所起的作用是比较小的；对于这一点，那些以西方史学研究的知识来从事这类工作的人们是会感到奇 45
怪的。举个例来说，在研究欧洲工程史时，要是不知道 15 世纪德国的许多手稿[1]，就不可能研究得很透彻。可是在中国，印刷术至少在 8 世纪就已开始使用，而且一般说来，在发明印刷术时还保存着的手稿，不是已经陆续修订而多次印刷出版，就是已经散失了。

这当然远非一件完美的好事。高本汉 [Karlgren (5)][2] 甚至说，在公元 2 世

1) Sarton (1), Vol.3, p.1550。

2) Karlgren (5), p.92.

纪发明造纸术，对中国说来，是件大不幸的事情。虽然中国在印刷术方面也走在欧洲前面，可是在公元8、9世纪以前还没有印刷术，其间有七百年的间隔，在这段期间内一切文稿都写在易毁坏的材料上，而不象西方那样写在笨重可是经久的羊皮上。另一方面，欧洲在出现脆弱不经久的材料后不久，便有了大量生产的技术。幸运的是，这一“间断”时期的中文手稿也已发掘了一些，其中最重要的是甘肃省敦煌附近佛教石窟寺庙千佛洞的藏书。1907年3月，奥里尔·斯坦因(Aurel Stein)从这里获得至少七千件文稿，现存不列颠博物馆[翟林奈有说明，参阅 L. Giles (5)]。这些文稿属于各个历史时期，从公元406年直到该藏书处所被封闭时止(公元1000年以后不久)。1907年12月，伯希和以汉学家的眼光来选择时，又获得了三千件，现存巴黎，后来将另外的二千多件运交中国国立中央研究院。1910年中国政府将原有二万一千件中所剩余的都收藏起来[1]。我将时常提及其中有重大科学价值的一些文稿，可是对它们的研究还远远没有达到完善的境地。

伟烈亚力的卓越著述 [Wylie (1)] 迄今仍是研究中国文献的最好的英文入门书。在这里必须引起注意的是，虽然他本人具备相当的科学造诣，但他对科学上有价值的中国书籍的介绍往往还是不够公正的。例如，他把10世纪的《化书》归入“伦理学文章”[2]，而实际上这本书包括大量唐代道家关于科学和哲学的重要资料。再如，对于象《通志》(1150年)这样一部著作中的大量科学内容，他也没有认识到。还有一些其他书籍奇怪地被遗漏掉了，显著的有《论衡》(83年)和《武经总要》(1040年)[3]。

46 除了伟烈亚力的著作以外，这方面的书籍还有长泽规矩也 (Nagasawa) 的中国文学史(有德文译本)和戴遂良的著作 [Wieger (3)] 中的书籍目录，后者有时也很有用。哈佛-燕京学社 (Harvard-Yenching Institute) 对历代正史中所包括的二十篇书籍目录所编的四卷索引(《艺文志二十种综合引得》)，是必不可少的工具书，因为至少可以用它来考证作者的姓名和大致的生卒年月。最近，杨家骆为学术界做了一件好事，即印行《四库全书学典》，将《钦定四库全书总目提要》(即乾隆皇帝时代文人学士认为有价值的书籍的目录，1773年)中所包括的一切书目全部列出。那时运到北京的书籍中大约有三分之一被抄录收入《四库全书》的七部写

1) Salles *et al.* (1), pp.5, 17, 25, 38, 64.

2) Wylie (1), p.127.

3) 明朝晚期的小说《封神演义》，虽然被伟烈亚力正确地看作是一部“武王讨伐纣王的神怪小说”，但实际上它还具有一定的科学技术意义。尽管它只不过是工业化时代之前的一些“满足于愿望”的空想，但却包含有对科学作战技术的幻想性预测。见本卷 p.165.

本中 [参阅 Mayers (2)][1]，其中有三部现在还保存着。但是，所有被认为有价值的，甚至那些被排除在皇家收藏以外的书，也都录入该目录提要中并加以说明。它的简略本《四库全书简明目录》并不很有用，因为它只收了入选供抄录的书名。梅辉立 [Mayers (2)] 估计，有3,511种书被抄录，另外有6,462种书经审阅在目录提要中写下说明后，便将书归还给原主。另外，《四库全书学典》采用字母索引(虽然它的拉丁拼音有些怪异)的现代方式编排，便于查阅[2]。

有关古代和中古代中国书籍的真伪问题，必须查考高本汉的重要论文[Karlgren (10)]。

中文书籍的特种书目索引将在后面适当的章节中提到。这里只提到长泽规矩也(*2*)为各种书目编的文献目录(《支那书籍解题》)。

至于说到第二手材料，则有中国科学史各个方面的一些专著。这是很幸运的，因为否则的话，任何人在进行广泛的查考时，一旦离开他自己原来的研究领域，都会落入不可克服的困境中。这里有四种显而易见的情况。

(a) 所讨论的领域既没有西文专著、也没有中文专著。

如：**动物学**

机械工程学[3]

(b) 所讨论的领域有西文专著，但没有中文专著。 47

如：**植物学**

Bretschneider, *Botanicon Sinicum*(贝勒，《中国植物学》)。

航海技术

Worcester, *Junks and Sampans of the Yangtze* (夏士德，《扬子江的帆船和舢板》)。

(c) 所讨论的领域有中文专著，但没有西文专著。

如：**水力工程**

郑肇经，《中国水利史》。

地理学

王庸，《中国地理学史》。

(d) 所讨论的领域有中文的、也有西文的专著。

---

1) Mayers (2), pp.291 ff., 以及参阅 Têng & Biggerstaff (1), p.22。

2) 我的一部是由该书编者和国立北平研究院慷慨赠送的。

3) 在象机械工程学这样探索得不多的领域内，也有若干有价值的评述性文章——我们手头有刘仙洲(*1*)的《中国机械工程史料》和查特利 [Chatley (2)]的《中国古代机械学的发展》(*Development of Mechanisms in Ancient China*)。可是在动物学方面，甚至一篇评述性文章也没有。

如：**数学**

钱宝琮，《中国算学史》；

Mikami, The Development of Mathematics in China and Japan

（三上义夫，《中国和日本数学史》）。

矿物学

章鸿钊，《石雅》；

de Mély, *Les Lapidaires Chinois*（德·梅里，《中国的矿石》）。

因此，我们在进行工作时，愈来愈明显地感到，还有广大而重要的研究领域现在还没有任何著作涉及过，我们希望中国的和西方的学者们努力填补这些空白。至于本书，则已尽量地利用了现有的专著，作者对它们的著作者表示衷心的感谢。

(c) 类书、辞典和其他参考书

我们经常查阅的最大的百科全书是《古今图书集成》，这部巨大的类书在1726年按朝廷的命令编成，其中包括32典、6109部、10000卷［参看梅辉立(Mayers, 2)和傅兰克(O. Franke, 9)的说明以及翟林奈的索引(L. Giles, 2)[1)]］。我有1888年的版本（约一千七百册），这是一件无上珍贵的礼物，我真不知道怎样表
48 示我的感谢。虽然许多西方的学者都非常信赖这部类书，可是我们必须记住，编者们引用文献时惯于留下缺漏，不指出这些引文的出处；因此只要有可能，必须查对原文。虽然如翟林奈所说，资料的排列往往很奇特，可是引证大体上是有年代次序的。

宋代的《太平御览》(983年)也采用同样的方式，可是引证较少并且较简略(我有1807年的版本)。哈佛-燕京学社为该书编的索引是必要的工具书。此外，还有王应麟所辑《玉海》(1267年)。从这三部类书可以获得中国古代科学技术方面的大量资料。

上面已提到，有些人挺身而出，反对一切科学都起源于西方这样一种观念，尽管这种观念在耶稣会士来到中国后普遍地被人们所接受。但是，他们走得似乎太远了。他们千方百计地想证明，恰好同人们的看法相反，一切最重要的科学发明都是古代中国的成就，只是被遗忘了而已。这一种观点产生出了一部有用的和几

1) 这个索引唯一严重的缺点是：它没有提供几乎全文重刊在《古今图书集成》中的某些书的书名和作者姓名。这部集成带有丛书性质，假使有一个索引把收录的书名按字母顺序排列，那将是非常有用的。此外，翟林奈所选的条目对科学史家说来有些古怪，譬如说，在其中可找到“tiddywinks”(投壶)，却找不到“tides”(潮汐)。

部不太有用的专门涉及科学技术史的小型类书和类似书籍。其中最好的是陈元龙的《格致镜原》，共100卷，1735年出版。正如伟烈亚力 [Wylie (1)] 所说，它是最有用的汇编，但他要大家注意其中的引文不准确，必须经常核对原文，他的这个看法也是很对的。我也可提出一部这样的书籍，但它的价值要小得多，那是1896年出版的王仁俊的《格致古微》[1]。这些书的书名当然都是采自古书《大学》中的名句："致知在格物"——知识的获得在于对事物的研究[2]。这个名句的简称"格致"，后来成为中国科学家的座右铭，并且用作许多普通自然科学书籍的书名（例 49
如徐建寅的《格致丛书》，以及《格致启蒙》）。

另外一部百科全书是1727年刊行的《子史精华》，它一概没有交代确切的参考文献，所以用起来比别的书籍更不方便，但有时却很有用处；它分成280个细目，收录了选自经书、史书和哲学家著述的引文。

在传统的中国学术界中是没有任何索引的，学者们必须通晓各种古籍，以便在任何特殊的问题上都能查阅原文。可是近年来出现了许多索引，特别值得提出的是哈佛-燕京学社编的各种《引得》和巴黎大学北平汉学研究所 (Centre Franco-Chinois d'Etudes Sinologiques) 编的各种《通检》。对于象《淮南子》一类的论自然哲学的书籍说来，这样的索引是必不可少的。

在辞典方面，有关古代汉语，我们用顾赛芬的［对于不懂俄文因而不能用鲍乃迪 (Palladius) 的辞典的人们来说，它是现有辞典中最好的一本］；有关现代汉语，则用马守真 (Mathews) 的。在涉及古汉字时，高本汉的辞典 [Karlgren (1)] 是必不可少的。和《牛津英文辞典》相当的中文辞典是《辞源》和《辞海》。对于单个汉字，最大的辞典是《康熙字典》。同源异体字方面的辞典是《辞通》。

传记辞典是一个问题。虽然在这方面有几部标准的中文辞典，特别是著名的《中国人名大辞典》，我们用得很多，但查起来很麻烦，因为其中的人名印刷不突出，不易与说明文字区别，并且只有朝代而无确切年月。较好的是谭正璧的《中国文学家大辞典》，它尽一切可能详细地提供了6851人的生卒年月（公历和农历都

1）该书末尾有一表，指出哪些古籍中记载有科学意义的材料，可是整个说来，它不是很有见识的书。它引得较多的书籍中有18世纪全祖望的《鲒琦亭集》，以及19世纪晚期张自牧的《瀛海论》。后一本书的过分夸大是令人遗憾的。例如，他仅仅抓住古代有关地球运动的记述，就宣称汉代人早已知道哥白尼的观点，而不想去探究所指的运动究竟是振动还是转动。

2）Legge (2), p.222。要讨论这句话的历史，就会离题太远了，因为至少从宋代以来，这句话已经成为中国思想家们争论的中心。《大学》一书收在西汉末期编的《礼记》中，有一千多年没有被人注意。后来宋代理学家把它抬出来，并尊之为四书之一。四书被认为是经典的精华 [Hughes (1), p.88, (2); Fêng Yu-Lan (1), vol. 1, pp.362ff., 368ff., (2), p.191]。究竟是这句话的原作者还是宋代理学家们赋予它自然科学方面的解释，那可能是永远不得而知的（见本书第十六章）。

有)。查考只知笔名或其他名号的人物，可以用陈德芸的《古今人物别名索引》[1]。查考正史中提到的人名的出处，可以在章锡琛的《二十五史人名索引》中很快找到。

对英国读者说来，最清楚的传记辞典是翟理斯所著《古今姓氏族谱》[H. A. Giles (1)]，可是科学史家对它很感不满，因为该书编者主要对正统的历史和文学感兴趣（根本不谈那些肤浅的和不足为信的轶事趣闻），并且遗漏了许多最重要的科学家姓名。戴遂良的著作 [Wieger (3)] 或许可用来作为补充。对于晚近（清
50 代）的人物，恒慕义和他的合作者编出了一本极好的新辞典 [Hummel (2)]。有时梅辉立的那个老的名录 [Mayers (1)] 可以用来补充翟理斯和戴遂良的不足。在梅辉立的著作中，约七十页篇幅载有中国人思考和写作中常用的与数字连用的词组（如三什么、七什么等），这是很有用的。梅辉立主要是摘自宫梦仁的《读书记数略》（1707年），可是这书不易看到；值得注意的是，《古今图书集成》中至少有十一卷记载这方面的内容[2]。

在性质较辞典更广泛的著作中，首先是清朝大官吏阮元[3]的《畴人传》。该书出版于1799年，后来又有若干续编[4]。虽然其中包括仅包括希腊及希腊之后少数西方数学家的传记，可是它记载的中国人物的传记却非常详细。由于在过去非专业化时代数学往往只是某些个人的多种科学成就中的一种，因此该书可以算是中国书籍中最近乎中国科学史的一本著作。它对天文学家来说也是一本很好的书，但其中生物学方面的资料极少，甚至可说是没有。近期朱启钤等人所著《哲匠录》一书已分册出版，这是一本工程师、建筑师、技术家和工艺名家的传记。我很希望这些丛书中某些部分能被译成英文。

有关中古时代的哲学家，著名的书有《宋元学案》和《明儒学案》。这些丛书中的大量传记资料，曾由佛尔克译成德文，分三大册出版 [Forke (9, 12, 13)]。

有关中国的一切西文书籍和著作的唯一基本书目是高第的《中国书目》(*Bibliotheca Sinica*)，可是即使在最后的修订版中（1920年左右），也没有将许多近代的文献包括进去。但在查考一切较古的书籍时，它是必不可少的[5]。除了高第的这

1）我们用的 本较小的同类辞典是陈乃乾的《别号索引》。

2）《历法典》卷一二九至一四〇。

3）当然还有几位合作者。

4）关于整部著作，见 Hummel (2), p.402; W. Franke(1); van Hée (10)，利用最后一本书时要小心。

5）我将永远记得在第二次世界大战期间所度过的漫长而高兴的日子，那时我因为等候飞机，在加尔各答的皇家亚洲学会的图书馆中，从高第的著作中选取我所需要的材料。当时仅有的另一位读者是柬埔寨王国皇家图书馆的馆员。

本书目外，还有一本小型书目（收书到1876年）很有价值，即穆麟德和穆林德编的《中国书目手册》[v. Möllendorff & v. Möllendorff (1)][1]。此外，邓嗣禹与毕乃德所编的附有注释的《中国参考书目解题》[Têng & Biggerstaff (1)]，也是一本很好的书。

我们能够利用的最好的中国地图是《中华民国新地图》，那是我在成都时幸运地找到的。中国的地名极容易混淆，因为它们在中国的各个历史时期经常改变， 51
因此必须用《中国古今地名大辞典》。夏之时 (Richard) 的地理学虽然比较旧，却还是有用的。

在剑桥，有一本中国传统形式的历史地图《历代舆地沿革险要图》，是李兆洛在1838年编的（1879年再版）。其中的经纬线都印成红色，标明近代主要城市和清代省界的基本图也印成红色，每一页都是如此。而较早的地名和界线则用黑色加印上去，并附有说明。我们翻开地图，可以清楚地看出。从周代开始，帝国疆界向南扩展的情况。该图由于杨守敬的《历代舆地图》（1911年）的出版而被取代了，由于中国科学院的惠赠，现在（1952年）剑桥也存有一部。赫尔曼 (A. Herrmann)所著的《中国历史与商业地图》便于迅速查考，它是必不可少的辅助工具书，其中历史方面的材料较商业方面的为多，可惜已经绝版，不能得到，很希望它能再版。

(d) 中国传说中的发明家

中国文献中有一类很有意思的与科学史有关的书，它们也许可以称之为技术辞典，或者发明和发现的记录。这些书好象完全没有被西方学者注意到[2]。

这类书中最古的一本是《世本》[3]，其中大部分是记载传说中的发明家的姓名[4]，简单的如“伯益作井”、“胡曹作衣”、“隶首作数”一类的事项。大多数被提到名字的人物都被看作是黄帝的臣子。因此这本书是有价值的，其价值不在于弄明白诸如此类的科学史事件，而在于它有系统地将传说的技术故事搜集在一起[5]。

1）参阅 Hülle (1)。

2）在西方文献中唯一提到《世本》的是卫礼贤的著作 [R. Wilhelm (1), p.25]，可是他也没有说明该书的复杂历史。伟烈亚力 [Wylie (1)] 和戴遂良 [Wieger (3)] 则完全没有注意这些书籍，萨顿 [Sarton (1)] 也如此。

3）这是一本很小的书，可见于《汉魏丛书》。

4）其余部分记载了皇室的家谱和姓氏。

5）西方也有类似的书，参阅 Lovejoy & Boas (1), pp.192ff., 382ff.。西方古典作家所写的记载发明家最多的书是普利尼的《自然史》(Pliny, *Nat. Hist.*, vii, lvi, 57)。关于这一专题有一本专门的研究书籍，系克莱因冈瑟所著 [Kleingunther (1)]，他也讨论了希腊和罗马的“技术神灵”。

52 《世本》的历史已不清楚。我们现在也有一本同名为《世本》的书，不知是否汉代书籍目录(《前汉书·艺文志》)中列入的那一本[1]。该书在公元前8年时还保存着。据班彪说[2]，大历史学家司马迁曾用该书作为《史记》资料的来源之一。后来的学者们如皇甫谧(3世纪)认为，它是《左传》(公元前5世纪)的传说作者左丘明所作。可是这种说法从未得到普遍采纳。隋代和唐代(6世纪和8世纪)的书籍目录(《隋书·经籍志》、《旧唐书·经籍志》和《新唐书·艺文志》)认为至少一部分是刘向(公元前1世纪的学者、官吏和炼丹术士)所作，可是无法将他的原文和东汉学者宋衷(2世纪)所作的增补区别开来。随着岁月的流逝，该书分散成各种版本和片断；清代(17和18世纪)孙冯翼将它们收集起来，最后由孙星衍作序。

这一类书中的第二本是《事始》，系刘存所作[也许和刘孝孙是同一人，唐代书籍目录(《旧唐书·经籍志》和《新唐书·艺文志》)认为该书系刘孝孙所作]。刘孝孙是隋代的数学家，著称于公元605至616年间。《事始》一书记载了大约335个项目，其中包括各种物料和器具，以及渐被忘却的古代各侯国的名称和官衔。后来马鉴作《续事始》(960年左右，马鉴是五代蜀国人)。该书篇幅较大，载有358项。

这些书至今仍可用作关于传说中的发明家的参考书。《事始》中经常引证《世本》为其根据并加以抄录(例如渔网、谷磨以及蒸发海水制盐等项)；同时，它也利用其他各种古书，例如《易经》中有关社会进化的篇章，以及《山海经》、《博物志》和《西京杂记》等。《续事始》有所不同，它虽然也提到传说中的发明家，可是很少引用《世本》。

在这里记述传说中的发明家的姓名没有多大意义。这样一张人名表可以毫无困难地从《世本》及其他古书(如《吕氏春秋》、《淮南子》等)编成。可是，也许会产生这样一个问题：研究这些人名表，难道不能使我们从关于远古发明的传说故事中，看出这些传说的一些明确的倾向或潮流吗？在这一方面，齐思和(*1*)已开始作出很有意义的工作，他将各种古书所记载的成就编制成表，并且已从这些成果中得出一些初步的结论。继续进行这方面的研究是有益的。

53 然而《事始》的记载并非限于传说中的发明。该书著于7世纪，它能对古代知名人物的发明创造提供许多完善的历史性参考，例如1世纪时蔡伦造纸(见本书第三十二章)，3世纪时皇甫隆改进耧犁(见本书第四十一章)，2世纪时丁缓发明平衡环(见本书第二十七章)等。同样，10世纪的《续事始》记载了唐初(公元636—676年)开始用有颜色的纸(见本书第三十二章)，从周代就有油布雨衣，7世纪

---

1) 《前汉书》卷三十，第十页。注释说明该书包括周代所有封建王公及大臣的名录。

2) 《后汉书》卷七十，第三页。参阅 Chavannes (l), vol. i, pp. cxli, ccxxxix.

时在每一城市设立医官，3世纪时曹子建(曹操之子)制骰，等等。因此，这类书在查考中国科技史时还是有价值的。

接下来我们要说到宋代，因为《续事始》著于宋以前的五代末期。到了宋代，一方面是古代的传说和各种大百科全书的记载融汇在一起，最显著的例子[1]是上面已提过的《太平御览》(983年)[2]。另一方面是又出了许多书，如高承的《事物纪原》，该书并不对任何一个事物提供最大限度的引证，而是专门记录它的起源，发现和发明者，因此这本书(1085年)在今天是非常有用的。到了明代，这类书还在继续出版。

初看起来，似乎很难在西方文献中找到能和这些叙述各种艺术、科学和技术的发明家的精心之作相类比的著作。可是波利多尔·弗吉尔(Polydore Vergil)的著作却和这一类书很相似。他所著《发明的世界》(*De Rerum Inventoribus*)一书在1512年初次出版后，又有大多数欧洲文字的许多版本，包括由托马斯·兰利(Thomas Langley)"摘要编集"的几种英文版。这本书象中国较早的记载一样，大部分资料采自传说(希腊和拉丁的传说)，但只提到少数相当于蔡伦和皇甫隆等的真实人物，例如发明风琴的"亚历山大里亚的理发师"提西比乌斯(Ctesibius)。由下述一段文字可以看出，常常连传说的来源都没有，然而有意思的是，作者从未料想过这里谈到的一些事物却是源于亚洲：

> 有许多其他事物，它们的古代创造者已不可知。有些则由于人们的疏忽，没有被写下来。没有人能说出，谁开始制造钟、铃、航海罗盘、长袍、马镫、 54
> 小帽或女帽。……水磨和铙钹、蜡烛、驯鹰术、指环以及许多其他东西，由于它们太古老或者由于人们的疏忽，都完全被遗忘了[3]。

后来同种类型的许多书，如鲍威尔(Powell)的《人类的工业——手工技艺发展史》，也象中国的书一样，传说的成分减少了，所谈的多半是历史人物。

上面提到的《格致镜原》一书，可以认为是体现了中国传说故事的最终发展。它原来试图记述发现和发明的历史，可是这方面的历史从来不能和政治问题、社会习俗等明确分开；而且，在传说故事和历史事实之间也几乎没有区别，因为现在认为是传说的东西，当时是被天真地认为是史实的。尽管如此，这本书还是包

---

1) 但这并不是唯一的例子；参看祝穆的《事文类聚》。

2) 《太平御览》所沿袭的主要线索当然是唐代的四部大型类书，即(a)欧阳询的《艺文类聚》，(b)徐坚的《初学记》，(c)虞世南的《北堂书抄》，(d)白居易(诗人)的《六帖》，后来由宋代的孔传加以补充。这些书现在已比较罕见，我们也没有得到。

3) 参阅 Vergil (1), p.154。

含了丰富的引证材料的来源，它给我们指出所需要的资料可以在何处找到。

无疑，正象马伯乐所说[1]，中国的全部传说起源于周代或更远古时代祭祀最初发明家的习俗，这些发明家事实上就是一些“技术神灵”。

1) Maspero (12), p.31.

第四章 地理概述

在本书必须向读者提供的一些预备知识当中，首先要介绍的是地理背景——演出中国文明发展这一出戏的舞台。实际上，地理因素不仅是背景，我们在讨论结束时将看到，它是造成中国和欧洲的文化差异以及这种格局所涉及的一切事物的极重要因素。然而，这里我们只谈这个舞台的基本布景。

除了前面已提到的夏之时的著作外，描述中国地理的卓越而简明的现代书籍是葛德石 (Cressey) 的著作。范围更广泛一些的则以西翁 [Sion (1)] 和格雷纳德 [Grenard (1)] 的著作为最佳。其他书籍，特别是戴遂良 [Wieger (1)] 和费子智 [Fitzgerald (1)] 的著作，以地理描述开始，也值得一读；而赫尔曼 [Herrmann (1)] 著作中的地图(地图 6 和 7)，则清楚地表示出沙漠、黄土、冲积土、古森林等各种区域的特征。现在我们借助图35(见本卷末)，简单地叙述这一幅图的主要轮廓[1]。

(a) 中国地形概观

从图35的东北角开始，我们看到辽河从北（东北地区）向南流入渤海湾北部。渤海湾西南面是黄河入海口，它位于多山的山东半岛北部。群山的西部耸立着圣山之一的泰山[1][2]。多少世纪以来，这座圣山由于与降雨龙王有关而备受尊崇，同时它也是历代帝王封禅的地方。黄河流域以南的广阔平原和起伏丘陵地带，形成淮河流域。淮河原先经江苏省入海，后来因泥沙淤塞而成为长江的支流，它是大运河的主要水源。

1）以下方括号中的数字是在图35中注出的数字。

2）盖尔 [Geil (1)] 曾著书专门描述这些圣山，该书虽然不是很有学术价值，但颇为有趣。圣山共有五座（五岳），泰山[1]是东岳，慕阿德 [A.C. Moule (2)] 对它曾作过精采的描述，在马利金 [Mullikin (1)] 的著作中有比较近期的照片。北岳恒山[49]离北京[50]不远，处于太行山[2]极北端。西岳华山[51]恰在黄河大弯曲处的潼关[5]之南。中岳嵩山[52]是伏牛山[4]的支脉，恰在洛阳[8]之南。南岳衡山[53]位于湘江之西，洞庭湖之南。关于封禅，见 Doré(1), part II, vol. 10, pp.833ff.；尤其见 Chavannes (5)。

56 **表4 中国的省份和地名**

省　　份

安徽	陕西
浙江	绥远
江西	四川[3]
江苏	台湾
福建	云南
河南	察哈尔
河北[1]	黑龙江
湖南	热河
湖北	吉林
甘肃	辽东[4]
广西	辽西[4]
广东	青海
贵州	西康
宁夏	西藏
平原[2]	新疆
山西	内蒙古[5]
山东	

地　　名

38	贺兰山	56	长沙
48	厦门	59	成都
	雅鲁藏布江		钱塘江
	嘉陵江	14	祁连山
	金沙江(长江)		沁河
	泾河	3	秦岭
	珠江		青海
58	重庆		冲江
9	长安(西安)	23	方斗山
	汾河	44	淮阴山
	涪江		黄河
	抚河	20	宜昌
47	福州		伊洛瓦底江

[注意]请记住，上列这些以及其他地理名称的拉丁拼音，都是通行的，但就表音法而言则是不正确的*。

1）清代该省名为直隶，有直属满洲京都之意；因此在1911年共和制以前的名称写作直隶。

2）这个新省份，即位于河北、山东、河南及山西之间的三角区域，为现政府所设，后被撤消。

3）现政府将其分为北、南、东、西四部分。

4）这两个省以前为一个省，称作辽宁。

5）现在是自治区。

* 表4的原标题为"中国的省份和地名及其相应的汉字名称"。表中所列省份、城市和山川等，均有拉丁拼音和繁体汉字两种名称，并按拉丁字母顺序排列。作者此处所论即对其中的拉丁名称而发。中译本略去拉丁名称而按原顺序排列。——译者

4 伏牛山
赣江
戈壁沙漠
汉江(河南)
韩江(福建/广东)
18 汉中
19 汉口
26 杭州
49 恒山(北岳)
53 衡山(南岳)
西江
湘江
31 雪峰山
51 华山(西岳)
淮河
43 淮阳山
洛江(河南)
洛河(陕西)
8 洛阳
36 吕梁山
澜沧江
闽江(福建)
岷江(四川)
41 贡嘎山
13 南山
54 南京
35 南岭
6 银川
24 峨眉山
鄂尔多斯(沙漠)
39 白于山
北江
渤海湾
50 北京
盘江
鄱阳湖
东江
5 潼关
洞庭湖
资水
渭河
乌江
21 巫山
46 武夷山
30 武当山
鸭绿江
雅砻江
长江
55 开封
大兴安岭
10 昆仑山
28 广州
桂江
25 昆明
昆明湖
61 桂林
60 贵阳
7 兰州
辽河
29 辽东(半岛)
柳江
62 柳州
琉球(群岛)
37 六盘山
怒江
17 上海
27 汕头
西安(长安)
52 嵩山(中岳)
32 大雪山
62 大理
33 大凉山
40 大娄山
22 大巴山
42 大别山

15 塔里木盆地(沙漠盆地)
太湖
1 泰山(东岳)
2 太行山
57 太原
沱江
16 柴达木(高原)
45 敦煌
12 延安
34 阴山
沅江
11 榆林

58 沿黄河溯流而上[1]，华北平原在我们右面；在东经114°左右，我们进入山区。北有山西高原，太行山[2]成为它的东部壁垒；南有雄壮的秦岭[3]支脉伏牛山[4]等。黄河在潼关[5]骤然成直角弯曲。我们沿河逆流北上，越过七个纬度，便面对戈壁沙漠，然后，沿着鄂尔多斯沙漠北界西行。在这里，黄河再次改向。溯河而上，我们向西南行经银川[6]，并穿过宁夏而到达位于甘肃走廊起点的大城市兰州[7]。在这里，黄河虽然离发源地——青海湖附近的青藏丛山——不远，可是已很宽广而壮观[2]。

沁河（一条小河）从山西山地流出，注入黄河；南岸有一条大得多的洛河注入，洛河因流经中国古都之一洛阳[8]而著名。在黄河大弯曲处又有渭河流入，它汇合了泾河、洛河（不要和刚刚提到的东面的那条洛河相混）之水。整个这一地区孕育着古代的历史，这里有中国最古老的文明。封建王朝秦朝就是在这里兴起而统治整个中国的；继之，汉、唐两代也都建都长安（西安[9]），盛极一时。山西的主要河流汾河汇入黄河后，黄河向南流一小段距离便折向东流。

秦岭山脉的陡峭山崖形成渭河河谷的整个南坡。秦岭山脉是青藏丛山中雄伟的昆仑山脉[10]的延续。渭河谷地的北坡，由于古岩层长期以来被从北部沙漠吹来的黄土覆盖一百多英尺厚，因而比较平缓（见本卷 p.69）。我们乘火车顺河谷上行时，可以看到沿北坡有许多古代（如隋朝）帝王的陵墓。在黄河大弯曲以内的区域，多半土地肥沃（特别是经灌溉后），它和鄂尔多斯沙漠之间隔着长城和一系列古代边陲城镇，如传奇性的城市榆林[11]，那里沙土被风吹起，形成象墙壁和牌楼[3]一样高的土堆。该区域东半部是第二次世界大战期间共产党政府的所在地，中心在延安[12]。因此可以看出，甘肃东部、宁夏东南部和陕西中部形成一个明显的自然区，北面以沙漠为界，东有山西诸山脉，南为秦岭山脉。因而汉族用"关中"（即在几个关口以内）之称来表示这一个大都会地区。由此进入山西的通道当然是
59 沿汾河河谷上行，另有重要通道东南入河南，南入四川。我曾在四川旅行过很多次，对它的印象非常深刻[4]。我们不妨提一下入川通道之一——剑门关峡谷，那里是三国时代蜀、魏战争中多次战役的战场（参阅本卷 p.113）。我们必须注意关中地区的这种自给自足的特点，因为这是只有在中国地理上才极常见的一种布局。

1）克拉普的著作［Clapp (2)］附有一般的图解说明。

2）象作者那样曾在河上航行、并乘脆弱的充气羊皮筏或牛皮筏横渡黄河的人，都能欣赏到它的壮观（参阅本书第二十九章）。

3）牌楼即是凯旋门［本书第二十八章(d)有描述］。

4）这些通道中最险要的一条是栈道，利用钉入峭壁的木架使道路沿悬崖绝壁而上。现在的公路有几个地段完全嵌入凿开的峭壁中，并且还有一些隧道［见威恩斯（Wiens）最近的描述］。

西面也有若干通道(如华家岭)，这些通道合成狄道，通达甘肃，使渭河上游与湍急的黄河上游之间的交通得以维持。从甘肃省会兰州[7]西北行是甘肃走廊(形似锅柄)，通过这条走廊，现在的省界显示出最古老最著名的古代通商之路——古代丝绸之路的轮廓[1]。这条商路通过南山[13]或祁连山[14]的融雪所形成的许多绿州(融雪化水流入戈壁沙漠)，而使中国和中亚相沟通。从这里向西北行经玉门进入塔里木盆地[15](见地图最左上角)，分为两路，一路沿着青藏高原(柴达木高原[16])的山麓，另一路通过沙漠沿天山山麓而行。这两路分别称为南山北路和天山南路。我们在谈到东西交往和贸易通路时还要提到它们(本卷p.170，图32)[2]。

下面我们回到太平洋沿岸和现代都市上海[17]附近的长江口[3]。假使我们溯江西航(长江的通航条件和航程远胜黄河)，经过南方都市南京[54][4]，我们将在东经120°与110°之间看到一片交错分布着小山丘的较平坦地区。该地区有三个相当大的湖泊，都在长江以南。江苏近海处有太湖；江西有鄱阳湖；湖南有洞庭
湖。湖南和湖北两省即因在洞庭湖的南北而得名，如同河南和河北因在黄河的南 60
北而得名一样。长江在西面两大湖之间，与从西北流入的大河汉水汇合。汉水上游是古代盛地，因为汉水发源于秦岭南麓、近代城市汉中[18]附近，从这里有道路通往北面的渭河流域和关中地区(前面已提到)以及西面的四川地区[5]。因此，在中国的整个历史上，汉水流域是长江流域(我们将称之为中东部经济区，参阅本卷p.115)和上述几个地区之间的著名通道。

我们再回到汉水与长江汇合处的大城市汉口[19]，然后再溯江而上。我们将看到，从宜昌[20](约东经112°)开始，是长江从四川高原盆地内部流出时切削出的许多雄伟的峡谷，它们可与美洲大峡谷及非洲大裂谷并列为世界有名的地理奇景。被长江穿越的诸山有基本上是青藏丛山延续的巫山[21]、从北面的秦岭山脉向南延伸的大巴山[22]、以及从南面云南山系向北延伸的方斗山[23]。四川高原
盆地就这样四面被山环绕。如同名称所示，四川意即四条河流，正象印度西北部的 61
旁遮普(Punjāb)，其意为五川汇流之地一样。这四条河流，从东到西是嘉陵江(这

1) 关于这条著名商路的现状，可参看 M.S. Bell(1); Cable & French (1); Langdon Warner (1); Needham & Needham (1)。

2) 格里菲思·泰勒 [Griffith Taylor (1)] 的地块简图(图2)清楚地表明，玉门怎样成为各有关民族在不断的迁徙和入侵中进入中国的通道，就象开伯尔山口 (Khyber Gate) 成为进入印度的通道一样。

3) 一般的附图说明可参看 Carles (1); Barbour (2)。

4) 盖尔的另一本著作 [Geil (2)] 虽然杂乱无章，但还是生动地叙述了中国的景物，描写了中国18个大城市，其中有许多城市在不同时期曾经是全国的首都。

5) 例如五丁关。

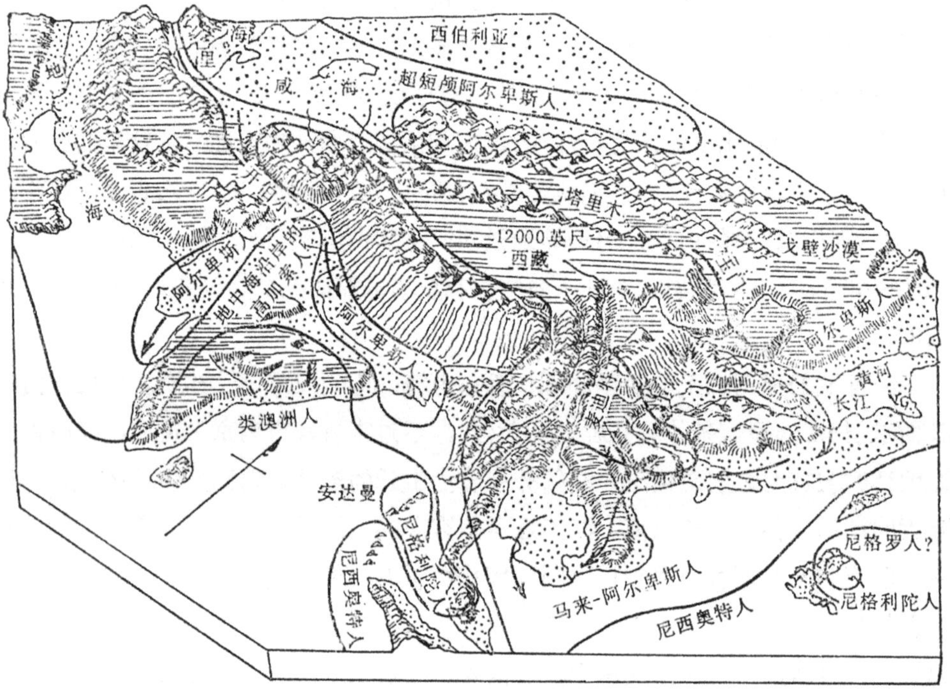

图2 南亚地块简图。图中表明了人类按地形结构迁徙的动向。[采自 Griffith Taylor(la)]

是四者之中最大的，它的上游诸水是通往北方的河道）、涪江、沱江（或冲江）和岷江。四川形成了另一个界线分明的自然区域，由于它的地理位置和丰富的资源，它在中国历史上曾一再成为独立王国（参阅本卷 p.116）。在第二次世界大战期间，它为中国军队提供了一个难以攻陷的堡垒，日本人从未越过它的边界[1]。四川的砖红沙壤是它的土壤特征，因此，大旅行家费迪南德·冯·李希霍芬 [Ferdinand von Richthofen (2)] 首先称之为红色盆地。它的西部边界是明确的西藏高山地块的陡崖，其中一些突出的山峰，如峨眉山[24]，在中国文化史上久负盛名。

在进入四川高原盆地之前，长江（在这些地区，长江通常被称为金沙江）的河道非常奇特。它发源在遥远的西北方（约东经92°）的青藏高原，经过巨大的峡谷南流至北纬25°，与情况相似的水深壁峭的雅砻江汇合，然后转向东北进入四川。由于独特的地理形势，金沙江向南与澜沧江、怒江及伊洛瓦底江平行奔流，各江

1）参阅 H.L. Richardson (1)。

之间相隔仅数英里；直至其转折点，其他三江继续南流[1]。

有机会乘飞机飞过中印边界的人们，永远不会忘记从云南省会昆明[25]到北阿萨姆之间所看到的这些大江在峡谷中参差并列的惊人奇观（图 3）。他们也常有这样的经验，从飞机上望到云南多山的高原在蔚蓝的天空下、沐浴在阳光中，然后就会遇到经常笼罩着四川上空的巨大云层，因此能理解到云南这个省名的由来。云南有无数湖泊，可是比东部各省的湖泊为小；土壤常是红色的，但与四川的红壤种类不同。在云南和贵州之间没有明显的地理界线，巍峨的高山连绵不断。贵州历来是土著部族活动的地方，由这里发源的河流向东流去，乌江从南面在三峡以上流入长江，沅江则流经湖南注入洞庭湖。洞庭湖还汇合了湖南本省的另外两条河——资水和湘江。我们现在又回到低地。邻省江西的鄱阳湖同样也汇 62
合了从南面来的两条支流——赣江和抚江。

以上是中部地区。除此以外，还有与内地各省截然分开的东南和南部沿海地区，它从杭州[26]成大圆弧状伸展，直达印度支那边境[2]。这里四条大河的流域象圆形剧场一样向海边展开。首先是钱塘江，它形成浙江的杭州湾；较南面的是福建的闽江，它流至福州[47]入海；第三条是韩江，河口在汕头[27]；最后是四条中最大的珠江水系，广州[28]河口部分称为珠江，它汇合了三条河流，即西江、北江和东江。这三条河流以西江为最长，它容纳了发源于云南湖泊之一的盘江，以及广西的柳江和桂江[3]。在中国历史上至关重要的是，大部分沿海地区由于山脉重重而和内地阻隔，只靠山路、运河和其他交通要道相通，这种情况直至近代才有所改变。

这样，我们可以把中国的自然区域列表如下[4]：

（1）青藏高原和丛山；

（2）新疆塔里木盆地；

（3）蒙古草原；

（4）东北平原；

（5）东北地区的东南高地；

1）而且往西不远便是雅鲁藏布江。所有这些河流，正如葛德石所说 [Cressey (1), p.384]，“好象被一只拳头紧握着挤进这一大峡谷。在西藏边缘，它们都在400英里地带之内；可是它们的入海口，最远相距2000英里（航空路线），如沿海岸计算，则在6000英里以上。”

2）我自己的旅行笔记使我记起浙江、福建山区间的几个大通道，如牛斗岭、松茂岭和金鸡岭。

3）广西高地最著名的景色是平地突兀的岩溶石灰岩尖形山峰。我在亲自看到它们之前，常常想象这样的尖峰只是画家为了适应直挂的画轴而臆造出来的，可是事实上，中国风景中的山峰确是真实的、非凡的奇景[见图 4，凯斯特 (Koester) 摄影]。

4）罗士培 [Roxby (2)] 有一个比较简单的划分方式。

图版一

图 3　中国和印度之间的山区，从怒江和澜沧江峡谷上空俯瞰的景象。

图 4　广西特有的景观：岩溶石灰岩山峰[采自 Koester(1)]。

(6)多山的山东半岛；

(7)华北平原，包括河北全省、山东西部、河南大部和安徽北部；

(8)多山的山西高原；

(9)陕西盆地；

(10)沿青海高原山麓走向的甘肃走廊；

(11)长江下游流域；

(12)东南沿海山地，包括浙江、福建山地和海滨的半圆形山地；

(13)长江中游盆地，包括湖北、湖南、江西等省和皖南部分地区；

(14)四川红壤高原盆地； 63

(15)贵州高原；

(16)南方沿海半圆形高地，特别是背靠广西台地的广东；

(17)广西台地；

(18)云南西南高地以及从康藏高山区发源的河流的绝壁峡谷；

(19)康藏高山。

(b) 中国的大地构造

到现在为止，我们只描述了比较表面的现象。可是要了解构成中国国土的那些错综复杂的山岳的意义，唯一的方法是听听地质学家的论述。很幸运，这个领域最卓越的科学家之一李四光 [Li Ssu-Kuang (J. S. Lee), (1)] 为我们提供了关于中国次大陆构造的第一部内容丰富的著作——《中国地质学》。

需要研究的主要有三个方面：(1)南北向（正确些说，东北—西南向）褶皱山脉；(2)和上述构造面相交的东西向山脉；(3)使地形大为复杂化的其他褶皱山脉。

第一，南北向褶皱带。李四光指出，从太平洋向西经过海沟 [例如著名的塔斯卡罗拉海渊 (Tuscarora Deep)] 之后，日本的山脊、琉球群岛和台湾岛形成一条虽然不大但是显著的山脉，再向西便是台湾海峡和日本海峡所形成的深海槽，然后是广东、福建和浙江沿海山脉形成的大褶皱[1)]。这一褶皱带很明显越过黄海与朝鲜的山岳相连，然后更向北与西伯利亚沿海的锡霍特-阿林 (Shikota-Alin) 山脉相接。这个构造带的一支从东北和朝鲜向南延伸到辽东半岛[29]，又出现在山东半岛山区。在这些山脉之西有一个很大的地带，李四光称之为新华夏地槽（该名

1) 见李四光著作中的图8，图上表明香港附近有一些沉没的山谷，山脉在那里逐渐消失。

称是周密地考虑到中国"古华夏"和"中华夏"古地理学而来的，这里我们不拟深入研究)。这一大地带包括前面所述第(4)、(7)、(11)和(13)等自然区的全部，因而包括"北部"和"中东部"基本经济区的大部分，这些我们以后再讨论(本卷p.115)。必须注意的是，这一大地带只有河北沿海和江苏沿海两处通海，任何其他方向都没有直接的海上交通。

从东向西，我们登上一系列巨大的台阶，这些台阶逐渐上升，直到最后的陆
64 台青藏高原。新华夏地槽在西边又被另一条地背斜所包围，这一地背斜从东北北部到云南南部，形成另一台阶或陡崖。它始自遥远北方的大兴安岭(图5)，下接形成山西高地东部屏障的太行山脉[2]。紧接着是黄河南岸的伏牛山高地[4]，然后是汉水南岸的武当山[30]；再过去，是长江南岸贵州、湖南边界的雪峰山[31]，沅江与资水都发源于此而流入洞庭湖。这一地背斜的南端和南岭山脉直角相交。

这一系列台阶的最后一个可以认为是由青藏高原本身的边界所构成，即北面的南山[13]、四川盆地西面的大雪山[32]、以及长江上游(金沙江)沿岸的大凉山[33]。正象大兴安岭—山西—贵州褶皱带分别形成蒙古、陕西和四川—云南地块的上升前沿一样，青藏高原边界山脉成为中亚高山带最高陆台的前沿。所有这些前沿，其东面陡崖的轮廓都比西面更加清楚。

我们现在再讲李四光所指出的第二点。华夏山脉被不少于四条东西向的重要山脉所阻断。这便是为什么中国西半部分成前面所述第(9)、(14)、(15)和(16)四个自然区的原因。几个纬向分段即被这些褶皱带分割。

最北面的纬向褶皱带是唐努-肯特(Tannu-Kentai)山系(见图5)，正好位于戈壁沙漠和蒙古的北面。然后是北纬41°左右的阴山山脉[34]，它把蒙古地块和关中地块隔开。我们可以看到，阴山山脉沿着黄河河套的最北边，行经绥远。纬向褶皱带中最大的一条是秦岭山链[3]。秦岭可以说是起自西藏的昆仑山[10]，东边消失在中央南北向地背斜的边缘。秦岭山脉包括北至陕西(关中)地块、南至四川地块之间的巨大地区。最后是南岭山脉[35]，虽然它多处被分支褶皱带切断和干扰，但它却使南向的广东半圆形地区[第(16)区]和主要的新华夏地槽隔开。这些东西向的山脉实际上可能不是消失在新华夏地槽区域内，而可能再次出现在地槽的另一面，即在沿海和日本的地背斜带中。

最后便是分析中有争论的部分，即剪切褶皱。李四光认为这种褶皱影响了中国境内已经交错的地质构造。最重要的剪切褶皱类型，他称之为山字型(在平面图上如"山"字形状)。他认为在中国有五条山字型剪切褶皱。

66 山字型褶皱中范围最广的一条在中国西北。这一弓形的西半是南山[13]，中心

65

图5　东亚地质构造简图，图中表明了在压应力和剪应力作用下所产生的结构线[采自李四光(1)]。

是秦岭[37]，东半是山西的吕梁山[36]和太行山[2]。指示剪切方向的背脊或"箭头"是六盘山[37]，它的尾部是南北向的宏伟的贺兰山[38]和白于山[39]。

山字型褶皱中最高而又最庞大的是著名的"云南弧"，长江上游即顺着它的弓形地区奔流[1]。该弓形的西半由西康山脉组成（流经峡谷的几条大河前面已提到过），中心是昆明湖泊区北部诸山。东半分成南北两股山脉环绕四川盆地。北面和西面的尖头先形成大凉山[33]，然后和秦岭[3]汇合，形成大巴山[22]。南面的尖头先形成大娄山[40]，之后为方斗山[23]，最后在湖北境内消失。该褶皱的背脊是东经102°附近的一些南北向山脉，其中最大的包括贡嘎山[41]（高度约24900英尺）[2]。

另外几条山字型剪切褶皱虽然也属于同一类型，背脊都是向南偏西，可是都小得多。一条是由新华夏地槽之内、长江以北的大别山[42]（西半）和淮阳山[43]（东半）构成。李四光声称，已找到它的背脊在山东地块邻近的淮阴山脉[44]。其他两条山字型剪切褶皱据说分别出现在湖南南部和广西。在遥远北方的黑龙江流域还有第六条山字型褶皱。

其他学者对中国的地质构造有各种不同的说法。例如，有人认为，它是一些不规则的稳定体（高原、盆地、平原或海）的混杂集合，被边沿地区的褶皱山脉包围和分开。无论采用何种构造理论来说明这一地形，有一点是很清楚的，这就是中国和中亚的构造与其他多数地区不同之处在于，它有一种复杂的高山山脉网把许多比较平坦的地区分开。这些复杂性对中国文明的发展有很大的影响。在这里，我们不想提前论述后面要作的中国和欧洲的比较[3]，但是十分明显，欧洲较少受到山脉的阻隔，并且由于接近内陆海——地中海、亚得里亚海、爱琴海、黑海、波罗的海、北海等——交通方便得多。欧洲的主要山地——阿尔卑斯山——位于中央，朝各个方向扩展出去（喀尔巴阡山、亚平宁山等），并且除了远离文明中心的比利牛斯山和斯堪的那维亚山脊以外，交通上并不受到高山的阻隔。从大西洋
67 岸边波尔多的加龙河口直到里海边阿斯特拉罕的伏尔加河口，或者甚至到中国新疆的塔里木盆地，中间都没有险峻的高山阻隔。在剑桥我们常说，英国东部没有屏障阻止来自乌拉尔的冬季冷风。因此，只有认识到中国文明所必须克服的地理上的障碍，才能了解中国文化和中国语言能够成功地达到统一确是异常艰巨的[4]。

1）其他地质学家们认为，这一系统完全不是山字型褶皱，因为中央的南北向山系明显向南延续，象东面和西面的大褶皱一样，并且和它们平行。

2）参阅 Burdsell (l)。

3）本书第四十七章。

4）参阅 Febvre (l), pp.359ff.；以及Sorre (l), vol.2, p.107。

(c) 各自然区的人文地理

我们既已研究了中国的地图，并已提到它的地质分析，现在应该谈一谈它的人文地理了。最近，温菲尔德 [Winfield (1)][1] 著有关于中国人文地理的书，描述非常生动。可是我们还是将根据葛德石的著作，简单地叙述前面所列举的各自然区的人文特征。

青藏高原和丛山[第(1)区]大部分是荒凉的封冻的高寒沙漠，居民极少，大部分以游牧为生。牧民们赶着牦牛和山羊从一个牧草稀疏的高山草地到另一个高山草地[2]。有人提出，喇嘛教要求每一家贡献一个儿子进寺院的规定以及一妻多夫制，都产生了必要的节育效果，因为那里的资源实在太少了。过游牧生活的牧羊人都是居住帐篷；不过在南部地区可以定居从事农业，所以盖有农舍。即使是现在，高的山谷和外界也还是很少接触，人们的生活中心围绕着寺院，因为寺院也参加那里的商队贸易活动。

塔里木盆地和蒙古草原[第(2)和第(3)区]是大片干燥的草地和真正的沙漠，在那里，人们过的主要是游牧生活。在蒙古和新疆，有成百万平方英里的土地平均降水量不到15英寸。住在这里的匈奴人、蒙古人以及许多少数民族的人民，向来依靠他们的牛羊群为生。他们自己的文化从来没有和主要从事农业的汉族文明相结合 [参阅 Lattimore (1)]。畜牧与农业的结合到今天仍然是中国西北部最重大的问题。在这些草原地区，生活完全依靠牧草，而牧草又依靠降雨。羊、马、骆驼和牛等牲畜是蒙古族人民的财富，它们供给人们食物、衣着(毛皮)和住处(毡帐篷)，甚至连燃料也是动物的粪便。井泉和绿洲是有的。前面已提到过，南山[13]脚下的古代丝绸之路上就有井泉和绿洲。如果水源充足的话，如县一级的边 68
远城市，或者新疆本部突厥族农民的城镇就会发展起来。在许多地方，从前一定有很多人口，例如敦煌[45]的石窟寺庙绿洲，或者斯坦因发掘出的久经掩埋的城市楼兰(图32)，这些地方被沙漠侵袭，现在几乎没有居民。可是这个干旱的边远地区确是非常美丽，富有浪漫色彩，吸引着所有象本书作者一样能够有机会身历其境的人们。

东北平原[第(4)区]是完全不同的地区。以前这里是纯粹畜牧区；可是现在，尽管气候严寒，每年无霜期只有五个月，这一牧草茂密的大平原上的农业却已得

---

1) 特别可参看他的前两章。达德利·巴克斯顿 (Dudley Buxton) 的著作也很有用，可是不如葛德石的著作那么有系统。

2) 金登·沃德 [Kingdon Ward (1)] 的书中有所记载。

到极大的发展。高粱、大豆、谷子、小麦、玉米生长茂盛。但东北平原的发展是近期的事，因此从历史观点来看，这个地区重要性不大。同样，东北东部山地[第(5)区]虽然今天是全世界盛产木材的地区之一，可是在以前各个历史时期中，这里是东西伯利亚原始部落的活动之地，或满族等游牧民族的狩猎场所[1]。

到了山东山地[第(6)区]，我们便进入了历史上有名的地区，它是古代诸侯国齐国的一部分。这个地区比较贫瘠，并且冬季严寒，灌溉困难，可是不需要很多水分的主要农作物，如小麦、高粱、谷子、豆类、大麦和甘薯等，还是长得很好。一种特殊的野蚕丝(这种蚕以栎树叶而不以桑叶为食料，参阅本书第三十一章)，很有价值。这里的森林砍伐很严重。

接着我们来到华北平原[第(7)区]，这里是新华夏大地槽的北部。平原大部分是过去各个地质年代黄河带来的淤泥冲积而成的，在这里，黄河河床高出四周地区。在历史上，黄河曾多次改道，它的河口入海处有时在山东半岛北部，有时则在南部(参看图35)。尽管黄河周期性的泛滥造成了破坏，但华北大平原上仍然人类活动频繁。这里是我们将要叙述的北方经济区(本卷p.115)。只要大量施肥(包括中国各地使用的人粪)，冲积黄土是很肥沃的；可是气候很不稳定，年平均降水量仅21英寸，而且在夏收的关键的6月份，常常遇到严重的干旱。主要作物是冬小麦，也生长其他作物(如谷子、高粱、大麦、豆类以及纺织作物大麻和棉花等)。雨水太多和雨水太少一样，也是坏事，即使稍多一点也会招致严重的水灾。这个广阔而复杂的农业社会在过去安全因素太少，对于经常发生的气候反常的抵抗能力太小。可是现在正在采取大规模的抗旱抗涝措施，以求获得保障。

山西、陕西和甘肃几省[第(8)、(9)和(10)区]呈现出一幅完全不同的景象。葛德石把它们合在一起称之为黄土高原。他的图上(本书图6)表明黄土怎样
70 覆盖着我们曾叙述过的整个关中区域以及山西高原本身[2]。葛德石写道：

> 好象用一个巨大的面粉筛子洒遍各地似的，一条由大风吹来的细小淤土织成的毯子，覆盖在西北各省十万平方英里的土地上。虽然我可用描写莱茵河沿岸沉积物的德文 löss 一词来表示这种土壤，可是用中文“黄土”这个名词来表示这些远较广阔的堆积层，也并不是不确切的。黄土是黄褐色的、很细的淤泥，细到甚至在手指间摩擦一下便消失在皮肤的毛孔中，一点粗粒泥土也看不到。它的孔隙度超过45%，这使黄土可以保持很多的水分，而它的细孔能促进毛细作用。

1) 近来出版的有关东北的最好的书是福赫勒-豪克写的 [Fochler-Hauke (1)]。

2) 见 Koester (1)。

69

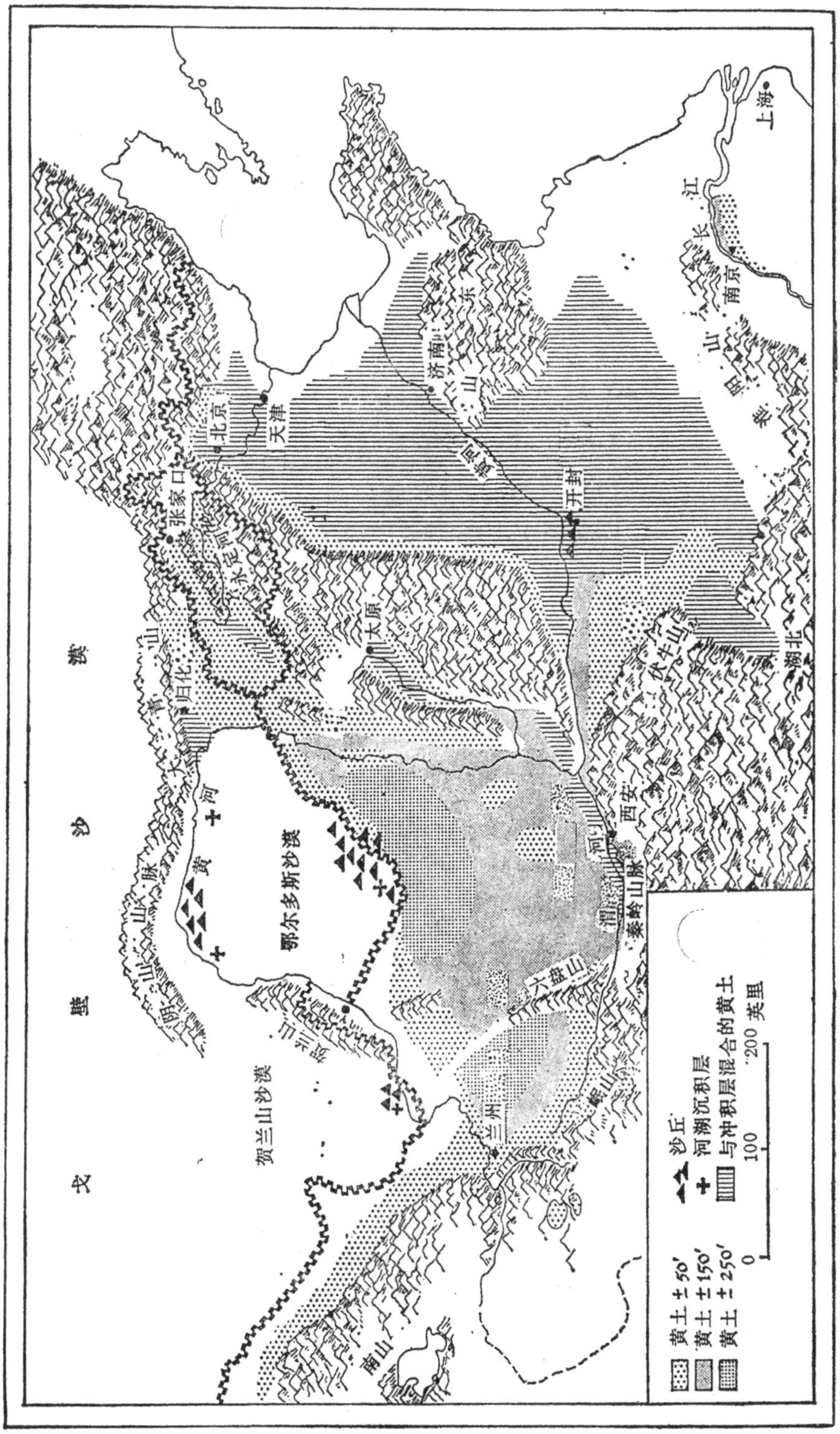

图6 华北黄土分布图[采自 Cressey (1)].

在岩层上最厚的堆积约达350英尺[1]。黄土最显著的特性之一是可以形成有数十英尺高的垂直峭壁的峡谷；垂直的劈理被天然发展的表面接合固定住。黄土区的道路是自然下陷成的车辙式的谷道。因为黄土易于挖掘，所以当地人民建造了无数窑洞(图7)。这样的房屋(据我个人的经验来说)是很舒适的，冬暖夏凉[2]；可是由于地震造成崩坍，许多人丧失了生命。黄土是非常肥沃的未经淋滤的土壤，栽植作物可以多年不施肥。它的保墒能力使得能在雨水很少的条件下获得丰收。因此，可以想见，为什么黄土地区是古代中国农业的最古老的中心地区。据估计，假使气候较为适宜，水土流失不过于严重，该区可能成为全世界最好的农业区之一。

在这一地区，主要作物是小麦、谷子、荞麦和高粱。这里特别适于栽植果树，生产极好的杏、桃和瓜类，以及某些别处没有的水果，如甘肃的“飕子”(thieh-tzu)[3]，这种水果的形状象苹果，皮和肉象甜梨，有一种强烈的榅桲味。烟草大量栽植，特别是在兰州周围。

现在我们回到东面的长江下游流域[第(11)区]，那里有无数的运河[4]和河流。这个地区的特点又与我们刚才讨论过的地区不同[5]。中国的运河估计约有二十万
71 英里长(虽然并不全是很重要的)，其中大部分分布在长江平原，即在新华夏地槽的南部。这些运河便利运输和灌溉，而定期从河底挖出的淤泥则可用作肥料。这一地区和华北平原比较起来，水患较少，因为前面所提过的大湖泊可以起水库的作用来蓄积长江的水，可是大面积的泛滥也时常发生，特别是在淮河流域。该地区各处农民都积极耕作，没有土地空闲，甚至在坟堆上放牧水牛。这里是种植水稻的中心，副业是种桑养蚕和植棉。冬季，当稻田干涸时，就种植第二茬作物，即小麦、豆类、油菜籽或大麦等。

来到东南沿海高地浙江和福建[第(12)区]，我们还是在水稻区。因为水稻区包括山东、河南和陕西等省南部省界以南的全部地区[6]。然而，这里的景象由于自古就有兴旺的渔业和木材工业而变得多样化。中国的航海者一向大多是福建人和广东人。这些省份气候温暖潮湿，年降雨量在60英寸以上。除水稻以外，还出产甘蔗、甘薯、豆类、油菜籽、竹笋、花生和烟草。但该区尤以产茶著称，例如武夷

---

1) 李希霍芬 [Richthofen (1)] 最先描述了这种独特的地质形成及其景色，详细内容可参看 Barbour (1,3); Kanter (1); Obruchev (1); 以及 Schmitthenner (1)。

2) 进一步的描述可参看 Fuller & Clapp (1)。

3) 我很高兴曾经常吃到这种水果，可是象其他甘肃方言一样，我始终不知道它的名称用汉字该如何写。

4) G.F. Anderson (1)和 F.H. King (1) 中有很好的插图。

5) 关于江苏地理的概述，可参看 Hu Huan-Yung (1)。

6) 见葛德石 [Cressey (1)] 书中的插图47, 48, 49。

图 版 二

图 7　黄土地区的窑洞(山西)。

图 8　云南的稻田——从天空俯瞰一个陡壁狭谷中的梯田[赫尔利曼 (Hurlimann) 摄影]。

山[46]的茶(传统的武夷茶的名称即由此而来)。这个东南地区在人文地理上的另外一个重要的特征,是这里的人民讲许多种彼此听不懂的方言,例如福建两个主要城市福州[47]和厦门[48]就有各自的方言。这和"官话"(即普通话)恰成对照,后者在除沿海地区外的大地槽带和地槽以西中国各地广泛流行[1]。浙江有许多种所谓"吴语"的方言,福建的方言更多,此外,还有沿海的广东话——这些方言和普通话完全不同。地方语音(也有理由认为是较古老的语音)之所以持久不变,是上面已谈过的地形构造的直接后果,这种地形使重重山脉把中国沿海的大部分同内地隔开[2]。显然,这些事实也产生了这样一种情况,即大多数华侨都来自东南沿海的半圆形地区,移居马来亚、泰国、缅甸、印度尼西亚、澳大利亚和美洲的华侨主要是广东人和福建人[3]。

72 关于长江中游盆地[第(13)区]可谈的较少。该区地形主要属于长江下游的类型,南面与南岭山脉毗连而成为大地槽的末端。气候属温带,而不属亚热带。农业具有中国南部地区的特征。湖南产茶很多,江西省以瓷器工业中心著称。

四川红色盆地[第(14)区]是中国最引人注意和富饶的地区之一。这一地区山岳连绵,丘陵起伏,除了山巅或谷底的冲积平原以外,平地极少。可是经过人们世世代代的努力,使大片山地变成梯田,耕地得到极大的扩充。坡度在30°以下的山地通常从山顶到山脚全是梯田,只有45°以上的山地才未被利用。梯田一般是狭长的,同一层梯田很少达到二三百英尺以上。梯田彼此间用纵横交错的灌溉水渠沟通。灌了水的梯田,形状如彩带,水面如明镜,呈现出一幅美丽图画,为世界任何地方所不及(图8)。水稻是主要作物,可是也种植玉米、甘蔗、烟草、豆类、甘薯和马铃薯、各种蔬菜、谷子和高粱。冬季种植小麦和油菜、大豆和豌豆等。许多地方一年可以种三茬作物。这里也产棉花,丝、茶和桐油很多。四川省人口很密,它的经济不象东部各平原和盆地那样受生产上的变化和各种灾祸的影响。

四川之南是贵州和云南[第(15)和(18)区][4]。这些地区是从青藏丛山延伸出来的高原和山地,位于使长江折向东北的大褶皱的基点。这里平地很少,大约只占百分之五到百分之十;气候象所有热带或亚热带的高山地区一样,温暖舒适。因此,所有可以利用的平地,都按照南方各地的一般方法[5]深耕细作。在这些省内

1) 贵州、云南和四川的少数民族语言以及边疆地区西藏和蒙古的完全不同的语言,当然是例外。

2) 详细内容参看 Chao Yuan-Jen (1);也见于 Forrest (l), p.199。

3) 当然有大量关于这方面的文献。我只能指出少数例子,如戴闻达 [Duyvendak (2)] 和吴景超 [Wu Ching-Chhao (l)] 的评论,以及最近出版的弗里德曼 [Freedman (l)] 的著作(附有书目)。珀塞尔 [Purcell (l)] 的名著是目前这方面的标准著作。

4) Davies (l); Fitzgerald (2,3,4,5)。

5) 关于中国传统的耕作方法不能充分利用高地这一点,见 Gourou (l)。

有许多少数民族，他们保留着自己的服饰和习俗，在隐蔽的谷地和高原上从事着仅足维持生活的农业。西康〔第(19)区〕的一般情况和这里相似，不过西康的山地更多。

最后，我们来到广东沿海地区的河谷。它背靠广西 台 地〔第(16)和(17)区〕。两广地区的气候确实是热带气候。夏季湿度大、时间长而炎热，冬季则相当干燥而微冷，然后有两个月雾季。农业主要是种植水稻；干旱的坡地利用得不多，也没有很多梯田。不过，这里也并不需要梯田，因为在中国的这一部分，很少发生饥荒，而且一年三熟是很普遍的。甘蔗、烟草、柑桔(和四川一样)是这里的重要物产，产丝也很多。

第五章　历史概述—先秦时期

在叙述本书主题之前，除了简述地理概况以外，似乎还应加上一些中国历史的梗概，因为许多主要对科学和科学史感兴趣的读者对于亚洲各王国的特点、各朝代的兴衰以及中亚草原地带以外地区各族人民的广泛活动，想来不会是很熟悉的。

在用英文写的中国历史著作当中，有三部曾得到一位喜欢苛求的朋友的最高评价。他形容说，在叙述这一难懂而又错综复杂的历史的所有书籍中，这三部著作“不错”。它们的作者分别为费子智 [Fitzgerald (1)]、卫礼贤 [Richard Wilhelm (1)] 和富路德 [Carrington Goodrich (1)]。其中富路德的著作是近年出版的，这是试图对技术发展给予应有地位的第一部有关中国历史的书籍。此外，近年又增加了一部很简明扼要的德文新著，作者是上面提到的卫礼贤之子——卫德明 [Hellmut Wilhelm (1)]。另外还有最近出版的艾伯华的著作 [Eberhard (9)]，该书因为记述了北方许多半汉化的邦国和王朝而特别有价值。其他如格鲁塞的两卷著作 [Grousset (1)]，虽然比费子智和卫礼贤的著作更着重于宗教和艺术，可是也很有价值，特别是由于它在提到许多专门名词时都附有中国字，便更有用了。

高第的四卷著作虽然是一部经典著作，但已嫌过时，因此除了查考某些特殊事物外，用处就不太大了；部分原因是它太偏重于朝代兴衰和军事活动，另外也因为它的一半篇幅都用于叙述较近代的历史，而从本书的角度来看，这部分历史恰恰是用处最小的。我认为关于中国历史的最好的西文书是傅兰克用德文写的五卷著作 [O. Franke (1)]。这部著作的百科全书式的性质，使它能在一定程度上注意到与科学有关的事物，遗憾的是，这本书太难读了——常常一段就写了两页，而且要费很大的劲才能弄清作者所作的一般结论。夏德 [Hirth (3)] 的中国古代史（写到周代末年为止）包含了大量的细节，可称是一部卓越的汉学著作，可是自从该书问世（1908 年）以来，已有大量事实说明，这本书除对这方面很有造诣的读者外，现在并不是靠得住的向导。我所看到的中国最近出版的中国史方面比较引人入胜的著作，有周谷城（*1*）的通史，以及邓初民（*1*）和孙毓棠（*1*）的社会史。从经济方面进行阐述的，则有范文澜（*1*）、吕振羽（*1*）和翦伯赞（*1*）等人的著作。

74 (a) 中国历史编纂法简述

也许不用多说，中国所能提供的古代原始资料比任何其他东方国家、也确实比大多数西方国家都要丰富。譬如，印度便不同，它的年表至今还是很不确切的。中国则是全世界最伟大的有编纂历史传统的国家之一[1]。关于某一事件是在什么时候发生的问题，中国往往不仅可以确定它的年份，而且还可以确定月份，甚至日期。例如，李少君上表汉武帝要求资助他进行炼丹术研究的时间，便是如此（本书第三十三章）。尽管各个朝代的官职和名称不断变化（如12世纪郑樵所著的《通志略》中，对此有丰富的记载），但都设有史官专门记载不久前发生的和当时发生的事件，最后编成完整的朝代史。这些史书所表现的客观性和不偏不倚的态度，最近曾有德效骞 [Dubs (1)] 与修中诚 [Hughes (4)] 加以赞扬和描述。

朝代史（"正史"）[2] 都有相当划一的格局，开始是"帝纪"（即"本纪"），亦即历代皇帝生平的记载。接着是"志"，也就是实录，其中包括"历"，就是历算；"礼"，就是礼节与仪式；"乐"，音乐；"刑"，法律；"食货"，经济与商业；"郊祀"，国家祭祀大典；"天文"，即天文记载；"五行"，字义上是五种要素之意，但实际上是有关灾变或怪异及从中引出的推测的记载；"地理"，即地理记载；最后为"艺文"，即文献。较重要的史料往往见于第三部分——"列传"，也就是当时最著名人物的传记。《二十四史》的图表见于伟烈亚力的著作中[3]。《二十四史》的第一部是司马迁（公元前145—前79年）的《史记》。司马迁是中国历史编纂学的始祖，他所作的历史记载从传说时期起，一直到他所处的时代为止。

除了正史以外，还有被中国人归入史书的许多其他类著作。"编年"，也就是年代史，据说是模仿《春秋》而作。《春秋》被归入经典之列，并被认为是孔子本人
75 所编订。属于这一类的其他最著名的史书有《竹书纪年》[4]，它记载公元前4、5世纪的事情，可是它的真实性还有怀疑；还有11世纪晚期司马光的《资治通鉴》。第三类是"记事本末"，也就是"完整记录"之意，这类书源自另外一部经典《书经》。《书经》记载商代和周代初期（公元前二千纪后期到公元前一千纪前期）的事情，现

---

1) 参阅 O. Franke (2,10); R. Wilhelm (1), pp.21ff.; 朱希祖(*1*); Gardner(3); Chang Hsin-Hai (1)。有关中国史学史的最好的中文书可能是金毓黻(*1*)的著作。

2) "史"字最古的形式 (K975) 似乎是一只手放在"中"字之下。朱希祖（*1*）认为这表示历史的公正性。可是这也可能是指史官在首都的中枢地位。

3) Wylie (1), p.13。读者可参考伟烈亚力的这一本中国文献入门的独特著作中有关一章的全部内容。

4) 译文见 E.Biot (3)。

在一般认为是周代后期编成的[1]。这类史书后来有很多，它们的作者并不按既定的格局，也不采取编年史的年代顺序，而是叙述某一特定的主题，例如专门记述晚唐之后的乱世或台湾的平定之类。

其他类型的史书是“别史”，即正史以外的历史，其中包括前面已提到的《通志》；以及“杂史”，亦即归入杂类的历史。此外，当然还有许多官方文件的汇编和许多专门的传记汇编，以及精粹的著述和当时的纪事的各种选集。

到目前为止，实际上还没有一部中国史书被译成西文，这应该说是全世界学术界最大的憾事之一。的确，顾赛芬 [Couvreur (1)] 和理雅各 [Legge (11)] 曾翻译过《左传》。《左传》是古代的评论集，论述战国以前（约公元前 722—前 468 年）的事。这本书虽曾经过秦汉学者的修改，但现在已被认为是公元前 400—前 250 年间所作[2]。《史记》的三分之一左右有沙畹 [Chavannes (1)] 的著名的译本。唯一可以与此相比的译作是德效骞[Dubs (2)] 所译的《前汉书》的开始部分，其中两卷已出版，还有两卷准备出版。戴遂良的《历史文献》乍看起来对西方学者是很有吸引力的，浩瀚的篇幅好象藏有无尽的知识；可是对于毫无中文知识的人说来，实际上可能为害不浅[3]。事实上它是用主要出自《通鉴纲目》的许多片断编成的（虽然也决不单是依据那一本书）。《通鉴纲目》就是前面提到的《资治通鉴》的重编和缩写，编者是宋代大哲学家朱熹及其门生[4]。

在这里应当提到奥古斯特·普菲茨迈尔 (August Pfizmaier) 所译的一些中 76
国史书。他的译本因为埋没在维也纳科学院的出版物中，很少为人所知，又因为没有弄清原文的确切出处，所以很少有人使用，不过原文出处最近已由沃克 (R. L. Walker) 加以注明。因此，现在我们可以看到的他的译文有《左传》的 12 卷 [Pfizmaier (1—12)]，还有《史记》的 34 卷 [Pfizmaier (13—36)]，其中只有 16 卷与沙畹 [Chavannes (1)] 的译文重复。其他史书的译文列表如下：

1）可是有许多章节确是公元 3，4 世纪时的伪作，

2）参阅 H.Maspero (1; 2, p.592); Karlgren(8).

3）戴遂良的译本是很靠不住的，因为：(a) 所引用原文几乎完全不注明出处；(b) 译文往往粗心大意；(c) 常常插进旁白、讽刺的评论和法语中各种各样的俏皮话，而不说明他自己已离开了正文；(d) 他写作时持有偏见，认为在他所信仰的宗教传入中国以前，中国的文化纯属腐败邪恶。在这里必须让读者们注意到这些缺点，因为在本书第一卷中，我们为了只懂得欧洲文字的读者们的方便起见。引用戴遂良的《历史文献》(缩写为 *TH*) 的地方很多(以后各卷中就很少了)。在详细讨论各种技术专题的以下各卷中，我们总是准确地注明中文原书的章节和页码。

4）18世纪时曾出版过《通鉴纲目》一书的译本，为冯秉正 (de Mailla) 所译，可是由于夏德 [Hirth (1), p.29] 所举出的各种理由，该书今天已不适用。

	卷　数	参 考 文 献
«前汉书»	19	Pfizmaier(32—34, 37—51)
«后汉书»	3	Pfizmaier (52—53)
«晋　书»	10	Pfizmaier (54—57)
«[刘]宋书»	4	Pfizmaier (58)
«陈　书»	7	Pfizmaier(59)
«北齐书»	11	Pfizmaier (60)
«隋　书»	20	Pfizmaier (61—65)
«新唐书»	21	Pfizmaier (66—74)

可是普非茨迈尔的德文译本对于那些不能对照中文原本的读者说来，恰象戴遂良的法文译本一样的危险。虽然普非茨迈尔的德文译文较少偏见，但他翻译的时间较早，而且是在很孤独的环境中工作的。因此，我们在他的译文中看到"沙门"被译作"萨满"(shaman) [Pfizmaier (56)]，而不是译作佛教的"和尚"(śramaṇa) "名家"被译作"最著名的学派"[Pfizmaier (71)]，而不是译作"正名学派"。尽管这样，普非茨迈尔译本中大量的资料在许多方面都还是有帮助的，譬如一段段的引文能够很快地查到。

从许多方面来看都应感到遗憾的是，在中国过去所有各朝代中，唯一被研究得比较详尽、而其史料又有大量西译文的朝代是辽代，而辽代根本不是汉族人当皇帝的朝代。我们这里所指的是魏特夫和冯家昇等人的巨著 [Wittfogel, Fêng Chia-shêng *et al.* (1)]。从科学技术的观点来看，辽代是最不易引起兴趣的朝代之一。它是游牧民族契丹征服华北大部分人口而建立起来的[1]。

除了这些译本以及不同学者在不同时期所翻译的许多片断（本书在适当时候将利用它们），例如夏德 [Hirth (1)]、卡特 [Carter (1)]、韩百诗 [Hambis (1)]、德·索绪尔 [de Saussure (1)] 等人的译文以外，要想钻研中国历史文献，除下苦功外，别无他途。科学史家自然也不能例外。虽然我们承认，从正史及有关的著作中无疑可以得到大量材料，特别是在经济和社会史料方面（以及天文和历算科学方面）更是如此，可是，科学史家所能找到的似乎也确实没有他所想象的那
77 么多。由于中国过去的文化是那样地偏重文学而轻视科学（除天文学和气象学由于被用来预卜未来而被列为"正统"以外），所以在中国史书上，简直很难找到有关科学发展方面的最有价值的资料。然而这类资料倒是可以在儒家称为"杂著"一类

1）见本卷 p.133。

的文献中，亦即在历经多少世纪依然存留下来的数量惊人的科技书籍中找到。这类“杂著”有一些是单独刊行的，有一些则被编入丛书中（丛书是中国人所喜欢的一种形式）[1)]。最早的一部丛书（现在还保存着的）是左圭所编的《百川学海》。左圭是宋代学者，关于他的生平实际上别无所知[2)]。除开主要论述科学主题的丛书以外，另外还有一种称为“笔记”或“笔谈”的著作，这种著作往往记述作者个人的经历或对前一世纪情况的回忆。这些回忆录中有着极丰富的材料，可是很少有人翻译过。我们在本书中将大量地加以利用。其中的确往往含有对科学史有决定性意义的论述，而且可以确信这些文章从来没有被有意识地篡改过，这一部分是因为儒家认为这些著作太无足轻重，另外也因为直到近代还没有一个中国学者感到有任何必要去把一项科学知识或一种技术方法的发现年月改成比实际时期更早一点。

在进一步讨论之前，我们现在要谈到表5“中国的朝代”，这张表在阅读本书任何一章时都将是很有用的。对于不想深入研究太复杂的历史的那些科学家来说，很遗憾的是，中国的朝代并不是完全连续的。下面我们马上就要说明为什么会是这样。不过这个表还是可以引导读者去了解这一近四千年的漫长过程[3)]。

表5 中国的朝代* 78

夏（传说中的？）		约公元前	2000—前1520
商（殷）		约公元前	1520—前1030
周（分封制时期）	周代早期	约公元前	1030—前722
	春秋	公元前	722—前480
	战国	公元前	480—前221
秦（第一次统一）		公元前	221—前207
汉	前汉（或西汉）	公元前	202—公元9
	新莽	公元	9—23
	后汉（或东汉）		25—220
三国（第一次分裂）			221—265
	蜀（汉）		221—264
	魏		220—264
	吴		222—280
晋（第二次统一）			
	西晋		265—317
	东晋		317—420
（刘）宋			420—479

1）丛书及其内容的索引，最佳的是施廷镛（*1*）所作。

2）据说他编该书是受唐代道家诗人陆龟蒙的影响，陆龟蒙最先将他自已的作品收集在一起。左圭却是搜集其他人的作品。

3）关于中国各朝代和世界历史的年份对照表，可参看 Lei Hai-Tsung (2)。

南北朝(第二次分裂)		
	齐	479—502
	梁	502—557
	陈	557—587
	魏{北魏(拓跋)	386—535
	魏{西魏(拓跋)	535—554
	魏{东魏(拓跋)	534—543
	北齐	550—577
	北周(鲜卑)	557—581
隋(第三次统一)		581—618
唐		618—906
五代(第三次分裂)	[后梁，后唐(突厥)，后晋(突厥)，后汉(突厥)，后周]	907—960
	辽(契丹鞑靼)	90—71125
	西辽(哈剌契丹)	1144—1211
	西夏(唐古特吐蕃)	990—1227
宋(第四次统一)		
	北宋	960—1126
	南宋	1127—1279
	金(女真鞑靼)	1115—1234
元(蒙古族)		1260—1268
明		1368—1644
清(满族)		1644—1911
中华民国		1912

注：表中凡没有在括弧中加以注明的，都是汉族人当皇帝的朝代。在碰到各朝代和许多独立国之间相互重叠、非常混乱的地方，戴遂良的表 [Wieger (1)] 就有用了。可是在这样的时期，特别是在第二次和第三次分裂的时期，艾伯华的表 [Eberhard (9)] 无疑是最好的指导。在东晋时，北方至少有17个独立国(匈奴、吐蕃、鲜卑、突厥等)。文献史家还常常用"六朝"这个词，这是指从3世纪初到6世纪末南方的六个朝代，包括(三国的)吴、晋、(刘)宋、齐、梁和陈。

* 本表有一大疏漏，即未指出中华民国终于1949年，也未列出中华人民共和国于该年成立。——译者

中国的年代可以说也象中世纪的欧洲一样，是从各个帝王登位算起的。但除皇帝的"庙号"(即"谥号")以外，一个皇帝在位的时间(大约从公元前165年开始)一般还分成几个较短的时期，这叫做"年号"，一个年号有时延续三十年之久，可是一般要短得多。年号有助于把各种事件的时期定得很准确。现在有许多种年表将各代的年号和公元的年代相对照，可以查考[1]。中国也往往用六十年的周期来
79 确定时间，每一个年份用两个字表示，第一个字是十干之一(所谓"天干"，即甲乙丙丁戊己庚辛壬癸)，第二个字是十二支之一(所谓"地支"，即子丑寅卯辰巳午

1）本书所采用的是西奥多·王和莱曼所编的年表 [Wang & Lyman (1)]，还有一些其他较老的年表，如梅辉立 [Mayers (1)]、伊泽尔曼和范韦塔姆 [Ezerman & van Wettum (1)] 的很有用的年表(中国历代皇帝年表)，以及施古德 [Schlegel (1)] 的年表(日本历代天皇和幕府年表)。最精细而标准的年表是张马太 [M. Chang (1)] 和阿伦特 [Arendt (1)] 所编的。有时也需要应用《古今图书集成·皇纪典》(卷二一一至二一二)。

未申酉戌亥)。关于这种体系，以后还要较详细地讨论[1]。在遇到这种纪年法时，只需参照各种年表，就能把年份计算得很准确，如果还有不准确之处的话，那除非时间出入是在60年以上[2]。

正如顾立雅 (Creel)[3] 所说，所有研究古代中国的年代学的权威学者们，对于公元前841年以后的事件的相对年代和绝对年代，意见是一致的。在此之前，确切性则很小。张马太 (Matthias Chang) 根据传统纪年，把周朝的开始定在公元前1122年。而其他人 [Bishop (1)，王国维(*1*)] 根据对前面提到过的《竹书纪年》所作的批判性修正，则分别认为周朝始于公元前1050和1027年。对商朝早期和半传说时代的夏朝，意见分歧更多。顾立雅 [Creel (1)] 的结论是：对公元前9世纪以前的年代，现在不可能确定。好在这对于科学史关系并不太大。

(b) 中国的史前时期和商朝

在过去三十年内，对中国上古史的研究发生了巨大的变化。大量的文献出现了，然而这些文献对于本书的研究主题来说主要是起一个介绍背景的作用，因此我们在这里只提出一些主要参考材料。安特生 [J.G. Andersson (1—5)] 一度是中国地质调查所的领导成员，并且是当时任所长、后来任国立中央研究院总干事的丁文江的同事。安特生是最早研究中国上古史的人之一。他曾生动地描写过他的兴趣的由来[4]。大部分今日已经确定的结论和各种有趣的讨论可以在顾立雅 [Creel (1,2)] 的著作中看到，此外，这样的结论还可以在郑德坤 [Chêng Tê-Khun (4)]、毕安祺 [Bishop (2)]、丁文江 [Ting Wên-Chiang (1)] 和李济 [Li Chi (1,2)] 等人的简明生动的概述中找到[5]。

与这些实物考古学的研究平行的，还有另外一种专门从事中国古代传说阐释的学术潮流，这一工作是和葛兰言 [Granet (1—3)] 的名字分不开的。他的那些常常是十分大胆的结论，虽然曾经受到许多人 [如 Karlgren (2)] 的严厉批评，但却很引人入胜，并富有启发性。

在中国土地上，我们已知其遗迹的最早的居民是"北京人"所属的那个人种。

---

1) 参阅本书第二十章(h)。从天干地支的年份换算成公元年份，可查阅如下几种年表：Hoang (1,4); Nagel (l); Havret (l); Kliene (l)等。

2) 我们采用的是《汉学手册》(*Manuel du Sinologue*) 中的年表 [见 Anon. (1)]；戴遂良也有一个年表 [Wieger (l),p.7]，可是不很合用。

3) Creel (l), p.xvii。

4) J.G. Andersson (5), p.12。

5) 地理学和土壤学方面曾由罗士培 [Roxby (l)] 和毕安祺 [Bishop (3)] 研究过。

这些遗骨化石是裴文中于1927年在周口店发现的，并由魏登瑞 (Weidenreich)
78 作过仔细的研究。研究的结果表明，“北京人”生活在更新世的初期或中期[1]。这种形态处于中间阶段，比直立猿人稍晚而较为接近人类，但比尼安德特人要早。因此，完全可以肯定，中国在旧石器时代已有人类居住，他们能够制造粗石器工具[2]。顾立雅[3]指出，这些事实已使过去企图将中国文明的起源说成是后来由外国迁移而来的说法不大可信了。魏登瑞 [Weidenreich (1)] 确曾认为，蒙古人种、尤其是中国人所特有的解剖学特征，可以在“北京人”遗骨中找到。黎桑 (Licent) 和德日进 (Teilhard de Chardin)[4] 已在鄂尔多斯沙漠(陕西部分)找到更新世后期[5]狩猎文化的遗迹，而裴文中 [Phei Wên-Chung (1)] 在北京附近“北京人”遗址的更高层位上也已找到这种遗迹。

可是在旧石器时代以后，连续性有了明显的间断。安特生[6]曾写道：

> 我们愈深入研究远古时代，就愈感到有一个难解之谜在阻挡着我们的道路。其中主要的是“新石器时代的中断”。在黄土时期(旧石器时期)，华北的气候十分干燥，因而该地区除了残存的湖泊区以外，大部分地区可能没有居民。黄土期以后，接着是河流垂直下切侵蚀的板桥期，那时，黄土覆盖层大部被切成一块一块，而那些小沟谷就地下切，破入坚硬的岩石。这一时期大致相当于中石器和新石器时代早期。那时雨量非常充沛，在华北很可能是适宜于动植物生长的气候。换句话说，该地区必定猎物众多，对原始人说来，一定是一个很舒适的聚居地。可是，据我所知，直到1943年，情况还和1925年一样，在华北还没有发现无可争辩的中石器和新石器时代早期的遗迹。

直到今天，除了在东北已发现了整个石器时期的各个阶段以外，情况依然如故 [de Chardin & Phei Wên-Chung (1)]。过了这段不连续期，在公元前2500年左右(这是安特生所推定的)，这块显然无人居住的土地上突然开始出现了巨大而又忙碌的居民群落。有证据表明，那里有数百以至数千个村落，居住着从事畜牧业以及农业的居民，他们熟悉木工、纺织和陶器制造[7]。华北地区这种奇怪的间

1) 即在四十万年前。

2) 通过将砾石打成石核和从砾石上打下石片，也能加工骨头。中国和欧洲一样，在中古时期曾把旧石器和新石器时代的石斧误认为是陨石，因而称之为“雷斧” [de Mély (5)；又见于本书第二十一、二十三章]。

3) Creel (2), p.40。

4) Black & de Chardin (1); Black, Licent & de Chardin (1); de Chardin & Yang Chung-Chien (1)。

5) 约二万五千年前。

6) Andersson (5), p.296。

7) 为了便于查考新石器时代早期(公元前2500—前1600年)文化的特点(本书仅简单地提到)，并进行比较，预备一本一般的史前考古学手册[例如 Furon (1)] 是很有用处的。

断，只能期待进一步的考古发现，才能加以说明。

最初的重要文化被定名为仰韶文化，是在沿从西向东包括甘肃、陕西、山西、河南和山东这一狭长地带的发掘所揭示的。仰韶时期人民的主要食粮几乎可以确 81
定是稷 (*Panicum miliaceum*)，而到该时期末，则以稻米为主食。既然这两种庄稼都被认为不是中国本土所固有，那末就一定是从东南亚传入的。在遗址中已辨认出狗和猪的骨头，以及后来的羊和牛的骨头。也发现了马的骨头，可是我们不能确定它是否已经驯养，因为现在或不久以前，在蒙古还有真正的野马(*Equus przevalskii*)。在华北，那时的马可能也还是野生的。仰韶时期人民最显著的特征是他们的彩陶。在前面提到过的著作中，可以看到大量的彩陶插图。这种彩陶大概是在公元前 2300 年左右用“泥条筑成法”而不是用“轮制法”制成的，上面有各种色彩描绘的优美图案。这是新石器时代陶器中最精细的一种[1]。在甘肃，这种制陶业一直继续到接近公元前一千纪末期。

现在已找到某些迹象，它们说明，在这一时期，在北极圈以南的北纬地区[2]，即北亚和北美，已经存在有广大的文化聚集区。这一文化区大致可称为萨满教区[参看本书第十章(h)]。在这一广大地区的各部分普遍应用的一种典型工具是长方形或半月形的石刀，它与在欧洲或中东所见的任何石刀完全不同，可是在爱斯基摩人和美洲印第安人那里，以及在中国人和西伯利亚人那里，却都可以找到。顾立雅[3]指出，这种形状的刀在商朝很普遍，并且在中国直到近代还继续制造(用铁)[4]。这一北方文化区的另外一个特征是穴居或住土屋[5]。敦煌壁画上画的蜂窝状的唐代农舍，可能就是由此传袭下来的。弓背加强的或复合式的弓似乎也是该文化区的一项发明。假使在新石器时代初期亚洲人迁移过白令海峡而在美洲居住，那末，我们也许可以解释美洲印第安人和东亚人的文明之间的一些奇特的类似之处；可是，这是一个很难确定的问题，留待以后再谈。

中国新石器时代的陶器有两种类型，值得在此稍加注意[6]，因为它们与任何其他地方所已知的大不相同，并且还因为古代的烹饪方法和最早期的化学之间有关联。其中一种陶器名为鬲[7]，

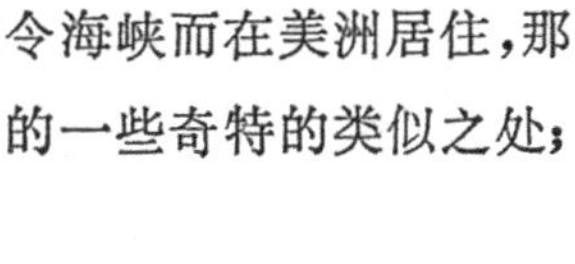

K 252　K 252　K 855

1) 参阅 Bishop (4); Chêng Tê-Khun (4). 但他认为当时已使用陶轮。

2) Bishop (2), p.303; Creel (2), p.45。

3) Creel (1), p.174。

4) 安特生 [Andersson (3)] 认为，今天中国城市里走街串巷的磨刀人手中用以招徕生意的一串嘎嘎作响的铁片，就是这种刀仍然存在的表现。

5) Creel (2), p.56。

6) 关于史前时期的一般陶器，可参看 Wu Chin-Ting(1)。

7) 这个字是从古代象形文字 (K855) 变化而来的，“鬳” (K 252) 也是这样。

82 是一种三脚的大锅，这三只脚都是空心的(见图 9)。有人认为，鬲一定是在三个狭长而大肚的容器上面再加一个锅罐这样演变而来的。另外一种容器是用以蒸东西的，名为甗(图 9)，甗的下边的一只容器可能就象上述的鬲，也可能不象，在

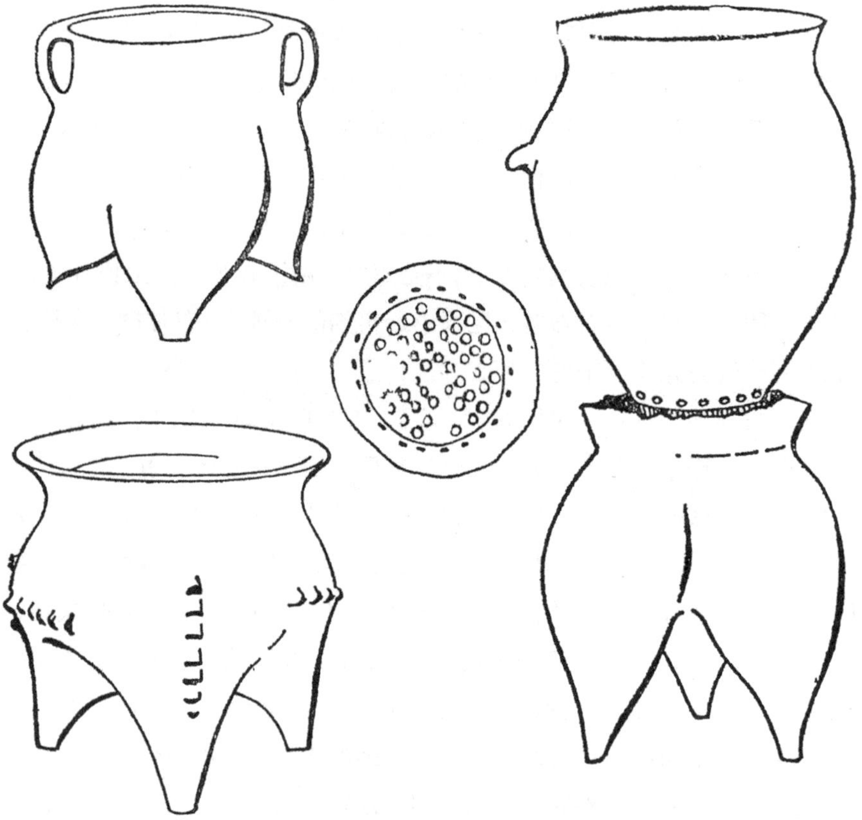

图 9 古代中国陶器。图的左部是两种类型的鬲[采自 de Tizac (1)]；图的右部是甑放在鬲上面 [采自 Andersson (6)]。-- 甑一鬲这样两件容器组合在一起叫做一个甗，上边那个容器的底部是有孔的(如图的中央所示)。所有这些，时间都在公元前三千纪。由于这些器皿具有图示的形状，它们的有效受热面很大，而且可以同时煮几种食物，不过这要求陶工有高超的技巧。后来，某些青铜器皿(如鼎)把这种形状保存下来了。在商代，"甗"字的象形文字，经过含义的引申，被用以表示宗教祭祀。

83 它上面加上一个底部有许多孔眼的容器(甑)，整个用具的上面有一个盖。这些容器是在已知的最早的新石器时代遗址中发现的，而且整个商代还继续制造[1]。

在河南、山西一带，仰韶时期之后的另一新石器文化，名为城子崖或龙山文化。在这一文化时期仍未发现任何金属，作为其特征的是一种质地细致、加工良好的光滑的黑陶器皿。龙山居民确实比仰韶居民先进得多。前面所提到的四种动

1) 鬲首先在河南和山东出土，后来山西和甘肃也有发现。

物这时已完全驯化，而且很可能已经饲养马。在这里也发现另外一些技术，这些技术在中东早已熟知，可是在中国还是新的，特别是陶轮，以及用夯土筑成的城镇建筑与房屋。龙山人民很可能已知道利用带轮的乘具，但由于没有发现其金属配件，这一点还不能确定。

这里我们要谈谈公元前1600年左右的情况。在这个时期的最初一百年内，突然出现了成熟的青铜器时代文化，在中国历史上，这就是商代了。在这方面我们所知道的情况大部分来自商代的首都（今河南安阳）的发掘，这一工作是1929—1933年在中央研究院历史语言研究所人员的主持下进行的。但是关于安阳地区可能有古物的消息从20世纪初期就已开始流传。这一发现的经过，也许可以算是现代考古学中最富于传奇性的一件事，顾立雅 [Creel (1)] 和颜慈[Yetts (1)] 都曾很生动地谈到它。19世纪末期的数十年间，安阳附近的农民在耕地时常常见到奇异的骨头碎片。村中有一人将这些骨头碎片当作"龙骨" [参阅本书第二十三章(c)] 卖给药店作药用。1899年，中国学者们证实骨片上刻有极古的文字；1902年，王国维(*1*)和罗振玉(*1*)充分认识到它们的重要性，宣称它们是汉初以来从没有人掌握过的宝贵材料。实际上，它们使中国的哲学、语言学和历史学往古代回溯了将近一千年之多。同时，有些骨头为西方学者如库寿龄 (Couling) 和方法敛(Chalfant)所购去。1904年，孙诒让(1)首先辨认出卜骨上的刻字，他得到的结果和现在得到的相同。从那时起，对这种最古老的文字进行了大量的工作，其中大部分是中国学者如董作宾(*1*)、王国维(*2*)和郭沫若(*3*)等所进行的研究，但一些西方人如明义士 [Menzies (1)] 和金璋 (Hopkins) 等也进行了研究[参阅高本汉所著的内有甲骨文字形状的字典——Karlgren (1)]。现在我们知道，有些字从安阳城的建立者盘庚王时代（约公元前1300年）起直到现在虽然经过了三千五百年，还几乎没有改变。在以后的章节中，对于科学技术有意义的一些甲骨文字（参看图10），我们还将不时加以详细的研究。

卜骨用以占卜，即所谓"肩胛骨占卜"，看来是这个文化区特有的现象，或许 84
在商代以前不久就开始了。方法是用烧红的木炭或火红的青铜棒来炙烤哺乳动物的肩胛骨或龟甲，然后根据甲骨上所呈现出的裂缝形状或方向来猜度神的答复[1)]。商代的占卜者（贞人）保存了这样丰富的占卜纪录，在当时可能是作为秘密记载而保存起来的，但这对后世说来的确是一件很幸运的事。神的答复有二种，一是

1) 这是很奇特的，但与东亚文化特点的长期持续性并不矛盾，现在蒙古的喇嘛仍用肩胛骨作占卜之用 [Larson (1), p.102]。方济各会的修道士罗伯鲁 (William of Rübruck) 13世纪时还看到这种占卜仍然存在 [*TH*, vol.2, p.1677; Yule (2)]。世界其他一些地方也有这种做法 [Andrée (1)]。

“是或否”，一是“吉或凶”；一般来说，回答并不刻在甲骨上问题的旁边，因为答复是以裂缝的形态来表示的，可是有时证实占卜灵验的事情也记载在上面。有人曾对所要占卜的事情作了分类，最重要的有：(a) 某种祭品应奉献给哪些神灵；

图 版 三

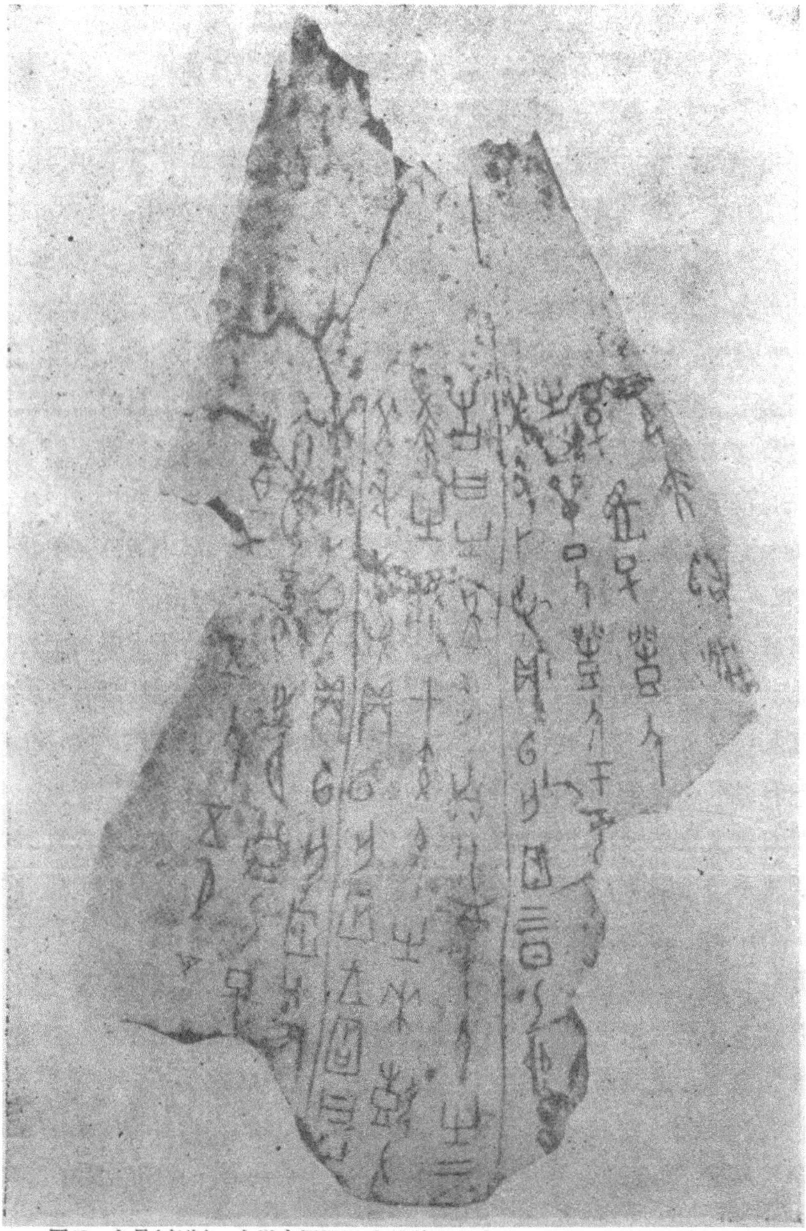

图10 卜骨(商代)。字样由罗振玉（《殷墟书契菁华》，图版5）和郭沫若所描述[参阅 Hopkins (30)]. 左边三行可证认如下：“在甲辰日，起大狂风，月食……在乙巳日……五人，(在)第五月……”。另有一种解释(董作宾)是：那一天晚上，举行了一次特殊的祭祀(禋祀)。

(b) 出行的方向，应该停留在哪里和停留多久；(c) 狩猎与捕鱼；(d) 收成；(e) 天气；(f) 疾病和痊愈，等等。

商代的另一个显著的特征是青铜器得到了广泛的应用，用于祭礼、战争和奢侈品等一切用途，但较少用于工具和器具。人们一再注意到，当时祭器上精巧的工艺甚至超过一切以后的作品。这些祭器往往是为了纪念帝王赐给某显要人物以示宠幸而铸造的，并有铭文记载其事。当时，青铜的一个重要用途是用作正在日趋普遍的带轮乘具的金属部件。关于青铜的分布，可参看图11。

在商代似乎就已开始了小麦的种植，这一定是从中东传入的，因为小麦原本生长在中东[参看 Vavilov (1)]。毕安祺 [Bishop (2)] 指出，古代的小麦栽植区和青铜应用区几乎是一致的。著名的农学家沈宗瀚说，早期在中国生长的各小麦品种与在中亚和中东的交通沿线上所发现的相同[1]。

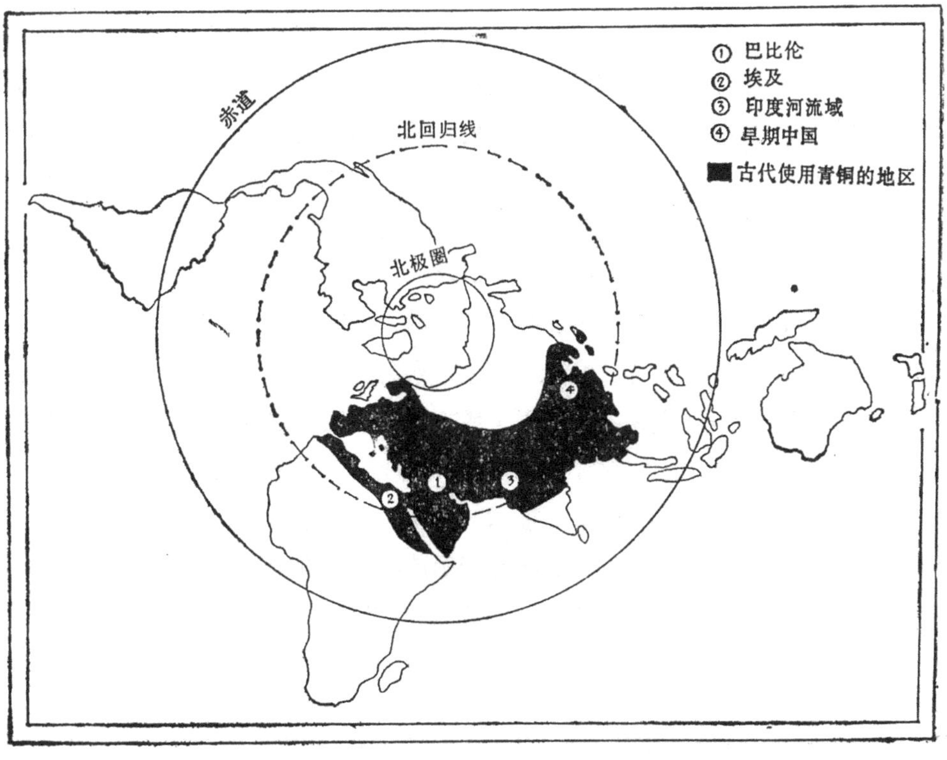

图11 极圈投影图，图中表明了古代中国文化区与其他大河流域文明之间的关系 [Bishop (2)]。标以黑色的地区表示使用青铜的古代文化区。其最东部地区于公元前1500年左右开始使用青铜，比西部各地区(约公元前3000年以前)要晚得多。然而，商代青铜铸造所达到的技术高度却非其他地区所能及。

1）在给毕安祺的信函中。

大多数考古学家认为，商代人民肯定以农耕为主，仰韶人民大概也是如此。顾立雅[1]则相当有代表性地否认中国人曾经有一段时期以畜牧为生。自太古以来，中国人的食谱中便没有奶和奶制品，而在我们所持有的中国最古的记载中，用畜牧作譬喻的例子即使存在，也是特别少的。可是，我常觉得这种说法很难置信，因为在中国文字中有许多表示“善”或有相关意义的字，其偏旁是“羊”(部首第123号)[2]。

85 根据可能作出的判断看来[3]，商代的社会组织是青铜器时代的一种原始封建制，这一点我们以后将较为详细地加以讨论。很可能，商代帝王管辖下的区域是很小的，也许从京城向任何方向伸展至多不超过一、二百英里[4]。家族制度和崇拜祖先的痕迹明显可辨。用人献祭的事的确是存在的，至少在贵族的葬礼中是以奴隶殉葬的，这一习俗持续很久，直到周代。许多权威学者[5]指出，母系制度的痕迹在这时期似乎已为严格的父系社会所代替。

商代的另一个特征是应用贝壳作为交易的媒介。毫无疑问，这便是为什么许
86 许多多具有“价值”意义的字都用原意指贝壳的“贝”(部首第154号)作偏旁的原因[6]。虽然“贝”(宝贝，*Cypraea moneta*)究竟从哪里来的，现在还不能确定，但也可能是来自长江口以南的太平洋沿岸。它们经过那么长的路途来到商代文化中心这一点是值得注意的。和它并行的另一种商品是占卜用的陆地龟的背甲和腹甲。占卜用的这种龟似乎属于现已绝迹的 *Pseudocadia anyangensis* [参看 Sowerby (1)]。

东亚往往被称为“竹子”文明；有证据表明，商代已经知道竹子的多种用途[7]。其中一种用途就是用作书简，书简有时也用木制。这些书简大致和保存至今的汉初书简相同，一行一行的文字写在竹片或木片上，再把它们用两根绳子编缀在一起 [参阅 Stein (6)]；因而有“册”这个字。我们从“册”字的甲骨文形象 (K 845) 可以知道，它本来是描述一部书的形状 (Yetts & Hopkins)。“典”字也是这样，它现在作字典解，而当时却表示放在桌上即放在受尊敬的位置上的一部书。写字用的毛笔现在也已确定在商代就有了[8]。

K 845

1) Creel (2), pp. 78ff.。

2) 羊 (K732)；祥(吉祥，K732)；美 (K568)；達(谷物萌芽，K271)；群 (茂密的树叶，K727)；羞(食物，K1076)；義(正义，K2)。劳弗 [Laufer (3), p.48] 是注意到这一点的人之一。

3) Creel (2), p.129。

4) Herrmann (1), Map 9。

5) 例如 Creel (2), p.173。

6) 即貝(贝壳，K320)；寶(宝贵，K1059)；賈(商人、买卖，K38)；買 (K1240)；賣 (K1240)；質(人质、物质、典当，K493)。

7) Creel (1), p.24。

8) 见 Creel (1), pp.42ff.

现在还保存着一些据说属于商代的文献，特别是《诗经》[1]的一部分和《书经》五篇[2]。可是，对这些文件进行严格考证之后所得出的结论是：前者不可能早于公元前800年，而后者不可能是周代以前的，即不可能早于公元前一千纪初期[3]。有人认为，《书经》五篇确实是周代的宣传品，并且周代人民曾经有系统地毁灭了商代留下的著作。总之，虽然将来通过发掘而发现一些真正属于商代的书籍并非完全不可能，但是可能性似乎并不太大，因此，我们必须根据迄今在仰韶遗迹和其他新石器遗迹中完全没有找到任何文字记载这一事实，而满足于这样一个结论：中国文字应该是在商代初期（约公元前1600年）才开始从最早的象形文字发展起来的。虽说它的年代比美索不达米亚的楔形文字和埃及的象形文字要晚得多，可是它至今还在应用，而后两种文字却早就绝迹了。

安阳的发现所产生的最有意义也最为重要的影响之一，是它证实了中国现代的"疑古运动"（以怀疑为特点的文艺复兴运动）已经怀疑得过了头。这些发现给我们描绘了一幅比较可靠的中国古代景象，这比轻信传闻的中世纪学者或怀疑过度的现代学者们所描绘的要可靠得多了。

在我们这个时代，人们确信中国有五千年文字记载的历史。史前的传说[4]从 87
开天辟地的盘古开始，接着是天皇、地皇和人皇。然后出现了狩猎和畜牧的始祖伏羲以及农业和医药的始祖神农。黄帝的统治年代相传是在公元前27世纪，而在公元前24和23世纪则有"三位圣君"尧、舜和禹。尧不传位给他的儿子而让位给舜，舜是一位能干而贤德的渔夫和农民。舜同样让位给一位平民禹。禹是一位伟大的工程师，他通过兴修水利"治水"成功，从而既使国家免于洪水之灾，又使农业得到了很好的灌溉。禹建立了夏朝。夏朝便和以后的各朝代一样，世袭王位，直到因政治废弛和暴虐无道而"失国"。于是，贤德的平民或弱小的封建主就领导起义，创立新的朝代。商朝和后来的周朝都是这样。现在可以看出，大量这类传说的材料都是对古代各个历史时期各种事件和活动的追忆。我们可以从长泽规矩也的著作中，得知这些重要词汇的背景和涵义[5]：禅让——非世袭的让位；放伐——遣暴君的反；革命——一个王朝丧失统治权。

1）参阅 Nagasawa (l), p.74。

2）参阅 Nagasawa (l), p.120。

3）见 Creel (2), pp.54, 63, 69, 76, 81, 93。

4）有关这些传说的最好的叙述，可查考唐代学者司马贞所作《史记索隐》。它已由沙畹译成法文并加评注 [Chavannes (l), vol.l, pp.3ff.]。

5）Nagasawa (l), pp.23 ff.。

在1918年左右，随着胡适和顾颉刚的著作的问世，一种现代的观点[1)]开始顺利地传播开来，他们的见解虽然遭到正统学者们的反对，但后来逐渐为大家所接受[2)]。事实上，他们的观点是认为周代(约公元前11世纪)以前的一切传说都不是史实。顾颉刚(5)认为，中国的所谓古代史是层层加码逐渐编造出来的，而且加上去的东西的次序和年代学次序恰恰相反。例如，在周代初期，大禹被认为是一个使土地升出水面的神；到了周代晚期，人们才认为他是人间的一个帝王；直到战国时期才认为他是夏朝的创建者。又如尧和舜，他们的时代本在禹之前，可
87 是和禹相比，他们见诸历史却在禹之后很久，亦即到了孔子时代(公元前6世纪)才见于史书。黄帝在传说中虽然更早，可是见于历史则更晚，也许是道家臆造出来的[3)]。实际上，每一继起统治的王朝或居统治地位的哲学学派总是想抬出一位纯属臆造的人物放在古代文化英雄行列的前面，以提高自已的声誉。另外，每一思想学派为了证明自己的主张正确，往往掩饰一些传说。墨家(参阅本书第十一章)主张和平和善政，因而强调禅让的传说[顾颉刚(*1*)]；孟子主张民主，因而强调人民立禹为帝而不立舜的儿子；道家则创造出无为而治的黄帝，等等。

此外，欧洲汉学家哈隆 [Haloun (6)] 也作出了创造性的贡献。他独立地得出结论说，许多传说材料一定是后来编造的，目的在于附会战国和汉代的宇宙学说(即五行的理论)。

中国现代学者对传说历史的抨击，在许多方面已被证明是有道理的[4)]。可是对商代来说，这种抨击似乎有些过分。《史记》(公元前100年所著)卷三非常逼真地记载了始自成汤(约公元前1500年)、终于暴君纣辛(约公元前1050年)的商代的三十个帝王。一般认为，司马迁不可能拥有足够的一千多年以前的史料来写历史。可是，当人们从无可争辩的真迹——安阳甲骨文——中清楚地找到商代三十个帝王中的二十三个帝王的名字时 [参阅王国维(*2*)的表和 Hopkins (1)]，大家可以想象，许多人该是何等地惊异。由此可见，司马迁一定拥有相当可靠的史料。这一事实再一次说明中国人有深刻的历史意识，也说明对商代是完全应予承认的。关于商代帝王有一件奇事，这就是他们名字中的第二个字几乎总是前面已

---

1) 虽然这里应用了现代观点这一词语，可是我们以后将看到〔本书第十四章 (i)〕，早在宋代学者中，已普遍对古代文献的可靠性持怀疑态度。例如，王安石和马端临都认为《左传》(参阅本卷 p.75) 为汉代而非周代所作〔见 Karlgren (8)〕。可是近来的研究表明，不管《左传》是否左丘明所作，该书不可能在公元前3世纪以后编成。《春秋》和《左传》的文法与其他古典著作是如此之不同，以致它们不可能如传统上所想象的那样，和孔子或鲁国的学者们有任何关系。

2) 见 Lin Mou-Shêng(1) 的叙述。

3) 参阅 Edkins (5)。

4) 在顾颉刚最近的著作〔顾颉刚(*2*)〕中，他过去对传统说法所持的绝对否定的态度已有所改变。

提到的天干或地支中的一个字。

那末，夏代的情况又怎样呢？安特生[1]设想说，它或许只能当作对“史前”仰韶文化的一个重要中心的大致情况的半传说式追忆[2]。顾立雅[3]指出，“夏”字在甲骨文上从来没有被用于表示一个国家。他的结论是：“夏”可能是某种统一团体或原始国家的名称。在公元前6世纪左右，“夏”字往往被用来表示具有纯中国文 89
化的诸侯国，以区别于那些不是纯中国文化的邦国（象希腊人用“Hellenes”来表示有别于野蛮人那样）。至于《书经》中传统上被认为属于夏朝的四篇著作（其中两篇——《尧典》和《禹贡》——分别是关于天文学和地理学方面的[4]，在科学上很重要），现在已相当肯定地证明它们属于周代，并且还可能并不是周代早期的作品[5]。顾立雅[6]进一步提出，夏朝这一概念，是周朝人为了开展宣传活动，以便使他们对商朝的征伐作准备，并且使征伐合法化或神圣化，而通过半意识的虚构逐渐变得具体化的。

在中国社会的这一形成时期中，现在已经分辨出这一发展中的文明有几个分立的组成部分［特别是艾伯华的研究，参看 Eberhard (1—3)］。这样的基础文化暂定为六种：（1）北方文化（对仰韶及龙山人民有决定性影响），它具有“原始通古斯”性质；（2）西北文化，它受到游牧民族的影响，属于“原始突厥”型；（3）西方文化，它属于“原始西藏”型；（4），（5），（6）三种南方或东南文化，它们起源于沿海一带，带来了海洋文化的影响，这三种也许可以统称为“越文化”（“越”是后来东南方一个诸侯国的名称）。这些文化总起来称为“原始汉藏”文化[7]。

虽然这些研究还处在开始阶段，可是似乎已能辨别出这些古代部落给予整个中国文化的一些贡献的痕迹。例如，北方文化综合体似乎已包含“萨满教的信仰”、“熊的崇拜”和“狐的神话”、“母权社会”[8]、“穴居”和“骨镞”的使用。商代的文化可能是这一文化和来自东南及南方的各文化综合体的融合。在艾伯华所说的“越

1) Andersson (5),p.293。

2) 这是徐中舒〔(*1*)，第539页〕的意见。可是有些汉学家对此仍有争论，认为夏朝有充分的历史根据，例如参看 Erkes (2)。

3) Creel (1),p.130。

4) Herrmann (1), Map 11。

5) 但《尧典》包含了某些天文学陈述，其依据的传统可追溯到商代或更早。这在本书第二十章(e)中将有说明。

6) Creel (1), p.105。

7) 赫尔曼 [Herrmann (12)] 曾试图粗略地划出它们的地理界线。

8) 请注意部首第38号“女”的持续性，现在的家族姓氏的“姓”字偏旁即从“女”[R. Wilhelm (1), pp.34, 59]。

文化”中，含有某些和印度尼西亚文化相似的东西，它是沿海和沿河的文化，有“长舟”、“战船”和“公社大屋”；还有“赛船”(对比后来端午节的龙舟)、“龙的神话”、“蛇的崇拜”、“神山的崇拜”（在后来的中国文明中最为显著)、“狗的巫术”(对比后来的“刍狗”)和“铜鼓”；此外，还有“以(原始形态的)弓弩作武器”、“以树皮作衣服”、“文身”、“结绳记事”、“刀耕火种”、“春秋二季有择偶节日”［参看 Granet (1)］。南方文化综合体有“水稻种植”、“灌溉”和“斜坡梯田化”、“饲养水牛”、“崇拜祖先”、“以猪作牺牲”、“生殖崇拜”以及“涂毒武器”。竹、铁和漆都来自南方。

90 西北和西方文化综合体的影响虽然在公元前整个二千纪都能被感觉出来，可是在周征伐商的时候似乎作出了最大的贡献。西北文化方式主要是父权的游牧生活，包括“天体崇拜”（拜星教)、“驯养马和用马作牺牲”、“住帐篷”、“修丘冢”、“陶鼓”和“转房”(妻兄弟婚)。西方文化综合体(“原始西藏”型)是最难分析的，可是“火葬”、“一妻多夫制”和“拟娩”（男人在妻子分娩时装出要分娩的样子)[1]，似乎是它的部分内容。

这些古代文化综合体和今天居住在四川、云南、贵州和广西等西南各省大片土地上的各民族（苗、罗罗或罗疏、羌、蛮[2] 等，他们的风俗习惯在许多方面明显地表现出古代中国人生活的遗俗，如“择偶节的跳舞”、“毒箭的应用”[3] 等),究竟有怎样的关系，这是一个有待深入研究的问题。

(c) 周朝、战国和第一次统一

关于周代人的起源，我们除了知道他们是来自西部地区(大体上相当于现在的甘肃和陕西)，以及知道他们的文化较之受其称羡的商代人低劣之外，其他知之甚少[4]。商朝的统治范围大致说来是黄河流域，或者说，是华北平原的一部分和黄河与淮河之间的地区。周征服商的时期相当于雅利安人征服印度的时期。虽然雅利安人也是青铜器时代使用战车的民族，但没有证据可以说明周代人是从中国本部以西的任何地方迁徙而来的。他们继承了商代在青铜器制作、制陶和纺织等方面的传统，并且进一步发展了书写文字。他们虽然早先可能是游牧民族，可

1) 参阅 Graham (3)。

2) 参看Graham (1,2); Morse & Yen (l); Cook (l); Yang Ching-Chi (l); Chêng Tê-Khun & Liang Chhao-Thao (l)。在这一题目上，中央研究院的学者们如傅懋勣有许多重要贡献。

3) 参阅 Fêng Ta-Jan & Kilborn (1) (aconite)。

4) 石璋如(*1*)最近进一步证明了周代人有赤陶文化。赤陶文化是人们早已知道的，可是过去未曾把它和周代人联系在一起。

是很快就吸取了当时正在发展中的中国文明的全部农耕特点[1]。对甲骨文所提及的日月食进行研究而获得的新的天文学证据[董作宾(1)；Dubs (26)]指出，周征服商的时期是在公元前11世纪后半叶，比传统上所承认的晚100年。

周代的显著特征是青铜器时代原始封建社会的系统化。原始封建社会在商代已粗具轮廓，在周代则得到了几乎和欧洲典型的封建时期同样的充分发展。帝国(那时已在形成中)被分成许多采邑，掌握在新的贵族阶级手中，这种情况和诺曼人 91
征服英格兰后分赐领地的情形多少有点相似。很多商朝人被驱逐到鲁国和齐国，而一位商皇族遗裔则被授与宋的采邑，这是为了使前朝祖先的祭祀得以延续[2]。整个封建制度建立在农民的农业生产劳动的基础上，其中最显著的特点是农民在贵族领地上的强制徭役[3]。贡赋在封建政体中逐级进呈，最后到达朝廷。象商代一样，各封建领主必须常常进京，并在京都停留一个规定时期。一种武士制发展起来了[4]。

在公元前一千纪的头三个世纪中，周朝社会逐渐显示出有些不安定。由于定居人民不可避免地谋求向外扩张，同野蛮民族之间的战争也就日益频繁，而且北方和西北的匈奴族也开始进行游牧式的骚扰，这样的骚扰曾经牵制中国的军事防御力量达一千年以上。此外，在中国文化的前进过程中，并不是没有内部斗争的，而且正如拉铁摩尔(Lattimore)[5]所说，那些同封建王公们经常交战的“野蛮民族”(有时封建王公也会和这些“野蛮民族”结成联盟而在王公间相互交战)，有许多(如狄、夷和戎等)很可能只不过是中国人中文明比较落后的部族。

这种不安定最后完全显示出来了，公元前8世纪，那个封建帝国似乎很牢固的假象终于破灭了。公元前771年，周幽王被一个与野蛮民族结成联盟的小王国的军队杀掉[6]，他的继承者周平王不得不从西安附近的首都向东迁至洛阳，结果，西部黄土地区变成了秦的大采邑，秦这时较为名副其实地称做一个国。在其后的几个世纪中，周王实际统辖的领土确已极为狭小；大约二十五个半独立的封建诸侯国只在表面上承认洛阳的领导权，而他们之间则又互相争当霸主(参看表6和图12)[7]。第一个争得这种霸主地位从而能在帝都左右各诸侯的是山东的齐国。齐

1) Herrmann (l), Map 13。

2) 见表6。

3) 参阅《左传·庄公三十年》，译文见 Couvreur (l), vol.l, p.200。

4) 参阅《左传·宣公十二年》，译文见 Couvreur (l), vol.l, p.611；《左传·僖公十三年》，译文见 Couvreur, p.288。

5) Lattimore (l), p.319。

6) *TH*, vol.1, p.102。

7) 颇有趣味的是，表中有六个诸侯国的名称也就是后来朝代的名称，有十七个则成为普通家族的姓氏。把各诸侯国的界线画得最好的地图无疑是傅兰克的著作[O. Franke (l)]第一卷末所载的。

92
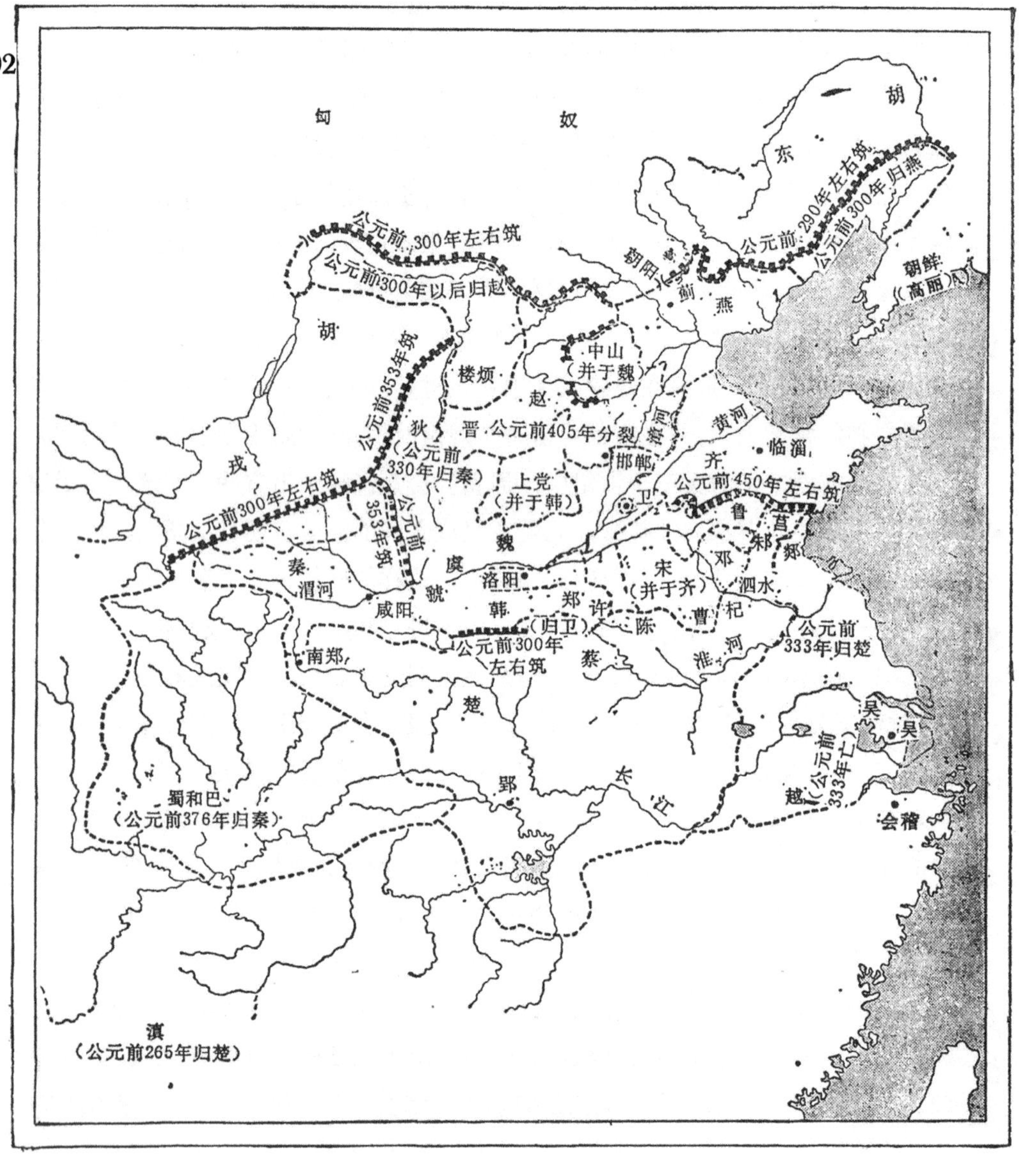

图12 公元前3世纪初各诸侯国边界略图[据 Herrmann (1)]。为表示小诸侯国的确切位置,需要有一个比例尺大得多的地图。画出的长城并非全部,而仅是较重要的部分。更详细的情况可参看 Lattimore (1)。除该书 p.336 外,还可参阅《历史文献》中的地图 (*TH*, vol.1, no.6, opp. p.70; no.7, opp. p.190)

93 国本身有一个特殊条件,它在岸边煮海制盐,成了食盐的主要产地,并由于这一工业的"官营"而获得了大量财富。在炼铁方面,齐国也居领先地位。

虽然有一些权威人士认为,早在公元前8世纪中国已知道用铁[詹斯 则 认为大约从公元前685年开始，参看 Janse (1)]，可是一般公认，文献上首次提及铁是公元前513年[1]；而另外有些人则认为这一年代还嫌太早（参阅本书第三十六章）。总之，毫无疑问，大约在周代中期或稍早些，铁的利用便已开始，并且很快就传播开来。因此，这似乎是促成周代早期封建制分裂、且有利于各独立诸侯

表6 周代的封建诸侯国 94

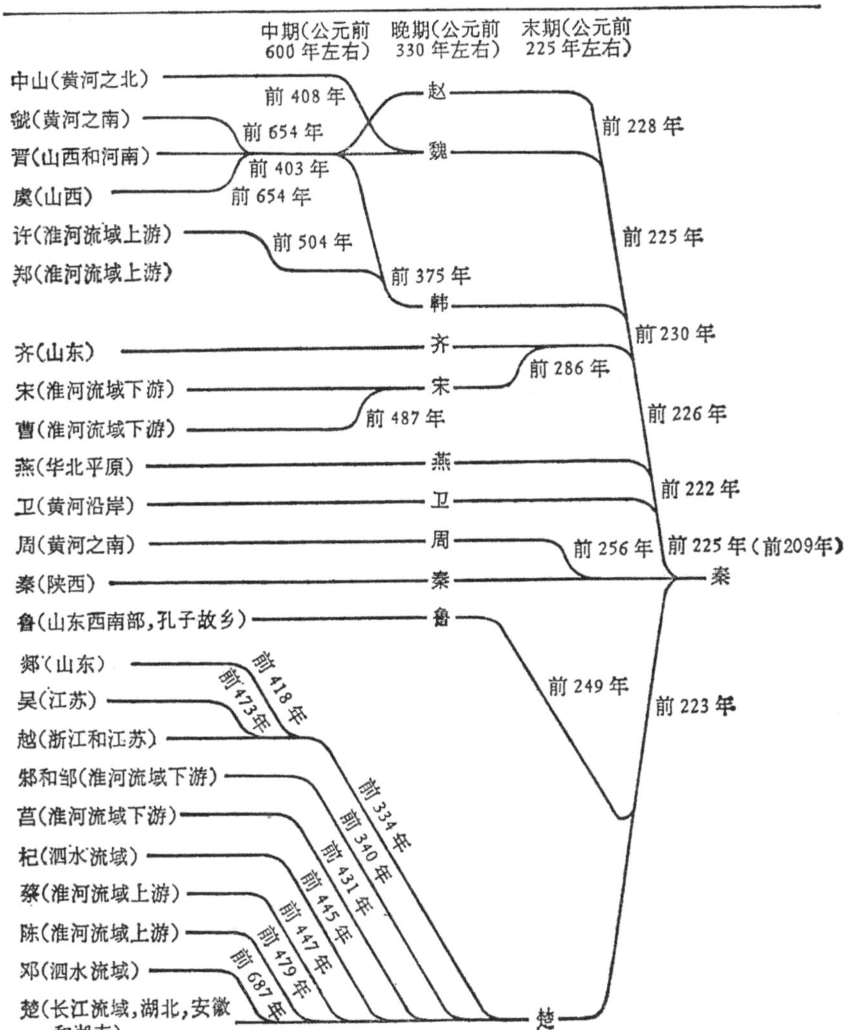

国兴起的最重要的因素之一[2]。最先获得霸主地位的诸侯就是最先从事炼铁的诸侯，炼铁方法并非为周王权力所独占。这一事实，可能是相当重要的。随着时间

1) «左传·昭公二十九年»，译文见 Couvreur (1), vol.3, p.456。
2) 这一点是郭沫若(2)最先指出的。

的推移，炼铁的知识开始广泛传播，从而使各诸侯变得比过去更加难以制驭。至于齐国，则经常保留着一定的巫术科学传统，我们以后将会不时地提到它［参阅本书第十三章(c)，第二十章(f)，第二十六章(b)，第三十三章］。

后来，霸主地位相继为宋、晋、秦和楚所获得。在我们现在要谈的春秋时期[1]，封建等级制由公、侯、伯、子、男五级组成。“王”这个尊称只归周“天子”所有。不在上述五级中的小贵族称为“君子”，和古典著作中的“民”或“小人”相对立[2]。大概在这一时期逐渐形成一种习惯，把广大居民分为四个等级：士、农、工、商，亦即小贵族或绅士、武士和学者，农民，匠人，最后是商人。这一阶级(假使可以称为阶级的话)次序的重要性，以后将会再提到(本书第四十八章)。这里要指出的是，最后一个阶级商人，其被赋予的名称“商”恰好和前一朝代的名称(商)相同[3]。卫德明 (H. Wilhelm) 说得很有道理[4]，他认为这是因为前朝的贵族虽被迁入特定的居地(如宋)，并在周代社会中被贬低了身份，可是并没有完全去从事
95 农业劳动，而是在商业、学术活动、教育和初期的官僚政治中找到了出路。我们在后面将看到，他用这种说法解释了后来道家思想中某些最有趣的特征。

到公元前6世纪，古代中国文化确实进入了全盛时期。哲学思想中的“诸子百家”在公元前500到250年间达到了登峰造极的境界。对于他们，我们以后当然还要从科学思想史的角度进行详细的研究，但在这里，我们不妨先来谈谈他们的历史背景。不断增加的人口压力，与野蛮民族的日益频繁的冲突以及各诸侯国相互之间的斗争，人民中间不断增长的不安情绪，以及由于铁的出现而引起的技术革命，这一切都促使封建领主们需要顾问人员，因为他们常常在这些不熟悉的情况面前感到不知所措。这些因素至少最适合于解释为什么当时会有大量哲学家涌现。这些哲学家(许多人常把他们同希腊的诡辩派学者相比，但并不很恰当)带着弟子从一个首邑旅行到另一首邑，准备在受到聘请的时候担任顾问和外交家的职位[5]。从这时候起，最早的署有作者个人姓名的中国书籍便开始出现了[6]。

孔子把他自己的家族渊源追溯到商代。他在鲁国短促的仕宦生涯是众所周知

---

1) Herrmann (l), Map 15。

2) 这个区别后来具有道德和伦理的意义，“君子”得到了“绅士”的涵义，但该词通常不能令人满意地译出。另一个表示统治家族的名词是“百姓”，它和普通大众“庶人”或“黎民”(黑头发的人民)相对立。随着时代的推移，“百姓”一词失去了它的原义，而“老百姓”一词现在用以表示一切普通人民。实际上，古代只有统治阶级的成员才有姓氏。

3) “商”字也许是表示“在商谈的人” (K734)。

4) H. Wilhelm (l), p.50。

5) 见 Nagasawa (l), p.30。

6) 有关这方面的文章见罗根泽(*1*)。

的，在这里只需带过一笔就行了。他一生的大部分时间是用在把他的社会学说传授给他的弟子。也许可以说，他在政治上竭力支持周天子，并且经常强调对周朝创建者的崇拜，这说明他是为他在当时社会中所见到的唯一的统一因素而战斗——就象人们在1946年声明支持联合国的理想那样。除了孔门学者(儒家)[1] 以外，还有其他许多学派[2]：道家具有一套复杂而微妙的概念，我们以后将特别提到它，因为它是中国后来一切科学思想的基础；墨家主张兼爱；名家辩说坚白异同；法家由于主张严酷的法治而获得冷酷无情的暴君的赏识，等等。

在中国，书院的创始可追溯到这个相当早的时期。其中最有名的是齐国都城的稷下书院。在这里，来自齐国本地的以及各国的学者都受到欢迎，并且还供给膳宿[3]。其中比较重要的学者还被授以“上大夫”的尊称。这个书院在大约公元前
318年由齐宣王所创建，汇集了公元前4世纪末和3世纪前半叶的许多最有才华 96
的学者。其中有自然哲学家和阴阳学派[4] 的创始人驺衍，有道家学者田骈、慎到、彭蒙和尹文子，甚至庄子本人可能也在内。还有墨家的宋钘，儒家的孟子和荀子[5]。非常有趣的是注意到，这一书院和柏拉图 (Plato) 在雅典所创建的学园时期相近。柏拉图的学园早在公元前348年他去世之前就已成立，以后继续了数世纪之久。基蒂昂的芝诺 (Zeno of Citium) 在柱廊所创建的斯多葛学院肯定是在公元前300年以后不久建立的。因此我们可以说，稷下书院创立的时期恰好在逍遥学园及斯多葛学院创立时期之间。这是又一个显著的例子，说明一些重要的事件在东亚和西欧几乎都是同时产生的。

与这些重大的知识上的发展同时并进的，还有许多文化上的进展。它们是如此之多，以致这一时期经常被看作中国的“古典”时代。在这个时期，手工技巧和生产方法都有了进步：出现了畜力牵引的犁和灌溉面积的扩大；集市增多，货币经济加强了，并逐渐取代土地和劳役的占有而成为财富和权势的来源。军事上也有发展，由于铁的使用，独立的封建诸侯国有可能崛起，各诸侯国之间的斗争尖锐化，特别是弩的制造也臻于完善。中国在掌握青铜和铁的冶炼技术方面虽然比某些国家晚一些，但是在弓弩的制造上则似乎比其他任何地方都早。马队除了使用弓弩和老式的强背复合短弓以外，还有意识仿效西部和北部游牧民族使用的战

1) 参阅 Nagasawa (l), pp. 32ff.。

2) 例如参阅 Nagasawa (l), pp.45ff. 49ff., 53ff., 59ff.。

3) Chavannes (l), vol.5, pp.258ff.; Duyvendak (3), pp. 73ff.; Dubs (7), pp.22, 26, 27; Fêng Yu-Lan (l), p.132.。

4) 参看本书第十三章 (c)。参阅 Fêng Yu-Lan (l), vol.l, pp.159ff。

5) 法家似乎没有参加稷下书院。戴闻达 [Duyvendak (3)] 认为，法家的观念起源于魏惠王的宫廷，或更西面的秦国本地。

术。正是这些马上骑射手的出现，使古代用战车作战的战术遭到了淘汰，后者曾经是商代和周代早期的贵族们交战时所采用的主要作战方式（参阅本书第三十章）。

在战国时期[1]，兼并的过程出现了。弱小的国家不断被强国并吞。分裂的情况也是有的，例如晋分裂为赵、魏和韩。可是从公元前500年以后，总的规律是权力集中在越来越少的几个中心。工业的集中和水利工程系统的控制在这一过程中起着重要的作用。大约在公元前300年时，两个最强大的国家是南方的楚（占据四川东部、江西和湖南）和西北的秦（在陕西）。楚所占据的地区是水量丰富的长江流域及其四周，而秦的地盘是在十分需要灌溉工程的渭河流域和黄土地区。
97 正是出于水利上的这种需要，这个已成为政治中心之一的秦国便靠并吞较小的封建诸侯而扩大了自己的势力。因而我们可以说，封建制被封建官僚制所代替的过程就是从秦国开始的。这些改革是和秦孝公及其大臣公孙鞅（商鞅）的名字分不开的。商鞅是法家主要著作之一的作者（假若历代相传的说法可靠的话）。无论如何，有一点是可以肯定的，这就是法家的主张确实在秦国付诸实施了[2]。秦孝公的第一个文告证实了旧的封建制正在灭亡，这个文告公开允许买卖土地和出让封建采邑。随之而来的不是象以前那样分封采邑，而是任命政府官吏去管理国家新获得的土地。同时全国人民军事化，并采用了什伍连坐制度，依靠严刑峻法的高压统治变成了当时的新秩序。

其他诸侯国当然会因为出现这样一个高度组织起来的强国而十分惊骇，他们用尽各种手段，如结盟和其他一些方法来反对它。其中最著名的事件之一，就是修筑那条把西安和渭河北边的泾、洛两河连接起来的郑国渠〔参看本书第二十八章(f)〕[3]。《史记》（卷二十九）上说，魏和韩派遣一位水利工程师郑国去秦，建议开凿这条水渠，目的是想使秦国人忙于这一工作而削弱它的军事实力。可是，结果则是使大片土地得到了灌溉（这条渠在现今的地图上还可看到）；秦国的统治者后来认识到，粮食的增产使他们能够建立一支后备军，并且这项工程所提供的水上运输的便利，也使他们在战略上变得更为强大[4]。

大型水利工程的修建于是成为秦国的一个既定政策。后来，在公元前316年，当它占领了巴、蜀两国（四川盆地上后起的两个诸侯国）之后，便着手进行了灌溉成都平原的一项伟大的水利工程计划，直到今天，这一工程还在起着作用。关于秦朝的四川郡守李冰和他的功绩，我们将在适当的地方再谈〔本书第二十八

1）参阅 Herrmann (1), Map 16.
2）参阅 *TH*, vol. 1, pp. 160ff.
3）参阅 Chi Chhao-Ting (1), p.76.
4）见本卷 p.115.

章(f)]。

公元前318年,各诸侯国的联盟军在战场上被秦彻底击败[1],公元前312年,楚国的军队也遭到了同样的命运[2]。公元前293年,韩国和魏国被征服;公元前260年,赵国又被征服。到了公元前256年,周朝的领土已陷于四面包围之中[3]。可是由于秦国发生了内部的变动,对外扩张暂告中止。公元前246年,秦王政登位,并着手为最后的努力作了各种准备。当时有两位杰出的大臣辅佐他,一位是吕不韦(原为商人,曾领导一批对科学技术感兴趣的人[4]编著《吕氏春秋》)。他倒台后,李 98
斯继任他的职位。于是事情迅速进展。公元前230年秦正式并吞了韩国,公元前228年并吞了赵国,公元前226年灭了齐国,公元前225年灭了魏国。末了,最后一个最强大的敌国——楚国——也在公元前222年被灭亡了。秦王政于是成了大一统的中国的首领,他把名号定为秦始皇帝,即秦朝的第一个皇帝。

(d) 比较性的回顾

写到这里,似乎有必要作一番回顾,对中国和文明世界其他部分所发生的事件作一比较,以便从年代学的角度得出孰先孰后的概念[5]。我们已了解到,中国的历史只能追溯到大约公元前1500年。与此相比,古代世界其他大河流域的文明要早得多。埃及的新石器时代开始于公元前6000年左右,可是为期很短,因为在公元前4500年埃及已经有铜(比其他任何地方都早得多)。在欧洲,新石器时代持续三千年之久。北欧和中国的新石器文化有显著的类似之处,特别是在陶器上应用螺旋形的图案这一点。无论在北欧和中国,这种图案都取代了南欧和中东的几何图形和动物图形的图案。但是,很叫人伤脑筋的是,迄今为止,在中国还没有发掘出类似西欧和北非那样的岩画,那是著名的新石器时代的艺术作品。因为仰韶时期或更早的中国人如果绘画的话(很难相信他们当时是不绘画的),他们所画的应该就是这种绘画,而这有可能表明,商代卜骨上的已经达到了非常高的发展水平的象形文字,最早可能开始在什么阶段。

---

1) *TH*, vol. 1, p.169。

2) *TH*, vol. 1, p.170。

3) *TH*, vol. 1, p.190。记载整个统一过程的最佳英文著作之一是 Lei Hai-Tsung (1),该书值得以普及本再版。

4) 参阅 *TH*, vol. 1, pp.193ff.。

5) 我已经指出过,富隆 [Furon (1)] 的著作很有用处;这里也要提到戈登·蔡尔德 [Gordon Childe (1—6)] 的极好的评注,布雷斯特德[Breasted (1)]的虽然旧可是很有用的著作,以及麦凯 [Mckay (1)] 最近有关印度河流域文明的叙述。

公元前3500年左右，是迦勒底的乌尔(Ur)王朝[1]的开始时期；二百年之后，是埃及古王朝的开始时期[2]。在公元前1700年左右，埃及的中王朝已经告终，喜克索人的入侵则正在进行中，这时恰好是商代开始的时期。大约在公元前3000—前2000年期间，是美索不达米亚的阿卡德(Akkad)王国的繁荣时期，埃及、伊朗、美索不达米亚、以及印度的城市如莫亨朱达罗则都处在青铜时代。青铜器传入东地中海是在该时期的末叶，传入西欧则在公元前1900年左右。因此，西欧青铜时代克尔特的冢墓建造者和欧亚大陆另一端的商代青铜器铸造者才是真正的同时代人。我们以后将讨论这样一个设想：东西方的相似性甚至表现在社会组织中。无论如何，有一点是可以肯定的，这就是艺术和技术曾经从埃及、新月沃地以及印度河流域等古代文明的主要中心向东、西两方传播开来。

99 大约在公元前1400年，正当安阳城处在繁盛的时候，小亚细亚有一种并非闪米特人但却使用楔形文字的赫梯人[3]，其首都在现今的安卡拉附近。他们首先发展了铁的制品(虽然是零星的几件，或许源自陨石，可是早已为人所知，特别是在埃及)。数百年后，制铁业已传播到尼尼微，在公元前1000年左右，埃特鲁斯坎人将这一知识传入意大利。制铁业传入东方和西方则比较慢。欧洲的铁器时代可分为哈尔希塔特时期(公元前900—前500年)和拉登时期(公元前500—前100年)[4]。我们所熟悉的半传说式人物康乔巴(Conchobar)、库丘林(Cuchulainn)和黛特(Deirdre)即属于后一时期。由此可知，铁器在中国诸侯国中出现，约在公元前600年，是在哈尔希塔特时期的晚期，这确是任何伟大文化区中出现铁器最晚的地方。尽管这样，我们在本书后面将看到(本书第三十六章)，中国人在制铁技术方面却迅速地超过了世界上一切其他地区。

许多伟大的伦理学家和宗教领袖在出现时间上彼此很相近这一点，常常受到人们的注意：孔子在公元前550年左右；释迦牟尼(Gautama,佛教)在公元前560年左右；琐罗亚斯德(Zoroaster,如果他是个历史人物的话)在公元前600年左右；摩诃毗罗(Mahāvīra,耆那教)在公元前560年左右，等等。而春秋时期与许多重要政治事件也是属于同一时代，例如，公元前612年梅德人攻占尼尼微城，公元前538年居鲁士(Cyrus)攻陷巴比伦城，公元前512年大流士(Darius)入侵旁遮普，此外，还有伊朗人扩张的各种例子[5]。在战国初期，希腊人阻止伊朗人向西

1) 参阅 Woolley (1)。
2) 参阅 Wallis Budge (1)。
3) 参阅 Delaporte (1), vol. 1, p. 59; vol. 2, p. 186。
4) 哈尔希塔特和拉登均为遗址名称；参阅 Hubert (1,2)。
5) 参阅 Huart & Delaporte (1)。

扩张(公元前480年)；公元前5世纪中叶，雅典建造了巴台农神庙。和战国末期同时，也发生了许多著名的事件，例如亚历山大大帝 (Alexander the Great) 的征战(约公元前327年)，印度孔雀 (Maurya) 王朝的建立(公元前300年)和阿育 99
王 (Asoka) 统治的开始[1](公元前274年)，罗马和迦太基在地中海的三次布匿战争(公元前250—前150年)。布匿战争的部分时间和秦始皇统一中国的时间相同。可是罗马帝国的创建(公元前31年)却是汉朝建立很久以后的事情。下面，我们在简略地叙述秦朝的短促的胜利后，将转而讨论汉朝。

---

1) V.A. Smith (1); Masson-Oursel, Willman-Grabowska & Stern (1).

第六章　历史概述——统一的帝国

(a) 秦　　朝

统一的新帝国建立以后，马上采取了强有力的措施以限制旧的封建制，并建立起官僚制的政府。这种政治制度由秦开始实施，它成了其后整个中国历史的特征[1)]。大的封建领主遭到废黜，他们的领地改由高级官吏来治理。世袭贵族制当时虽然还继续存在，但其代表人物则被迫在京城(陕西咸阳，现西安附近)居留。全国分为三十六郡，后来是四十一郡，每郡设有军事长官和行政管理长官[2)]。和过去的封建时代相比，农民在土地方面得到了较多的权利，可是必须缴纳明文规定的各种赋税。从度量衡直到马车和战车的尺寸，一切都标准化了。政府颁布禁止奢侈以及其他的法令，商人受到歧视。开始修筑两旁植树的道路网，并将各封建诸侯在不同时期在北方建造的长城[参看图 12 和本书第二十八章 (c)][3)]连接起来，形成一条连续的防线，这就是万里长城。从此以后，修造长城这件事一直成为中国民间歌谣的一个主要题材[4)]。

拉铁摩尔 [Lattimore (2)] 曾尖锐地指出，修造长城是为了阻止长城内的汉民集团跑去参加游牧生活，或形成混合经济，至少也是为了把游牧民族阻挡在长城以外。人们早已认识到，任何一种融合似乎都会在日后反过来形成长城外的"部族"向长城内的军事压力。这种预感到底正确到什么程度，可以从后来的历史进程看得很清楚。在后来的许多世纪中，华北大部分地区曾被落后的和半落后的游牧部族所占领，他们依靠自己游牧基地的资源以及汉族的技术人员和农民，建立了若干个独立的王国(北魏、辽和其他各朝，参阅本卷 pp. 119, 120, 133)[5)]。

事实上，在那些很容易被并入这个中央集权的农业帝国的领土和民族，以及

1) 参阅 *TH*, vol. 1, pp. 209ff。

2) Herrmann (1), Maps 18, 19。

3) 参阅 Lattimore (1,2); Puini (1)。

4) 例如孟姜女的歌谣。关于这一故事。请参看 Hsiao Yü(1); Needham & Liao (1); Nagasawa (1), p. 221; Ku Chieh-Kang (1) (tr. Hummel, pp. 124ff.)。

5) 说明技术可以卷入到什么程度的一个明显的例子，是解飞和魏猛变在公元340年左右为匈奴后赵王朝所发明的自动碾谷车[参看本书第二十七章 (c)]。

那些不容易被并入的领土和民族之间，确实存在着一条相当明显的界线。正因为
101 这样，秦和汉都不能长期地控制住鄂尔多斯沙漠。而长城修筑在何处，其选线是根据农业生产的可能性来决定的。把草原和农耕地分开，目的既是为了把游牧的骑兵阻挡在外面，也是为了把农业人口保持在长城以内，要进一步探讨这一问题，可以深入研究拉铁摩尔论述汉族的农业生活文化与游牧民族的畜牧生活文化之间的一般关系的著作 [Lattimore (1)]。长城作为一项军事措施来看，似乎已经达到了它的目的。大队的骑兵除非能夺取一两个关口，或在长城某一点上打开一个缺口，或筑成斜坡爬上去，否则，是不能通过的，但是要做到这几点，都需要时间，这样，关内的增援部队便能赶到。另一方面，则可以在拦断通衢大路的长城关口控制内地居民向关外迁徙[1]。

秦始皇既然已经组织了庞大的军队，势必要进一步寻找更多的用武之地，于是便向南扩张到前人所没有到达过的地方。在一次扩张领土的战役中，他征服了沿海的福建(那时和现在一样，山多林密)、两广(广西和广东)，甚至到达印度支那的东京。这次战役之所以能得到成功，是由于开凿了一条越过长江和西江分水岭的运河[参阅本书第二十八章 (f)]。

秦始皇在其大臣李斯的倡导下，实行了文字统一[2]。按照中国历来公认的记载，他还下令焚毁了除朝廷档案以及医药、占卜和农业著作以外的一切书籍，他认为当时的文献包含着过多的封建思想[3]。据说，他还处死了许多儒生。可是这些故事似乎是值得怀疑的，因为在世界上其他地方，关于象这样的英雄帝王，也有类似的传说[4]。在另一方面，有一点则是确实可靠的，这就是秦始皇对方术和炼丹术很感兴趣。这个问题，我们以后还将提到(本书第十章和第三十三章)。他不倦地工作，每天所处理的奏章重达 120 磅，并且不时到处巡行。他的宫殿被描

1) 我所见到的对万里长城的描述。东段从海边的山海关到宁夏，以克拉普的著作 [Clapp (1)] 为最佳；西段从宁夏到嘉峪关(嘉峪关即古代丝绸之路的关口)，以盖尔的著作 [Geil (3)] 为最佳。在盖群英与冯贵石 [Cable & French (1)]、兰登・沃纳 [Langdon Warner (1)] 和李约瑟夫妇 [Needham & Needham (1)]的著作中，也有关于西段的报告。参看本书图13、14、15；以及沃里克 [Warwick (1)]的图。在上述著作中，第一种著作的地图最好，把它与赫尔曼的著作 [Herrmann (1)] 的图17相对照，可看出长城和亚洲其他部分的关系。

2) 李斯的传记(《史记》卷八十七)很久以前曾由普非茨迈尔 [Pfizmaier (30)] 译出。卜德对李斯进行了新的研究，并重新译了他的传记 [Bodde (1)]。

3) 豁免的书籍种类(《史记》卷六，第二十三页；卷八十七，第七页)按原字义是"医学、药学、占卜、农业和林业"("所不去者，医药卜筮种树之书") [Chavannes (1), vol. 2, p. 173; 参阅 Bodde (1), pp. 24, 162]。

4) 这是古斯塔夫・哈隆的意见。

述为世界奇迹之一。这里值得一提的是[1]，大约就在同一时期，世界上至少还有另外两个大国的帝王，也是靠修建交通网而使全国统一起来的，他们是波斯的大流士和印度的月护王（Chandragupta）（公元前320年），但是只有后者在一个基本方面，亦即在重视水利工程的修建方面接近中国。 102

公元前210年，秦始皇这位伟大的统一者[2]去世，他的儿子继位，但那是一个十分无能的统治者。几乎马上便发生了叛乱，战争连续不断地打了八年，这与其说是反对秦朝的人和拥护秦朝的人作战，倒不如说主要是皇位争夺者之间的战争。最后，由东部的一位军官刘邦创建了汉朝。汉朝除了有短期的中断外，其统治一直延续了四个世纪之久。

开始时，起义者们是在"恢复封建制度"的口号下作战的。从当时有些起义军自称"张楚"[3]这一事实，已经可以预感到即将发生什么样的事情了。有些从前的诸侯国甚至又建立起政府，并存在了一两年，可是，这并不代表着未来的政治格局，真正的结局要看是哪个领袖能够坚持而战胜所有的角逐者。刘邦本人的经历说明，秦代的严刑峻法招致了自身的灭亡：刘邦曾被委派管理一群囚徒，可是囚徒们逃散了，为此，刘邦本人就难免被判死刑，因而他也逃跑了，而且当了一股"贼寇"的领袖。在以后的年代中历史多次证明，往往正是这种"贼寇"成功地开创了新的朝代[4]。

(b) 汉 朝

尽管在某些地区，人们想恢复周代的纯粹封建制的愿望非常强烈，并且在整个汉代，总有些想复古的学者以及想从中捞到好处的人仍然宣扬这些，可是人们很快便明白，这是不可能的。刘邦（即汉高祖）登位后，最初采用了一种调和的办法。很多小的封建特权是被承认了，可是，在大的方面，则是沿用了秦代的、而不是周代的国家制度。他所采取的各种措施都是为了对付封建领主或小的王侯；在继承制度方面，则采用了逐代递减的世袭制度[5]还推行了一种向世袭王侯的首邑派驻中央政府官员的办法（有点象英国统治印度时在王公宫廷中的"驻节

1) Bishop (2), p. 315.
2) 参阅 Bodde (1).
3) *TH*, vol. 1, p. 229.
4) *TH*, vol. 1, p. 232. 《前汉书》卷三十三论及这些事情，已由普菲茨迈尔译成德文 [Pfizmaier (38)].
5) 参阅 *TH*, vol. 1, p. 384.

图版四

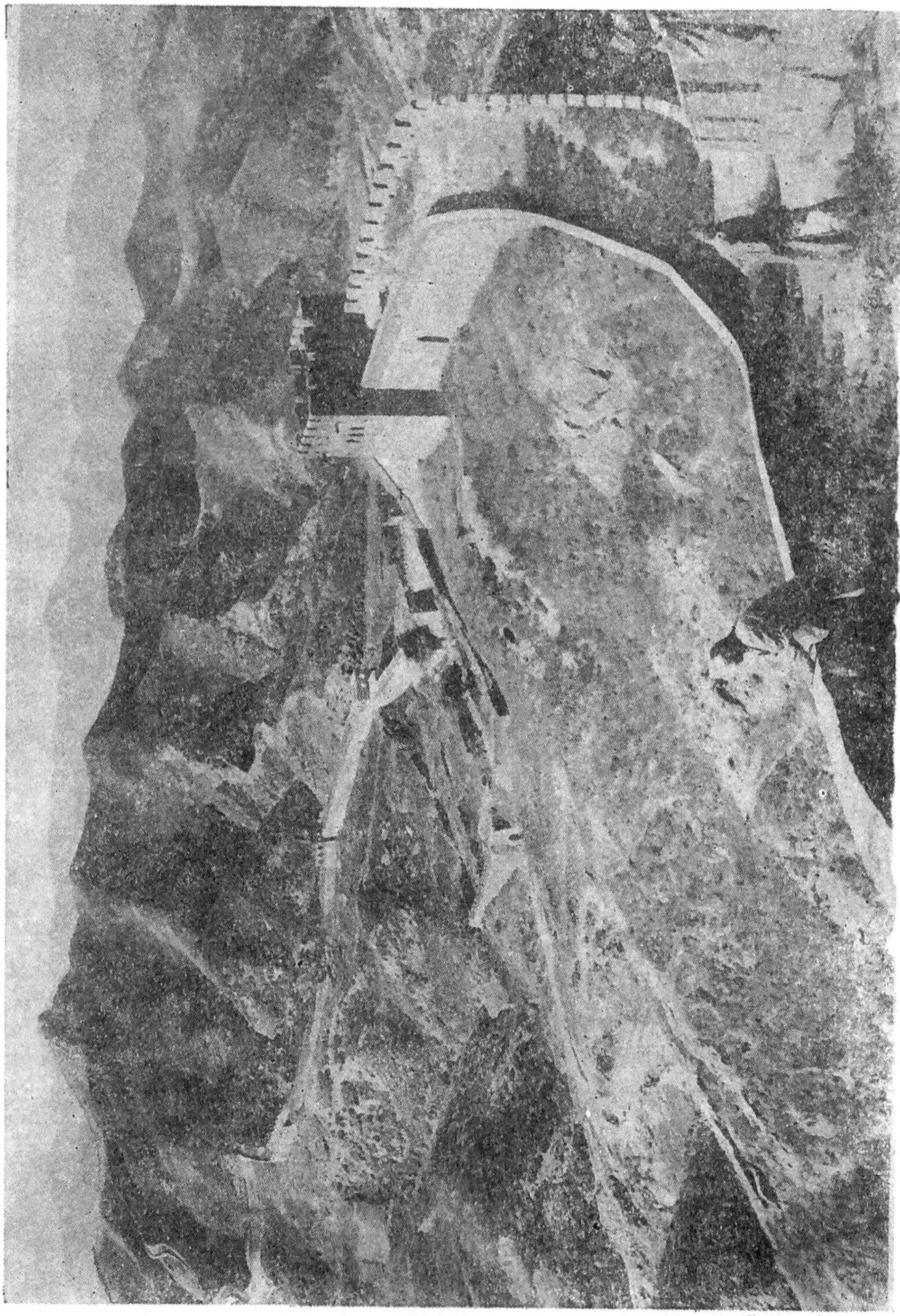

图13 北京北部南口附近的长城[庞廷 (Ponting) 摄于1910年左右].

图 版 五

图14 位于长城西端的嘉峪关(本书作者摄于1943年)。

图15 夯土筑成的三危山汉代壁垒，俯瞰通往敦煌附近的千佛洞的河谷［艾利(Alley)摄影］。

官")[1]。为了削弱封建王侯的势力，当王侯们有任何一点过错时，便削减他们的一部分封地，这成为汉朝的一个既定政策[2]。其他的王侯(关内侯)则必须居留京城，
103 依靠佃租为生。这些王侯们受到官吏的看管和监督，到了新莽时期，他们实际上已无足轻重，以致可以被轻易地废为庶民。

在距离被焚毁的秦都咸阳数英里的地方建立了新的都城长安。(现在的西安)[3]全国建立了十三个郡，其界线实际上和现今省界相同[4]。这许多郡的行政管理工作要求极大发展官僚政治。为满足对行政官吏的需要而建立的选拔程序，便为此后儒家长期把持中国社会的局面创造了条件。卫德明[5]说道："文人官吏阶级的形成[6]是中国历史中最戏剧化的篇章之一，它象征着中国社会在成为一个整体的过程中的最后的、也最具决定性的一步。这只有通过复兴儒学才成为可能；也正由于这个原因，孔子才占据了重要地位，成了全中国的'无冕之王'。"在由封建制到封建官僚制这一迅速发展中，是有许多很说明问题的插曲的。例如，《通鉴纲目》(公元前196年)这样写道：

> (侍从)陆贾时常向皇帝引述《诗经》和《书经》，结果把皇帝激怒了。皇帝骂道："我是骑在马背上征服天下的，《诗经》和《书经》有什么用?"陆贾回答说："诚然如此，但骑在马背上却是统治不了天下的。(古代的)帝王(商)汤和(周)武虽靠暴力取得天下，然而遵从(人民的意志)统治它。战争与和平是两个方面，文武并用才是永恒的艺术。……假若已经统治天下的秦国用人道和正义来治理它，并仿效古代圣贤，那末陛下也就无从得到天下了。"皇帝变了脸色，说："那末给我写一写秦是何以失天下，我又何以得天下，以及古代王国成败之理。"于是陆贾著了一部书，共十二篇，论述国家兴亡的原因。他一篇篇读给皇帝听，没有一篇不受到皇帝的称赞。这部书名为《新语》。[7]
>
> 〈……拜贾为太中大夫。贾时时前说称《诗》、《书》。帝骂之曰："乃公居马上而得之，安事《诗》、《书》！"贾曰："居马上得之，宁可以马上治之乎？且汤武逆取而以顺守之，文武并用，长久之术也。……乡使秦已并天下，行仁义，法先圣，陛下安得而有之？"帝有惭

1) 可是他们当然不是外国政权的代理人。

2) 参看 Dubs (2), vol. 1, pp. 295, 297; 明显的例子见 Wilbur (1), pp. 326, 331, 355, 370ff., 393, 419, 444。

3) Herrmann (1), Map 21。

4) Herrmann (1), Maps 22, 23。

5) H.Wilhelm (1), p. 84。

6) 他在这里所用"阶级"一词并没有专门的意义，因为按照封建贵族制的本义来说，文人或者"学者类型的绅士"从未成为承袭政权和特权的阶级。其兴衰上下，变幻不定，随朝代之变异而不同。

7) 《通鉴纲目》卷三，第四十六页，由作者译成英文，借助于 Wieger, *TH*, vol. 1, p. 299. 这段文字出于《前汉书》卷四十三，第六页。《新语》现存，见 Forke (12), p.6; 译文见 von Gabain (1)。

色，曰："试为我著秦所以失天下，吾所以得之者，及古成败之国"。贾乃粗述存亡之徵，凡著十二篇，每奏一篇，帝未尝不称善，号其书曰《新语》。〉

再比较一下叔孙通推行教化的努力（公元前201年）：

皇帝废除了秦国繁复而困难的礼仪，……但结果是：官员们聚集在一起饮酒，为席次而争执，酗酒至醉，狂呼乱喊，拔剑猛击宫殿的柱子。皇帝很厌恶。叔孙通奏道："学者们也许不能打天下，但可以帮助守天下。我建议陛下征集鲁国所有的学者，命令他们制订有关帝国礼仪的法规。"……（在初次试验之后）皇帝说："我今天才第一次知道皇帝尊严是什么意思了。"[1] 104

〈高帝悉去秦仪法，为简易。群臣饮争功，醉或妄呼，拔剑击柱，上患之。通知上益厌之，说上曰："夫儒者难与进取，可与守成。臣愿徵鲁诸生，与臣弟子共起朝仪"。……于是高帝曰："吾乃今日知为皇帝之贵也。"〉

十分清楚，儒家所以能够进而据有新的官僚体制中的正统地位，是因为法家的主张被看作同秦国以及后来秦朝的过分残暴完全是一回事的缘故。公元前206年，秦代的法律全部被废除，并采用了较简单并较合乎人情的一些原则[2]。但是并不是秦代一切极权主义的作法都取消了，因为汉高祖感到至少有些做法是必需的。所以，虽然在公元前168年取消了"传"（通行证）的制度[3]，我们仍然可以从书上看到当时曾定期实行"大搜"，即把城门关闭了，搜查外地人、罪犯、乞丐等[4]。

有一点不太明白的是：儒家为什么专擅到这种地步，甚至使人们把其他对社会问题同样感兴趣的学派（如墨家）也都遗忘殆尽。也许，这些学派早先已被专权的秦代法家全部毁灭了。只有道家是压制不住的，这一点我们以后还要谈到。

关于汉代儒家在创建官僚政治方面所取得的胜利，德效骞 [Dubs (3)] 有一段有趣的记载[5]。科举制度（以后在本书第四十八章还要细谈）可以说始自汉高祖。由于丞相萧何的提议，汉高祖要求各郡官吏推举贤良方正之士出任官职。公元前141年汉武帝即位后不久，

魏其侯（窦婴）和武安侯（田蚡）为丞相，推崇儒学。当董仲舒写出对（汉武帝提出的关于考试制度的）问题的（著名的）回答后，他更是提倡要促进和褒扬孔子（的教育），抑制和贬黜哲学上其他诸子百家（的辩护者）。设立（政

1）《通鉴纲目》卷三，第二十五页（译文见 *TH*, vol. 1, p. 281；由作者译成英文）。这段文字出自《前汉书》卷四十三，第十五页及以下。

2）《前汉书》卷一上[译文见 Dubs (2), vol. 1, p. 58]。

3）《前汉书》卷四[译文见 Dubs (2), vol. 1, p. 252]。

4）《前汉书》卷六[译文见 Dubs (2), vol. 2, p. 104]。

5）参阅 Nagasawa (1), pp. 9ff., 105ff.。

府的)大学和学校，由州和郡推举有才能的、孝顺的和(对朝廷)廉洁的人，所有这些都是由董仲舒的提案引起的。[1]

〈自武帝初立，魏其、武安侯为相而隆儒矣。及仲舒对册，推明孔氏，抑黜百家。立学校之官，州郡举茂材孝廉，皆自仲舒发之。〉

董仲舒是一位学者，后人往往把他看作官僚政治的各项措施和行动的最重要的开
105 创者之一。他的最著名的著作《春秋繁露》流传至今[2]。这本书意义重大，因为汉代后来非常重视残存的春秋时代（《左传》的时代）的历史古籍。汉代还举行过一些闻名后世的学者集会[3]，以确定一种具有国家根本大法性质的律例，并按古籍中的先例决定某些问题；现在看来，这就是校勘学派产生的背景。公元前51年，第一次集会在皇宫内石渠阁中举行，因而称为石渠阁会议，它的重要性足以和西方的尼西亚会议(公元325年)相比[4]。第二次集会于公元79年在白虎观举行，会上讨论的记录至今还保存在班固的《白虎通德论》中。汉代另一次著名的集会讨论了盐铁工业的官营问题。对我们说来，这次集会更为重要，后面将作更详细的讨论(本书第四十八章)。可是在这个时期以前很久，法家已遭到清洗，这可从公元前141年所采取的行动得到证明：

丞相(卫)绾上书奏道："在推举的那些有能力有教养的人之中，有些人致力于(并精通)申(不害)、商(鞅)、韩非、苏秦及张仪的主张。(这些人)引起了国政的混乱。请求把他们全部罢免。"上书被批准了。[5]

〈丞相绾奏："所举贤良，或治申、商、韩非、苏秦、张仪之言，乱国政，请皆罢。"奏可。〉

这时，汉代皇帝已经懂得，不必去担心封建王公们任何可能的联合，中央政权的力量足以防卫和扩张疆土，足以完成最巨大的公共工程，但它要依靠一个有能力的、博学的文官机构，而且对选拔到其中去的人员应不问其出身的高下。从某种意义上说，"人才的公开选拔"是秦和汉的一个创举。可是他们对此的理解未免有些过份。在汉代，宦官开始在政治上起着重要的作用。他们经常受到士大夫阶级的谴责，可是在每一次受到挫折后，往往又重新得势，特别是在皇后或皇太后的家族当权的时候更是如此。关于宦官的最早记载之一见于《左传》(公元前535年)[6]，可是宦官成为支配因素则在汉代。在官僚制度发展的初期阶段，各郡的

---

1) 《前汉书》卷五十六[译文见 Dubs (2), vol. 2, p. 341]。

2) 参阅 O. Franke (3); Wu Khang (1); Shryock (1)。董仲舒对汉武帝的答问见《前汉书》卷八十八[译文见 Shryock (1), pp. 49ff.]。卷五十六也与此有关[译文见 Pfizmaire (45)]。

3) Dubs (2), vol. 2, p. 271; Nagasawa (1), p. 127。

4) 现存的片段性的报告(《石渠礼论》)曾译成英文 [Tsêng Chu-Sên (1)]。

5) 《前汉书》卷六[译文见 Dubs (2), vol. 2, p. 28]。

6) 《左传·昭公六年》[Couveur(1), vol. 3, p. 121]。

郡守和郡尉很自然地要通过建立大的封建家族的办法，试图使他们的官职成为世袭［恰如法国加洛林王朝的伯爵们一样，把原来的公职神不知鬼不觉地变成他们 106
的世袭领地］[1]。为了防止这类事件，在中枢设置一个忠于皇室的由宦官担任的官职是很恰当的，因为宦官实际上不可能繁衍出一个封建家族来，所以他们的忠诚应该是无可怀疑的。在整个历史上，宦官在宫廷政治中起了相当大的作用。人们说得很对，历史大都是由宦官的对头们写的，结果，很多替国家工作得很好的宦官都完全没有被载入史册。因此，对于史官们记述宦官活动时惯用的阴暗笔调，应采取有所保留的态度[2]。

汉武帝时，正是这一制度的极盛时代[3]。以前的皇帝虽然都是绝对专制的君主，可是他们总是受到道家"无为而治"的学说的影响，因此，他们的作为如何，取决于他们挑选出来负责行政的那些官吏。可是，雄才大略的汉武帝并不满足于这种情况，公元前131年以后，他便将政府置于自己掌握之中。不幸的是，亲自领导官僚政治的结果反而排除了一道防止恶政的重要关口，因为官吏的职位再高，也还是可以批评的，而皇帝本人却是不能批评的。结果，大权旁落，因为一切奏章在送达皇帝之前，都必先经过尚书，而不是经过丞相。于是丞相便变成了傀儡，最重要的位置由知尚书事所把持。后来大权又进一步落到中书即宦官的手中，他们可以在内廷接近皇帝，而其他学者则不能。况且，儒教教义中包含了维护家族和亲眷的职责，儒教的得势造成了外戚分据要津的惯例。这一切导致了后来在皇帝易位时经常发生的宫廷流血政变。

既然官僚政治进入了稳固阶段，接着便需要系统地注意人员补充的问题，因而就必须设立各级学校。公元前124年设立博士官，或如德效骞［Dubs (3)］所说的皇家大学，每一种经典书籍都设一讲座[4]。许多年里，都从这里输送人员补充政府的各种职位。而各郡的教育机构在早些时候（公元前145年左右）便已自发地产生了，这是由于四川郡守文翁倡议的结果。据《前汉书》记载[5]，

> （文翁）就职之后，发现该地区不开化，文化类似于蛮夷的文化，因此试
> 图教育和开导人民。……他在成都设置了一个教育部门（"学官"）（由他亲自 107

1) Bloch (1), vol. 2, pp. 83, 182。在中国，由于中央官僚制度的权力，情况恰好相反，象"侯"这样的称号最终成为非世袭的荣誉。

2) 在宦官这种"官僚政治的突击部队"中，最早的一批有一位石显，他在公元前47年左右开始掌握大权。《前汉书》卷九十三第五页特别指出，他之所以得宠，是因为他无"党派"，或者说没有拉帮结党，也没有后裔（"无外党"）。

3) Dubs (2), vol. 2, pp. 8, 10, 145, 292, 294。

4) 《前汉书》卷八十八。

5) 《前汉书》卷八十九，第二页及以下。

训练过并派送到京都进一步学习过的人管理），招收边远地区的子弟来学习。成绩最优秀的学生成为官员的候补者，而那些能力较次的则授予“孝弟力田”（孝顺的受过教育的农民）的荣誉称号。每当巡视地方时，文翁就带着这些学生，以种种方法使他们得到荣誉，诸如给予他们从一个专设的门出入他的官邸的特权。结果，人民都尊敬这些学生，并且渴望自己也成为学者，富人甚至用钱财买这种特权。因此文化振兴，学者与以前齐国、鲁国的学者不相上下。汉武帝（后来）在各郡设立学校，然而官方教育体系实际始于文翁。文翁死于四川。官员民众建立了祠堂来纪念他，每年各季节祭祀不断。（二百年后的）现在，四川人民仍爱好文化和教育，这都应归功于文翁的教化。[1]

〈文翁，……为蜀郡守，仁爱好教化。见蜀地辟陋有蛮夷风，文翁欲诱进之，……又修起学官于成都市中，招下县子弟以为学官弟子，……高者以补郡县吏，次为孝弟力田。……每出行县，益从学官诸生明经饬行者与俱，使传教令，出入闺阁。县邑吏民见而荣之，数年，争欲为学官弟子，富人至出钱以求之。繇是大化，蜀地学于京师者比齐鲁焉。至武帝时，乃令天下郡国皆立学校官，自文翁为之始云。文翁终于蜀，吏民为立祠堂，岁时祭祀不绝。至今巴蜀好文雅，文翁之化也。〉

读者如需进一步了解，可以参考毕瓯的著作 [E. Biot (2)]。他的著作在近百年内一直是关于中国教育的唯一西文书籍，直到最近才有高厚德 (Galt) 的有价值的著作问世。

汉武帝在位五十四年（公元前 140—前 87 年），他的统治时期是中国历史上最重要的时期之一。他必须尽力将前任们遗留下来的日益不平衡的经济状况引上正轨。商人们对变化无常的反商业法令感到恼怒和惶惑，竞相投机，并高抬物价，以致货币不敷应用。当时为谋补救，便给予某些家族以私铸钱币的权利，结果导致了极度地方化的资金积聚[2]。于是皇帝又起用最有才能的商人和理财家进入行政机构，特别是有关盐铁的专卖事业。试行了通货制度，其中包括首次试用纸币，即采用仅能在皇帝御苑内猎获的白鹿的皮制成的货币。这种货币只在出入朝廷的显贵人士中间发行，强制作巨额购买之用[3]。“常平仓”的办法也已引用。可是在这整个时期内，赋税很重，并且不断增加，主要用于对匈奴作战的开支[4]。

这一时期还因为同其他国家发生交往而著名，其中有些国家是很远的。张骞

1) 译文见 Shryock (1), p. 68。“文”不象是姓，据传统的说法，他姓“舒”。

2) 参阅 *TH*, vol. 1, p. 339。

3) *TH*, vol. 1, p. 428; 进一步可参看 Swann (1)。

4) 抵抗匈奴的战争在整个汉朝（除了少数间歇时期）都一直继续着[见 de Groot (1); McGovern(1)]。伟烈亚力 [Wylie (2)] 曾译过《前汉书》关于匈奴的那一卷（卷九十四），可是夏德 [Hirth (2), p. 90] 曾正确地警告说，这是伟烈亚力在临去世时的译作，必须参照中文原本阅读，否则便会受害不浅。《前汉书》卷五十四和五十五有关当时中国几位大将的传记，曾由普菲茨迈尔译成德文 [Pfizmaier (42, 44)]。

在公元前138年出使大夏，途中曾被匈奴扣留达十年之久。这是古代最著名的探 108
险事业之一，这不仅是由于这次探险时间长，路程远[1]（有一些替他报告消息的人可能是从波斯湾经陆路而来的），而且也由于他带回了多种多样的植物和其他土产[2]。关于张骞的英雄事迹，本书以后将一再提到。这对中华帝国的向西扩张和后来古代丝绸之路的建立都非常重要。如沙畹 [Chavannes (12)] 和其他人所指出，从地缘政治学的观点来看，沿着南山山麓的一连串绿洲，构成了匈奴和蒙古游牧民族为一方与西藏部族为另一方之间的一个“断层”，亦即结合最弱的路线。因此，这是中国文化区和伊朗文化区之间的一条天然交通线。公元前120年，甘州、凉州和酒泉等边塞城市由汉族牢固地控制着。除了这一切以外，在汉代还有一些西方国家的海路“使者”，包括罗马人和罗马叙利亚人等。关于这些，我们以后还将谈到[3]。

汉朝的皇帝，特别是汉武帝，都酷好黄老之术，这是历来一般史家常加批评的，而这些又无疑给后来形成的传说增添了色彩，这些传说见于诸如《汉武帝内传》和《汉武故事》之类的书中。汉武帝扩大了皇室的祭祀和正式的方术礼仪，并且花了许多时间试图和超自然的神灵沟通。因此，他和道教的萨满教派人物过从甚密，而和一些方士如栾大、李少君和少翁往来的故事也是不可能被人遗忘的。汉武帝企图招迎神仙，可是结果都以失败告终，正如德效骞所说，“他很聪敏，不易受骗，可是他始终感到方士们有些做法可能并不完全是骗人的”[4]。事实上，这些方士也并非完全骗人，因为他们或许理解到（如同我们现在理解的那样），在早期方术和科学之间有着密切的关系。无疑，汉武帝的方士们曾经揭开了真实而有价值的自然观察中的一部分，尽管可能只是很小的一部分，例如在炼丹术、磁学、药用植物学等方面［参阅本书第十章，第二十六章 (i)，第三十三章，第四十五章］[5]。

正是出于这些观念的复合，中国人首次把手伸向东方。秦始皇曾派徐市去日本作和平远征，目的在于与据说住在太平洋诸岛上的神仙交往[6]。汉武帝追随这
种做法，而以更近于战争的方式，深入朝鲜半岛的大部分地区，并在那里建立了 109

1）将近40个经度。参看本卷 pp. 173ff。

2）夏德对这一故事有很好的叙述 [Hirth (2)]；参阅 *TH*, vol. 1, p. 409。

3）参看本卷 pp. 192ff。

4）Dubs (2), vol. 2, p. 19。

5）在中国的方士（有魔术秘法的人）和希腊的诡辩家之间有某些相同之点。希腊的诡辩家用 τέχνη（技术）对抗 φύσις（自然），他们教给人们各种技术，不仅是辩论，而且还有书写、医药、家庭经济、船舶设计等等［参阅 Lovejoy & Boas (1), p. 194］。

6）颜慈 [Yetts (2)] 曾指出这类探险事业和迦太基人竭力想达到“幸福岛”之间的相似性，所谓幸福岛，即加那利群岛和马德拉岛，他们也具有同样真实的事实根据。

包括四个郡的殖民政府。这一文明中心对于当时正在缓慢发展的日本文化影响很大[1]。公元前130年，另外一支远征军开拓了贵州[2]。公元前111年又并吞了以广州为中心的南越王国[3]。而对匈奴的战争则几乎一直连续不断[4]。

公元9—23年，汉朝由于王莽篡位而中断。王莽是新朝的第一个也是末一个皇帝。王莽时期以一系列影响深远的改革著称，其意义迄今还在争论中[5]。这些改革，有人认为是社会主义的，可是我们仔细研究后(本书第四十八章)，认为它们本质上是强化官僚政体的一种尝试。他的农业改革政策宣布将全国土地收归国有，把大量占有的土地再分给自耕农，并对不耕种的土地课税。最初解放了男性奴隶，可是因为难以实施，于是对奴隶主课以重税。国家专卖权扩大了。以铜币兑换金币的结果，国家财富极大增加，并使世界黄金流通为之枯竭[6]。据德效骞[Dubs (4)]估计，到王莽统治的末期，约有五百万盎司黄金被积聚起来[7]——比中世纪欧洲的全部供应量还多。“常平仓”的制度，即政府在谷物跌价时收购，涨价时出售的制度，再一次试行。富路德曾说过[8]，如果有积极而忠实的行政机构，王莽很可能会成功的；可是事实上，官吏们只知自肥，商人和金融业者陷于绝望境地，人民大众日益不安，最后爆发了起义，结局是统治崩溃了，改革家死掉了。这里值得注意的是，在中国历史上曾起过很大作用的一种因素，是秘密会社的活动(在王莽的时代是“赤眉”)。他们一般是受道家思想影响的，因此必须在联系到道家时再来谈。

科学史家对王莽大概有一种偏爱，因为除了他的似乎合理的改革以外，王莽无疑对当时的技术和科学很感兴趣，假如可以称之为科学技术的话。正是在他的
110 倡议下，召开了中国历史上第一次科学专家会议。公元4年，王莽为汉平帝的大司马，当时，

给国内所有的学者送去了(会议的)召集文告。他们是在佚失的经典著作

1) Sansom (1), pp. 18ff。

2) *TH*, vol. 1, p. 420; 详细内容见 Rosthorn (1)。

3) 伟烈亚力 [Wylie (3)] 曾将《史记》卷九十五中有关征服闽、南越和朝鲜的记载译成英文，但这是他在临去世前译的，不大靠得住，必须参照中文原本阅读。对于普菲茨迈尔 [Pfizmaier (51)] 的《前汉书》卷九十五的翻译，亦应同样对待。

4) 详细的叙述可参看 Lattimore (1); McGovern (1)。

5) 参阅萨金特 [Sargent (1)] 的文章和德效骞 [Dubs (1)] 的答复。《前汉书·王莽传》曾由施坦格译成德文 [Stange (1)]。

6) 有人曾指出，正是这时候，提比略皇帝 (Tiberius, 公元14—37年)禁止人民穿丝绸衣服，因为罗马帝国必须用黄金去购买丝绸。

7) 当时中国的黄金大概是从西伯利亚来的；希罗多德 [Herodotus (1), p. 215] 曾记载马萨格泰人(西徐亚人)用黄金做马饰和带扣。

8) Goodrich (1), p. 42。

与古代记载、天文学（“天文”）和历法科学（“历”）、数学（“算”）和标准乐音声学（“钟律”）、哲学和历史、方术或医术（“方术”）、木本和草本植物的植物学（“本草”）、以及在五种经典（包括）《论语》、《孝经》、《尔雅》等方面博学精深的学者。许可在这些学者的每辆马车上加套第二匹马（作为一种特殊的荣誉标志）。一千多名学者集中到了京都。[1]

〈征天下通知逸经、古纪、天文、历算、钟律、小学、《史篇》、方术、《本草》及以《五经》、《论语》、《孝经》、《尔雅》教授者，在所为驾一封轺传，遣诣京师。至者数千人。〉

遗憾的是，他们商议的记录没有留传下来。后来在公元19年，由于匈奴入侵，在全国每三十人中征募一人入伍，王莽

谋求有奇技的人的帮助，……有人说知道如何渡江河湖海而不必使用船或桨，甚至千军万马都可以渡过去；又有人说有种药物服后不吃食物也能免除饥饿，所以毋需粮草的供给；还有人说能一日飞行千里，因此可带回匈奴行动的情报。王莽毫不客气地对所有这些说法都进行了试验，结果发现它们没有一样是能实现的，……[2]

〈又博募有奇技术可以攻匈奴者，……或言能度水不用舟楫，连马接骑，济百万师；或言不持斗粮，服食药物，三军不饥；或言能飞，一日千里，可窥匈奴。莽辄试之，……知其不可用，……〉

王莽还可能和磁罗盘的起源有关[参看本书第二十六章（i）]。

王莽死后，西汉宗室刘秀在短期混乱后胜利地崛起，建立了后汉（即东汉），由长安迁都洛阳。他的施政本质上是巩固前汉的作法和政策。和匈奴的战争在公元前51年曾暂告停止，当时，匈奴帝国分裂为两部分，南匈奴向中国纳贡称臣。可是在后汉的最初整个百年间，战争又继续进行，著名的将军班超曾任西域都护多年[3]，声威远及里海。通过安息人的地域进行的丝绸贸易仍在继续，而中国和罗马两大势力之间就只隔着这一地域。此外，约在公元120年之后，还有取道海路，特别是经由波斯湾航线与阿拉伯和叙利亚的商业来往。

从中国科学史的角度来看，汉代（特别是后汉）是比较重要的时期之一，因此，111
关于当时的事件在以后各章中还要提到。汉代在天文科学和历法改革方面取得了很大的进展，在地学方面曾有一项卓越的发明，开始奠定动植物分类学的基础，并且广泛地流传着一种明确的怀疑论和理性论的思潮。对这种思想作了最完善的

1）《前汉书》卷十二，第九页；由作者译成英文。

2）《通鉴纲目》卷八，第六十六页；由作者译成英文，借助于 Wieger, *TH*, vol. 1, p, 618；这段文字原出于《前汉书》卷九十九下，第五页。

3）参阅沙畹 [Chavannes (16)] 译自《后汉书》卷七十七的班超传记。麦戈文对班超的生平有很好的叙述 [McGovern (1), pp. 264ff.]。

表述的是哲学家王充［本书第十四章(c)］[1]。和道家的物质神秘论密切相关的炼丹术继续受到朝廷和高级官吏的保护，这时出版了世界上第一部这方面的书籍(参阅本书第三十三章)。至少有两位王子参与了这一学术工作。河间王刘德[2]是一位学者和藏书家[3]，就是他为我们保存了在技术上很重要的《考工记》——《周礼》的一部分[4]。更为著名的、甚至带有传奇色彩的人物是淮南王刘安，他对道家的方术和原始科学方面非常感兴趣，并将中国古代科学思想上最重要的不朽著作之一题上他的名字，名为《淮南子》，这部书可能是由他周围的一些博物学者编成的[5]。可是，淮南王由于卷入了反对汉武帝的叛逆活动，更可能是由于他的敌人的诬陷，而在公元前122年自杀或失踪了[6]。儒家正统派官僚说他是“忕于邪说”(擅长于邪恶的学说)。

在技术方面，这一时期的标志是纸的发明[7]和制陶技术的许多发展，例如上釉和初级瓷器(现在这样称呼它们)的肇始，以及波斯和欧洲要到数世纪后才能达到的纺织技术水平。在建筑方法方面，例如装饰用的砖瓦的制造，有了很大的进步。许多为中国人所不知的天然物产这时也输入了，例如改良的马种、西方来的紫花苜蓿和葡萄、南方和西南方来的柑桔、柠檬、槟榔和荔枝。此外，还有来自和阗以及可能来自缅甸的翠玉。当时，文献学有了系统的发展，收录在《前汉书·艺文志》中的最早的图书目录，是由方术、医药、军事科学、历史、哲学、占卜和天文学等方面的专家编成的；他们列出了写在木简、竹简或丝绢上的大约700种著作[8]。斯坦因［Stein (1—5)］在中国中亚细亚一系列惊人的发掘中获得一些木简原件，甚至还获得了仍由原来的皮带捆着的、由75片木简组成的完整的一
112 卷。斯坦因对那里的汉代壁垒(图15)外面的废墟进行了研究，他发现，各类物品所以能保存下来而没有腐烂，是由于戈壁和新疆的气候非常干燥的缘故。此外还发现有甲仗库簿，军队编制簿，有关占星学、医药学、军事技术和占卜等方面的著作的片断，蒙学读物，以及如公元前63年和39年的历书等［参阅 Chavannes (12)］。

---

1) 参阅 Nagasawa (1), p. 135。

2) 谥号“献”，知道河间献王这一称呼的人更为普遍。

3) *TH*, vol. 1, p. 381。

4) 参阅 Nagasawa (1), p. 122。《周礼》几乎可以确定是汉代编纂的，虽然其中很可能包括许多前人著作的片断。

5) 参阅 *TH*, vol.1, p.385。

6) 《前汉书》卷六 [Dubs (2), vol. 2, p. 58]。《前汉书》卷四十四有关淮南王的译文，可参见 Pfizmaier (39)。

7) 由蔡伦(? —114年)所发明。

8) Wu Khang (2)。

113

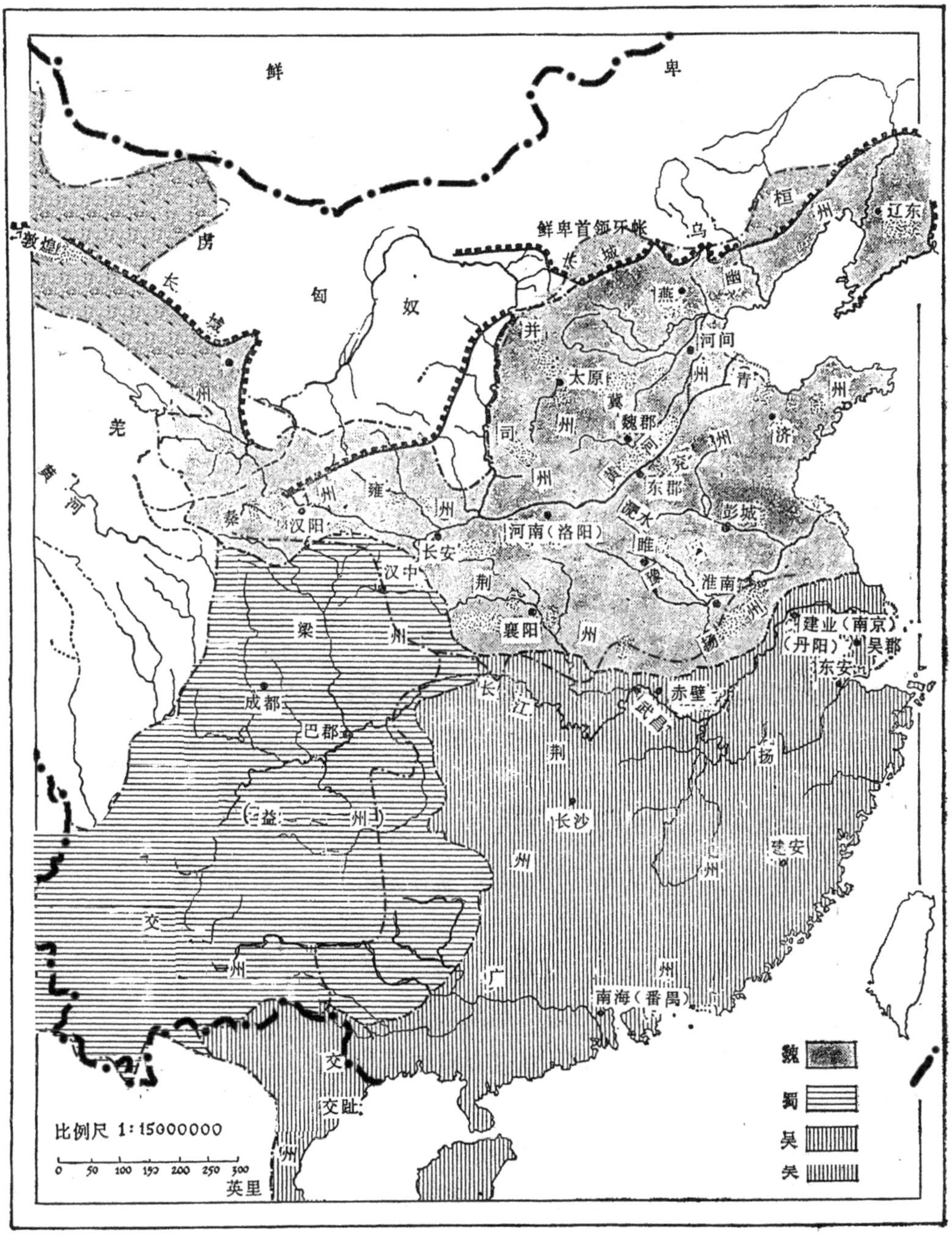

图16　三国鼎立形势图（220—265）［据Herrmann (1)］.

大约在公元65年，佛教首次在中国出现，一个世纪以后，第一部佛经在洛阳被译成了中文[1]。

到汉朝末期，宫廷政变和骚动日益频繁，公元184年的一次农业危机导致了农民的暴动[2]。为了镇压暴动，某些将领的权势简直就要发展到象日本幕府那样的地步，可是在当时，各种条件并不允许这种情况出现，而到了220年，甚至连一个名存实亡的中央政权都维持不下去了。在以后的半个世纪中，中国分裂成三个王国，因此，这个时期便称为三国时代。

(c) 三国时代和各基本经济区

在这个时期，魏、蜀、吴三国彼此处于长期敌对状况(图16)。魏占有北部和西北部，地盘主要在黄河流域，建都洛阳。吴占有南部和东南部，包括长江流域以及两广地区，国都起初在武昌(邻近现在的汉口)，后来在南京。第三个是蜀(或称蜀汉，因它自认为是汉朝的合法继承者)，以四川盆地为其地盘，以成都为国都，同时控制着贵州的山区和云南的一部分[3]。魏之所以获得最后胜利，一般认为应归功于它所采用的谨慎的政策，即利用军队进行屯垦[4]，扩大了灌溉良好的军队供给基地，使敌人因缺粮而溃退，而不和敌人正式对阵。公元264年蜀亡，280年吴亡，可是魏也未能维持下去，因为魏的一个将领司马炎建立了新的统一的晋朝。

三国相争中的许多战役和谋略后来成为传奇式的故事，并被写成中国最著名的一部小说[5]以及许多戏剧。魏国的领导者曹操成为勇敢而冷酷狡诈的统治者的
114 典型[6]。蜀国的诸葛亮是同样重要的一位将领，可是他更主要地是外交家和战略家，并且似乎还和一些技术发明有关。另外一位蜀将关羽，虽然他在三国初期便已被杀，可是他在当代人中造成如此深刻的印象，以致后来被尊为"武圣"[7]。在这些战役中，有一点是可以肯定的，这就是水军战斗大大发展了，例如，在208年

1) *TH*, vol. 1, p. 689。这方面的基本著作有 O. Franke (5); H. Maspero (5, 19, 20)。关于佛教传入的传统记载虽然是一个神话故事，可是有充分理由相信其中所提到的佛教输入的日期［见本书第十五章 (a)]。

2) 这时的"黄巾"秘密会社起着和王莽时代的"赤眉"同样的作用 (*TH*, vol. 1, p. 773)。

3) 参看赫尔曼著作中的行政区域图 [Herrmann (1), Map 25]。

4) 关于这一点，见 Biot (18)。

5) 即元代罗贯中所著的《三国志演义》，参阅本卷 p.40。

6) 实际上象淮南王一样，他和他的儿子们都喜欢道家的方士，这种人群集在魏国朝廷之中。

7) 见 Doré (1), Part I, vol. 6, pp. 54ff.。

的赤壁之战中，魏国的船队在汉口附近全军覆没[1]。

但是，三国分裂的意义，对我们说来，远较当时的军事事件和朝代兴衰更为重要。三国的政治分界线（图16），可以和冀朝鼎所著《中国历史上的基本经济区》一书中的地图（本卷末图36）所标明的基本经济区的界线相比较。这部著作可能是迄今为止任何西文书籍中有关中国历史的发展变化方面的最卓越的著作。书中写道：

> 三国时代和后来几次大分裂不同，后来的大分裂因同时遭到野蛮人入侵而复杂化了。三国时代则是由于中国社会的各种内在力量而产生分裂的典型例子。产生这次分裂的物质上的基本因素是几个敌对的经济区的兴起。这些经济区的生产力和它们的位置，使它们足以和统治中原或主要经济区的君主的权威作长期的抗衡。蜀国的日益成长和吴国的富庶繁盛便属于这一情况……这样，便产生了力量均衡的三国时代。[2]

这一概念使我们想到一个基本的事实，即中国的封建官僚社会建立在需要灌溉的精耕细作的农业以及向权力中心缴纳谷物贡赋的基础上。这两方面都需要重要的水利工程措施，因此，治水从一开始本质上就是中央政府的一项职能，以后我们还要研究这种状况影响中国整个历史进程究竟达到何种程度（本书第四十七、四十八章）。政治权力和区域地理之间有着非常密切的关系。从这一点出发，我们就可以解释以下这些事实：一个地区为什么能一再统治其他一些地区；显然包含着明显差异的广大区域为什么能达到政治上的统一；在改朝换代或帝位交替之前或当时又为什么通常总免不了发生战争和人民起义。我们必须承认，贸易和运输的发展从来没有完全克服过纯粹农业经济的区域主义——一头只是数万个实际上自给自足的农村村落，另一头则是从这些村落征收钱粮的本郡政府和中央政府。 **115**
征收到的谷物被储存起来，荒年时再出售，可是更重要的作用是供应平定叛乱、远征或与外国作战的军队的需要。贾谊（汉文帝的顾问之一）在《新书》中写道：

> 虽然汉朝已存在了近四十年，但公和私两方面的积蓄却都处于非常可怜的状态。如果在二、三千里的领土上发生饥荒，可从哪里获得救济呢？如果边境上有紧急情况，几万军队的食粮又如何供应呢？[3]
>
> 〈汉之为汉，几四十岁矣，公私之积，犹可哀痛也……即不幸有方二三千里之旱，国何以相恤，卒然边境有急，数十百万之聚众，国何以餽之矣。〉

---

1) *TH*, vol. 1, pp. 826, 836。

2) Chi Chhao-Ting (1), p. 96。

3) 《新书·无蓄篇》；由冀朝鼎译成英文。贾谊的《过秦论》，由马尔古利译成法文 [Margouliès (1), p. 56]。

正如冀朝鼎所说，所谓统一和国家权力的集中，无非就是控制了一个很强的经济区，这个经济区的农业生产力和运输条件使得它在进贡谷物的供应上远远胜过其他经济区，因此，哪个集团一旦控制了这个基本经济区，它也就控制了中国。可是在三国时代，实际上存在着三个在资源上足相匹敌的地区。这使我们清楚地看到在一般著作中总是隐藏在法制史和军事史背后的地缘政治学，就如同在解剖时暴露出隐藏在皮下脂肪和皮肤下的肌肉系统一样[1]。

我们现在将图 36 和朝代表(本卷 p.78)作一比较。我们知道，商和周的时代主要是黄河流域的文化，而商和周的历史就是它们在北方区域内的扩展史，到周末，尽管已经扩展到淮河流域，但中国的第二个区域的大部分——长江流域的中部和东部——仍处于一种很不发达的状态。秦、汉的第一次统一肯定是以北方地区(黄河及其上游支流泾河、渭河和汾河）的巨大发展(这种发展始自战国时的秦国)为基础的。这个统一局面在汉末的瓦解，是因为长江下游流域(中东部，即吴国地区）大大赶上了北方地区，它的生产足以供得起一个独立的中央集权统治的缘故。同时，四川盆地(西部，即蜀国地区)由于前面提到过的(本卷 p.97)灌溉工程的扩展和其他原因，当时也已变得能够独立自主了。

在继续谈历史之前，我们先提一提后面要谈的内容。可以说，前面所说的这种离心倾向一直持续到 6 世纪末期，因为晋朝短暂的统一实际上是有名无实，很快便不得不退居中东部地区，把北方让给外族去统治了。可是到了隋、唐时期(589—907 年)，长江流域的农业生产力和运输条件的发展已经远远超过北方，能够自己成为一个主要的基本经济区，并且由于大运河的修通，国都又得以比较放心
116 地再度建在北方。可是，在五代时期又发生了动乱。北宋又一次实现中央集权后，北方地区再度被游牧民族所占(辽和金，907—1280 年)，南宋退居中东部地区。后来，势不可挡的蒙古人造成了最后的统一局面。到 14 世纪末，运输条件已如此之进步，以致无论是汉族人建立的明朝或满族人的清朝，国家都没有再分裂。

关于后话，暂且说到这里。可是从三国分裂这件事，我们可以回顾过去，重新解释一些已经叙述过的基本事实。周朝征服商朝意味着权力从陕西盆地向外扩展，因而黄河下游地区便归于先前控制着黄土区(我们在地理上称之为关中地区，特别指渭河流域)的人们的统治之下。这是在北方基本经济区范围内进行的调整。可是从这种观点看，大约七百年以后发生的楚败于秦这一史诗式的斗争，可以说是北方(黄河)和中东部(长江)两经济区之间的第一次对抗。毕安祺 [Bishop (5)] 说得好，秦、楚的对峙，乃是以小麦作食粮、以战车作战、并且可能是受到游牧

1) 当然，正象拉铁摩尔 [Lattimore (3)] 所强调的，中国大多数朝代所面临的困难，在于基本经济区和关键战略区往往不是同一地区。

民族和波斯的巨大影响的秦国人，同沿海与东南亚及印度接近、以大米作食粮、利用木船擅长水上作战的楚国人之间的对立。具有战略地位的汉水上游流域起初被楚所占，可是秦人把楚人赶了出去。因此，拉铁摩尔 [Lattimore (2)] 曾说道："旨在推翻第一个统一帝国(秦朝)的斗争，部分地具有南方反抗北方的性质。"我们记得，汉军最初曾自称为"张楚"。汉代的做法在很大程度上是一种调和的办法。正如英国在内战后，复辟的君主政体已完全不再是议会军队所反对的那种封建和专制的君主政体那样，汉朝的第一个皇帝即位时，原来是打算建立一个中央集权的帝国，但结果却不得不适当地考虑到长江流域各郡，并且清洗了秦朝所依靠的、受人憎恨的法家。

现在，我们应该来研究作为独立王国的蜀(四川)[1]。很有意思的是，如梁启超 [Liang Chhi-Chhao (1)] 所说，"每当中国乱时，四川就被独立的统治者所盘据；中国治时，四川总是最后才放弃它的独立。"这种情况在中国历史上发生过七次之多。在王莽时期以后，四川独立了六十一年；它作为三国之一有四十二年；晋朝瓦解时，四川又独立了几十年；以后，在唐、宋之间的五代时，四川经历了它自己的两个朝代共六十五年。在明初和明末以及在清代，也有同样的事情。云南虽然在宋代以前独立了几个世纪，可是它通常是追随四川的。

我们在此还须提及发展很晚的南方两广经济区，以及一些具有特殊性质的地区，象北方的山西是军事上易守但经济上却从未能自给自足的地区，东南方的福建是山岭、森林和海港地区，但这些地区没有一个曾经对中国历史的主要轮廓发生过影响。至此，我们便可结束对图36的讨论了。 117

我们再回来谈三国的混乱局面。冀朝鼎曾指出，水利工程在这几十年的战争中起着很大的作用。吴国的主要问题是缺乏必要的人力，因此未能开发三峡以下长江上游盆地的丰富的原始自然资源。三国中期，吴国完成了重要的江苏句容运河，并开凿了赤山的人工湖以灌溉离南京不远的丹阳。至于蜀国，这方面的情况没有这样清楚，但据说234年蜀占领渭河上游南岸地区时，也曾在那里兴修水利。而另一方面，魏国人对水利工作则给予最大的重视，204—233年间，在淮河水系建成了三个大水库和两条运河干线，并在山东、河南、河北、陕西和山西等省修建了六条重要的运河。当淮河流域完全并入北方地区时，魏的胜利就成为必然的趋势了。

在这个分裂战乱的时期，人们自然地要转向宣扬来世的宗教以求逃避现实，而这时已经传入的佛教正好能满足这种需要。关于佛教对中国人的思想所起的影

1) 参阅郑德坤所写的简史 [Chêng Tê-Khun (1)]。

响，我们后面还要细谈。但是它的确为人们提供了一些东西：一是使人得到精神寄托的普遍信仰，人们愈是虔诚笃信，它也就愈得人心；二是使人得到一门可以深入思索探讨的精巧完备的神学；三是使人得到中国传统的哲学思想体系中所缺少的宇宙论的哲学。在3世纪时，南京翻译佛经的活动很盛行，而传播这种新宗教的效果之一，是中国和外国的交往大大地增加了。许多高僧作为使者和讲经者来到中国，他们大都来自印度和锡兰，有的来自西亚和中亚[帕提亚 (Parthia,即安息)、粟特 (Sogdia, 即康居)、犍陀罗 (Gandhāra)、喀什噶尔、库车、吐鲁番等]，甚至还有的来自爪哇和柬埔寨。它的影响所产生的后果当然并不限于宗教，而且包括科学，可能也包括技术在内。

大约在这个时期，道教也发生了巨大的变革，道教把古代道家的学说同围绕原始萨满教这个核心而形成的大量方术性科学知识结合起来，从而变为一种有组织的、可以和佛教相抗衡并且往往占上风的宗教。很有意义的是，道教系统化的最初一些步骤是在北方进行的，它的第一位"教主"就住在魏国首都[参看本书第十章 (j)]。

和这些趋向比较起来，儒学尽管得到了魏国官方的一些支持，但它当时是在衰落的。科举制度已经不再实行了，至少在当时已不再成为做官的主要门径。虽然这样，就在这时候，具有历史意义的经典作品(《书经》、《春秋》、《左传》)却在
118 洛阳被刻上了石碑，这一措施对于经典作品真本的保存贡献很大。此外，这时社会的不安定使讨论社会问题的风气大盛[1]。

上面提到的和佛教有关的中外交往并不是当时唯一重要的交往。有一些罗马和叙利亚的商人"使者"在汉朝灭亡之前本应派遣去长安的，这时则经由(印度支那的) 东京来到吴国都城南京；吴国还接受东南亚当时刚刚印度化了的所有国家和岛屿的贡品。同样，魏国朝廷也同远至西方的费尔干纳 (Ferghana, 即大宛)、鄂尔多斯和贺兰山地区的匈奴以及东蒙古的鲜卑保持着关系；并且还同朝鲜和日本交往。因此，至少有一门科学应该在这纷乱的时代十分自然地兴盛起来，这便是地理学；事实上也确是如此，中国最伟大的制图学家裴秀就是这个时代所产生的人物。关于他，我们以后还要谈到[本书第二十二章 (d)]。同样，无疑是由于受到当时接触到的新奇产物的刺激，对南方地区植物学和矿物学也广泛地进行了研究，例如，嵇含所著《南方草木状》一书中有关于控制植物虫害的记载，这肯定是任何文献中关于这个问题的最早记载。此外，还有万震的《南州异物志》，杨孚的《南裔异物志》，等等。在公元3世纪时的新风气之中，有一项是饮茶。关于茶

1) 参阅白乐日 [Balazs (1,2)] 对当时六位最典型的思想家的作品的分析。据他说，战国时期的一些极端思想派别当时复活了，这些思想在汉代长期的太平时期是没有吸引力的。

的最早记载是在273年[1]，虽然它经过了几个世纪才传到了北方。在技术方面，我们看到，当时水磨已广泛使用[见本书第二十七章(f)]，并已发明了独轮车，这是和诸葛亮分不开的[见本书第二十七章(c)]。这两种省力装置的出现可能是由于战争使人口减少，而三国政府都感到迫切需要人力以加强它们自己的经济区。这样的解释似乎不是没有理由的。水磨在中国和小亚细亚大约同时出现，即在公元前1世纪末；至于它更早的起源，现在仍不清楚。独轮车虽然很简单，却是一种全新的发明。它在欧洲还要再过十个世纪才得到应用，这几乎难以使人相信。

(d) 晋朝和它的后继者(北魏、刘宋和梁) 119

司马氏的晋室由于重新树立北方经济区的首要地位而再一次统一中国后，马上便面临着北方各种半落后民族入侵的巨大压力。突厥、蒙古、匈奴和通古斯等这些部落彼此间已战斗了许多年月。公元304年，匈奴和鲜卑相继被召请入关帮助汉族打内战。但是，这样一些人一旦被请了进来，就很难再把他们请出去了。到316年，长安和洛阳都告失守，晋室被迫迁到长江以南、建都南京，亦即迁到了较落后的中东部经济区[2]。304—535年间，在北方，相互争雄的"王朝"有十七个之多——其中匈奴族的四个，突厥族(拓跋)的四个，蒙古族(鲜卑)的六个，只有三个王朝是由汉族统治着[3]。可是在这整个时期内，"蛮族"的汉化程度要比北方汉人的蛮化程度大得多。当时，游牧民族的服装无疑曾大为盛行，但总的说来，中国的农业和行政制度仍然继续着，这些民族逐渐变得适应了；民族通婚很普遍且受到鼓励，甚至连这些民族领袖们的多音节的姓氏也都改成了汉姓。

以后我们将再谈中国文明的异常大的聚合力和吸收力是怎么回事[4]，因为在近代以前这种能力使任何入侵者都无法抵制。的确，这肯定同中国农业和行政管理的高度特殊的性质有关。无论谁统治中国，被找来管理行政的始终都是士大夫。只有他们才精通书面语言、办公事的程序以及诸如水利工程等必要的技术。卫德明[5]把这一点和日耳曼部落对后期罗马帝国的入侵作了一个很有趣的对比。在那里，事情恰恰相反，入侵者既不能保持他们自己的文化传统，也不能完全采用被

1) Pelliot (1).

2) 雷海宗 [Lei Hai-Tsung (2)] 认为，383年晋军打败落后民族大军的淝水之战，是中国历史上最有决定性意义的战役之一，因为它使纯粹的中国文化得以和平地继续发展，后来并为落后民族所接受。淝水是淮河的支流之一，在安徽北部。

3) Herrmann (1), Map 29. 艾伯华 [Eberhard (9)] 曾对这些国家和朝代作过许多很好的说明。

4) 参阅 Wittfogel (1)。

5) H. Wilhelm (1), p. 100.

征服帝国的文化。卫德明认为，罗马的文化在广大劳动人民中的根基是如此之浅，以致不能抵御这一变化。而另一方面，即使在汉代中国，文化也已深深地植根在广大的农民大众之中，他们的标准实际上还是古典儒家或道家的价值观。根据我自己在中国的体验，我很同意他的意见。此外，还必须记住，在中国人口中，奴隶并不象罗马那样占很大的比例，不过这是另一个问题，应该留到适当的时候再谈。

120 在这个时期的各个王朝当中，寿命最长的是北魏。北魏地处山西，建都大同（见图 17）。后来它统治了除山东以外的整个北方，并向西扩展直到敦煌[1]。北魏人信奉佛教特别虔诚，这一点可以从公元四、五世纪敦煌千佛洞的壁画中看出，北魏的作品是那里所有格调中最美丽的一种（参看图 19，20）[2]；从大同附近著名的云岗石窟，也可以看出北魏人对佛教的虔诚。这两个地方可以说和印度的阿旃陀 (Ajantā) 及埃洛拉 (Ellora) 相当[3]。在中国其他地方，这个时期佛教哲学也很发达，并形成新的宗派。伟大的求法高僧法显在公元 399 年出发去印度，414 年回到长安，他到过中亚和印度的几乎每一部分[4]。中国医药中有些东西应该归功于佛教徒的引进。

在这个时期，道教也很活跃，可能是因为从动乱的社会状态中得到了新的力量。当时需要的是军事才能而不是行政才能，哲学家很难在政治生活中起作用。结果，很可能就是因为这个缘故，产生了有利于探索自然的气氛。4 世纪早期，道家中产生了最伟大的博物学家兼炼丹术士抱朴子（葛洪）。在历史地理学方面，后来发展成为一种重要的著作类别的“地名辞典”——所谓“方志”或“县志”，即地方的地志与记载，在这时期已初露端倪。伟烈亚力曾说道[5]，中国的方志“在它的广度和系统性方面，大概都是任何别的国家所不可及的”。公元 347 年常璩所著《华阳国志》描述了陕西南部和四川北部地区，记载了蜀国都城成都的建筑、地方著名人士的传记、地方的风俗习惯、碑铭、鸟类和其他动物、以及铜、铁、盐、蜂蜜、药材、竹、茶等等物品。富路德写道[6]：“许多世纪以来，这些地方志一部一部地编

1) Herrmann (1), Maps 30, 31。

2) 见Grousset (1), pp. 316ff.。第一个洞在366年奉祀；参阅 *TH*, vol. 1, p. 1009。可惜的是，这些洞窟的编号很混乱，现在每一个洞上写有三或四个不同的号码。我所采用的是那些写在白底上的大黑汉字的号码（尽我力之所及，也就是说，因为1943年我在千佛洞中所作的笔记原先并不准备用作学术研究，而其他作者则以其他不同的系统来标记这些号码）。标准化是迫切需要做的事。

3) 在时间上也可以说大致相当，因为阿旃陀的最好的石刻是 5 世纪的作品，而埃洛拉的最杰出的石刻迦勒娑 (Kailāsa) 是 8 世纪的，亦即相当于中国唐代；而在敦煌，许多都是唐代的壁画。1953年宣布在甘肃天水附近的麦积山发现了第三批石窟，它们和敦煌、云岗的同样重要。

4) 参阅 *TH*, vol. 1, p. 1047。

5) Wylie (1), p. 35。

6) Goodrich (1), p. 92。

121

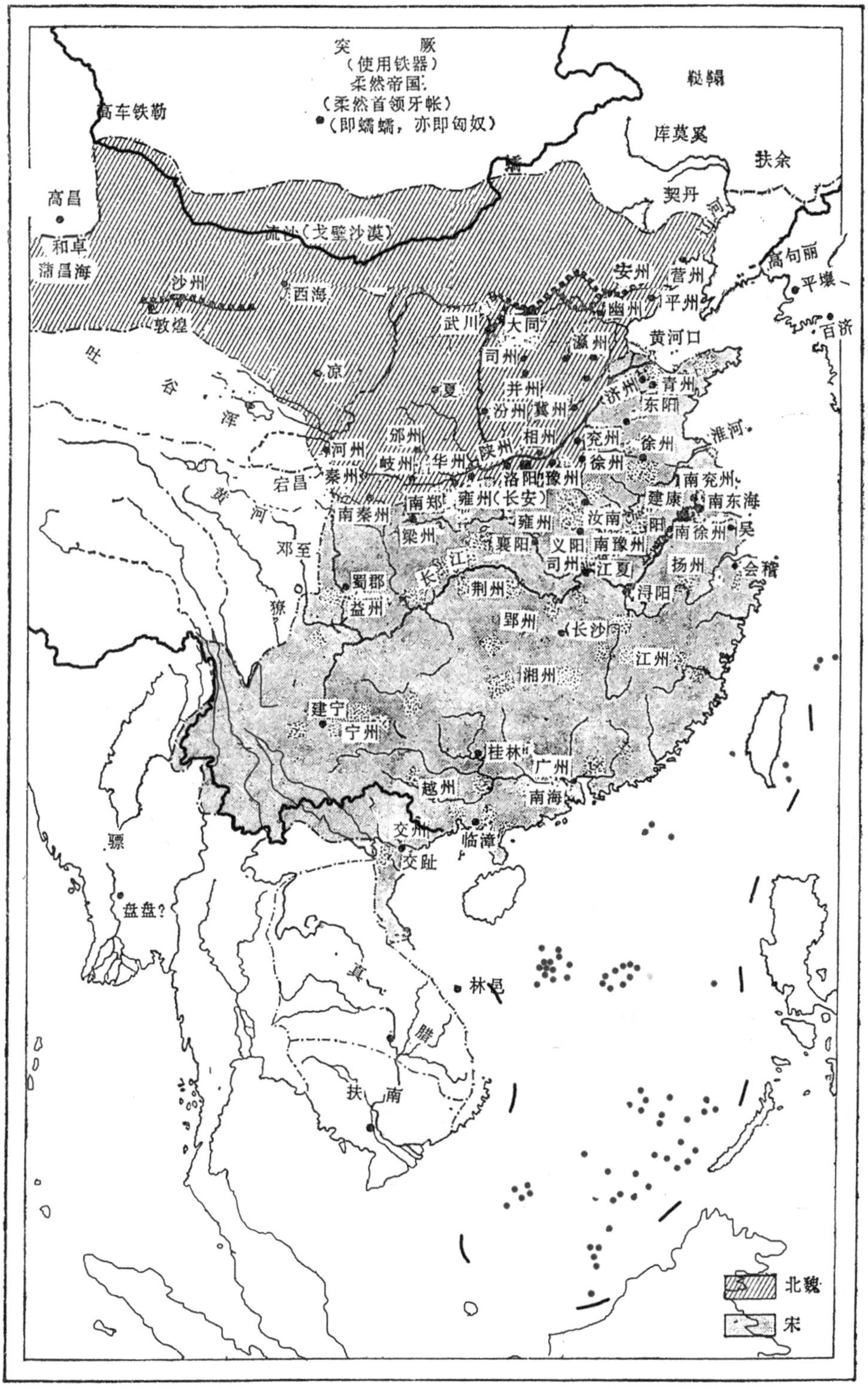

图17 公元440年前后的宋魏时期形势图［据Herrmann (1)］.

纂起来，有时是本地退隐学者因热爱乡土而编写的，有时则是根据官方命令编写
的，目的是为来自外地的后任官员提供一切有关地方政情的资料。”现在知道的方
122 志有6500种以上，可是很少是唐以前的。当时也有较大篇幅的地理著作，如郦道
元的《水经注》(约510年)。此外，还出现一些数学家，例如著名的祖冲之。

最后，北魏分裂成东西两部分，550年以后，分别被汉族人的王朝北齐和北周所灭[1]。南方的晋在前一世纪被刘宋所灭，而刘宋又被三个王朝所代替，这三个王朝的寿命都只有四十年左右。其中的第二个王朝是梁，以笃信佛教著称，它的一个皇帝在南京出家做了和尚[2]。最后出现了一个懂得怎样再次统一各经济区的人，这个人就是杨坚。581年杨坚无情地灭了北周，而北齐已于577年被北周所灭；他又渡过了长江，于589年灭陈[3]。610年，新的隋朝皇帝统一了整个大陆，从南方的安南和台湾直到中亚细亚的塔什干和哈密。隋朝的统治时期虽不长，但它却为后来长期统治的唐朝作了准备。

(e) 隋　朝

除了西晋(实际上是在北方或西北方)短期的统一外，直到隋朝出现之前，中
国处于分裂动乱的状态共三百三十年(三国约六十年，南北朝约二百七十年)。假
如前面概述的中国历史的一般解释是正确的，那就可以预料到，再次统一中国的
强大统治集团的首要工作，应当是采取前所未有的措施来改善北方和南方（或者
毋宁说是中东部）经济区之间的联系[4]。隋朝的第二位皇帝隋炀帝就正是这样做
的。他全面地检查了长江、黄河之间从前零散断续的水道运输系统，并修筑了作
123 为连接干线的重要水道，即后来著名的大运河。他在位的时候，中东部长江流域
已成为先进的基本经济区，只是政治重心还在北方，长安和洛阳都曾经是国都，
长安在后来的唐代更是繁盛无比。冀朝鼎说[5]：“这种反常的情况，使连接南方生
产区和北方政治区的运输系统的发展和维护，成为政治上的当务之急。大运河承
担了这个任务，在以后一千多年中，运河吸引了中国最有能力的人们的注意，千

1) Herrmann (1), Map 33.

2) *TH,* vol. 2, p. 1212。

3) 见普菲茨迈尔所译«陈书»(七卷) [Pfizmaier (59)] 和«北齐书»(十一卷) [Pfizmaier (60)]。

4) 维达尔·德·拉·布拉什 [Vidal de la Blache (1), p. 249] 曾敏锐地观察到，在十三个世纪以后“中国使用了机车时，他们很注意铺设南北之间的干线”（北京一汉口一广州），亦即中古时代所谓华夏和蛮子之间，或地质学上所谓新华夏地槽的全部长度，这时只须越过南岭山脉，便可达到最后发展起来的南方基本经济区。

5) Chi Chhao-Ting (1), p. 113.

百万人的生命和国家很大一部分物力都耗费在运河上，以谋求改善和维持这条水道。"正如明代作者于慎行所说，隋炀帝由于在公共工程建设上的大量耗费，"为其国促数年之祚，而为后世开万世之利，可谓不仁而有功者矣"[1]。

我们暂时不对隋代水利工程作更详细的叙述，但在这里可以指出，隋朝第一位皇帝（隋文帝）曾集中力量联结淮河流域与长江，大大地改善了山阳和南方之间原有的小运河。宋代著作《大业杂记》中曾经这样描述过它：

> 从（淮安附近的）山阳到扬子江，运河的水面宽四十步。沿两旁堤岸修筑了道路，并种植了榆树和柳树。自东都（洛阳）至江都（现在的扬州）二千余里，树荫相互重叠。每两个驿站之间建立一处皇帝的休息场所，从京都长安至江都有这样的离宫四十多所。[2]
>
> 〈自山阳淮至于扬子入江，三百余里，水面阔四十步，通龙舟。两岸为大道，种榆柳，自东都至江都二千余里。树荫相交，每两驿置一宫，为亭顿之所。自京师至江都离宫四十余所〉。

这条运河正好通过南北之间的传统战场。隋文帝的继承者隋炀帝改善了淮河以北的各水道，并完成了更南面的长江和杭州之间的一段运河。隋代无名氏著作《开河记》[3]说明了，在这次强迫劳动中集中全国人力物力对人民意味着什么。当时征集的劳工约五百五十万人，包括某些地区15—50岁的全部平民在内，他们在五万名监工的监督下进行劳动。此外，每五户必须出一人去参加供应及准备食粮的工作。凡不能或不愿完成任务的人要受"枷项笞背"的处罚，有些人不得不出卖儿女。据说，当时损失（"折"）的人数在二百万以上[4]。虽然在一个应该认为是缺乏正确记载和通讯设备的时代，在这样大规模的施工中发生上面所说的严重暴行是不难理解的，可是我们还是难以遵循通常的说法，认为在中古时期中国的工程建设中，曾经有这样大量的生命死亡，即使考虑到这种估计大概需要适当地打个折扣，数 124
字也还是太大了。也许，因大量人口异常拥挤地住在一起，曾有严重的疫病流行（虽然记载中并无暗示）；也许，食粮供应短缺，并且无可怀疑，工人们的住处完全不足以抵御风雨。但这是整个中国历史上司空见惯的事。看来，把一切都归咎于原始的技术，即所谓"用了一百万人工，工具却是茶匙"（the principle of "a million men with teaspoons"[5]），是唯一可以接受的解释。

1）摘自傅泽洪《行水金鉴》卷九十二。

2）由冀朝鼎译成英文 [Chi (1), p. 117]，经富路德修改 [Goodrich (1), p. 114]。

3）该书被收入傅泽洪《行水金鉴》一书卷九十二中。

4）"折"的意义并不一定是"死亡"。人们也可能是逃到边远各省去。

5）里奇·考尔德 (Ritchie Calder) 先生语。

隋朝的统治时期很短[1]，因而在文化方面没有很大影响 。可是隋朝皇帝曾有意识地想使儒教复兴，还没有等到发生效果，就由于公共工程上的劳民伤财，由于征讨中亚、特别是对高丽的穷兵黩武，以及由于其他引起民愤的原因，而引起了全国性的骚动。隋炀帝本人被突厥族围困在雁门时，革命爆发了。李渊和他的儿子李世民在公元617年打出了新朝代的旗号。他们的家族与隋及突厥都有姻亲关系；在他们的军队攻下长安之后，第二年，唐朝开国皇帝便即位了[2]。

有人认为，秦、汉之间和隋、唐之间有某些相同之处。如果不把相似点引伸得太远，它们之间似乎确有些相同之处。秦统一全国后，法家的极权政策搞得太过头了，于是不得不由汉朝比较温和的政策来加以改变。同样，隋朝在运输系统方面虽然做了必须做的事，可是做得太快太粗暴了，结果，在它的统治下不能得到长期的安定。这样，就有待李氏家族来创建一个大多数中外历史学家都认为是中国的黄金时代的政权。

(f) 唐 朝

唐朝建立在隋朝所奠定的基础上，因而能够把中国的疆界和势力范围扩展到汉以来未曾达到的程度。早年，突厥部族企图入侵，唐朝的军队不仅成功地击败了它们，而且还一直打到了游牧地区。公元648年，突厥族承认了唐朝“大汗”的统治权。当时，唐的势力也进入了西藏。西藏一直到这时候才刚刚统一，藏王(伟大的松赞干布)娶唐朝公主为妻，并因而获得许多开化的影响。例如，大约在这时候，水磨和铁索吊桥等发明开始在西藏应用。到660年，实际上整个朝鲜和满洲
125 都处于唐朝统治之下。这时候唐朝对新疆的宗主权也已正式确立，设置了两个新的都护府，一在天山之北，一在天山之南[3]。

750年左右，唐朝的领土扩张达到了最高峰，以后便逐渐地衰落和缩小[4]，最终将一份摇摇欲坠的遗产留给了下一个朝代——宋朝。唐朝和塔什干王子的不幸的外交事件导致了伊斯兰人的反击。在751年的塔拉斯河(塔拉斯古名怛逻斯)战役，中国军队全军覆没。许多人认为，这一战役是世界历史上决定性的战役之一。结果，中国丧失了突厥斯坦(新疆)，整个这一地区从最早时期起就是佛教的一个

1) 参看赫尔曼著作中的隋代疆域图 [Herrmann (1), Map 36]。

2) 参阅普菲茨迈尔所译的《新唐书》 [Pfizmaier (66, 73)]。

3) 参看赫尔曼著作中的唐代疆域图 [Herrmann (1), Map 40]

4) 始自约756年的安禄山之乱；参阅 *TH*, vol. 2, p. 1429。有关这次内战的可能的经济原因，可参阅 Waley (12), p. 52。又可参阅 Pulleyblank (1)。

据点，这时便完全信奉伊斯兰教了。大约与此同时，蒙古独立，成为回纥人的家园。西南方傣族地区占有现今云南全境及其南面和西面森林密布的山区，也叛离唐朝，成为独立的王国(南诏)，并且持续了很长一个时期。东北方情形也并不好，契丹鞑靼人开始在满洲建立强大的根据地(最后建立辽朝，从907年持续到1168年)；不久，朝鲜半岛上以前半独立的新罗国并吞了唐朝的保护国，以致整个朝鲜半岛都脱离了唐。和藏族的良好关系也未能继续下去；事实上，西藏这一民族成了对唐朝西部以及对哈里发在呼罗珊 (Khurāsān) 和穆斯林中亚细亚的统治权的一大威胁，以致787年哈伦·拉施德 (Hārūn al-Rashīd) 的使者到长安来谋求阿拉伯-中国结盟，以便对付他们[1]。

在以迎外与仇外两种态度反复交替的中国(欧洲也如此)历史中，唐代确是任何外国人在首都都受到欢迎的一个时期。长安和巴格达一样，成为国际间著名人物荟萃之地[2]。阿拉伯人、叙利亚人和波斯人从西方来到长安同朝鲜人、日本人、西藏人和印度支那的东京人相会，并且同中国学者在渭河之滨那座古城的壮丽亭台中一起讨论宗教和文学[3]。和阗的画家，例如尉迟跋质那和他的儿子尉迟乙僧，在长安颇享盛誉。中国的富人也相当普遍地[4]雇用中亚人作马夫和驼夫，印度人作魔术师，巴克特里亚人和叙利亚人作歌手和戏子。图22所示的是这一时期的一个赤陶俑[5]，它表现了一个波斯人或阿拉伯人，可能是正在向主人请示的管家，也可
能是正准备拿出宝石给顾客看的商人。中国人自己当时也作远途旅行[6]，最典型的 126
例子是唐代求法高僧玄奘，他从公元629年[7]去印度求取佛经，到645年才回国。佛教在唐代初期受到一些挫折后，接着便是大扩展时期，并且由于和当时最出色的艺术家们有密切关系而更加兴盛，千佛洞[8]的唐代壁画(图21，23)就是一个证据。壁画反映出当时的国际主义，画上的僧俗人等有的有西方人的一些特征：棕色甚至红色的头发，蓝色或绿色的眼睛。可是庙宇以及其中僧尼数量的过多增加终于受到了制止。845年，儒家官僚可能认识到一个国中之国正在兴起，最后它可能会向中国社会的公认基础挑战，于是便捣毁了庙宇四千六百所，使僧尼二十六万人还俗，拆除了神龛四万座，没收了数百万亩耕地，并解放了奴隶十五万人[9]。

1) *TH*, vol. 2, p. 1465。与哈里发统治区的关系图见 Herrmann (1), Maps 38, 39。

2) 这种趋向在隋代便已开始，当时在隋文帝的朝廷中即有日本的音乐 [Goodrich & Chhü (1)]。

3) 谢弗曾分析过唐代有关波斯商人的故事的材料 [Schafer (2)]。

4) 费子智也曾着重说明过这一点 [Fitzgerald (1), p. 367]。又参阅 Lips (1)。

5) 这是多萝西·尼达姆的收藏品，购于西安。

6) 参阅 Mills (3)。

7) 高第的著作中有一章很好地描述了一般的求法者 [Cordier (1), vol. 1, pp. 511ff.]。

8) 见 Pelliot (25); Stein & Binyon (1); Shor & Shor (1); Bohlin (1); Wright (1)。

9) *TH*, vol. 2, p. 1491。

可是，在另一方面，唐代佛教的影响是非常有成果的，它对印刷术的发明起了推动作用。由于这种或那种原因，佛教徒经常感到有必要无休止地念诵或抄写佛名、佛经、祷词以及绣绘菩萨神象等等，这是每个人——哪怕是最不常去佛寺或其他庙堂的人——都知道的。以后我们将简单地说明人们所知道的有关发明印刷术的故事[1]；但是人们所知道的最早的木版印刷是公元770年用来印刷佛教的符咒的，这一点确实很有意义。富路德[2]说得好："当时，这一发明的时机已经成熟。中国人应用纸和墨已经很久；他们也知道如何用金属、石头或粘土制成图章；在青铜器或石碑上拓印铭文或碑文在他们是常事。当时还有一种需要——科举制度建立后，成千上万的人需要教科书，而在佛教和道教的范围内，祈祷文和辟邪所用的符咒的需要量也很大。"第一次试验木版印刷的最可能的时代是6世纪中叶[3]，可是，当时的试验结果却没有传下来。

唐代的皇帝绝对没有牺牲儒教正统而偏爱佛教或道教。虽然有系统的书面科举制度在隋代便已开始[4]，可是一直到唐代才固定和确立下来——当然，我们已看到，口头的、无组织的考试从汉以来便已流行。630年曾发布命令，要求每一城市建立孔庙（"文庙"），并令文职官员举行祭祀仪式。647年又发布法令，开列了
127 在文庙中必须设有牌位的儒教圣贤的名单。科举制度的系统化引起了大学（国子监）的改组，在这个世纪中叶，国子监约有学生五千人，和今天剑桥大学的人数相等[5]。除此以外，754年创建了皇家学院——翰林院，它一直继续到清代末期[6]。假如我们把翰林院当作今天的中国科学院的先驱，那末，它比欧洲现存的任何研究院都要早将近一千年。

文学研究的发展的另一个方面是法典的编纂。一般说来，中国的思想家们自古以来便厌恶这样的标准化，他们希望避免抽象的观念，而相信每一案件应当根据其实际情况来判断。以后我们必须研究一下，看看这种缺乏法典化的法律学的情况对科学思想的发展究竟有多大的影响（本书第十八章）。虽然中国没有几个可以和查士丁尼（Justinian）时代的法学家以及贝鲁特学派的学者相比拟的人物，

1）参见本书第三十二章。

2）Goodrich (1), p. 137。

3）有一张很小的印刷纸片"家有恶狗，行人慎之"，是从594年这样早的时期一直保存下来的［见Schindler (4)］。

4）参阅 Shryock (1)。

5）大学的开端可以追溯到晋代以前，当时称为国子学。参阅 *TH*, vol. 2, p. 1320。亦可参看本卷p. 106。

6）应当知道，这不是一个只搞研究工作的学院，虽然其中个别的成员无疑地象皇家图书馆馆员一样，花费许多时间在文学的研究上。翰林院还负责宫廷的一切文学活动，它的成员还得起草文稿、准备国家文件、为国家祭典拟订祭祀仪式等等。

图 版 六

图18 甘肃敦煌附近的千佛洞远景(作者摄影)。

图19 敦煌千佛洞北魏时期(约5世纪)佛窟的中央佛龛(洞号：248，249；作者摄影)。主要色彩：灰，暗红，赭，紫，淡黄和品蓝。

图 版 七

图20　敦煌千佛洞北魏时期(约5世纪)佛窟中的壁画(洞号：83；作者摄影)。右上方有一星座神。

图21　敦煌千佛洞唐代(约8世纪)一佛窟全景(洞号：255；作者摄影)。主要色彩：淡红，淡绿；顶部为深蓝、绿和棕色。

可是唐代学者的确编成了一部主要涉及刑法的法典。民法在唐代以前及唐代都存在，但很少应用，其部分原因是由于在私人生活和商业生活中长期以来便存在着一种调解的风气。

然而，文学活动本身是唐代的特殊光荣。诗人李白、杜甫和白居易都是全世界闻名的，另外还有许多其他诗人，其中王维、韦应物和孟浩然都在最伟大的诗人之列[1]。画家和雕刻家的造诣也达到前所未有的水平。树立了历代中国散文典范的是伟大的儒家学者韩愈，他以反对佛教的勇敢辩论而闻名[2]。杜佑所著的政治史百科全书《通典》也是一部杰出的散文著作。有趣的是，许多唐代的诗人和散文家都受到道教很深的影响[3]。

可是对于科学史家来说，唐代却不如后来的宋代那么有意义。这两个朝代的气氛完全不同。唐代是人文主义的，而宋代则较着重于科学技术方面。但是可以肯定，唐代的道家很热衷于炼丹术，并且(如我们将在本书第三十三章看到的)当时的某些化学著作我们现在还可得到，虽则我们有一种印象，似乎在宋代《道藏》曾由于其中有一些谈到靠房中术获得长寿的内容而遭到删削，因而这些书籍大概受到了很大损失。就科学史而言，这里最大的问题是如何评价唐和唐以前那些从 128
题目上看是根据印度或西亚的材料编纂起来的无数书籍的实际影响，这的确是一大难题，因为这些书籍后来都散失了，而且有关它们的记载很少。

隋朝的正史由魏徵在636年编成，在其图书目录[4](《隋书·经籍志》)中有许多书名冠以"婆罗门"[5]字样的书籍，例如《婆罗门天文经》、《婆罗门算法》、《婆罗门阴阳算历》、《婆罗门药方》等。同一目录中还有《西域名医所集要方》。这些书籍大概有过什么影响，这是一个需要很好研究的问题。我们继续探讨，可能会找到一些线索。

同样重要的是，当时有少数佛教学者由于他们的科学著述而名垂后世。特别使人难忘的是僧一行。他以天文学家的数学家著称(参阅本书第二十、二十六章)，并曾相当精确地计算了恒星年尾数的数值。磁针初次应用于堪舆术，可能也是在

---

1) 可以找到许多好的译本，特别是韦利 [Waley (2,3)] 和初大告 [Chhu Ta-Kao (1)] 的。我所知道的关于中国中古时期的诗的最好的论述是陆志韦的著作 [Lu Chih-Wei (1)]。详尽的历史事迹可见长泽规矩也的著作 [Nagasawa (1), pp. 192ff.]。

2) 译文见 *TH*, vol. 2, p. 1473; Margouliès (1), p. 198。

3) 参阅 Belpaire (1) 和李长之 (1)。

4) 没有它的西文译本，但《新唐书》中的相应部分(《新唐书·艺文志》)曾由普菲茨迈尔 [Pfizmaier (70, 71, 72)] 译成德文(可是必须说译得很坏)。

5) 《引得》第10号(《艺文志二十种综合引得》)中共列出十二种，包括天文学三种、数学三种和药物学三种。参阅 Wieger (3), p. 180; Bretschneider (1), vol. 1, p. 93 (此书加上了另外三种); Mikami(1), p. 58; Sarton (1). vol. 1, p. 450。

这一时期。

在谈到上面提及的西方国家的著名医生时，不能忘记对中国人来说当时仍属陌生的一些宗教的传入。祆教早在6世纪时由波斯传入，而且在一百年后成为在政府控制下被认可的宗教[1]。后来，大约在600年，叙利亚的僧侣传入了景教。景教究竟在中国人中间是否广泛传播，似乎很可怀疑，可是它的庙宇却相当多[2]。781年树立的有名的石碑"大秦景教流行中国碑"，至今还立在西安文庙旁的博物馆内。在7世纪末叶又从波斯传入了摩尼教[3]。它最初由于回纥人的信奉而获得发展(也有许多回纥人信奉景教)，可是当回纥国衰亡时，摩尼教也衰落了。到了843年，它已在中国绝迹。有记载说，粟特的摩尼教士对天文学有过贡献[4]。犹太教和
129 伊斯兰教[5]在唐代也曾传到中国边地，可是很久以后才扎根[6]。

人们会料到，在所有这些来往的关系中将发生巨大的技术上的影响，可是，中国所给出的似乎还是大大多于所接受的。除了上面述及的印刷术外，制瓷技艺的掌握这时又为中国增添了一项技术上的新成就。含长石的矿物可以熔解并用作瓷釉这一发现可能是偶然的，但却因此发现了一种方法，即将长石完全掺合在粗陶器之中，从而制成真正的瓷器[7]。到9世纪初，这一艺术已有了长足的进步，并已能制造玉绿色的青磁。这种美丽的青磁作为出口物品大受欢迎，很快传到了西方。在9世纪美索不达米亚的城市萨马拉，以及在埃及的伏斯泰特(即旧开罗)的废墟中，都发现了唐代瓷器的碎片。851年阿拉伯商人兼旅行家苏莱曼(Sulaimān)的赞美辞句是常常被人们称诵的，我们将在适当的地方引用它。

在这样一个国际交往的时代中，制图术必然会发展起来，因此就很自然地出现了一位(至少是一位)著名人物——贾耽，他在801年所作的《海内华夷图》久负盛名[8]。

在经济方面，政府继续传统的作法，进行了许多新的水利建设，同时也修理了一些老的工程。农民的赋税还是很重，可是对商人的课税更重，虽然新的对外贸易使他们变得很富裕。商人想用他们积聚的资本来操纵粮食贮存量(因为农民

---

1) 萨珊王朝最后一个国王和他的儿子在674年来唐朝避难。参看本卷 p. 214。亦可参阅 *TH*, vol. 2 p. 1347; 陈垣 (1); Huart & Delaporte (1), p. 361。

2) Saeki (1); A.C. Moule (1)。

3) Burkitt (1); 亦可参阅 *TH*, vol. 2, pp. 1383, 1486; 陈垣(2)。

4) Goodrich (1), p. 129; Yule (2), vol. 1, p. 63。719年有一个这样的人物来到中国。

5) 参阅 *TH*, vol. 2, p. 1355。

6) 赫尔曼的著作中有一张关于宗教地域的图 [Herrmann (1), 45]。一般的论述可参看 Pelliot (7)。

7) 最早的成就似乎是在公元400年以前，当时在浙江温州曾生产一种蓝绿色的瓷器用具(参看本书第三十五章)。

8) 参阅 *TH*, vol. 2, p. 1466; 以及本书第二十二章。

图 版 八

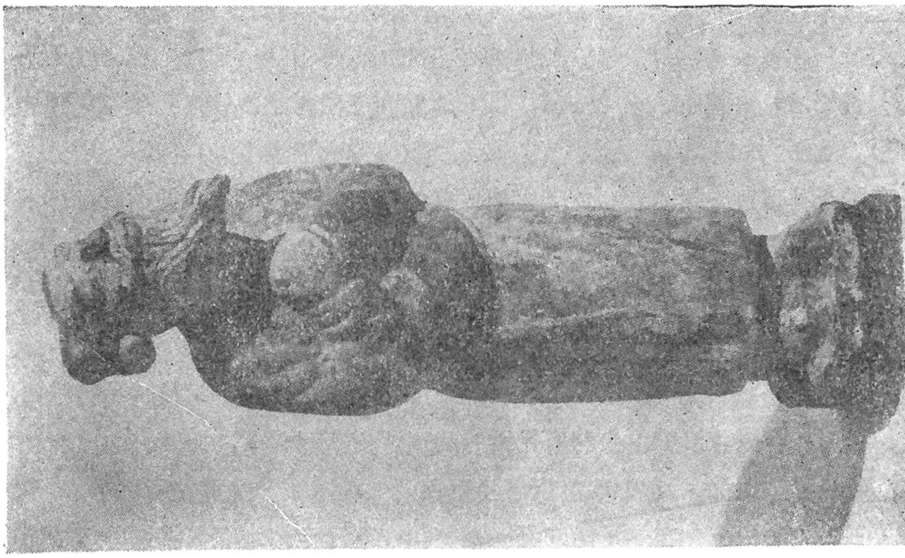

图22 唐代赤陶俑，形为一波斯或阿拉伯的商人或管家，高8.5英寸（多萝西·尼达姆博士收藏）。

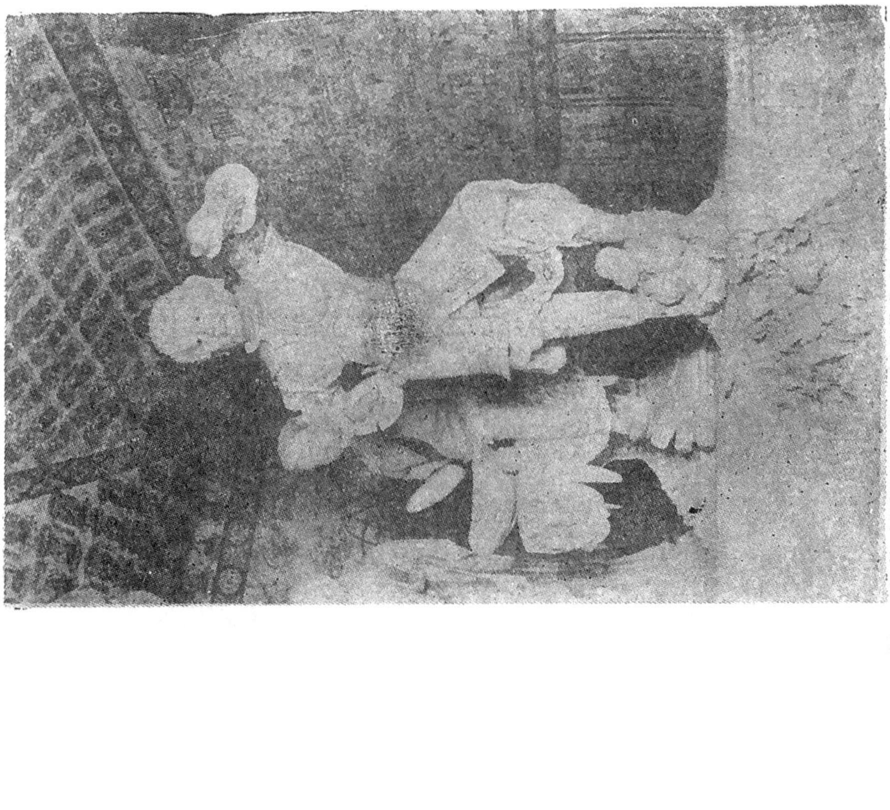

图23 敦煌千佛洞唐代（约8世纪）佛窟中的护法神像（洞号：12或305；作者摄影）。后面壁画为诸善神与众恶鬼大战图；侧面壁画为西方极乐世界。神像由混合灰泥塑成，大小与人体略同。

从未能够控制市场价格)，并投资于土地，可是由于独立的银行制度没有出现[1]，他们大受限制。个别商人或其行会仍是唯一的信贷来源。儒家的官吏们总是担心商人的投机活动会毁坏农业生产的基础，因而唐代便恢复了汉代“平准局”或“常平仓”的办法。在粮食供应过剩时，政府购进以防止粮价下跌；反之，在每年适当时节发放谷种以防止荒年。无论如何，国家的粮仓在应付小规模饥荒时能起到一部分作用。然而，政府对商人从手工业或贸易积聚的大量资金仍很担心，因而在唐代宣布了茶叶出口必须官营。假若官僚政府的官员们这样大量积累财富，还不
130 会引起多大的忧虑，当时甚至期望他们会通过放贷取利来补足他们的薪水，可是，财富积聚的结果只是使商人更有钱，因为他们在掌握银钱方面远比官吏们经验丰富和技能熟练。

到唐代末年，对边地的控制日益软弱，无数世袭统治者的半封建、半自治的政府因而兴起，官僚政治的中央政府已无力约束。875年以后，山东、山西和广东等地都普遍发生叛乱；到906年，唐朝皇帝已无人理睬了。此后约有五十年，帝国处于第三次分裂状态。在此期间，有五个朝代在不稳定的均衡中相继兴起。

(g) 五 代 十 国

中国历史上所谓“五代”是一个打折扣的说法，因为至少另外还有十国同时存在。可是10世纪时动荡而模糊的情况，可以用基本经济区的概念来说清楚——事实上，中国不过是回复到它原来的各区域分立的状态而已。

历史学家们后来多少有点武断地认为，所有“奉天承运”而成了天子的朝代，都建都在北方经济区的东部地带。第一个是后梁(907—923年)，建都在过去从来没有做过首都的开封，可是并未完全控制住它所占据的整个区域。另外一个独立的国家是晋，它占据华北平原；在黄河流域河南一侧的西面，又是另外一个国家——荆南。而往北，契丹鞑靼族(实际上是蒙古族，鲜卑的后裔)建立了持续时间很长的辽朝。在西面，中国文明的摇篮——渭河流域——则落入未开化民族的手中。

同样，长江流域的中东部经济区也分裂成几个国家。长江之北是淮南(它令人回想起有科学头脑的汉代王子淮南王)；南边是吴越(这是同样容易引起时代错乱的名称)[2]；溯流而上则是独立的湖南。甚至在很远的西部经济区也是分裂的：四

1) 银行制度直到明代山西银号兴起后才出现。

2) 参看沙畹的描述 [Chavannes (2)]。

川独立为蜀，南诏继续占据云南[1]。再说完全些，第一次出现的南方经济区在岭南国的称号下独立了。但这样也还是没有把小国全都列举出来[2]。

皇室在各种困难左右冲击的情况下勉强地支持着，辗转在黄河上下，有时到洛阳，环境许可的话，又回到开封。后梁统治了十六年后，相继为后唐、后晋、后汉和 131
后周所代替；后唐维持了十三年(923—936 年)，后晋十年（936—946 年)，后汉(用这个名称实在很不相称)四年(946—950 年)，后周(用这个名称更是可笑)九年(951—960 年)。除了后梁和后周之外，其他王朝都是突厥沙陀族所建。到这时候，分裂时期告一段落，新的统一者出现了。

有一点不太明白的是，为什么在第三次分裂期间，瓦解现象是如此严重，甚至连各个经济区也分裂了，特别是当我们想到，为了灌溉供水和谷物运输的水道，已经进行了几近一千年的水利建设工作，就更难理解了。高第把当时为数众多的统治者和中世纪欧洲进行路劫的强盗贵族相比，这是不解决问题的，虽则这种对比从表面看来很有吸引力。冀朝鼎所提出的事实比较能令人信服，他说，在唐代后期，水利工程颇受忽视，到 750 年以后，简直就没有进行这种工作。他还认为，尽管在中东部地区，交通有很大进步，可是仍然形成了许多联系非常松散的地理单位，因而才会发生四分五裂的局面。但是似乎人们并没有分析这个过程的所有因素。人们也许会猜想，新的战争方式、特别是火药的应用(关于火药的最早记载就是在分裂开始时，即 919 年)可能一时起了促进分裂的作用(参看本书第三十、三十四章)。

在当时纷乱的局面中的一桩最奇特的事，是印刷术有了长足的进步。最初是 932 年在木板上刻儒家的经书，这一工作在 953 年完成；后来用这些木板印出的书籍有 130 卷，广泛地在国内传播着。唐朝末年之前，道家的著作在四川就已相当普遍流传了；883 年，一位皇室官吏在成都曾看到这些书(本书第三十二章)。正是因为四川从 929 年之后被皇室统治过几年，所以印刷术的知识就被从成都带到了洛阳。尽管政治动乱很多，印刷术还是稳步前进。宋朝建立之后，佛教徒和道教徒便立即印出了他们各自的经典，分别于 983 年和 1019 年完成。

想起来很有意思的是，这种分裂局面假使是在欧洲，人们便会觉得很自然，然而中国尽管国土辽阔，却有着统一的传统。仅仅这一传统因素可能不足以保持统一；但是，除此以外，他们的语言具有代数的性质，意义和发音无关。而书写文字却是通用的，这就意味着统一的趋势必然占上风。这时缺少的只是一个有

---

1) 这个西部王朝的历史曾由圣松译成法文 [Sainson (1)]。

2) 参阅 *TH*, vol. 2, Map 21, opp. p. 1528; 亦可参看 Herrmann(1), Map 41。

统一能力的人，这个人随即出现了，他就是赵匡胤。960年，他象后期罗马皇帝一样，被武将拥上皇位。他所建立的王朝，要比其他大多数朝代的寿命长得多。

132

(h) 宋朝及辽、金(鞑靼)诸朝

新的宋朝帝国刚刚建立，宋太祖便召集拥立他为帝的武将赴宴，随之发生的是中国历史上最有趣味的一幕：

皇帝召请全体武将前来赴宴，当大家酩酊大醉、兴高采烈之时，皇帝说："我现在夜里不能安眠。""为什么呢？"石守信和其他将军们问道。"这不难理解，"皇帝说，"你们之中哪个人不在觊觎着我的王位？"将军们连连叩拜并申辩说："陛下为何这么说呢？如今天命已定，谁还有反叛的意图？"皇帝答道："我不怀疑你们的忠诚，但是如果有谁某天拂晓被唤起来、被迫穿上黄袍，即使他本人不愿如此，又怎能避免不得已而推翻宋朝(就象我违背了我的意愿而不得不推翻后周那样)呢？"所有将军都坚决表示，他们之中没有一个人有足够的才干想做那样的事，并且都请求皇帝谕示出路。皇帝说："人生是短暂的。人生之乐就是拥有金钱和财产以供享受，而后能把同样的幸福遗留给子孙。如果你们——我的官员们——放弃军权、退隐回乡，选择那里最好的土地和最舒适的住所，在那儿快乐、和平地度过余生，直至老死，这岂不是比生活在危险和不安之中更好吗？这样，君臣之间就不会留下猜疑的阴影，我们可以结为姻亲，君臣友好和睦相处，共享安宁。"第二天，军队将领们都(谎)称有病而提出辞呈，退役回乡，皇帝赏赐了他们丰厚的物品，任命他们担任了很高的官职。[1]

〈宋主悟。一日因晚朝与守信等饮酒酣，屏左右谓曰："……朕终夕未尝敢安枕卧也。"守信等请其故，宋主曰："是不难知，此位谁不欲为？"守信等顿首曰："陛下何为出此言？今天命已定，谁复有异心？"宋主曰："卿等固然，其如麾下欲富贵何，一旦有以黄袍加汝身，汝虽欲不为，其可得乎？"守信等泣谢曰："臣等愚不及此，惟陛下哀矜，指示可生之途。"宋主曰："人生如白驹过隙，所以好富贵者，不过欲多积金钱，厚自娱乐，使子孙无贫乏耳。卿等何不释去兵权，出守大藩，择好便田宅市之，为子孙立永远不可动之业，多置歌儿舞女，日夕饮酒相欢，以终天年。朕且与卿等约为婚姻，君臣之间，两无猜疑，上下相安，不亦善乎？"守信等皆谢曰："陛下念臣等至此，所谓生死而骨肉也。"明日皆称疾，乞罢典兵，宋主从之。……皆罢宿卫就镇，赐赉甚厚。〉

1）《续通鉴纲目》卷一，第二十四页。由戴遂良译成法文（*TH*, vol. 2, p. 1559）；由费子智译成英文。这段文字原载《宋史》卷二五〇，第二页。

图 版 九

图24 敦煌千佛洞宋代(约12世纪)佛窟中的佛或菩萨像(洞号164；作者摄影)。
主要色彩：绿，黑，蓝，白，金。

宋代虽然军事上常常出师不利，且屡为少数民族邦国所困扰，但帝国的文化和科学却达到了前所未有的高峰。卡特[1]很贴切地称之为成熟时期。这时，博学的散文代替了抒情诗，哲学的探讨和科学的描述代替了宗教信仰[2]。在技术上，宋代把唐代所设想的许多东西都变成为现实。

在讨论这些文化上和科学上的成就之前，应该先简略地叙述一下960—1280年的政治形势。在这时期的大部分时间里，占据着满洲、蒙古和华北平原北部的辽国，先后经历了九个皇帝的统治。它和宋朝长期敌对，直到1005年，才转而保
133 持相当友好的关系。宋朝每年要用黄金、丝绸等财物去讨好他们。这种把一向由邻邦向朝廷进贡的惯例倒转过来的"纳贡"，开创了一个向番邦定期交付财物的先例，而且一直延续到宋末。后来，辽国的契丹鞑靼族(我们知道，他们实际上是蒙古鲜卑族的后裔)已大部汉化，以致他们国内的习俗和中国本土并没有什么差别。他们在华北的统治范围以前经常向南扩展到黄河，可是到了1125年，他们在一场和女真族的十年战争中失利，并被迫向西败退，从而结束了他们在华北的统治。女真族是来自遥远北方黑龙江的通古斯游牧民族，他们便是五百年后征服全中国的满族人的祖先。辽国的残余势力在中亚细亚受到他们以前的属臣回纥族的礼遇，并且在新疆和突厥斯坦建立了一个新的国家——西辽(哈剌契丹)，直到1211年才被成吉思汗所灭[3]。辽国即使在其全盛时期也基本上是未开化的，因此从科学技术史的观点看来，几乎没有作出什么值得注意的事情。它唯一的学术上的成就是为佛经编订了很好的译本。并在925年利用从中国传来的文字创造了一种新文字。

女真族(他们的王朝取名为金)和契丹辽国不同，他们和宋朝关系极坏，连年交战，直到1234年也被成吉思汗率领下的蒙古人所灭。1142年以后，宋朝年年向他们交纳大量财物。尽管金的统治者竭力反对汉化，但金国也渐渐地几乎全部汉化了。不管是谁占据北方基本经济区并从中获利，治理它的仍然是汉族官吏，耕种它的仍然是汉族农民。

第三个北方少数民族邦国是特别值得注意的一个，即党项族建立的西夏。它的属地横跨古代丝绸之路，占据现今甘肃和宁夏，建都在现在的银川。它的第一个皇帝在1032年即位，并接受宋朝交纳的财礼。这一王朝一直继续到1227年，

---

1) Carter (1a), p. 55。

2) 但对敦煌石窟的修饰还在继续进行(参看图24)。

3) 正是西辽国的建立产生了1145年第一次在欧洲流传的普雷斯特·约翰 (Prester John) 的传奇故事 [Cordier (1), vol. 2, p. 372]。这两个辽国曾经由魏特夫和冯家昇等人 [Wittfogel, Fêng Chia-Shêng *et al.* (1)] 详细研究而写出一本大部头的专著。

才为成吉思汗所灭。西夏可能曾是文化兴盛的地区，数千种用非常复杂的（看来象汉字的[1]）西夏文字撰写的著作流传了下来。儒教、道教和佛教的经典都被译成西夏文，还有一所西夏书院。

这时，宋代也是十分繁荣昌盛，其中心在中东部经济区。宋朝的国都最初设 134
在开封[2]，可是到1135年，金军大举进犯，结果宋朝皇帝和几乎全部政府官吏都被掳去；其余的人带着一个王子逃到南方，建都杭州[3]，称为南宋。从此以后，国界从黄河移到淮河[4]。可是，这些灾难以及连年的战争都没有阻止宋代在交通上的改进。经过了前面所提到的分裂时期以后，可以估计到宋代对水利工程会大加注意，事实也确是如此。在宋代，至少有496项水利工程收到了效果，而唐代只有91项[5]。他们之所以在这方面作出努力，无疑地，部分是由于必须为从北方金国那里逃出来的大量增加的人口寻找职业和食粮。这种压力是如此之大，以致当时曾大规模围湖造地[6]。但是，这虽然解决了一些问题，却又产生了许多别的问题。

每当人们研究中国文献中科学史或技术史的任何特定问题时，总会发现宋代是主要关键所在。不管在应用科学方面或在纯粹科学方面都是如此。特别应该提到的是水利工程的改进以及它们的扩大应用，如闸门和新的测量仪器等 。在桥梁建造中，引进了巧妙的横向抗剪壁和沉箱。在建筑方面，1100年左右出版的李诫所著《营造法式》是中国建筑工程的经典著作。造船业也有很大的进步。船尾舵看来不是当时的新发明，但到宋代获得了普遍应用，并且建造了相当大的航海帆船[7]。踏轮驱动的车船虽然也不是新发明，可是应用得更为普遍了。最重要的是化学，它是在唐代道观中隐秘的实验室里开展起来的，现在终于真正有了成果：火药成了有用的武器——宋金之战便是它的第一个试验场。后面我们将更集中地讨论人类第一批炸药的发现和应用的历史。在这里我们只想指出一点，这就是：最迟到1000年，宋代人就已经用投石机来投掷“手榴弹”和炸弹了。在1040年，在《武经总要》这一巨著中就已确定“火药”这一中文名称，并且记载了抛射武器、毒
气和烟雾信号弹 喷火器以及其他新发明的迅速发展。这些武器既用于陆战，也 135
用于海战。

如果说化学在当时就是这样被用来从事破坏性战争的话，那末，与此同时蓬勃发展起来的生物科学却被用来造福人类。宋代出现了许多著名的医生，制药学

1）参阅 Laufer (2)；王静如(1)。

2）Herrmann (1), Map 48。

3）参阅 Ferguson (4)。

4）宋、金、辽和西夏的地图可参看 Herrmann (1), Maps 42, 43, 46, 47。

5）全汉升(1)曾对此作过专门的研究。

6）Chi Chhao-Ting (1), p. 134。

7）米尔斯曾作过简要的概述 [Mills (3)]。参看本书第二十九章。

和针灸法等一类古老的医术，也被重新加以整理，种痘术(现代种牛痘的前驱)等一类较新发现也得到推广。1111年左右，当时十二位最著名的医师共同编纂了一部御医百科全书《圣济总录》。有关药用植物学的著作达到了空前未有的高水平，并发行了数种《本草》校订本，它们不仅在宋朝的疆域内享有盛名，也盛行于北方的金邦。12和13世纪的《大观经史证类本草》的某些版本，要比15和16世纪早期欧洲的植物学著作高明得多。但当时最有特色的是为数众多的关于植物学和动物学的专著，其中1178年韩彦直所著的《橘录》，可以认为是典型的代表作；这部书详细地叙述了柑桔属园艺学的各个方面。这是世界上讨论这一专题的最早著作。除此以外，还有关于竹子、荔枝、香料植物、葫芦和显花树木以及关于甲壳类、鸟类和鱼类等方面的专著。

除了这类文献以外，还出现了一种称为"笔记"或"笔谈"的文献，在这些文献中可以找到许多科学观察的结果。沈括的《梦溪笔谈》是这类文献中的代表作，他可能是中国整部科学史中最卓越的人物了。沈括生于1030年，具有政府机构中学者的通常经历，曾数次出使西夏和其他邻邦，做过军事指挥官，主持过水利工程建设，担任过翰林学士。在他的许多次旅行途中，不论走到哪里，也不论公务多么繁忙，他从不忘记录下任何科学和技术上有意义的事物。他在大约1086年完成的《梦溪笔谈》是最早描述磁罗盘的著作之一，以后我们将把它作为起点来分析这一题目。《梦溪笔谈》还包括许多天文学、数学以及化石方面的记载，制作模型地图和有关制图学方面的许多事项，冶金方法的描述，以及占很大篇幅的生物学观察。科学内容占全书篇幅一半以上。

令人惊异的是，《梦溪笔谈》一书至今还没有任何一种西文译本。鉴于这本书作为中国科学史上的里程碑的重要性，我将在这里列表分析该书内容。在后面适
136 当地方还要将该书许多篇摘录下来。《梦溪笔谈》共26卷，附录4卷，每卷分成15至30小节或条目。这些小节的分布情况大致如下表所示。

内容	节数
官场生活和朝廷	60
学术与科举	10
文学艺术	70
法律和刑事	11
军事	25
杂谈与轶事	72
占卜方术和民间传说	22

以上属人文资料总计	270
论易经、阴阳和五行	7
数学	11
天文学和历法	19
气象学	18
地质学和矿物学	17
地理学和制图学	15
物理学	6
化学	3
工程学、冶金学及工艺学	18
灌溉和水利工程	6
建筑	6
生物科学、植物学和动物学	52
农艺	6
医学和制药学	23
以上属自然科学总计	207
人类学	6
考古学	21
语言学	36
音乐	44
以上属人文科学总计	107
共计	584

可见，广义地说，科学几乎占全书的五分之三。

沈括另外还著有一书，篇幅不多，很少有人知道，可是它使人有趣味地看到这位博学多闻的观察家的旅行方式。这本书名为《忘怀录》，书中描写如何把官吏巡视时乘坐的马车弄得很舒适，如何布置才能使人坐在油漆了的马车内很清楚地欣赏风景或其他有趣的事物，以及在旅行前需要准备携带哪些必备的东西。他列 137
出的是一件雨衣、一箱药品、许多套替换的衣服和梳子、一盒食品和茶叶，另外一个箱子内装有纸、墨、剪刀、一本韵书和一张琴。不要忘记带蜡烛、小刀、围棋和一个折叠式的棋盘，还要准备一个空箱，以便存放沿途可能买到的书籍，另外还要带些杀虫粉[1]，以免书籍被虫蛀坏。最后，他建议要带一双“泥靴”[2]，因

1）即芸草；在本书第四十二章中还要提到它。

2）参阅本书第二十九、四十一章。

为有些地方不穿它是无法走的。

沈括是著名诗人苏东坡的朋友，他们两人合著了一本医方的书——《苏沈良方》。

沈括对数学的兴趣前面已提过。宋代出现了一些中国各朝代中最伟大的数学家，特别是秦九韶、李冶和杨辉。可能由于受到阿拉伯的影响（虽然连思想交流都没有明确的证据），宋代是伟大的代数学家的时代。中国的代数学在宋代达到最高峰[1]。

人文科学的研究也不落后[2]。欧阳修的散文继承了韩愈的传统，而司马光在1084年完成了前所未有的第一部完整的中国通史《资治通鉴》，这部书后来由理学家重写并节略为《通鉴纲目》，完成于1190年。由李昉主编的著名的编年百科全书《太平御览》（983年），将古代和中古代作家的名言系统地分门别类，置于各项目下，全书共一千卷，到今天还是有参考价值的第一流作品。还有一部地理百科全书《太平寰宇记》是乐史编纂的，全书共二百卷。郑樵的《通志》前面已提过（本卷 pp. 36, 74）；进而有完成于1254年的马端临所著著名的《文献通考》。为完成这些长篇巨著，必须付出大量的脑力劳动，所以，这些不朽的学术著作无疑是宋代的教育文化水平普遍提高的产物。在一些人的资助下，围绕着知名学者所办起的私立学校即书院，就是表明教育文化水平提高的例证。

另一方面是新儒家学派（理学）的兴起，它的最杰出的代表人物是朱熹，他和科学思想进展的关系，我们将在后面再加讨论[3]。这个学派的思想是一种经验理性
138 主义的思想，也是一种科学人文主义的思想，可能是对揭示了传统儒学缺乏宇宙论阐释的佛教神学所作出的一种反应[4]。然而在宋代道教也很活跃[5]。道家经文的印刷，前面已提到过。大多数现存的中国中古时期的炼丹术书籍都是这个时代的作品，有些书籍还附有各种器具的插图。当时，各思想学派彼此密切交流；很有意思的是，对最古老的道家炼丹著作的最重要的评注之一却是出自朱熹本人的手笔（参阅本书第十三、三十三章）。

下面还要简单地谈一谈当时的经济生活。宋代产生了中国历史上两大改革家中的第二人——王安石。他和王莽不同的是，他不曾得到、也从不想得到王位，

1）见本书第十九章。

2）参阅 Nagasawa (1), p. 227。

3）见本书第十六章。

4）参阅 Nagasawa (1), p. 266ff.。

5）宋代第三个皇帝曾为了增强皇室的权威而从事于宣扬道教的神秘化，参看戴遂良的一段有趣的翻译（*TH*, vol. 2, pp. 1572—82）。至于他的政治动机的合理性，我完全同意费子智的看法 [Fitzgerld (1), p.384]。

可是他和王莽相同，对实际事物、技术和科学很感兴趣。他自己谈到他研究过植物学、医药、农业和纺织方面的著作。1069年他当宰相后，提出了一系列改革方案，这些改革方案有一部分是由于它们所引起的反对浪潮而变得著称于世。他的改革方法主要是财政上的。他首先改组了财政机构，并由于行政管理的合理化、朝廷的节约措施和禁止侵吞公款的措施，节省国家预算百分之四十之多。他又建议取消古代把纳税的谷物运入京都的制度，代之以在各大城市设置官仓，这样，谷物可以就地出售，并将税金送交中央政府。同时，他建立了国家贷款制度，这是对豪商高利贷者的另一个打击——农民可以用生长着的谷物作抵押而获得贷款，而利息则低于豪商所勒取的借息。他还进行了新的土地丈量，以作为赋税的根据。徭役可以用纳款代替(可以对比欧洲封建社会晚期徭役制度的衰落)。他推行保甲制度，十户为一保，其中任何一人犯罪，全保负责。和保甲制相辅而行的是征兵制，即每一保必须出若干人去当兵，富家豪门还必须提供马匹。由于这一措施，常备军的数量和力量减到了最低限度。此外，还制定了抑商的法令，对商品囤积课以重税，并限制奢侈品的生产。

这些改革引起了异乎寻常的强烈反对，当时大多数名士高官都起来反对王安
石[1]。这只能解释为：王安石的种种措施(不管怎么说，这些措施表明，宋朝在 139
经济上也和其他方面一样，是很有独创性的)，虽然其根本目的是为了加强中国的封建官僚制度，但却与这种制度相违背。事实上，封建官僚制度无法维持货币经济的负担。假使王安石能得到广大农民群众的支持，他或许可以实行他的变法，可是农民们虽然因为免除徭役而高兴，却不满于征兵制，特别是保甲制，因为保甲制使小官吏握有生杀大权，结果往往坏人犯罪，好人遭殃。官吏和学者士绅们，一千多年来已形成了一种根深蒂固的概念，认为利用人民修通河道来运输纳税谷物是天经地义的事，现在他们感到大祸似乎就要临头了。他们认为，官吏们一旦不再能利用这一办法来支配农民，不可靠的通货(纸币在大约910年五代时初次试用后，从970年起已变得普遍起来)一旦被用来代替旧时长期获利的五谷实物，而且最糟的是，计量制度一旦限制或堵塞了官吏的贪污和发财致富之道，那就等于是世界的末日来到了[2]。

王安石终于被击败退职，死于1086年(这恰好是沈括完成他的《梦溪笔谈》的

1) 历史书上应用"党"这一名词来代表争执的集团。这一词的现代含义是指一个政党。关于当时新、旧党内人物争论的记述，可参看 *TH*, vol. 2, p. 1595 和 Fitzgerald (1), pp. 391ff.。后来人们把革新党同道教联系起来，从儒教的保守性来看，这是自然的发展。

2) 由于向北方诸邦纳贡引起了金银的枯竭，政府的困难大大地增加了。为了换取进口商品，货币又从中国大量流入日本和南海各国。

那一年），可是他的变法，在其他大臣如蔡京的主持下，大部分实行了，一直继续到宋末。王安石对科举制度所建议的改革应受到极大的赞扬，虽然它的效果并没有维持很久。实行改革的科举制时，应举诸生要把经典和诗文放在一边，而学习历史、地理、经济、法律和医学等[1]。

13世纪中叶，世界末日似乎果真来临了[2]。这个世纪初(1204年)，成吉思汗宣称他是北方所有游牧的蒙古族的大汗，不久以后，便进攻女真族的金朝，并于1215年攻下了北京；1227年灭西夏，1233年占领开封。在后来的四十五年中，蒙古人和宋朝连年交战，他们发现宋朝军队不但拥有最优良的技术装备，而且也善于作战，是他们在欧洲或亚洲任何地方所遇到过的军队都不能比拟的。但是到了1276年，蒙古人实际上已占领了宋朝的全部国土[3]，三年后，南宋末帝死于海战，宋就灭亡了[4]。

140

(i) 元朝(蒙古族)

蒙古人统治中国整整一个世纪。铁木真大帝(成吉思汗)本人并没有统治过中国，因为他在13世纪早期(1227年)死于西夏战役。开始时，在窝阔台和蒙哥的统治下，蒙古人致力于征服西方，可是征服中国的可能性愈来愈吸引他们，于是忽必烈汗全力对付东亚，并于1280年成为元朝的第一个皇帝，即元世祖。元朝的最后一个皇帝妥欢帖睦尔(元顺帝)的统治于1367年被推翻。

这是亚洲历史上游牧民族的草原文化和精耕细作的农业文化之间的一次最大的冲突[5]。历史上留下来的一般记载曾提到，蒙古人在初次看到中国的农业时，表现出极大的惊奇。

> 成吉思汗侵略西方诸国时，没有储备一斗米、一尺帛。当(他们初次来到中国领土时)他的顾问说："虽然陛下现在征服了汉人，可是他们对我们没什么用处；最好把他们都杀死，把土地都变成牧场，这样就可以在上面饲养我们的牲畜了。"但是耶律楚材说道："如今陛下已征服了天下和富足的四海，可以有想要有的一切，只是还未能组织起来。陛下应在中原制定土地税和商业税，应从酒、盐、铁以及山泽的物产中收益。这样，一年就能得到五十万

1) 这并不完全是新的观念。958年后周的官吏双冀去朝鲜，曾建议朝鲜人将数学、地理和医药加入考试科目中。参阅白乐日论李觏 [Balazs (4)]。

2) *TH*, vol. 2, pp. 1653, 1665, 1669ff.。

3) 亚洲另一端的巴格达于1258年落入蒙古人之手。

4) *TH*, vol. 2, p. 1697。蒙古帝国通史可参考 Grousset (2) 和 Bouvat (1)。

5) 参阅 Lattimore (1); Vladimirtsov (1, 2); R. Fox (1)。

两银、八万匹帛、四十万担谷物。怎么能说汉人对陛下无用呢?”……于是成吉思汗同意这样做。[1]

〈初蒙古太祖征西域，仓库无斗粟尺帛之储。于是群臣咸言:“虽得汉人，亦无所用，不若尽杀之，使草木茂以为牧地。”耶律楚材曰:“夫以天下之广，四海之富，何求而不得，但不为耳。诚均定中原，地税、商税、酒醋、盐铁、山泽之利，周岁可得银五十万两、绢八万疋、粟四十余万石，何为无用哉?”……蒙古主深然之。〉

耶律楚材本人是辽国贵族的后裔，他聘用汉族士大夫组成元朝最初的行政机构，并且竭力在元朝朝廷宣扬儒家学说。耶律楚材[2]和在元朝任要职的汉族人郭守敬都是有才能的科学家，他们在北京建立了一座当时最重要的天文台(参看本书第二十章)。

中国在元代比在以前和以后(直到20世纪)的任何时候都更著称于欧洲。这是因为蒙古人统治下的疆土一直扩展到欧洲;喜马拉雅山以北的全部地区,从山海关到布达佩斯，从广州到巴士拉，全都在一个政权统治之下，这在世界历史上是空前绝后的。通过中亚细亚的交通线在当时比在以前和以后的任何时候都更繁忙和安全。在大汗的朝廷中充满了许多有各种技能的欧洲人和穆斯林,以及来自西藏、 141
俄罗斯或亚美尼亚的使者[3]。我们知道，虽然蒙古人招请了大批汉族学者参加他们的官僚政治,可是最高的职位一般是让外族人来担任的;假使蒙古人不能胜任，那末，皇帝总会指派一位非中国籍的人来担任。因此,马可·波罗 (Marco Polo) 在1271—1297年间能在元朝担任重要职务而没有遇到很多困难。不管爱挑剔的戴遂良如何评论[4]，人们没有理由否认那是一种光荣的职务;除了其他职务以外，他可能还兼任过盐务部门的高级官员。

不仅中国本土以外的道路受到重视，而且在中国本土以内，道路建设也有了改进，沿途还设立了官办的驿站[5]。由于元朝定都北京，所以对黄河以北的一段大运河的治理尤其重视，在该地区内挖掘了一些新的河段[6]。在其他地区也没有被忽视[7]。云南地区当时已并入帝国以内(在蒙古人成功地暂时征服缅甸的战争

1)《续通鉴纲目》卷十九，第二十七页:由作者译成英文，借助于 *TH*, vol. 2, p. 1656。这段文字出自《元史》卷一四六，第四页，清楚地说明当时利用北方作为进攻南方的供应基地。

2) 雷米萨 [Rémusat (9)] 曾著有耶律楚材传略。也可参考 Grousset (1), vol. 2, p. 427。

3) 参阅陈垣(3)。高第对于这个问题也有三章有趣的论述 [Cordier (1), vol. 2, pp. 369ff.]。

4) *TH*, vol. 2, p. 1693。马可·波罗著作的最好版本是慕阿德和伯希和编辑出版的，可是在玉尔和高第版本 [Yule (1)] 中的注释具有永久的价值。马可·波罗在中国时期的传记有比兹利的卓越著述 [Beazley (1), vol. 3, pp. 15ff.]

5) 参看赫尔曼著作中的元代疆域图 [Herrmann (1), Map 52]。

6) Chi Chhao-Ting (1), p. 139。

7) 易恩培 [Impey (1)] 曾很有意思地描写过忽必烈汗在长城以北上都的夏宫。

中用来作为基地)，在赛典赤·瞻思丁 [Sa'īd Ajall Shams al-Dīn，可能是从布哈拉来的一个穆斯林]总督(平章政事)的统治下，该地区的水利工程有了许多改进[1]。无疑，正是在元代，有许多穆斯林通过这样的影响移居云南。

完全同当时的时代精神相适应，地理学也兴盛起来了。这时出现了中国最伟大的地理学家之一——朱思本。他在1311—1320年间编制了大地图集《舆图》。忽必烈甚至派遣探险队去确定黄河的真正发源地。另一方面，元朝曾两次试图侵入日本，最重要的一次是在1281年，可是没有成功。日本人后来回忆当年台风曾把蒙古舰队吹得七零八落，就象英国人回忆西班牙腓力二世 (Philip II) 的无敌舰队的覆灭一样[2]。

这时基督教第二次传入中国(即方济各会)，可是结果并不比早先景教的传入有更大的成功[3]，这可能是因为它在中国扎根之前，它和欧洲基地的交通便被明代的政策切断了[4]。伊斯兰教还继续存在，因为中国西北边境直接和伊斯兰国家
142 接壤。道教在元代遭到严重摧残，它的经典在1258和1281年连续遭到焚毁——不很清楚是为了什么，可能是因为道教徒占据了佛教徒的一些寺院而引起的报复行动。佛教的教义其实就是当时传入中国的喇嘛教的教义，而喇嘛教后来则被定为整个蒙古民族正式皈依的宗教。道教被驱入地下，它很快便带有反抗外族统治的民族信仰的性质。道教的这种作用是与它的长期革命传统完全相符的。关于这个问题，我们以后还要研究(本书第十章)。

当时，随着汉族的士大夫愈来愈多地进入官僚政治，对重建在13世纪中叶被废弃的科举制度的要求也愈来愈强烈。1315年，恢复了科举制度。一般认为，由于科举考试的中断以及不时流行于士大夫中的失业，以致许多有才华的作家都把他们的注意力转到戏剧和长篇小说的写作上去[5]。这类作品以前在中国文化中并不被认为是正统的，可是此后却也从未完全失去它们这时业已得到的地位。在元代后期，儒教又获得尊重，书院重新建立，首都的文庙重新修建，孔子又重新被皇室所尊崇。

大约在14世纪中叶，元朝已接近末日。整个说来，它一直未能组织起一个对它忠心耿耿的行政机构，财政制度非常紊乱。以驱逐蒙古人为宗旨的秘密会社活

1) 我在1942年第一次到云南时，对元代在昆明盆地的水利建设印象很深，那里堤岸两旁绿树成行。

2) 参阅 Mills (3)。

3) 在蒙古人统治下，景教在中国曾一度兴盛 (*TH*, vol. 2, p. 1715)。

4) 这是和柏郎嘉宾 (John of Plano Carpini)，孟高维诺 (John of Monte Corvino) (*TH*, vol. 2, pp. 1669, 1723) 以及和德理 (Ordoric of Pordenone)(*TH*, vol. 2, p. 1731) 的名字分不开的，他们都留下了记述文件 [Yule (2)]。

5) 详见 Nagasawa (1), pp. 255ff., 302ff.。

跃起来了[1]。朱元璋领导下的民族运动十分强大，并在1356年占领了南京。朱元璋相貌怪异，可是很有才能[2]，他曾一度做过和尚。十年后，明军已足够强大，攻克了北京[3]，到1382年，最终征服了云南，推翻了蒙古人的统治。

(j) 明朝和清朝（满族） 143

明朝建国时定都中东部经济区的南京。建国后，颁布了新法，兴修了一些灌溉工程，彻底改组了内政机构[4]。可是南北之间尚未达到平衡。第一个皇帝(年号洪武)出师蒙古，并焚烧蒙古首都哈拉和林(一百年前世界的中心；图5)，追击逃敌直到雅布洛诺夫山脉，这是中国军队过去没有到过的最北部。类似地，满洲也稳固地并入明朝版图，从这时起汉族开始有组织地在那里定居。可是，洪武皇帝的继承者(洪武的孙子朱允炆)和他的叔父朱棣为了争夺皇位而发生了内战。朱棣占有北方经济区，他在1403年获胜而结束了这场恶斗。首都又一次迁到北京，在随后永乐年间的黄金时代，北京的建筑获得了大致和现在相似的面貌。当时两大经济区的发展大约均等，大运河畅通无阻，所以政治中心不管设在哪里，都没有多大影响。

虽然明代定都北方，但它基本上却没有向北方和西北方发展，而向遥远的南方发展。此时，在中亚细亚的领土日渐缩减，明代的"中国大门"在西部的嘉峪关，即万里长城的西端，而汉唐时代则在更西边的玉门。哈密仍然是一个前哨地点，反之，明代是中国历史上最伟大的航海探险时代[5]。1405年，宦官、提督郑和率领由六十三艘远洋帆船组成的舰队访问了南洋许多地方，并把巴邻旁(Palembang)和锡兰的国王带到中国朝见皇帝表示效忠。在以后的三十年中，这样的远征共进行了七次，每次都带回关于地理和海路的丰富资料，以及南洋各岛和印度的大量物产。象驼鸟、斑马和长颈鹿等一类动物，当时在中国还是第一次看到。远至波斯湾的西方国家，也都向明朝进贡。进行这几次远征的原因，至今仍不明瞭，可能是为了要用海路来补偿陆路对外贸易的萎缩，也可能是为了扩大朝廷的威势，或者甚至如正史所载，是为了寻找皇帝的侄子——被赶下台的前任皇帝（事实上他已 144

1) 当时是红巾党（*TH*, vol. 2, p. 1734)。

2) 他的画象至今还挂在南京紫金山南麓明孝陵的殿中。

3) 在这些战役中明军首次大规模使用以金属作炮身的大炮，虽然蒙古人可能在半个世纪以前便已应用。中国最早使用铁制射石炮与克雷西战役(1346年)同时，因此比欧洲最早的大炮早五十年左右。可见，中国以金属铸造火炮炮身不能仅从葡萄牙人进入时算起(人们有时是这样算的)。我们在后面将详细看到（本书第三十四章），这些炮是由一些至少可以追溯到11世纪的实验装置逐步改进而成的。假使能知道这种技术发展在朱元璋的胜利中起着什么样的作用，那是很有意思的。

4) 包括工部的重新设置。

5) 伯希和 [Pelliot (2)] 和戴闻达 [Duyvendak (8, 10)] 有详细记述。戴闻达曾写了一篇文稿，描述郑和航行的方向(现存博德莱恩图书馆)。又可参看 Mayers (3); Mills (3)。

隐藏起来做了和尚，多年后在下一代皇帝在位时才找到）。无论如何，这种远征的停止也象它的开始那样突然，原因同样也不清楚。这是否牵涉到宦官和儒家官僚之间的长期不和，则不得而知；其结果是对印度洋的控制权落入了阿拉伯人和葡萄牙人之手。而中国家门口的形势也随之恶化，沿海屡遭日本海盗的严重劫掠，安南则在 1431 年宣告独立。

欧洲人这时开始进入中国沿海[1]。1514 年，葡萄牙人首次到达[2]，而荷兰人在 1622 年、英国人[3] 在 1637 年相继而至。1567 和 1619 年，俄罗斯人试图从西伯利亚和明朝建立关系[4]，可是没有成功。1565 年西班牙占领菲律宾，和中国的贸易额大为增加，这是墨西哥银元进入中国贸易的开始[5]。

据富路德[6] 说，“明代中国内政的历史是恢复中国固有文化的历史。城堡、公路、桥梁、庙宇和神殿、佛塔、陵墓、牌楼和假山花园等大量地建造起来。”约有五百个城市的城墙全部重建。大运河整个经过了疏浚和加深。按照中国的传统，为了进行这一切以及诸如此类的事业，必须建立大规模的官僚机构。据估计，1469 年整个帝国有文官十万人以上，武官八万人以上。科举考试每年进行，理论上还是人人都可以参加，可是根据各种惯例，除非花费相当数额的金钱，不然就不可能获取功名。但是，明代宦官在政府高级部门的作用更大了——上面说到的提督郑和就是一个例子——这便引起宦官和儒家之间的尖锐的权力斗争，双方都贪赃受贿而致富。因此，当时设置御史这个官职是一项积极的措施。御史有责任向皇帝揭发各地施行恶政的情况，可是由于御史没有得到任何特许的豁免权的保护，行使谏议职责往往需要极大的道义上的勇气，并且很可能因执行监察职务而遭殃。

在明代后期，御史们采取一致行动，如果一位御史因提出弹劾案而被处死，另外一人便接替他的位置并继续进行弹劾。可是，不管这些士大夫多么英勇，宦官还是占了上风。有些士大夫被清洗出官僚政治机构后，便组织了半书院半政党
145 性质的团体，如无锡的东林党。明代大多数著名学者都是这类组织的成员[7]。

1) *TH*, vol. 2, p. 1761。

2) 高第对这方面特别有研究 [Cordier (1), vol. 3, pp. 96ff.]。也可参看赫尔曼的地图 [Herrmann (1), Map 53]。

3) 约翰·韦德尔 (John Weddell) 船长。

4) *TH*, vol. 3, p. 1790。

5) 这种银元一直使用到清代末年（1911年）。早先唯一可以代替成串铜钱的是银两或元宝状的银锭。

6) Goodrich (1), p. 193。

7) 这个时期除了政治斗争外，也有思想观念上的斗争。当时，正统的儒学早已十分僵化。象李贽这样的学者的不幸遭遇表明，独创的见解在当时可能是很危险的。李贽赞同佛教思想，并驳斥当时的旧思想 [吴虞 (*1*) 曾有文章谈到他；也可参看 O. Franke (4); Hummel (4)]。后来在清朝，制定了严格的文字检查制度，部分原因是为了禁绝支持明朝的学者所写的书籍 [Goodrich (2)]。

在15和16世纪完成了大量的学术著作。永乐年间，中国的大型类书编纂工作达到了最高潮。1403年开始编纂《永乐大典》。这部书虽达11095册之多，可是编纂工作组织得很好，只花了四年时间便完成了，参加工作的学者在二千人以上[1)]。这部书实际上是一种丛书，整部著作都是直接抄录的，为此，从全国各地收集了各种珍本，全部抄写下来，然后再还给原主。结果不幸得很，因篇幅太大，无法印刷，只抄写了两部，而主要的那一部于1901年义和团期间在圆明园被毁时焚毁[2)]。残存的大约370册分散收藏在世界各地的图书馆中[3)]，在剑桥我们小心地保存了关于数学的两卷。在哲学方面，明代最盛行的是王阳明的学说，他从新儒学的科学人文主义转向比较反科学的唯心主义[4)]。

虽然这种情况可能使自然科学的发展受到有害的影响[当时似乎只有象动物学家王逵这样的受到蔑视的天才还在从事科学工作(参阅本书第三十九章)]，可是科学方法在明代却大为进步，并且是在一个人们预料不到的领域、即语音学和语言学中得到发展的。恒慕义 [Hummel (1)] 指出，归纳法作为研究方法的重要性，首先是由中国人在语音学领域中阐明的。宋代以来，中国学术界所专心从事的一项工作是恢复古诗(如《诗经》)的音韵。学者们知道，古诗不能用现行的字音来吟诵，可是又不能确定古代的字音是怎样的。在将近二千年的迁徙和动乱中，尽管字义不变，字音却发生了极大的变化。陈第应用归纳法于1606年编出《毛诗古音考》一书，因此，可以说是他奠定了音韵学的科学基础。他引证很多例子来说明一个字是怎样发音的，这些例子被汇集成两大类："本证"和"旁证"。恒慕义 146
说道："我们可以说，17世纪初期中国文字学者就系统地应用了归纳法，并使用了现在西方人在归纳法中所用的术语。" 陈第的工作由另外一位著名学者[5)]继承下去，那就是不愿在清朝做官的顾炎武[6)]。另外还有一位同样伟大的人物阎若璩，他确立了中国语言学这门科学；他在许多方面大胆地推翻了《书经》的权威性，因而成为前面提到的(本卷 p. 87)近代人文主义怀疑派的先驱[7)]。

胡适[8)]曾把中国这种人文主义的复兴和欧洲大约同时发生的科学运动作了明

1) Mayers (2); L. Giles (1)。

2) 宫殿已在1860年被英法联军所劫掠；*TH*, vol. 2, p. 1829。

3) 据袁同礼的调查：也可参看 Sarton (1), vol. 3, pp. 830, 1851。参看 O. Franke (9) 和郭伯恭(1)的描述。

4) Nagasawa (1), p. 274；参看本书第十七章。

5) Nagasawa (1), pp. 307ff.。

6) 象王船山一样，顾炎武也攻击王阳明的唯心论。并阐述历史唯物论的观点 [Nagasawa (1), pp. 311ff.]。卫德明 [H. Wilhelm (8)] 曾提到学者们拒绝在清朝做官这一点在进一步发展人文科学这方面所起的重要作用。

7) Nagasawa (1), pp. 318.

8) Hu Shih (1), p. 70。

晰的对比[1]：

在顾炎武诞生前四年，伽利略发明了望远镜，并利用它革新了天文学，而开普勒（Kepler）则发表了他对火星的研究结果和关于行星运动的新定律。当顾炎武研究语言学，并重新订正古字音的时候，哈维（Harvey）则出版了论血液循环的名著，而伽利略则出版了关于天文学和新科学方面的两部名著。在阎若璩开始对史书进行考证前十一年，托里拆利（Torricelli）完成了有关气压的伟大实验。接着，波义耳（Boyle）发表了他在化学上的实验结果，并确立了波义耳定律。在顾炎武完成他的划时代的名著《音学五书》[2]的前一年，牛顿创立了微积分，并完成了对白光的分析。顾炎武在1680年为他的语言学著作的定稿写了序言，而牛顿则在1687年发表了他的《原理》。

胡适继续说明，两者所用的研究方法极端相似，可是所研究的对象却有很大差异。西方人研究星辰、球体、杠杆、斜面和化学物质，中国人则研究书本、文字和文献考证。可是，重要之点并不在于如胡适所说，中国的人文科学所创造的只是更多的书本上的知识，而西方的自然科学却创造了一个新世界；重要之点乃是在于：不管我们今后能找到哪些在中国社会中起过抑制作用的因素，在中国人的头脑中，
147 显然没有任何东西能够阻止人们去发展那些符合于最严格的考据原则、精确性和逻辑体系的知识本体。

另一个活跃的领域是地理学，明代出现了大量的县志[3]。最卓越的旅行家徐霞客，毕生从事于考察当时实际上还不了解的中国西部和西南部的广大地区。他的最伟大的发现是西江和长江的真正发源地，此外，他还发现澜沧江和怒江完全是两条不同的河流。

象汉代一样，王子们也参加了研究学问的行列。在明代初期，太祖的第五个儿子周定王（朱棣），对植物学发生了极大的兴趣，在他的儿子周宪王（朱有燉）的协助下，撰写了《救荒本草》一书[4]。在14世纪的最后二十年内，定王在他的王府所在地开封附近建了一个大植物园，并且特别注意培植当时认为在发生非常情况和灾荒时适于食用的各种植物。《救荒本草》第一版在1406年印行，其中的木刻画比米根堡的康拉德（Conrad of Megenburg）的书中欧洲最早的植物木刻画约早七十年。洪武皇帝第十七子宁献王（朱权）对科学也很有兴趣。约在1420年他出版了《庚辛玉册》，记述了541种用于炼丹术的天然物质。他被公认是一位学问渊博的人，不仅对化学技艺、而且对医药和农业都有研究。另一位王子是朱载堉，

1）他关于这一点的充分的说明是用中文写的。参看本书第十四章（i）。

2）即《音论》、《诗本音》、《易音》、《唐韵正》和《古音表》。

3）参看赫尔曼著作中的明代地域［Herrmann (1), Maps 54, 55, 56］。

4）Bretschneider (1), vol. 1, p. 49; Swingle (1), p. 193。

他生活的时代较晚。1610年前后，他出版了《乐律全书》，但他早在1584年就已证明，平均律音阶的音程可以取为2的十二次方根，这要比斯蒂文(Stevin)和梅森(Mersenne)早数十年[1]。

无疑地，明代最伟大的科学成就是李时珍的《本草纲目》，这部“本草”系列的最高峰著作于1578年完成，1596年出版。李时珍在和伽利略-维萨留斯的科学运动完全隔离的情况下，能在科学上获得如此辉煌的成就，这对任何人来说都是难能可贵的。他的《本草纲目》共分62篇，详细叙述了约一千种植物和一千种动物，并说明它们在药用上的真实价值或可能具有的价值（其真实的价值往往比轻率的现代批评家们所愿意承认的更多一些）。附录中还附有八千多个药方。李时珍非常出色地讨论了蒸馏法及其历史、预防天花的牛痘接种、水银、碘、高岭土和其他物质在治疗中的用途等等(参看本书第二十五、三十八、三十九章)。当时还有两部很重要的技术著作：一部是宋应星的《天工开物》，描述了各种各样的制造工 148
艺；另一部是茅元仪的《武备志》，全面讨论了军事技术。有人认为，《天工开物》受到了耶稣会士的影响，可是我经过仔细研究后不同意这种说法。宋应星的著作完成于1637年，他在朝廷科举中五次落第，这应认为是对科举制度的讽刺而不是对他个人的批评。茅元仪是一位失意的武将，他的著作比宋应星的早九年发表。在当时出现的小型而有插图的百科全书当中，最有趣的一本是王圻和他的儿子所著、于1609年出版的《三才图会》；该书共有106卷，有大量具有科学意义的各类事物的图画。

可是，到17世纪初期，明室日趋昏庸腐败，赋税繁重，弊端百出，朝臣和王公们强占了大片领地，大批农民流离失所。于是，盗匪群起，持不同政见的人也联合起来，国家陷入了内乱状态。满族领袖努尔哈赤在1618年联合起一些部落，于1636年组成一个新的国家，于是明室失去了满洲。1644年，最成功的起义首领李自成突然出现在首都城外，并通过一个宦官的反叛进入京城，明朝末代皇帝自杀了。明朝驻山海关将领吴三桂出于对篡位的李自成的强烈仇恨，便重复中国历史的先例，请努尔哈赤入关助战。可是满人一旦大批入关，就再也不能把他们赶出去了。因此，清朝的开国应从1644年李自成短期获胜的那一年开始，而不是从1659年明朝最后一个王子在云南被推翻时算起[2]。

现在我们将结束对中国历史的概述。以上的概述，目的仅在于对以后将分卷叙述的科学史提供一个背景。这样做是非常必要的。

1540年，依纳爵·罗耀拉(Ignatius Loyola)创立了耶稣会。由于各种情况，

---

1) 参看本书第二十六章(h)。

2) 参阅赫尔曼的清代地图［Herrmann (1), Maps 58, 59]。

其中包括和法国外交政策有关的各种因素[参阅 Pinot (1)]，一些耶稣会士被派到东亚传教。在16世纪末期的几年，方济各·沙勿略 (Francis Xavier) 到了果阿和日本，他虽然看到了中国的海岸，可是始终没能登陆[1]。1582年，意大利耶稣会士、历史上最著名和最杰出的人物之一利玛窦 (Matteo Ricci) 到达澳
149 门[2]，并在1601年到达北京，1610年在北京逝世。利玛窦不仅是一位杰出的精通中国语言的语言学家，也是一位科学家和优秀的数学家。他使自己和耶稣会同事们适应儒家社会的风俗习惯，终于获得了朝廷的宠幸。他帮助朝廷改革历法，并引起朝廷对科学技术各个方面的广泛兴趣。利玛窦和几位博学的中国教徒，特别是徐光启（他后来任礼部尚书），一起翻译了数学[如欧几里得 (Euclid) 的几何学]、水力学和天文学方面的书籍，并鼓励其他人编纂书籍。例如，徐光启本人曾著有农业方面的卓越巨著《农政全书》。此后就陆续出现了由耶稣会士和中国人合作写成的许多科学著作，其中有些书后面将提到[3]。直到今天，人们仍可以到北京的旧北堂图书馆[4]，看到欧几里得的书籍、托勒密 (Ptolemy) 的《天文学大成》(*Almagest*)、杰马·弗里西乌斯 (Gemma Frisius) 和克拉维斯 (Clavius) 论星盘的书籍等。这些书籍作为藏书的核心，在17世纪早期曾很好地被利用过[5]。早期耶稣会士的手稿还保存着，例如汤执中 (le Cheron d'Incarville) 关于本草的精心论著，这是最近裴化行 [Bernard-Maître(3)] 介绍过的[6]。

至此，我们已到达本书计划的界线。在耶稣会士进入中国后，中国的科学便和全世界的科学融合在一起。虽然在18和19世纪，因为受到历代中国社会中同样抑制了科学发展的那些因素的影响，这种融合进行得很慢，可是已不易分辨出中国思想家和观察家所作贡献的特殊风格了。17世纪由耶稣会士开始的中西文化交流工作，在19世纪又由基督教徒(新教徒)接续下去。到了现在，中国已和所有其他国家一样，作为全世界科学大家庭的一员而占有它自己的位置了。

---

1) Cordier (1), vol. 3, pp. 134ff.。

2) *TH*, vol. 2, pp. 1765, 1768, 1775, 1784ff.。

3) 书目见 Cordier (8)。对这整个运动的详细记述，可查考 Bernard-Maître (1, 2, 4, 5)和 Hughes (3, ch. 5) 的书籍和论文，以及张荫麟 (*1*), Peake (1), S. C. H. Liu (1) 的研究报告。关于医药科学方面可查考范适(*1*)的书。关于耶稣会士时期的文献的精采介绍见 Lach (3, 4)。

4) Herrmann (1), Map 57。

5) Verhaeren (1)。

6) 利玛窦自己的著作曾由文图里 [Venturi(1)] 编辑出版。

第七章　中国和欧洲之间科学思想与技术的传播情况

(a) 引　　言

大约在十五年前，有一天我在友人古斯塔夫·哈隆教授的书房里，和他共同研读主要是道家思想的古书《管子》[1]。这次，他建议很快翻过我们正在读的那一章的某些材料[2]，因为其中似乎只包括一些关于动物的荒诞无稽的传说。可是我却仔细地研究了它。结果发现，其中有一段文字谈到某些海洋动物受到月亮周期的影响，它们的大小随着月亮的盈亏而增大或缩小。我大为惊奇，因为我记得亚里士多德曾说过完全相同的话[3]。这件事的详细内容将在后面讨论（本书第三十九章，动物学）。这里要着重说明的是，收在《吕氏春秋》中的许多段文字，其时代虽然无法确定，可是其中大部分可以认为是亚里士多德时代之后不久，即公元前4世纪晚期和3世纪初期[4]的著述。

亚里士多德的叙述中所指的是海胆。我们现在已经证实了他的观察[5]。但是，立刻出现了一个问题：在亚洲的东西两端同时出现的这样两种观察之间，究竟可能有些什么关系？这些观察是否能由希腊渔民与中国渔民各自独立进行？是否可以想象，讲希腊话的西徐亚人可能与讲中国话的匈奴人谈过这样的事情，因而这种想法很快地传到数千英里以外，使从来没有见过海洋的人也有所知呢？后一种看法的可能性是难以令人信服的。

还有一次，在我写这些段文字之前的几个星期，我参加了皇家医学会的一次会议，会上有另一位老朋友查尔斯·辛格博士谈到盖伦（Galen）和古代解剖学的关系。他强调说，盖伦本人从来没有解剖过人体，他的老师们也没有解剖过，

1）相传是公元前7世纪管仲所著；可是到公元前3世纪或更迟才收集成书，和管仲没有关系。

2）《管子》第三十七篇；它有一部分谈到"交感"效应和超距作用。《吕氏春秋》第四十五篇也有相同的内容[参阅 R. Wilhelm (3), p. 114]。

3）*De Part. Anim.* IV, 5 (ed. Didot, vol. 3, p. 280, 14ff.), 680a 31; *Hist. Anim.* 554a 16。

4）月亮对动物生活的影响这种见解在中国还可以追溯到更早的《夏小正》一书[参阅 R. Wilhelm (6), p. 239]，该书很可能早于亚里士多德。

5）H.M. Fox (1)。月球盈亏的周期性影响到生殖器官的大小。

可是亚历山大时代的人确实进行过解剖，这开始于公元前3世纪上半叶的希罗菲
151 卢斯(Herophilus)和埃拉西斯特拉图斯(Erasistratus)。早期基督教的神父们大都把解剖当作一件骇人听闻的事情，他们自己从来不接触解剖[1]。我感到这个事实是很奇特的，因为在中国也可以看到古代解剖学出现过类似的兴起和衰落。中国古代解剖学起源相当早，始于扁鹊，王莽时代(公元9年)已有进行解剖的确据，并持续到稍晚的三国时期(公元240年前后)。此后，也象在欧洲一样，解剖学便绝迹了，直到中世纪晚期才再度出现。宋朝的解剖学者，大约比蒙迪诺·德·卢齐[2](Mondino de Luzzi)早一个世纪，可是没有发展下去。

我举这些事例——还可以举出其他许多同样惊人的类似事例——目的是想指出，在讨论中国思想史和各门科学史之前，有必要谈谈在不同的历史时期内东亚和西欧之间思想传播的可靠性。在以后将要叙述的资料中，有难以数计的地方将会产生这样的问题，就是：这种发展的独创性究竟如何？中国是不是受到过印度、伊斯兰教各国或西欧的科学技术史中某些其他事件的影响，或者中国是否影响到别国？因此，作为必要的准备，简要地讨论一下诸如通过贸易路线和翻译人员可能产生相互影响的各种条件等整个问题，显然是适宜的[3]。

(b) 中国文化的独创性

尽管有大量的文献讨论到中国和欧洲之间的交往(下面即将简要地概述这些文献)，可是我们还是没有足够的事实来作出总结，而且愈是深入追溯历史细节，情形当然便变得愈加复杂。已经编写出来的文献中，有许多东西只不过是猜想而已。在关于文字那一节中[4]，我们提到过18世纪时的“体系”，当时人们根据早先的认识，了解到中国文字是象形性质的，因而认为中国人是“古代埃及人的移民”。到19世纪，有些人在讨论中曾固执地坚持这一观点，可是现在象特里恩·德·拉库佩里(Terrien de Lacouperie)或鲍尔(Ball)的理论早已被驳倒了，因此主张中国文明主要是独立发展的人们，再也用不着与他们争辩了[5]。

可是，认为在中国人的思想和实践中，有一大部分特殊的发展来源于西方，

---

1) 例如德尔图良(Tertullian)，参看 Needham (1), vol. 1, p. 25。

2) Singer (1), p. 77; Sarton (1), vol. 3, p. 842。

3) 随着问题的深入，我们将提到许多专著。现在应该先提及一部中文著作，作者是张星烺(*1*)，共六册。该书的观点虽然和我们有所不同，却涉及整个领域。冯承钧(*1*)的著作篇幅较小，因为他所讲的范围只限于南洋地区，为张著所无，所以可作张著的补充。

4) 参看本卷 p. 38。

5) 例如参看 J. Ross (1); Chaltley (4)。

这种成见是很难消除的。让我们举几个例子。马伯乐[1]起先认为，《山海经》中所叙述的中国古代地理学是受到公元前5世纪外来(印度和伊朗)潮流的刺激，并且大 152
部分中国天文学也是由于西方的启发。他认为二十八宿、岁星纪年、圭表和漏壶是在大流士时代传入的；而在亚历山大时代的第二次潮流中，又传入了几何学、十二循环法、星表体系等等。我们将要看到，所有这些说法都是根据不足的，并且，马伯乐在他自己后来关于中国天文学的优秀专著［Maspero(3, 4)］中，也放弃了这些观点，不再谈交流和刺激的问题了。中国的“宿”和印度的“纳沙特拉”(*nakshatra*, 意为月站)的关系，至今还是一个难题［参看本书第二十章(e)］，人们尚无法决定其孰先孰后。它们都可能来源于巴比伦。

另有一些作者则任意地假设中国科学中的几乎每种有价值的东西都来自西方。例如，瓦卡［Vacca(1)］曾不加思索地得出结论说，汉代的记里鼓车来自亚历山大里亚的赫伦(Heron, 著称于公元60年)[2]。可是在中国文献中最早提到记里鼓车，是和燕太子丹(公元前240—前226年)及韩延寿(公元前140—前70年之间)的名字连在一起的。汉代早期的这些记载并没有把记里鼓车当作很新鲜的事物；人们即使对当时所记述的记里鼓车究竟是什么车子还有点怀疑，那末，在汉代后期便有了关于记里鼓车的确切描述[3]，这些记述出现得如此之快，以致很难认为它是从亚历山大里亚城传入的。瓦卡还认为，《周髀算经》中的几何学[4]也来自西方，中国早期对 π 值的计算也是从西方得到启发，而1300年朱世杰的二项式系数表则是从欧麦尔·海亚姆('Umar al-Khaiyam)来的等等。他在论文结束时有一段确实令人惊奇的说法，他说，中国第一位重要的天文学家是唐代的僧一行，而一行晚于依巴谷(Hipparchus)及其同时代的人整整一千年，因而这些人确实领先于他[5]。

另外一个有趣的例子是奥地利工程师霍维茨的研究［Horwitz (1)］，我们将在工程学那一章中详细讨论[6]。他和其他技术史家一样，认为1726年的大型类书《古今图书集成》中有些机械图显然是临摹的，而且临摹得很糟，他能认出那些图出自16世纪的欧洲书籍。以后，人们又通过17世纪初期耶稣会士有关工程学的首批著作，查考出这些图流传到中国的线索。可是，这种论断有一些缺欠：(1)它假定了不相符合之处都是后来中国临摹人员造成的，(2)既然这些图样是

1) Maspero (2), pp. 607ff.。至于他最后的意见，可见 Maspero(14), pp. 15ff., 37ff.。
2) 赫伦的生卒年月很久以来便是一个谜，我们同意诺伊格鲍尔［Neugebauer (6)］的新论证。
3) 参阅本书第二十七章(c)。
4) 参阅本书第十九章。
5) 参阅本书第二十章(f)。
6) 参阅本书第二十七章(c)。

来自欧洲的，那末，当耶稣会士把这些机器引进中国之初，中国人总不会对它们毫无新奇之感的表示。

在哲学理论和实践的领域内，有人曾挖空心思地想证明，早期的道家学说在
153 很大程度上受到印度《奥义书》(*Upanishad*) 的影响[1)]，并从印度瑜珈的教理中获得苦修法[2)]；不仅如此，他们还进一步认为，中国的禅宗佛教也是从印度传入的[3)]。可是正如顾立雅所说[4)]，这些论点从来没有真正使人信服过。《奥义书》[5)]是婆罗门经典《吠陀》的形而上学的释义，这些文献形成的时期是在公元前8世纪到前4世纪[6)]，因而它们比道家的初期理论著作略早一点。它们非常显著的形而上学观念论及其对“梵”(*brahman*) 和“我”(*ātman*) 即绝对和自身一致的观点完全不是道家的特征，尽管(我们以后将看到)道家非常强调自然界的统一性以及个人与自然的合一。关于瑜珈的各种修行[7)]，特别是练气法(这在印度确是很古的)，对早期道教有所影响的说法，可能有些道理 [Filliozat (3)]。道教有些教派确实以专心于呼吸来进行自我催眠[8)]；可是，这种方法并不普遍，庄子就有一段文章说它不适用。不管怎样，道家的这种类似“定”(*samādhi*) 或“禅”(*dhyānā*) 的目的和印度人的“利雪斯”(*rishis*) 是完全不相同的。他们二者都想控制有机的生命并获得“超自然”的能力，可是印度人寻求的是足以使他们能够支配诸神的一种苦行感化力[9)]，而道家寻求的却是宇宙中物质的永生，因为在道家的宇宙中并没有需要他们去征服的神，修行只是道家用以达到目的的方法之一。除了在入静的自我催眠中默思宇宙外，道家对房中术也感到兴趣，他们认为应用这种方术可以长寿；而他们最大的兴趣在于炼丹，认为丹药可以使服者永生不死。大家承认，在古代印度人和波斯人的思想中都有同后面这两种因素相似的东西。两性关系在印度的一切神话和宗教中一直是非常重要的，特别是在“萨克蒂思”(*śaktis*) 的经文中[10)]，并且正如德效骞 [Dubs (5)] 所指出的，古代的使人狂醉的圣饮[印度的“苏摩酒”(*soma*)，波斯的“赫劳马”(*hraoma*)] 在某种意义上是被当作长生不老的灵丹妙药

1) 参看 Bagchi (1), p. 189; Wieger (2), p. 262; (3), p. 45; (4), p.144。

2) Conrady (1)。

3) Wieger (3), p. 159; (4) p. 524。

4) Creel (3), p. 92。

5) 参阅 Masson-Oursel *et al.* (1), p. 70; Renou (1), p. 63; V. A.Smith (1), pp. 17, 26; F. Edgerton (1)。

6) 参阅李约瑟 [Needham(26)] 和霍拉 [Hora (1)]关于确定年代的讨论。

7) 参阅 Masson-Oursel *et al.* (1), p. 166; Renou (1), p. 266。菲利奥扎 [Filliozat (2)] 否认瑜珈的各种修行法来自萨满教；而它更可能是古代气疗理论的根源。

8) Waley (4), p. 116。

9) 参阅 Wilkins (1), p. 349。

10) Woodroffe (1); Wilkins (1), p. 330。

的。可是总的说来，应该说所能举出的相似之处终究还是空洞的、不可靠的，而中国思想的整个气氛和知识环境都和印度的或波斯的截然不同。最后，禅宗佛教的入定来源于印度的吠陀哲学之说以及由菩提达摩 (Bodhidharma) 祖师传入的典故，早经伯希和 [Pelliot (3)] 指出是后出的传说，只是为了使禅宗布道具有权威性而编造出来的。

还有一种常见的看法，认为中国思想中的阴阳二元论 [参看本书第十三章 (e)] 是从波斯传入的。这两个字原来的含义是山坡或房屋的荫蔽面和向阳面，约在公元前 4 世纪它们突然成了哲学名词。阴代表黑暗、软弱、女性、夜晚、月亮 154
等等，阳代表光明、强壮、男性、白天、太阳等等，从这些范畴中滋长出一种关于自然界的微妙理论。这种理论在表面上好象和袄教很相似，可是我完全同意韦利[1]的说法，他否认后者对前者有任何直接的影响。他说："在袄教中，黑暗主要是邪恶，而光明的实质主要是善良[2]。可是阴和阳的基本概念却与此完全不同；它们是事物存在的既独立而又相辅相成的两个方面。哲学家们主张阴阳学说的目的不是为了光明的胜利，而是企图在人生中获得两者之间的完美的和谐。"韦利从中国固有的占卜活动去找寻阴阳理论的起源[3]，无疑是正确的。他也曾毫无困难地反驳了关于五行说来自希腊四元素说的观点。事实上，中国五行说的基本概念是论相生相胜的过程，而静止的四元素说却只是内在性的或衍生性的。最后，他讨论了惠施的悖论和埃利亚学派的悖论之间的关系[4]，但没有得到任何肯定两者有关系的结论。事实上，两者的这种相似性又可以作为一个实例来说明，我们有时可以在旧大陆相距遥远的两地，发现一些类似现象的异乎寻常的同时性。惠施是公元前 4 世纪中期的人，而埃利亚的芝诺 (Eleatic Zeno) 的盛名期是公元前 460 年前后[5]。这里出现的同时性，至少和本章开始时所说的海生无脊椎动物的生殖与月亮的周期性有关的情形同样明显，或者象最早同时出现水磨的情形那样。关于水磨，我们将放在后面[6]和其他机械的例子一同讨论。

尽管我们往往倾向于认为每一件事物只有一个来源，可是我们不能排除在不同地方出现完全独立而相似的思路的可能性，特别是在有关科学理论、发现和观

---

1) Waley (4), p. 112。

2) 在摩尼教中更强调这种二元论。摩尼教也可以说是从袄教演变来的，它曾一度从阿尔比 (Albi) 传到西安。对中国人和基督教徒来说，摩尼教都是异端，在这两个文化区中都认为如此，但被反对的理由当然是不相同的。

3) 见本书第十三章 (g) 和第十四章 (a)。

4) 见本书第十一章。

5) B & M, p. 128。

6) 见本书第二十七章 (f)。

察等方面[1]。

我们可以用原子论作为一个实例。在西方的古典文明中，原子论的历史始于公元前5世纪的留基伯 (Leucippus) 和阿夫季拉的德谟克利特 (Democritus of Abdera) 等人，而在公元前3世纪后期和公元前1世纪早期的伊壁鸠鲁 (Epicurus) 和卢克莱修 (Lucretius) 时代达到高峰。这段历史我们都很熟悉[2]。印度的原子论似乎较晚些，乌摩斯伐底 (Umāsvāti) 的耆那 (Jaina) 体系在公元50年前后最为盛行，而迦那陀 (Kaṇāda) 的胜论 (Vaiśeśhika *darśana*) 在公元2世纪下半叶才流传开来[3]。可是如雷伊[4]所认为的，有理由相信，在印度思想史中，
155 原子论的根源还要早得多。在中国物理学中，我们将看到[5]，原子论从未出现过，可是在《墨经》的几何学中（该书可能是在公元前370年左右编集成的），似乎把点定义为将线分割到无可再分割的程度[6]。因此确实没有理由认为，不可分割性的概念不会在这三大文明的每一个区域内独立地产生。在每一文明区内，人们都砍伐木材，并把木材和其他材料锯成各种长度，因此，某些好深思的人们便不难想象，如果把这些东西继续分割下去，直到剩下的东西已小到不能再分割成两半的时候，该会出现什么情形。这时，哲学的思考就会推想到，用这些小物体的排列和运动便能解释一切事物了。

另外一种情况，我觉得与上述情况相似，那是亚里士多德的"灵魂阶梯"学说。根据这种学说，植物被认为具有生长的灵魂，动物具有生长和感觉的灵魂，而人则具有生长、感觉和理性的灵魂[7]。我将在后面[本书第九章 (e)] 说明，荀子(荀卿)曾宣讲过很相似的学说。亚里士多德生活在公元前384—前322年，荀卿则在公元前298—前238年。假若这种概念是经过传播的，那就必须传播得十分迅速。从当时的旅行条件来看，进行如此迅速的传播是极不可能的。我们宁可相信这种概念是各自独立产生的，因为它终究明显地反映了自然界的阶梯性，并且或多或少直觉地认识到了有些生物比另外一些要简单得多的事实，因此，它实际上成为进化概念的先声，因为阶梯说一旦出现，进化概念很快就跟着出现了。

翟林奈 [L. Giles (3)] 曾指出，希腊的一些著作和《列子》一书之间有两处出现相似的事例，这使人们增加了对于这类相似事例的兴趣。《列子》一书的部分

1) 参阅本卷 p. 227。
2) B & M, pp. 138ff.。
3) Grousset (1), p. 126; Sarkar (1), p. 33; Masson-Oursel *et al.* (1), p. 177; Sinha (1)。
4) Rey (1), vol. 1, p. 428。
5) 见本书第二十六章 (b)。
6) 见本书第十九章 (h)。
7) 参阅 Singer (1), p. 40, Fig. 18。

内容很可能早于公元前400年，可是列御寇这位哲学家是否真有其人，还很可怀疑。第一个例子是，有人因感到有福气而感谢上苍，列举的理由是：（1）他生而为人，而非动物；（2）生为男子，而非女子；（3）生为希腊人（或中国人），而非野蛮人；等等。《列子》一书在讲到孔子和泰山叟荣启期时有上面的这个故事[1]。非常类似的故事可见于普卢塔克（Plutarch）的著作《马里乌斯生平》[2]（因此在公元46—122年之间），该书认为这是柏拉图的话；也见于狄奥根尼·拉尔修（Diogenes Laertius）的著作[3]（因此约在公元220年），该书又认为这是泰勒斯（Thales）或苏格拉底（Socrates）所说[4]。如果这种类型的故事不是由于灵魂阶梯概念的存在而自然地产生出来，人们便会感到奇怪了，因为在这种情况下，这种明显的相似性并不能作为概念传播的证据。翟林奈的另一个故事是有关痛悼孩子的，在《列子》[5]中所载的是魏东门吴的事，在普卢塔克的《道德论》[6]一书中同样有这 156
段故事，由于这个故事记述简略，或者仅属偶然巧合而已。阿伦特 [Arendt (2)] 在很久以前也曾指出过一些使人半信半疑的类似事例，其中最有趣的是批评一个人想做官却又不学无术，然而不学无术也不能经商或习艺。《墨子》[7]中有这样的故事，希腊的色诺芬（Xenophon）所编苏格拉底和欧西德莫斯（Euthydemus）的《言行录》中[8]，也有这类故事。墨翟和色诺芬是同时代的人。

上面所举的绝不是奇特相似性的仅有的例子。费尔普斯（Phelps）曾经谈论过孔子和柏拉图关于音乐在教育中的地位的论述的相似性。丁韪良[9]也曾使人们注意这样的争论：假若父亲犯了罪，儿子是否有义务告发或作证[10]？《孝经》[11]里曾隐约地提到过，但这无关紧要，因为人们普遍认为《孝经》是后来在公元前1世纪（或甚至在公元1世纪）伪托孔子弟子的名义所作。可是这个争论本身早在公元前6世纪就有了，这从《论语》[12]和《孟子》[13]中可以看到。孔子在柏拉图诞生之前的半个世纪时去世，而孟子的讲学活动是在柏拉图去世后仅约二十年时达到最高

1）《列子》第一篇，第十一页；L. Giles (4), p.26; R. Wilhelm (4), p.5.
2）Plutarch, *Life of Marius*, §46。
3）Laertius 1, vii, 33。
4）在犹太人的日常祷告书中，也有类似的感恩词。
5）《列子》第六篇，第十六页。
6）Plutarch, *Moralia*, 610D.
7）《墨子》第四十七篇，译文见 Mei (1), p. 224.
8）Xenophon, *Memorabilia*, IV, ii.
9）Martin (3), vol. 2, pp. 199ff.; (4)。
10）关于这个问题，存在着奇怪的当代反响。
11）Legge (1), p. 476.
12）参看《论语·子路》。
13）参看《孟子·离娄》。

峰。因此，丁韪良所讲的中国的争论方式和同一问题在柏拉图的对话集《欧西弗洛》中的讨论方式之间存在着相似性，这的确是饶有兴味的。两者处理的方法当然很不相同，可是丁韪良又注意到，柏拉图用作论题的名称的含义却和中国人在同一问题上所用的“直人”一词极其相似。

我们现在可以回到上面几段文字所提出的一般性的问题上来。虽然这里还不是下最后结论的地方，可是毫无疑问，中国在旧大陆的古代文明中是与别处最隔绝的，因此它所特有的文化模式的独创性较大。这并不意味着它不曾受到从新月沃地辐射出的文化技术的影响；不仅如此，经过延续三千年的长时期，中国在不同的程度上外传并接受了一些文化和技术的要素。有些人——例如普赖斯 [Price (1)] 和克雷西 [P. F. Cressey(1)] ——企图证明中国文明的传播过程只限于“小范围内”，这是白费气力的，因为没有人能否认中西文化交流的事实。当然，同样必须估计到思想和技术的并行发展、发明的独立性以及其他等等。在所有这些
157 方面，重复一般性的概述是没有用的。我们需要知道的是更多的事实，是更多象本书所力求阐明的那些事实。我们最后的结论大概是这样：中国和它的西方邻国以及南方邻国之间的交往和反应，要比一向所认为的多得多，尽管如此，中国的思想和文化模式的基本格调，却保持着明显的、持续的自发性。这是中国“与世隔绝”的真正涵义。过去，中国是和外界有接触的，但是，这种接触从来没有多到足以影响它的文明和科学的特有风格。

(c) 古代西方关于中国文化的传闻

古代地中海流域各族人民对中国的认识，很久以前就已由雷诺 [Reinaud (2)][1]和克代斯 [Coedès (1)] 以引用文献的方式编集成书了。自然，那大都是关于蚕丝和丝绸贸易的史料，以及直接由此产生的地理知识。可是值得注意的是，早在公元 2 世纪，关于儒家学说的一些传闻似乎已传到欧洲[2]。

叙利亚作家巴尔德萨纳斯 (Bardesanes)[3]曾在公元 2 世纪末和 3 世纪初享有盛名(与东汉和三国早期的学者如郑玄和蔡邕等同时代)。他谈到过关于中国的事，由欧西比乌斯 (Eusebius)[4]记录如下：

---

1) 雷诺有他自己独特的见解，认为罗马人有意识地计划征服世界，所以对印度人和中国人的行动极为关注。

2) 关于道家也有传说，例如，有些古典作家[如斯特拉波 (Strabo)、卢奇安 (Lucian)] 特别引用过关于中国人长寿的某些说法(参阅本书第十章)。

3) 生卒年为154—222年 [Sarton (1), vol. 1, p. 298]。他是天文学家，晚年反对占星术。他的著作成为摩尼教创建者摩尼 (Mani) 的思想的主要来源。

4) 研究教父遗书的作家(265—340年)[Sarton (1), vol. 1, p.357]；*Praeparatio Evangelica*, VI, 10.

> 在每一个国家中，人们制定了不同的法律，有些是成文的，有些是不成文的。我将从世界肇端的地方(亦即远东)开始，谈谈我所知道的，以及我能记得的。在产丝之国(中国)，法律禁止谋杀、卖淫、盗劫和偶像崇拜。在这幅员广大的整个国土上，看不到庙宇，看不到妓女，也看不到淫乱的妇女；没有盗贼被拘入官衙，没有谋杀者，也没有被谋害的人。闪烁的火星在穿越子午圈时，无法强使任何人杀死另一人。金星在和火星相遇时，也不能强使人去同别的有夫之妇幽会。每天晚上，在那里都能看到火星。在中国，不管白天或黑夜，没有一小时没有婴儿出生。[1]

这一段有趣的文章，后来成为许多模仿的作品和夸大的传说的基础。和此文同时期的《伪克雷芒的认识》(*Recognitiones Pseudo-Clementinae*)[2] 一书中更爽直地说，在那里，“炎炎的火星没有权力控制人们的自由意志，象它控制着我们一样……”，中国人对法律比对每个人的星宿还要尊敬。《各国法律》(*Book of the Laws of the Countries*) 一书显然是巴尔德萨纳斯的弟子所作，其中增添了一段话说，虽然中国人不屈服于星宿的威力，可是他们之间还是有贫民和富翁，有病人和壮汉，有统治者和被统治者，“因为这些东西是包括在君主的权力之内的”。 158

当时一定有过真正的来往，因为在一个半世纪之后，尼斯的格雷戈里 (Gregory of Nyssa) 的兄弟恺撒里乌斯 (Caesarius)[3] 曾经正确地说过，在中国，人们所根据的是习惯，而不是成文法[4]：

> 在每一个国家中，在别的民族中，也象在我们中间一样，存在着皇家的法律，不管是成文的或不成文的。有些地方有成文法，而另一些地方只有习惯法(习惯具有法律的效力)。对于那些没有成文法的民族，祖先传下的习惯起着控制作用。在这些民族中，首屈一指的是中国人。他们住在大地的极东部。他们把祖先的习惯作为法律，禁止卖淫、盗劫、通奸、崇拜偶像和祈祷诸神。……在中国人中间，祖宗的法律比由星宿决定的命运更有威力。[5]

这一段文字后来被转载好多次，例如 840 年前后拜占庭的僧侣编年史家乔治·哈马托洛斯 (George Hamartolos)[6] 和 11 世纪拜占庭的另两位作家赛特雷诺斯 (Cedrenos)[7] 和弗朗兹 (Phrantzes)[8] 都转载过。更明显的是关于儒家无神论的传

1) 译文见 Coedès (1), p. 77; 由作者译成英文。
2) Coedès (1), p. 78.
3) 死于368年。参看 Caesarius, *Dialogues*, II, 109.
4) 参阅本书第十八章。
5) 译文见 Coedès (1), p. 89; 由作者译成英文。
6) Sarton (1), vol. 1, p. 578; *Chronikon*, I, 19.
7) Sarton (1), vol. 1, p. 776; *Hist. Comp.* 154a.
8) *Chronikon*, III, ii, 49; Coedès (1), p. 91.

闻，这显然是根据受到奥利金 (Origen)[1]攻击的伟大的无神论作家赛尔苏斯 (Celsus)[2]的要求而转抄的。奥利金在辩驳[3]中曾多次讲到中国人的无神论。人们对中国道德的描述虽然过于理想化[4]，但是，儒家理性主义和怀疑主义的点滴言谈，竟如此传到了被某种占星学和诺斯替教派的迷信统治着的世界中，这是非常有趣的。这些思想的传播，可能不难理解，因为它们产生在古代丝绸之路畅通后的两个世纪之中。我们马上就要研究同时代的中国历史学家的记载，其中描述了在整个这一时期内，罗马-叙利亚商人在东亚各港口的活动。

可是，在继续叙述各个历史时期的几条贸易通路以及走过这些路线的一些著名旅行家之前，应该先谈谈较为不易理解的有关交流的情况，因为在史前几乎就有了交流，并且也因为交流具有文学的和艺术的特性。

159
(d) 中西文化的联系

首先，如前面已提到过的，在青铜器时代，中国和欧洲之间已经有一定的联系，这不仅是由于想象中的技术方面的传播，并且还由于各种器物在式样上确实存在着相似之处。

詹斯在一系列重要论文中，曾证明从商代(公元前1500年)以前直到周代，欧洲和中国在器物方面有实质上的一致性[5]。他所描述的一致性给人很深刻的印象。有一篇文章 [Janse (1)]特别谈到青铜制的和铁制的刀剑。文章指出，下述每一种形状的刀剑，在欧洲和中国并且有时也在中间的草原地带广泛流行：(1)具有兽角柄头[6]的双刃剑(参看图26)；(2)具有环形柄头的双刃剑(图26)；(3)剑鞘带上附有形状相同而复杂[7]的青铜制或玉制装饰品；(4)剑鞘上的小片附属物或楔状物[8]。然而一些其他类型，有的是中国所特有的，有的是欧洲所特有的。环

---

1) 在世期185—254年。Sarton (1), vol. 1, p. 317; 见 Thorndike (1), vol. 1, pp. 436ff.。

2) 盛名期178—188年。Sarton (1), vol. 1, p. 294。

3) *Contra Cels.*, VII, 62, 63, 64; Coedès (1), p. 82。

4) 反过来说，中国人有时也把西方的社会理想化了。7世纪晚期的一部道家论炼丹术和地理学的著作 (*TT* 873)，曾由马伯乐 [Maspero (22)] 译成法文。该书中描写罗马叙利亚(大秦，见本卷 p. 173)的人民比中国人贤德并且富有。同样，我们在本书第二十九章 (e) 中将看到，在12世纪时，中国人和西方人都极力推崇(即使不是夸张)对方海船的巨大。

5) 也见于 de Takacs (1)。

6) 罗斯托夫采夫举出了公元前3世纪时后萨尔马特的例子。参看 Rostovtzev (1), Pl. 24, Fig. 5, p. 90。

7) 詹斯 [Janse (1)] 认为这种图案是从东方传到西方的。

8) 不过，罗斯托夫采夫 [Rostovtzev (4)] 认为，这些东西确是汉代遗物，但连同骑兵用的马刀都是由波斯传入的。

形柄头剑在中国汉代还继续使用，如武梁祠画像石就是证明。这里印出的一幅图采自《金石索》(参看图25)[1]。

另外一篇论文 [Janse (2)] 讨论了一些奇特的十字形管子或扣子，它们可能是马具的残片或饰物，这些东西都是中国青铜器时代和欧洲哈尔希塔特文化所特有的(参阅本卷 p. 99)。在一篇评论 [Janse (3)] 中，还举出了许多别的相似性，其中进一步描述了下列诸物在形式上的一致：(1)石制锤斧(和现在的锤子相似，一端有锤头，另一端有斧或凿)；(2)仰韶彩陶的特色——“反向螺旋”纹饰(本卷 p. 81已提到过)；(3)三翼的箭头，这种箭头仅在哈尔希塔特地区、俄罗斯南部和中国发现过；(4)兽形壶把；(5)兽形金饰物；(6)特殊形状的剑鞘饰物；(7)金银高脚杯，杯 161
脚上有球形或环形饰物。林特勃伦 [Lindblom (1)] 还发现过有星形盖的罐子，这种容器分布很广，包括非洲。除此之外，詹斯 [Janse (4)] 还举出了另外一些东西：(1)某种形状的青铜矛头；(2)项圈[2]；(3)一些祭祀用的斧头(图 27)[3]；(4)马具饰扣；(5)扁平长方斑岩石斧，斧把简陋，供祭祀用；(6)青铜方銎斧。

图25 武梁祠画像石(公元 2 世纪)上的手执环形柄头剑的士兵(《金石索》石索之卷三)。

最后提到的这种青铜方銎斧，可以装木柄。这种工具是划时代的发明，它促进了旧大陆森林面貌的改变。最早的金属凿子或斧头是实心的，并且手把和刃部相连，象石斧那样。后来在中东地区，设法在凿或斧上做成一个孔，把柄装进去。可是这类斧头还要用许多金属，只有大的部落或金属资源丰富的地区才能制造。有銎斧则比以前可节省一半金属，它很可能是在林区的附近、离开原有的金属矿不太远的地区发明的，以后就朝着东西两个方向传播开去。有銎斧曾引起过争论：赛里格曼 [Seligman (1, 2)] 起初认为，这种推断提供了肯定的证据，证明有銎

1) 詹斯 [Janse (5), p. xxxiv] 举出这类刀剑有些在印度支那的汉墓中也发掘过，因此，这种类型的刀剑从大西洋沿岸的布列塔尼直到太平洋的北部湾，均有分布。它们在鄂尔多斯沙漠地区也很普遍 [J.G. Andersson (7)]。

2) 1871年安德森 [J. Anderson (1)] 的报告中说，在中国和缅甸之间的掸邦山区，少数民族的少女至今还戴着这类项圈。

3) 在这里，相似性是非常明显的。这种斧头有空洞可以装柄，斧刃是非实用的，另外一边则有兽形浮雕。这种类型的斧头甚至还有几种花样，从中国到欧洲都可找到这一类遗物。

160

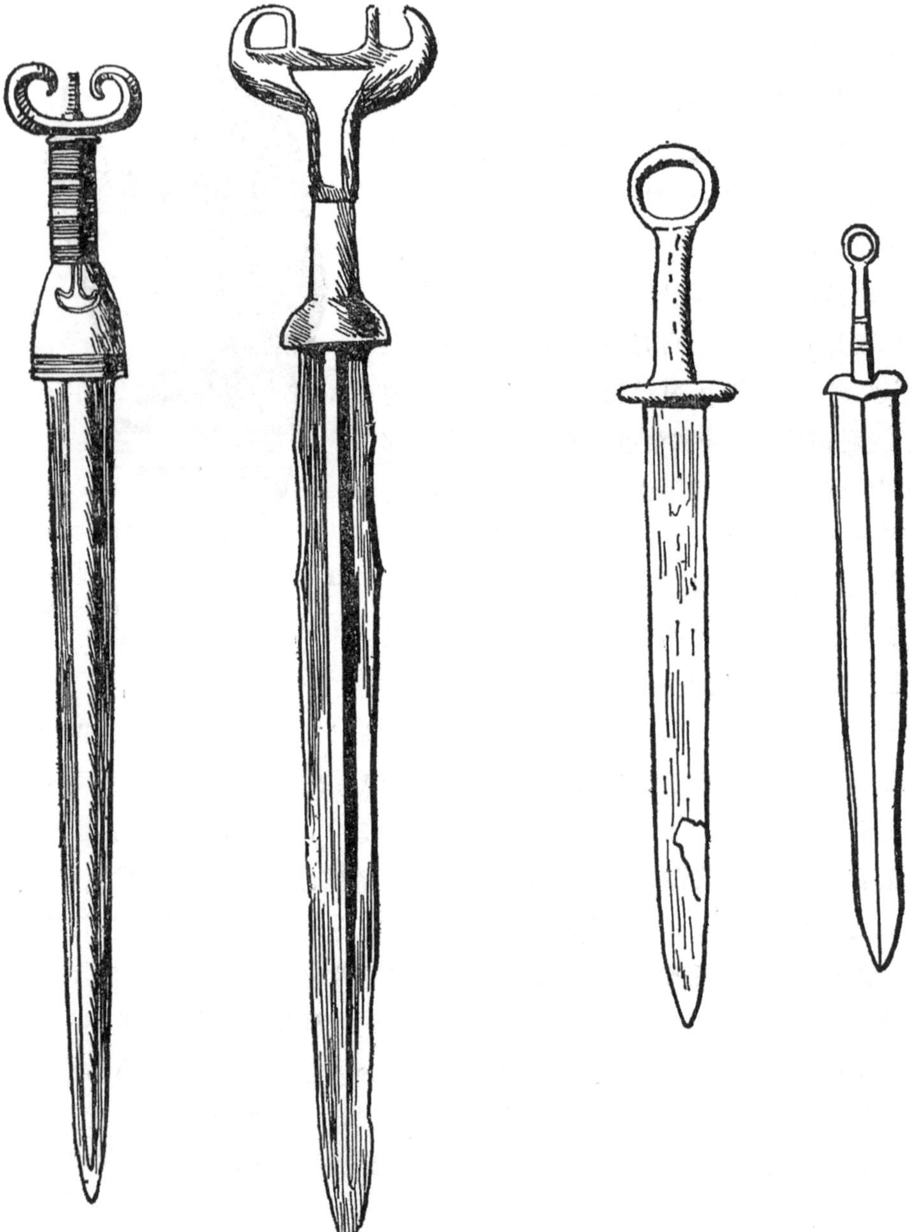

图26　具有兽角柄头和环形柄头的青铜双刃剑，从这里可以看出商周时代的中国和哈尔希塔特文化时代的欧洲在技术方面的联系 [Janse (1)]。从左到右：丹麦，中国，俄罗斯的库班，中国。

162

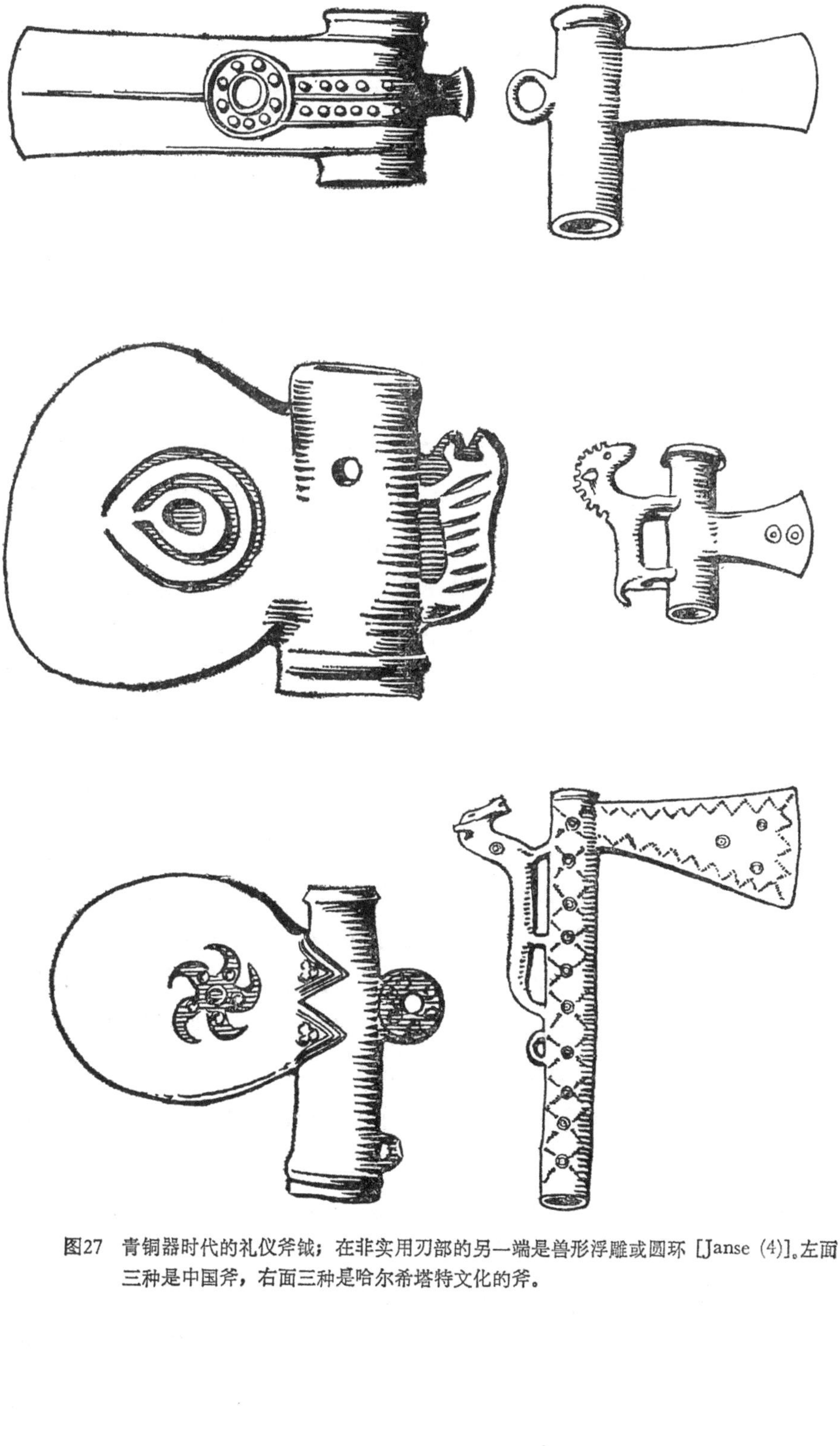

图27 青铜器时代的礼仪斧钺；在非实用刃部的另一端是兽形浮雕或圆环［Janse (4)］。左面三种是中国斧，右面三种是哈尔希塔特文化的斧。

斧到公元前6世纪时才向东传到中国，可是后来他 [Seligman (3)] 只好承认，在中国存在这种有銎斧，可以远推到公元前12世纪。在这一方面，夏鼐 [Shiah (1)] 指出，既然最早的欧洲型的斧头不能早于公元前14世纪，如果认为中国型的斧头是从西欧传入的，那末，就必须假定传播的速度是不可想象之快。现在一般公认的观点 [Childe (12)] 以为，从塞文河到黄河存在着斧型上的联系性，而其发源地大约是在两者之间。

另一个更为奇特的故事是关于“鸠车”的普遍存在。所谓“鸠车”，是一个青铜质的或陶质的鸟像安放在三个轮子上。许多收藏中国古物的地方都存有这种物品[1]，在埃及和欧洲许多遗址也发现过这种“鸠车”。欧洲的类型有些是几只鸟栖在一种象炮车一样的架子上。鸠车是一种玩具呢，还是一种宗教崇拜物？在旧大陆的两端，这种东西究竟可以分别推到哪个古老年代？这些问题还没有答案，但劳弗 [Laufer (25)] 曾就已有的资料作过总结[2]。

在这些领域里，我们遇到了我们前面已经遇到过的情况，这就是旧大陆的两端几乎同时出现相似的思想和技术。詹斯 [Janse (3)][3] 着重指出，远古时代并没有什么独立的民族国家的边界，足以阻止横越广大草原地带（从波罗的海和喀
163 尔巴阡山伸展到鄂尔多斯）的传播和交流。他画了一张很精彩的地图来说明这一情况。他也敏锐地观察到 [Janse (4)]，哈尔希塔特文化以及和它对应的中国文化，两者都在一开始便和食盐、炼铁结下了不解之缘（参看本书第四十八章）。他还注意到，两者都喜欢黄色的琥珀。

（1）文学、民间传说和艺术中类似的事物

从刻在青铜、贵金属或玉石的古代艺术品上的人物或风景来看，它们对于民间传说和古代神话的研究，并非无用。在安特生 [Andersson (7)] 关于狩猎巫术的有趣著作中，可以看出欧亚大陆“兽形像”的风格。他认为这些“兽形像”和最早的新石器时代或旧石器时代的岩画有关系，例如在多尔多涅所见的岩画。普尔齐鲁斯基 [Przyluski (1)] 曾写过一篇动人的文章，讨论“独足神”——带有鱼尾的神人（参看图28，东汉武梁祠画像石）。在中国和在高卢都可以找到许多这种神像。

1）有一种鸠车的图载于1609年的百科全书《三才图会·器用篇》，卷五，第九页。1952年我在北京的隆福寺市场上，亲眼见过一种，其年代不详。

2）参阅 Seligman (1,4)。

3）这篇有价值的述评所用的题目也许并不确切，因为“草原帝国”这一名称一般是给两千年以后的蒙古帝国用的。这里，主要论点是说明当时还没有一个民族国家足以阻止文化的传播，唯一的阻碍因素也许只是语言不通。

伏羲氏是神话中的祖神之一，他往往被画成独足神的样子[1]。毕安祺 [Bishop (5)] 曾指出这样一个事实：崇拜伏羲的中心地区始终是中国西北的渭河流域。我在1945年游览甘肃天水的伏羲主庙时，也有机会亲眼看到画像上仍然很明显的人首鱼尾的形象。

阿姆斯特朗 (Armstrong) 曾在葛兰言指导下，研究了中国和西方民间故事中的一些普遍的主题，写成了一系列有意义的论文。在关于"鹤舞"一文 [Armstrong (1)]中，他指出，和希腊的牛首人身神相似的，有中国的牛首的神农氏和蚩尤的像，而和迷宫相似的，有秦始皇陵墓中的地下通道。他发现，鹤舞本身是祭祀和丧葬礼仪的文化模式的一部分，这种仪式是从爱琴海经过新月沃地传到中国和东南亚的。仙鹤后来和道家的神秘主义相关联，已是众所周知的了。葛兰言 [Granet (1)] 已经证明，鹤舞的仪式与关于雷电、风雨、丰收和投胎的巫术有关。阿姆斯特朗在另外两篇文章 [Armstrong (2, 3)] 中得出结论说，欧亚两洲开犁祈年的各种仪式，从中国皇帝的扶犁拜天到荷马 (Homer) 所描写的阿喀琉斯 (Achilles) 盾牌上所画的"三行沟耕地"，或者到我们现在的主显节开犁礼拜一的习惯，全都有共同之处。此外，还有和草药艾 (*Artemisia vulgaris* 或 *alba*)(图 29)有关的巫术[2]。艾在《诗经》中常有记述。尽管这种植物并没有引人注意之处，但它却不仅在中国、而且在古代和中古代的欧洲以至于墨西哥都被广泛采用，作为制线香或绳香的原料和驱邪的灵药。在另外一篇文章 [Armstrong (5)] 中， 164
他阐明中国的太牢祭祀和春节祭祀，与古代克里特和埃及的仪式很相似。在他的第六篇文章中又指出，中国人关于鸟(特别是鹅和天鹅)的象征作用和西方有相似之处。有些对民间传说的结构进行比较研究的学者，曾争论过蒙古人的西征是否对东方文化传入欧洲起重要作用的问题 [Cosquin (1)][3]。这个领域在引导人们思考问题和进行比较研究方面是一片肥沃的土壤，因为对中国的民间传说和神话虽已做过许多工作[4]，可是得到的结论仍不免近于推测。 165

---

1) 他的传说中的姐妹(或配偶)女娲也是如此 [Werner (1), p. 82]。闻一多曾有一篇有价值的文章讲到这个题目，他认为这些人物是后来并入中国文明的原始部落的动物图腾。最早的文字上的记载似乎是在战国时代(约公元前4世纪)；显然，把伏羲和女娲画成这种形状是在西汉(公元前2世纪)才开始定下来的。

2) Armstrong (4)；艾，即艾蒿，是一种南方植物；Brets-Chneider (1), vol. 2, nos. 429—36; vol. 3, nos. 72—7。

3) 参阅乔叟 (Chaucer) 所写的某些故事和古代印度故事的显著相似处；参看 Tarn (1), p. 154。柯斯钦 (Cosquin) 曾谈到"巫师的门徒"这个从工艺方面看来很有趣的主题，他指出，这个主题是从印度传入欧洲的，然而蒙古人可能并未成为中间人。

4) 我想提出何乐益 [Hodous (1)] 和沃纳 [Werner (1)] 的著作，以及多雷 (Doré) 的十五卷著作《中国的迷信》(这样的书名使人不愉快，实际上它详尽描述了中国的民间故事和神话)；很不幸，在这一主题上，很少文献能达到在汉学研究方面使人满意的水平。不过，中国学者近年来已在北京编辑出版了一种出色的杂志《民间文学》。

图28 武梁祠画像石(公元2世纪)，表现被神化了的太初英雄伏羲及其姐妹(或配偶)女娲。他们都是独足神，手持木匠用的矩和绳(拟人化了)，作为建设和治理的象征(见《金石索》石索之卷三)。铭文的内容是：龙身的伏羲，首创帝王的统治，画八卦，结绳记事，以管理四海之内所有的人("伏羲仓精，初造王业，画卦结绳，以理海内")。

图版一〇

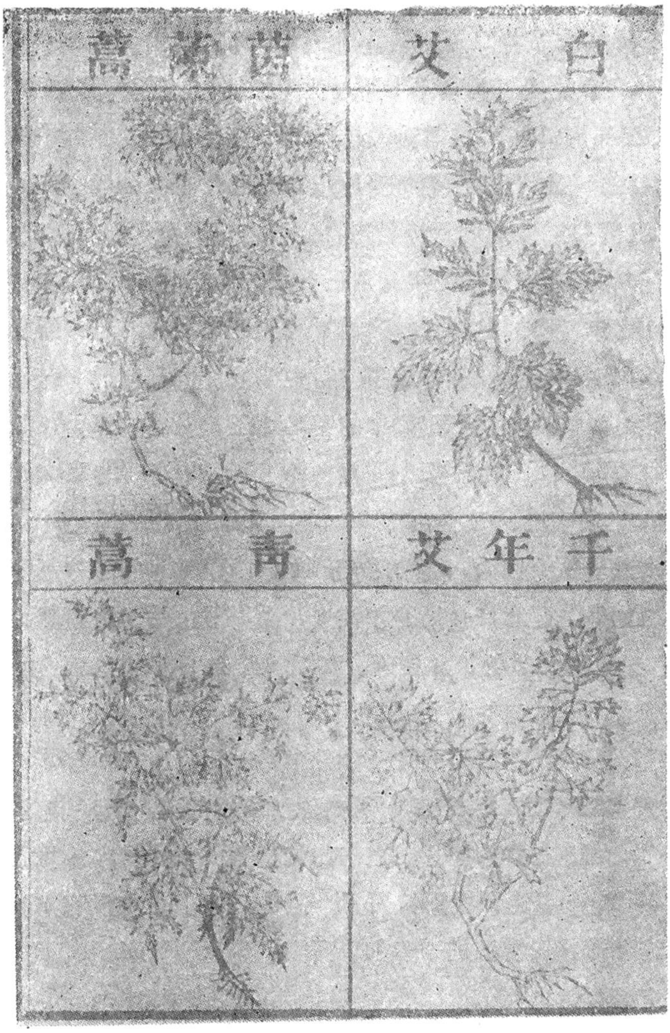

图29 图中右上方是采自《本草纲目》(1596年)的白艾图。李时珍的伟大的药物学著作详细叙述了艾及其同科植物在中药中的许多用途。它们作为肠道驱虫药是很有名的。这一品种的确是治线虫类寄生虫迄今最有效的一种生物碱——山道年——的来源。艾叶干燥粉碎后，可作成古代中国医学中常用的艾灸的火绒。

在同一途径上另作过尝试的是印度学者索雅奇 (Coyaji)，他曾将波斯人菲尔多西 (Firdausī) 的史诗《王书》(*Shāh-nāmah*) 和中国的史诗或传说故事《封神演义》作过杰出的比较。《封神演义》是明代许仲琳(约15或16世纪间)编写的。这本书的内容是讲商代最后一个皇帝纣辛被周武王推翻的故事，充分运用了佛教的想象来描绘支持周的天神如何应用各种法术毁灭前来援救商的妖魔鬼怪。纣辛终于死在火焰中，于是武王便酬谢帮助过他的神仙和忠臣，分封爵位、官阶和采邑[1]。可是，据我们所知，这部演义的材料来源要早得多。其中有些想法可以在《逸周书》中找到。《逸周书》保存下来的仅有十卷，是在公元281年晋代发掘安釐王墓时发现的(安釐王是封建诸侯魏国的公子之一，死于公元前245年)[2]。还可以在同时期的其他书籍《竹书纪年》(前已提及，见本卷 p. 74)和《穆天子传》[参看本书第二十七章 (d)] 中找到。这样看来，最终写成的这一降魔史诗，是从汉以前的道教的和汉以后的佛教的故事中衍变来的。

索雅奇指出，波斯史诗《王书》中的喀乌斯王 (King Kāus) 和纣辛、残忍的王后苏达拔 (Sūdābah) 和苏妲己、善良的王子色华奇 (Syāwash) 和殷郊、罗斯坦 (Rustum) 和李靖、秀拉勃 (Suhrab) 和哪吒、克雷萨斯 (Keresāsp) 和射手羿之间，有显著的相似处，而帕拉旺 (Palādwand) 的许多魔法师在这里也有相似的人物。此外，还有许多别的相似点，例如对山岳、河流的祭祀，以及巴尔佐 (Barzoe) 医生所寻觅的长生灵芝。我们再对比下去就要离题太远了。可是，我们还需要谈谈波斯材料的时间问题。波斯最伟大的诗人之一、图斯 (Tūs) 的菲尔多西在990—1001年间伽色尼王朝的苏丹一世 (the first of the Ghaznavid Sultans)[3]时代写下了《王书》史诗，可是他所应用的传奇资料却是很古的，这些资料最早是出现在中古代的波斯散文中，这些散文曾由伊本·穆盖法尔 (Ibn al-Muqaffa., 卒于759年)[4]译成阿拉伯文。但是，它们仿佛没有中国史诗的来源那么古。对于这个题目还需要进一步加以研究，这里所以提到，不过是作为文化上可能发生过交流的一个例子。

达姆斯特泰尔 (Darmesteter) 曾指出，在波斯和中国之间还有一个相似的故事，这是一个国王向天射箭亵渎了神明。这一故事似乎是从波斯传入中国，被说成是几个中国皇帝的事，其中包括公元前286年战国时宋国的末代君主。

166 对于不是艺术史家的人们来说，当从民间传说转到讨论纯粹艺术主题时，不

1) Nagasawa (1), p.296; 该书由格鲁贝译成德文 [Grube (1)].
2) Creel (1), p. 25; Wylie (1) p. 23.
3) Brockelmann (1), p. 170.
4) al-Jalil (1), p. 107.

同文化之间的关系似乎更加难于探索了。颜慈 [Yetts (3)] 曾宣称，在楼兰发现的以及科兹洛夫 (Kozlov) 考察队在蒙古发现的中国式样的丝织物上看到的有翼兽类，“来源于美索不达米亚”，这样，某些疑问便可以解决了。但是，还有一个有趣的文化传播的实例，这一实例可以说是完全弄清楚了，它对于科学史家来说，是比较有说服力的。我指的是雷纳克 (Reinach) 对“奔马”的研究。最近罗斯托夫采夫 [Rostovtzev (2)]又加以充实。

古代人用四种姿态来表示马的跑步：(1)慢跑(只有一只后脚着地)；(2)后部弯曲(两只后脚着地，后腿弯曲)；(3)后部伸直(两只后脚着地，后腿伸直)；(4)飞奔(四腿都伸展并完全离地)。我们现代已用慢动作镜头的办法证明，古代所表示的几种动作位置除了第一种以外，实际上在自然界都不存在(图 30)。可

图30 马在运动中的各种姿态。图上部为电影摄影中所见；图下部为古代艺术家所描绘。“飞奔”的姿态见图下部最右端 [Reinach(1a)]。

是在这里，有意义之处在于最后一种姿态(即“飞奔”)[1]的历史地理学分布。18 世纪这种飞奔姿态才从中国传到欧洲，在此以前，欧洲艺术中是根本没有的。仅有的例外是古希腊都市迈锡尼、米诺斯以及腓尼基的艺术，大约在公元前 1000 年便有这种姿态了[2]。这一艺术表现形式向东传播，从公元前 3 世纪以后，在萨珊王朝时代的波斯、巴克特里亚和中国出现了，但传播的原因至今不明。可能是由于这种姿态所代表的飞速的印象对亚洲的骑马射手(参看本书第三十章)、例如安息人和匈奴人很有吸引力。总之，这一艺术姿态的传播是中国和地中海文化或西亚文化接触的一个明显的例子[3]。

1) 上面的说法需要作一点限制，跳跃的马和狗都可能有这种“飞奔”的姿态 [Edgerton (2)]。

2) 埃杰顿 (Edgerton) 把古埃及也加入在内，可是不很能说服人。

3) 也可参阅舒斯特 (Schuster) 关于在中国和波斯刺绣品的花纹中，诸如“胜利的骑手” 等主题的精心研究。罗斯托夫采夫 [Rostovtzev (2)] 认为，虽然中国和波斯对奔马的表现形式确有联系，可是在波斯开始出现这种形式之前很久，迈锡尼的奔马形式早已过时，因此不象是由迈锡尼传入波斯的。

167 我们如果将艺术史家所发现的中国艺术和其他民族艺术的相互关系全部加以叙述，便将离题太远了。有各种著作论述西徐亚和萨尔马特艺术的传播[1]，论述具有印度艺术内容的希腊艺术经过巴克特里亚向东传播[2]，也有论及波斯葡萄和酒的特色[3]，以及论述在耶稣会士时代文艺复兴后的绘画和风景画传入中国的著作[4]。反过来看，中国文化对中世纪后期的欧洲艺术和文艺复兴也有显著的影响，特别是在意大利，因为马可·波罗曾回到那里[5]。亚洲人物画的特色和画面的风格，在这一时期对托斯坎（Tuscan）的绘画发生过影响。亚洲的美术品也传入了欧洲。教皇死后，也象一千多年前巴尔米拉的贵族死后一样，穿着中国丝绸衣服殡殓。18世纪时，中国艺术形式对欧洲的设计和装饰的影响是非常大的，这可以从里启文 [Reichwein (1)] 和阿普尔顿 [Appleton (1)] 的专著中看到。中国和波斯在艺术上的关系始终是很密切的，特别是在12到14世纪之间，当时东方影响向西扩展[6]。

图31 武梁祠画像石（公元147年）表现的"奔马"姿态（«金石索»石索之卷三）。

另一个题目是服饰在文化交流方面的影响，这和前面的问题并不是没有关系的。所谓"黑宁"（Hennin），即有一块轻纱从顶部下垂的高圆锥形塔糖式帽，是中古时期（15世纪）欧洲贵族妇女喜爱戴用的。它来源于中国求法僧人惠生518年访问巴克特里亚时就注意到的、后来11至14世纪曾在中国长期流行过[7]的一种

1) Münsterberg (1); Rostovtzev (1), pp. 203ff., (6), (7), pp. 80ff..

2) 参阅 Wheeler (3); Salmony (3); Tarn (1)。有关著名的希腊-印度的犍陀罗艺术学派，请看富歇的古典著作 [Foucher (2)]、戴迪埃的指导性的书目提要[Deydier (1)]、以及格鲁塞最近的文章[Grousset (7)]。康巴兹 [Combaz (1)] 曾分析过美索不达米亚、波斯、印度和犍陀罗艺术和建筑之间的相互关系。

3) Hirth (9)。

4) Pelliot (27, 28); Laufer (28); Burling & Burling (1); Ferguson (5)。

5) 参阅 Soulier (1); Münsterberg (2); Pouzyna (1); 亦可参看奥尔希基的评论 [Olschki (6)]。

6) 参阅 Hornblower (1); Auboyer (1)。1945年我在波斯（原文如此。——译者）时，我很惊奇地听到当时常用的一句话——"像中国人一样漂亮"。在努歇温 (Nushirwan) 统治期间（567年），中国皇帝曾送给波斯宫廷一些美女[参阅 Yule (2), vol. 1, p. 95]。

7) Schlegel (2); de Mély (7)。根据«宋书»的一条注释判断[译文见 Pfizmaier (58), p. 370]，它也许要远推至4世纪初期。

式样。同时，妇女的硬布衬裙[1]和脸上贴的"美人痣"[2]，也都被认为是来自亚洲。 168
孔达科夫 [Kondakov (1)] 还认为，拜占廷的贵族们穿的"斯卡尔曼琴"(scaramangion) 即硬质锦缎长袍是从中国传去的。我在敦煌石窟佛龛中看到北魏时代(约450年)那些披着马帔的马和全身盔甲的骑兵的壁画和塑象，大为惊奇，因为这使我想起一千年之后欧洲中古时期的骑士们[3]。当时所作的素描将在后面讨论军事技术时(本书第三十章)刊载。

同样，研究语言学也可能对古代文化的交流有所发现。印欧语系和汉藏语系之间，一定曾发生过相互借用词汇的事，尽管象福雷斯特在他的新论文[4]中所说，证据确凿的例子似乎非常稀少。可是夏德 [Hirth (4)] 、孔好古 [Conrady (2)] 和延森 [H. Jensen (1)] 的文章还是值得仔细研读的。例如，现在已普遍承认，"酪"(古代发音为 *lak*) 字 (意思是各种发酵的奶制品) 是借用了印欧语系的词根 *glakt* (在拉丁语中为 *lac*；如英语中的 lactic, galactic)。牛奶对于土生土长的汉族人来说是一种外来的食品，但它却是所有游牧民族的主要食品。我们的看法是，当研究工作与某种工艺技术的具体事件有直接的关系，并且其传播可以根据碑铭和文献等追寻其线索时，那末，这样的研究就是最有价值的[5]。否则，所作的论断仍不免带有相当大的推测性。

(2) 中国的几种名称

在叙述正题以前，似乎有必要简单谈谈西方人所知道的关于中国的几个名称。无可怀疑，Seres (丝国)这个字起源于"丝"，传到欧洲成为希腊字 *ser* (σήρ)，因此，这个名称大约始于丝绸贸易开始的时期。塔恩 (Tarn)[6]指出，它第一次在欧洲出现是在公元前130—87年之间，那时阿尔泰米特的阿波罗多汝斯 (Apollodorus of Artemita) 曾说过，希腊巴克特里亚的国王欧西德莫斯 (Euthydemus) 的征服地区(约公元前220年) 扩展到 Seres[7]。我们不久将知道这里提到的是什么事件；这里所说的 Seres 并不是指中国，而只是作为中间人的西伯利亚各部落。Seres 直接指中国，应该是在恺撒 (Julius Caesar) 和奥古斯都 (Augustus)

1) Schlegel (4)。
2) Schlegel (3)。
3) 参阅 Ecke (1)。
4) Forrest (1), pp. 118ff.。
5) 这方面的许多例证被编写在本书有关畜力技术[第二十七章 (d)] 和冶金学 (第三十六章) 等章节中。
6) Tarn (1), pp. 44, 84, 108, 110。
7) 现在只见于 Strabo XI, 516。

的时代。这似乎表明，在张骞出使西域和古代丝绸之路通行之前，丝绸贸易要经过许多中间人的手，方能到达西方。

公元前3世纪中国历史上秦朝第一次统一全国的光荣史迹，使“秦”的名称传到了印度。梵文中便有 Cīnasthāna 和 Mahācīnasthāna 这两个词[1]，从这里又演变出拉丁文的 Sina 和 Thinae 或 *Θίν* [如在《厄立特里亚海周航记》(*The Pe-*
169 *riplus of the Erthraean Sea*) 一书中][2]，拜占庭的 Tzinista [如在科斯马斯 (Cosmas) 的著作中]，阿拉伯文的 al-Ṣīn，以及现代英语中的 China[3]。在亚美尼亚文的著作中[如在霍仑的摩西 (Moses of Chorene) 的著作中][4]，Chinistan 一词演变成 Janasdan。很久以后，另外两个朝代，拓跋魏（368—556年）和契丹辽（907—1119年）也有了西文的名称。前者的家族或部落名称进入土耳其文、波斯文和阿拉伯文，（通过拓跋的古音 Thak-Bat）成为 Tabghaj 和 Tamghaj，后来在拜占庭时代[7世纪时，在泰奥菲拉克特·西摩喀塔 (Theophylact Simocatta) 的著作中]成为 Taugas[5]。契丹的部落名称经由陆路传入西方，产生了俄文中现在还在使用的 Khitai 一词和欧洲人很熟悉的名称 Cathay。马可·波罗知道中国南部被称为 Manzi，这是因为金朝统治下的北方人把南方人当作野蛮人，便用西南某种原始民族的名称“蛮子”来称呼他们。

在欧洲中古时期，对于 China 和 Cathay 这两个名称是否指同一个国家还不能辨别，就象在早期对于 Sina 和 Seres 的情形一样。理由是相同的，因为上述两组名称中的前者是由海路而来，后者则由陆路而来。围绕着这些名称都是指中国这一问题，玉尔写作了他的名著 [Yule (2)]。据他说，到1600年，这一问题已完全解决[6]。和这事联系在一起的，有一个关于耶稣会凡俗修士鄂本笃 (Benedict Goes) 的传奇性故事。16世纪末，在印度的耶稣会士还不能确定 Cathay 和 Khānbaliq (Cambaluc) 是否就是中国和北京，尽管利玛窦和他的教团已经证实了[7]。因此，鄂本笃亲自出发，通过艰难而危险的喜马拉雅山通道到达喀什噶尔，从那里他沿古老的丝绸之路缓慢东行。到了焉耆后，他才初次证实他的地

1) 波斯文中有 Chīn 和 Māchīn，象 Gog 和 Magog 一样，这些名词确曾出现在中古代的地图中，系指东亚而言。有人认为 Magog 和 Mongol（蒙古人）与 Mogul（莫卧儿人）有关，但是这种说法无法成立，因为 Magog 出现在古代希伯来文的著作中（如《以西结书》）。在亚历山大传奇中，这些名词代表各种“境外的野蛮人”。

2) Yule (2), vol. 1, p. 183。

3) 《以赛亚书》中的 “Sinim” 与此无关，它指的是另外的地方。

4) Yule (2), vol. 1, p. 93。

5) Yule (2), vol. 1, p. 29。

6) 但在1670年米勒·格赖芬哈吉乌斯 [A. Müller Greifenhagius (2)] 显然还在怀疑，他曾写过一篇详细的论文讨论这一问题。

7) 见本卷 p. 149。

理目标已经到达，因为在那里他遇到一队穆斯林商人从中国首都回来，那些商人在中国首都曾和利玛窦住在同一旅店内。鄂本笃于是想从嘉峪关进入中国，可是他没有许可证，只好停留在肃州（酒泉）。当利玛窦派去援救他的耶稣会凡俗修士、中国人钟鸣礼到达肃州后不多几天，鄂本笃便逝世了[1]。

西方作者曾用许多词语来称呼中国，我们因篇幅关系不能一一列举或说明，可是至少可以提一下对中国皇帝的称呼；例如，泰奥菲拉克特所称的 Taissan，大概是"太宗"或"天顺"。至于"天子"这一名称，在波斯文中译成 Baghpūr，在阿拉伯文中译成 Faghfūr 和类似的词。首都长安在西方和阿拉伯的著作中经常译成 Khubdan 或 Khumdan，这可能是出自"宫殿"一词。

(e) 陆上商路的发展 170

到此为止，我们部分地谈到了在著名的商路通行以前的时代。我们现在必须论及这些商路的情况以及开拓它们的时期。只有这样，我们才能有把握地解决旧大陆科学史中的传播和会合的问题。

最便于科学史家利用的书籍是赫德森的著作 [Hudson (1)][2]，它是根据玉尔 [Yule (2)]、赫尔曼 [Herrmann (2—6)]、肖夫 [Schoff (1, 2)]、李希霍芬 [v. Richthofen (4)] 以及其他人在科学史各个方面较为详尽的论文写成的。这本书应当和布热德 [Poujade (1)] 的著作同时阅读，因为后者是研究海路交通技术的。对我们说来，为了了解中西交通史的全貌，最方便的办法是看地图（参阅图32）。这里的地图是根据赫德森的地图画出的。

二千多年以来，来往交流最频繁的是旧大陆的西半部。蔡尔德在他的短文 [Childe (7)] 中曾说明，印度河流域文明地区（公元前 2500 年以前的哈拉帕和莫亨朱达罗）的人民和伊拉克苏美尔人的城市有往来。在地图上，印度河位于后来的两个城市塔克西拉和巴巴里肯之间。可是关于哈拉帕和苏美尔之间的来往路线，现在毫无所知——推想起来，他们是沿俾路支斯坦海岸的陆路或是取道波斯湾的海路。

我们研究公元前 5 世纪的情况时，有希罗多德 (Herodotus)[3] 留给我们的关于西徐亚人的详细记载，其中讲到独立的民族或部落约有十种，并叙述了他们的

1) 整个故事见 Yule (2), vol. 4。

2) 我不知道是否还有其他著作能象赫德森的那样，将许多完整的材料编进一本小书，而且使人读来津津有味；可惜的是，它的索引做得很差。苏慧廉 [Soothill (2)] 的著作尽管书名很动人，但内容主要限于近代的范围。

3) Bk. IV。

171

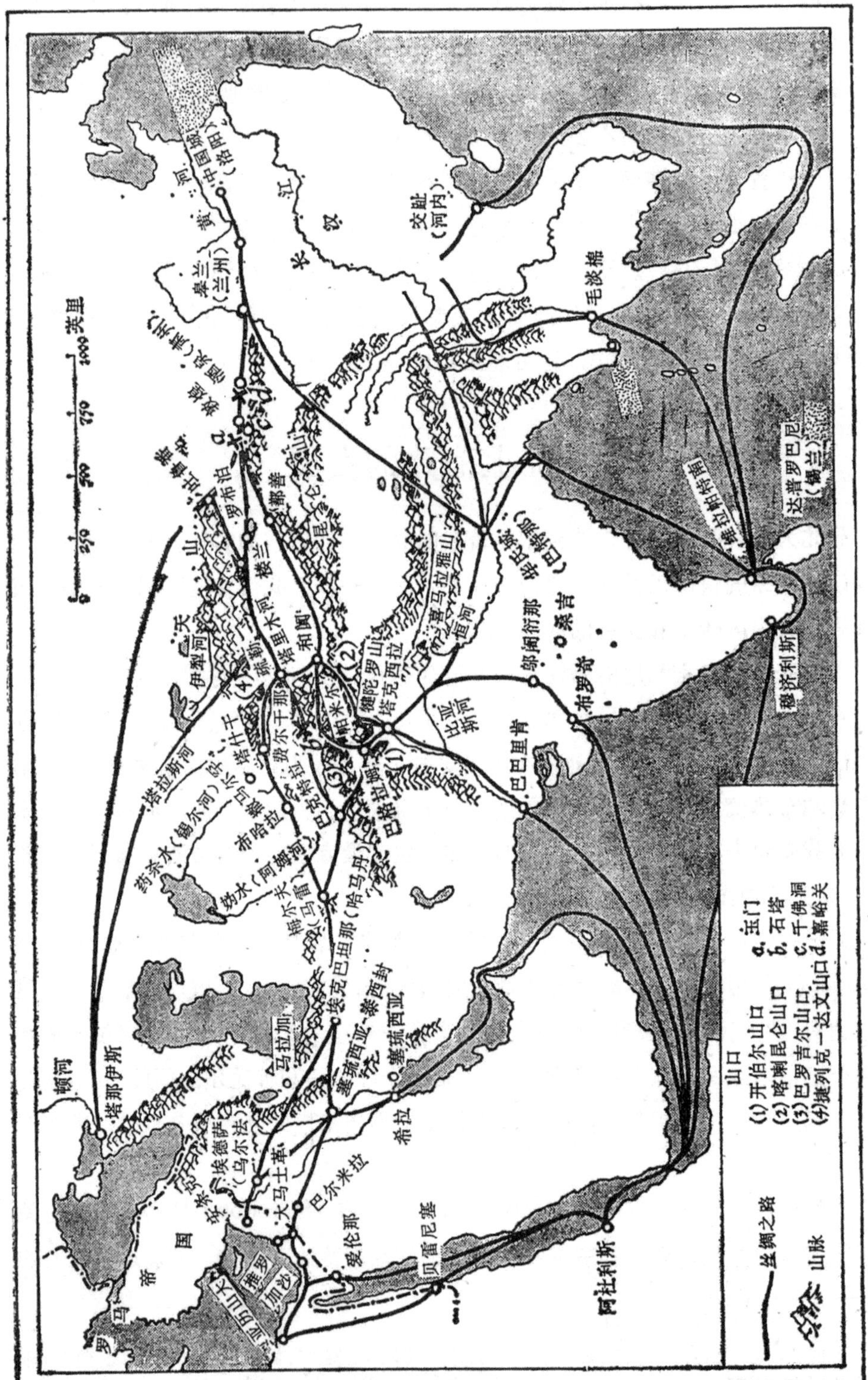

图32　公元1，2世纪以后中国与西方之间的贸易路线。根据赫德森的地图 [Hudson(1)] 绘制。

习俗。显然，他是根据相当详细的材料写成的，他讲到的最后一种民族称为希佩博雷安人（Hyperboreans）。此外，这部著作并不是留传下来的唯一有关古代中亚各部落的文献，因为普罗柯尼苏斯的阿里斯提亚斯（Aristeas of Proconnesus）所写的《阿里马斯皮人》（*Arimaspea*）也有一些片段保存了下来，它比希罗多德的著作至少要早一个或二个世纪。这些片段文字描述某些民族由于受到别的民族的压力而进行的民族迁徙。

现代的历史地理学家（如赫德森）曾试图将这些部落的位置在地图上标定下来。这样，土萨奇泰人（Thyssagetae，希罗多德旅行记录中的第四种部落）大概居住在乌拉尔山的南部，而伊谢敦人（Issedones，第八种部落）大约在天山之东的某地。如果阿里马斯皮人（Arimaspi，第九种部落）确是在塔里木盆地和戈壁沙漠之间，那末，就会得到一个乍看起来令人惊讶的结论：希佩博雷安人不是别种人，而正是居住在关中地区和黄河下游一带的汉族人。托马希克（Tomaschek）最先提出的这种见解[1]，听起来并不奇怪，因为古代的探险家没有什么办法精确确定纬度，更毫无办法测定经度。而且，据赫德森说，汉族人确是居住在“北风 172
之外”，意思是说他们居住在中亚严冬达不到的地方，享有比较温暖的气候[2]。

阿里斯提亚斯声称，他在旅行中曾远达伊谢敦地区，我们没有理由去怀疑他所说的，但是在后来的几个世纪中，别的旅行家的事迹都没有留传下来。希罗多德也没有从同时代人那里获得关于希佩博雷安人的资料。在他以后不久，大部分西徐亚民族沿着陆路消失在希腊境外。斯特拉波（Strabo，公元前 63 年至公元 20 年）对于这条道路或各种民族都毫无所知。直到 2 世纪时，托勒密依靠推罗的马里努斯（Marinus of Tyre）[3]，以及从丝绸商迈厄斯·提提阿努斯（Maës Titianus）的代理人那里获得的消息，才对里海和中国之间的国家作出了清楚的描述[4]。这是因为“古代丝绸之路”当时已经开辟，并且来往频繁，才能做到。

希罗多德记载的东方通道是经过西徐亚地区，也就是从克里米亚和亚速海，沿乌拉尔山南部到天山的东部（亦即到里海之北）。至于波斯之东和里海之南的地区，他毫无记载。希腊人自古以来，包括亚历山大时代在内，一直都不知道帕米尔和喜马拉雅山的大部分地方。公元前329年亚历山大在他的大规模胜利进军时，曾跨过巴克特里亚和索格狄亚那（即康居或粟特）[5]，停止在波斯边境上，建立

1）事实上，这早在1770年就由德金［de Guignes (2)］提出过。

2）明斯［Minns (1), p. 113］似乎赞同这种说法，可是许多学者，如西诺［Sinor (1)］，完全否认希佩博雷安人即是汉族人。

3）公元100年左右，参看 B & M, pp. 634, 788.

4）见 McCrindle (6); Gerini (1); 贝特洛［A. Berthelot (1)］曾把托勒密的亚洲地名和现今地名作过对照。

5）载于麦克林德尔的文件中［McCrindle (5)］。塔恩［Tarn (2)］的著作是现代最好的资料。

了一个马其顿城市，称为“最远的亚历山大城”，即药杀水（现今锡尔河）边的苦盏。之后，他便率师南下，进攻西印度[1]。所以，新疆、西伯利亚和印度恒河流域等地区，他和同时代的西方人都是不知道的。

公元前323年亚历山大死后，巴克特里亚和索格狄亚那仍在希腊统治下经过了将近两个世纪，起初由负责安条克的塞琉西总督管理，后来由建都巴尔赫（即巴克特拉）的当地君主管理[2]。公元前302年，塞琉西人把亚历山大所占领的印度地区，包括喀布尔谷地在内，割让给新的月护王孔雀王朝，可是希腊人继续据守波斯人过去的疆界，例如布哈拉和撒马尔罕的绿洲。前面已经提到过巴克特里亚的希腊人的伟大艺术传统，它由于融合了印度文化的特征和内容，而产生出希腊-佛教的犍陀罗学派。对巴克特里亚人说来，中国始终在遥远的东方，直到这个地区的希腊统治被游牧民族推翻之后，才建立了实际的交往。

173 公元前175年以后不久，在中亚地区发生了极大的动乱，因为匈奴族进攻居住在甘肃西部沿南山山坡的古代民族——印欧语系（吐火罗语）的月氏族[3]，并把他们驱逐出他们的传统居住地。于是月氏族便向西移动，侵入居住在伊犁河流域的乌孙族的地区，可是并没有停留在此，而是继续往西走，大约在公元前130年，推翻了巴克特里亚的希腊王国，便在那里定居下来。后来他们又大举侵入印度河流域，如象在他们之前的波斯人和希腊人那样，建立了月氏即萨卡王朝。当张骞奉汉武帝之命出使到巴克特里亚（大夏）时，月氏征服巴克特里亚还不很久。

张骞的事迹，司马迁在《史记》卷一二三中有所记载[4]。他的事迹如此引人入胜，比起前面历史一章中（本卷 p. 107）所简要叙述的，这里值得更多讲一点。《史记》卷一二三已由夏德 [Hirth (2)] 和哥罗特 [de Groot (1)] 译成英文，可以参考[5]。从表面看来，张骞的使命显然是要联合月氏来对付匈奴。据《史记》记载：

> 张骞出生在汉中；建元年间（公元前140—前134年）为“郎”（名义上的皇室官员；侍从）。那时天子询问降汉的匈奴人（俘虏），他们都报告说，匈奴打败了月氏国王，并把他的头盖骨用作酒器。月氏逃离了故土，隐藏在某处，一直策划着如何复仇，可是没有人与他们结盟共同打击匈奴。汉朝正想对匈奴

1）在印度，他停止在古代波斯帝国的边界上（比亚斯河），或者是由于他的军队拒绝继续前进，所以阻止了他 [Tarn (2), vol. 1, p. 99]。窝阔台所率领的蒙古军队（在一千五百年以后）到达匈牙利后，同样也被军队制止，无法前进。

2）参看 Tarn (1); Rawlinson (2)。

3）他们的种族和文字至今仍是最难确定的问题，关于这方面，见 Tarn (1), pp. 288, 533。但可以肯定，他们是斯特拉波和托勒密所说的吐火罗人。

4）《前汉书》卷六十一、九十六上、九十六下也有记载。

5）参阅 Herrmann (2); Hudson (1), pp. 53ff.; McGovern (1), pp. 131ff.。

宣战并消灭它，根据这一报告，便希望与月氏通使联络。但前往月氏的途中必须经过匈奴的领土，皇帝就招募能出使前往的人。张骞以“郎”应募，作为使节被派遣去月氏。[1]

〈张骞，汉中人。建元中为郎。是时天子问匈奴降者，皆言匈奴破月氏王，以其头为饮器，月氏遁逃而常怨仇匈奴，无与共击之。汉方欲事灭胡，闻此言，因欲通使。道必更匈奴中，乃募能使者。骞以郎应募，使月氏，……〉

张骞很快便被俘，并被押去见单于。单于监禁了他十年。最后他逃出匈奴，继续西行到巴克特里亚和索格狄亚那。在他达到目的地时[2]，月氏人已放弃对匈奴人进行报复战争的想法，张骞在那里停留了一年，然后启程回国。归途中他虽尽力避开匈奴人，穿过大概在柴达木高原的羌(唐古特)的地界而行，可是又被匈奴人拘禁了一年。公元前126年，他带了一个鞑靼妻子以及忠实的鞑靼奴仆甘父回到中国。张骞被任命为太中大夫，后来又被封为博望侯，可是因为参加征伐匈奴时 174
实际或据说用兵无谋而被贬职。最后，又奉命出使乌孙，虽然这次任务还是没有成功[3]，他仍被任命为“大行”(相当于外交部的司长)。公元前114年张骞逝世[4]。

张骞旅行中最有趣味的事件之一有如下述。他在给皇帝的报告中写道：

当我在大夏(巴克特里亚)时，见到来自邛(邛州在四川)的竹杖和来自蜀(四川)的布匹。我问大夏的居民是怎样得到这些物品的，他们答道：“是我们国家的人在身毒[5](印度)买的。”身毒可能在大夏之南数千里。那里的人有固定的住所，他们的习俗极象大夏人的习俗，但那个国家低湿且炎热。人们骑象作战。国家临近大河。按照我的计算，大夏应在中国西南12000里。而身毒又在大夏的东南数千里，既然那儿有蜀的物产，那末它离蜀可能不远。[6]

〈臣在大夏时，见邛竹杖、蜀布。问曰：“安得此？”大夏国人曰：“吾贾人往市之身毒。身毒在大夏东南可数千里。其俗土著，大与大夏同，而卑湿暑热云。其人民乘象以战。其国临大水焉。”以骞度之，大夏去汉万二千里，居汉西南。今身毒国又居大夏东南数千里，有蜀物，此其去蜀不远矣。〉

张骞事实上已清楚地知道，在四川和印度之间，取道云南和缅甸或阿萨姆有一条商路。可是从古代以来，只有少量货物曾经通过，这条商路非常难行。因此在张

1) 译文见 Hirth (2)。

2) 日期不能十分确定；哈隆 [Haloun (4)] 认为，张骞出使不可能在公元前133年以前。

3) McGovern (1), pp. 145ff.。

4) 他的传记见于《史记》卷一一一，特别是《前汉书》卷六十一。

5) 这是一个奇特的名称；后来通用的名字是天竺。

6) 译文见 Hirth (2)。

骞的建议下，汉武帝曾派遣一个重要的远征队去找寻这条不经匈奴或西藏而能绕道去大夏的道路，但终因“费多、道不通，罢之”。

张骞带回来了关于希腊-波斯人的巴克特里亚(大夏)[1]、费尔干那(大宛)[2]和索格狄亚那（康居)[3]的见闻，以及关于帕提亚（安息)[4]、塞琉西人的米底亚和
175 叙利亚或埃及(黎轩，犁靬，犁鞬)[5]和巴比伦(条支)的见闻。在他出使之后，又有其他许多使者。当时汉武帝派遣使者到各地去，一方面是想说服小国成为纳贡的属国，另一方面也是为了购买某些中国特别需要的货物(例如大宛的“汗血马”，参阅本书第三十章)。第三个目的可能是搜集有关外国的情报。大多数使者仿效了张骞的先例，搜集了各种奇异的植物和其他天然物产。班固曾经说过，在汉武帝时，“异物四面而至”[6]。

劳弗 [Laufer (1)] 曾对这些史料做过细致的研究。《史记》中载明，葡萄[7]和紫花苜蓿[8]确是由张骞带回的。可是其他东西的传入可能要晚得多，例如，胡葱、胡荽、胡瓜(黄瓜)、无花果、红花、胡麻(芝麻)、石榴和胡桃等[9]，是在3到7世纪之间的不同时期传入的。这八种植物和树木之中，有五种的名称带有“胡”字，意思是指从中亚或波斯来的。可是后来的传说，如《齐民要术》(约5世纪)和《博物志》(原本在3世纪)，却把这些东西都说成是张骞引入的。这里可以加以说明的是，当然也有从中国传出去的植物和树木，品种至少是等量的。柑桔最初大概

1) 这一名称通常被认为来自托克哈里 (Tokhari, 即吐火罗)和托克哈里斯坦 (Tokharistan) [例如，Yule (2), vol. 1, p. 37]，可是这种说法并不可靠。如果考虑到中国人在公元前2世纪时的发音，在语音学上是不可能的，而且在历史上也是不可能的，因为托克哈里当时还属于游牧的月氏族，而在巴克特里亚这块土地上，则已有设防的城市和村镇。哈隆 [Haloun (7)] 认为，这一名称可以推至张骞以前许多世纪，中国人用以指传说中的一种北方民族。大概这位伟大的使者把两者混同起来了。关于整个问题的讨论见 Tarn (1), pp. 295ff.。

2) 这一名称一般被认为源自梵文 *yavana*，指希腊人[例如，Hirth (9); Yetts (13)]，可是这种说法也不可靠 [Tarn (1), pp. 474ff.]。现在还没有其他说法。

3) 《前汉书》卷九十六上有记载。

4) 这一名称无疑是从马尔奇阿那(即梅尔夫)的安条克来的，见 Tarn (1), p. 281。

5) 这个名称的来源以及它所代表的地区曾引起许多争论。这一名称变动很多 [Hirth (1), p. 170]，有时是犁靬，又称为黎轩、犁鞬。夏德认为它所指是 Rekem (Petra 的另一名称)。德效骞 [Dubs (30)] 提出一个例证，说明正确的发音是犁鞬。假若接受这种说法，那末，认为它是亚历山大里亚城 (Alexanderia) 的误译的说法，在语言学上便有根据了，因为 k 可以代替 x (如唐代以及更早时的发音)。可是它所指的是十六个亚历山大里亚城中的哪一个，仍然是一个问题。但是《晋书》和《魏略》中都说，犁靬是大秦的另一名称，那末，它可能是最大的一个亚历山大里亚城(在埃及)。这是伯希和 [Pelliot (31)] 的意见。中国从公元前2世纪起便将叙利亚、一般的希腊化的东方以及整个罗马帝国称为大秦(参阅本卷p. 186)。有人认为，大秦这一名称可能来自 Ṭaiyi' [见 Hitti (1)]，这是阿拉伯一个最大最古的部落。这个词后来泛指阿拉伯商人[耶路撒冷的利伯博士 (Dr. Lieber) 的私人通信]。

6) 《前汉书》卷九十六下，第二十三页 [Wylie (10)]。

7) 参阅 Grumm-Grjmailo (1)。

8) 分别为 R288 和 R397。

9) 依次为 R672, 217, 60, 601, 21, 97, 250 和 619。

生长在中国边境地区，包括喜马拉雅山以北的西藏边境地区，可是很久以前就被传到国外。桃和梨在迦腻色迦 (Kanishka) 时代(2世纪)传入印度，因此它们在印度的名称是 cīnanī 和 cīnarā japutra[1]。许多世纪以后，中国西部山区花卉品种之多，实在令人惊奇，那时已有了现在西方人花园中栽植的那些玫瑰、芍药、杜鹃花、山茶花、菊花等等了[2]。

可以肯定，司马迁能够看到张骞的出使报告。这一报告后来似乎成为单独的著作，例如《隋书·经籍志》中列有《张骞出关志》一书，《古今注》(约写于300年) 176
的作者引用该书比引用《史记》为详。另外一本书《海外异物记》[3]后来也被认为是张骞所作。这两种书后来都已散佚。

张骞出使西域是发展丝绸贸易的开端。可以说，这部分地是汉武帝对中亚的强有力的外交政策和军事政策[4]的副产品。第一个丝绸商队从中国到伊朗的时间是公元前106年。从科学史的观点来看，这次出使最有意义之处是中国人在这个地区进行地理探险的成功，因为希腊人早些时候在这里进行的探险都失败了[5]。略早于公元前200年，巴克特里亚的国王欧西德莫斯缺少从西伯利亚输入的黄金，他曾派出探险队沿天山北路设法达到中国，可是没有成功。据说探险队遇到了蓝眼睛红头发的人种，于是相传中国人就是这样的人[6]。五十年后在巴克特里亚，人们无疑想起了欧西德莫斯的探险队，这大概就是张骞[中国的利文斯敦 (Livingstone)]在那儿受到热情接待的原因[7]。

(f) 海上商路的发展

到此为止，我们已经讨论了取道西徐亚北部或巴克特里亚中部，沿陆路分别从西方和中国两个方面进行"开凿前进"的情形。现在我们应当来谈谈海路，在这里便涉及希腊、罗马同印度的关系，而不是它们同中亚的关系了[8]。

---

1) Bagchi (1), p. 58。

2) 见 E.H.M. Cox (1)。

3) Bretschneider (1), vol. 1, p. 25。

4) Hudson (1), p. 66; Sarton (1), vol. 1, p. 197。中国人也许会称这种做法为防御，因为目的是谋求月氏人的帮助以对抗中国西北边境上匈奴人的不断的威胁。

5) Tarn (1), pp. 109ff., 274。

6) Pliny, *Hist. Nat.*, VI, 88。

7) Tarn (1), p. 87。

8) 关于这个问题有两种有用的书：沃明顿 [Warmington (1)] 和罗林森 [Rawlinson (1)] 的著作。后者引用印度资料更多一些，可是两书内容均较陈旧。可以参阅巴尼特的引人入胜的论文[Barnett (1)]。大多数重要的资料都已由麦克林德尔 [McCrindle (1)] 汇编起来，而18世纪的威廉·罗伯逊 [Wm. Robertson (1)] 则是这项研究的先驱。

希腊人关于印度的最早的知识，是由尼多斯的提西亚斯（Ctesias of Cnidus）医生带回来的，提西亚斯公元前416年曾在波斯宫廷中工作，于公元前398年回到希腊[1]。可惜他的描述有过多的幻想和奇异的成分，不象是一位具有适度怀疑
177 态度的医生所应做的。他的著作[2]中载有关于“弱水”[3]、“金液泉”（由矿石炼金）和“树衣”（棉花）的资料。

在印度旅行过的最伟大的希腊旅行家是麦加斯梯尼[4]，他的记载的真实性曾被长期怀疑过，但后来得到了证实。公元前302—前288年间，他奉塞琉西王之命出使月护王孔雀王朝。他提供了许多有关人类学和动物学的材料，提到棉花和“掘金蚁”[5]，描写了“婆罗门和沙门”（即佛教徒）的活动和信仰，甚至还提到过马来亚，他称之为 Chryse（金洲）。

麦加斯梯尼决不是从希腊到印度的唯一的使者，也不是最后的使者。大约在公元前250年，狄俄尼西乌斯（Dionysius）受到埃及王托勒密·菲拉德尔弗斯（Ptolemy Philadelphos）的派遣，曾向印度王宾杜沙罗（Bindusāra）或他的儿子伟大的阿育王[6]呈递过国书。波斯人可能也曾派遣过使者、至少是哲学家或祭司[7]去过印度。佛教徒的使者大概也曾被派遣到受过希腊影响的各国[Wüst (1); V. A. Smith (1), pp. 98, 134; Thomas (3), p. 499]。至少有一位印度耶槃那使徒的名字流传了下来，这就是摩诃罗迦湿多（Mahārakshita）。在公元前2世纪时，即公元前184—前167年间，由于希腊-巴克特里亚王德米特里乌斯（Demetrius）和他的女婿米南德（Menander）将军[印度史料中的弥兰陀（Milinda）]入侵印度而获得了进一步的接触[8]。

在公元前2世纪到公元2世纪之间有关希腊与印度交往的大量文献，已被费斯蒂吉埃[Festugière (1, 2)]、菲利奥扎[Filliozat (4, 5)]和毕善功[Bevan (1)]等学者发掘出来了。《提亚纳的阿波罗尼奥斯的生平》（*Life of Apollonius of Tyana*）一书包括很多肯定是从印度婆罗门和苦行僧得来的知识[Meile (1); Goosens (1)]。圣希波利图斯（St. Hippolytus）所写的批驳婆罗门的著作包含着明

1）其实第一个谈到印度的希腊人是米利都的赫卡泰乌斯（Hecataeus of Miletos，公元前549—前486年），他曾提到过七个印度地名。希罗多德（Herodotus, III, 98ff.）也多少讲到过印度。

2）已由麦克林德尔[McCrindle (2)]译成英文。

3）参阅地质一章（本书第二十三章）。

4）从施万贝克（Schwanbeck）收集的零星材料中可以看出，他的名字在麦克林德尔[McCrindle (3)]的书中可能被读成英文音了。

5）参阅冶金一章（本书第三十六章）。这个古代的传说与西伯利亚提供的资源有密切关系，因此可以联系到欧西德莫斯的远征。

6）V. A. Smith (1), pp. 76, 97。

7）V. A. Smith (1), p. 79。

8）见 Tarn (1), pp. 129, 414; de la Vallée Poussin (1), pp. 239 ff.。

确的《奥义书》的教义 [Filliozat (6)]。希腊医药中的气疗法和印度古书中关于“息”(prāna) 的理论密切相关 [Filliozat (1)]。在希波克拉底 (Hippocrates) 的文集中已提到了胡椒；虫胶[1] 传去较晚些，而二十八宿图载在诺斯替教的经文中。诺斯替教本身和新柏拉图主义都富有印度的特色 [Kennedy (1, 2); Bréhier (1); de Lubac (1) 等等]。反之，水磨据说是由希腊人米特罗多罗斯 (Metrodoros) 介绍到印度的，可是这方面的史料直到很晚的时期才被发现[2]。希腊的雕塑艺术传入了受到前面提到过的犍陀罗学派影响的佛教领域，这是证据确凿的，但在技术上意义不大。这一史实不仅仅是艺术传统问题，而且还具有更重要的意义，因为早期的佛教并不感到有雕塑或绘画释迦牟尼像的需要，然而，现在这种看破红尘的哲学也增添了甚至沉缅于对救世主个人无限忠诚 (*bhakti*) 的体系。这是小乘佛教和大乘佛教之间的重大区别之一[3]。很多人讨论过[4] 西方文化对印度影响的 **178**
程度和效果，可是看来能确定的是，最初希腊的神秘宗教和后来的基督教对它曾有过影响[5]。

叙述欧亚大陆西部各民族之间往来的一本主要著作，是《厄立特里亚海周航记》[6]（厄立特里亚海包括阿拉伯海、波斯湾和红海），约于公元70年写成（相当于赫伦和王充的时代），作者（姓氏不详）是一位希腊-埃及航海商人，他的家乡在红海西岸的贝雷尼塞港。这是最有意义的古书之一，因为它的作者虽然很明显地没有受过学院式的教育，可是他在讲到航路、港口以及装载和买卖货物时[7]，叙述得如此之确实，人们可以看出他是一个终身从事航海的商人。印度和罗马之间经由埃及的贸易往来已继续了很长时期[8]。在公元前1世纪中叶以前，埃及的商船只沿着阿拉伯半岛和俾路支斯坦南部的海岸航行到达巴巴里肯和巴鲁加扎（即布罗奇）。但是，据查尔斯沃思 [Charlesworth (1)] 的推测，大约在公元前15年，也可能更早几十年 [塔恩认为是在公元前85年，参看 Tarn (1)]，已经发现可以利用季风从曼德海峡（红海口）迅速而直接地去巴鲁加扎以及南方各港口，如印度次大

---

1) 关于虫胶，可方便地参看Burkill (1), p. 1290。

2) 见于 Cedrenos (11世纪), vol. 1, p. 516。

3) 参看本书第十五章。

4) 塔恩曾作过很好的总结，参看 Tarn (1), pp. 395ff.。

5) V. A. Smith (1), p. 134; Needham (6), p.9。

6) 由麦克林德尔 [McCrindle (4)] 和肖夫 [Schoff (3)] 译成英文。

7) 沃明顿 [Warmington (1), pp. 145ff.] 著作中讨论物品的性质、动物、菜蔬和矿物的部分特别精彩。有些物品，很难确定它们是什么 [Yule (2), vol. 1, p. 184]。例如，从某种植物的叶子中提取的香料，其商品名称为 malabathrum。1563年达·霍尔塔 (da Horta) 认为它是 *tamalapattra*，这无疑是正确的。可是这种植物是 *Laurus cassia* (月桂属植物)呢，还是如劳弗 [Laufer (27)] 在仔细查考了中国的植物学文献后认定的薄荷 (*Pogostemon*)？这个问题尚有待解决。

8) 参阅 Herrmann (6); Tarn (1), p. 368。

陆尖端的穆济利斯、纳尔辛达和科马里，再从那里去锡兰(达普罗巴尼)，只要沿海岸航行即可抵达[1]。

我们现在可以来看看出入东亚的整个海路的历史发展[2]。从公元1世纪到3世纪中叶，西方的船舶(名义上是罗马的，实际上是希腊-埃及的)曾到过印度所有的港口[3]；在这个时期的后半叶，有一些船只甚至远航到喀的加拉(Kattigara)，这个地方可能在印度支那，或甚至可能在广东的某个地方[4]。印度人和僧伽罗人的船只也曾到达同一海路的各个部分[5]。曾有许多人谈到罗马-叙利亚人在印度开设的"货栈"。虽然有些考古学家可能把证据说得有点太过分了，但确有理由相信，那里有过一些外侨居住区，例如和罗马贸易关系密切的维拉帕特南[在现今的
179 本第治里附近，参看 Wheeler (1)]。在那里发现的陶器碎片是公元24年左右来自托斯卡纳的亚雷兴 (Arretium in Tuscany)，与此相似，现在还保存着的一面镜子的手柄则是公元79年以前从犍陀罗传到庞贝城去的 [Filliozat (4)]。安敦尼·庇护 (Antoninus Pius) 的钱币曾在印度支那的鹅奥约发现过 [Coedès (3)]。"罗马"在南海和太平洋上航行衰落的原因，无疑是很复杂的。到2世纪时，印度的殖民势力扩张到爪哇、苏门答腊和柬埔寨，达到了顶点[6]，很可能，从那时起，定期航行到中国各港口的印度船只就已敌视从西方驶来的少数船只了。

中国的远洋航行一直到3世纪以后才开始，并且直到13世纪才得到充分发展。中国的船只在公元350年左右航行到马来亚的槟榔屿，4世纪末到达锡兰[7]，5世纪时可能来到了伊拉克的幼发拉底河口[8]，并访问了亚丁[9]。阿米阿努斯·马尔切利努斯 (Ammianus Marcellinus)[10] 曾提到，360年左右，在幼发拉底河沿岸巴

1) 这一发现早先归功于一位商船船长希帕洛斯 (Hippalos)，但他可能只是传说中的英雄人物，甚至只是一个风神之名[见 Tarn (1)]。

2) 李希霍芬 [Richthofen (3)] 曾作过总结，近来又由米尔斯 [Mills (3)] 和菲利奥扎 [Fillozat (4)] 作过结论。

3) Meile (2)。

4) Schoff (4)。赫德森 [Hudson (1)] 同意这个地方是河内的说法，可是关于这一点有过许多争论；参阅格里尼的专著 [Gerini (1)]。

5) Lévi (5)。

6) 参阅 Grousset (1), p. 155。

7) 见 Lévi (2)。

8) 早期中国船只到达波斯湾口这一事实，主要是根据麦斯欧迪的记载 (al-Mas'ūdi, vol. 1, pp. 216ff.)，该书是在947年前后写的。可是有许多人，包括雷诺 [Reinaud (1)]、沃明顿 [Warmington (1)] 和赫德森 [Hudson (1), p. 113]，仅承认有这种可能性。在这方面，也可参阅 Yule (1); (2), vol. 1, p.83; 以及 Hourani (2)。《宋书》卷九十七写成于500年左右，其中记述了中国和大秦(叙利亚)、天竺(印度)进行贸易，还说"舟"(大概指中国船)，"舶"(大概指外国船)"沿路都有往来，并且商人从事商贸活动"(舟舶继路，商使交属)[参阅 Hirth (1), pp. 46, 102]。夏德和柔克义 [Hirth & Rockhill, p. 15] 认为，在唐朝以前中国船只从未到过波斯湾，他们似乎说得太肯定了。

9) 施瓦茨 [Schwarz (1)] 和戴闻达 [Duyvendak (8)] 曾著文讨论中国人发现非洲一事。

10) Ammianus Marcellinus, XIV, 3。

达尼亚的每年一次的集市上，有中国的商品[1]。这种交往[2]似乎一直继续到900年左右，然后才衰落[3]。762年，在塔拉斯河战役被俘的中国人经由波斯湾回国时，搭乘的就是本国的帆船[4]。大约在850年，商人苏莱曼提到[5]，波斯湾北岸的撒那威港是中国航船到达的终点[6]。

后来，伊斯兰阿拉伯船主的势力兴起了[7]。758年，他们已强大到能在广州焚烧掳掠，这恰好是阿拉伯首次派遣驻中国使节（651年）之后一个世纪时发生的。在9世纪时，他们经常环绕马来亚航行，大批来到广东，特别是在广州和杭州建立“侨居区”或“货栈”，正如他们的祖先叙利亚人和希腊-埃及人在3世纪时所做 180
的那样[8]，只不过以前的规模要小得多。阿拉伯人也知道朝鲜（Sila）和日本（Wa-kwak）。赫扎因 [Huzzayin (1)] 和霍拉尼 [Hourani (1)] 曾详细地叙述过阿拉伯人的贸易，费朗 [Ferrand (1, 2)] 曾搜集到阿拉伯商人和旅行家关于东亚和东南亚的著作的译本[9]。就是在这个时期（10—13世纪），在海洋贸易和航海方面有最重要的中文记载，特别是赵汝适的著作《诸蕃志》[10]，该书由夏德与柔克义译成英文，并作了很多注释。

中国港口的阿拉伯名称在中古时期流行颇广，值得我们稍作考查。广州（邝州）过去被称为“邝府”（Kuangfu），或者由于误传，而被称为“汗府”（Khanfu）或“辛辛”（Sīn al-Ṣīn）。交州也在广东，由于离龙编很近被称为“陆京”（Lukin），也称为“瓦京”（al-Wakin）。福建的泉州是当时最大的港口，被称为“东府”（Djanfu）、“栽桐”（Zaitun, Zayton），“刺桐”（Zeytoun）等。这些名称[11] 是从962年该地

1）当然，这不一定都是中国船只运来的。

2）基督教修道士科斯马斯·因第科普劳斯提斯（Cosmas Indicopleustes）于525年曾叙述伊拉克和印度之间的航行，这时恰好就在伊斯兰教兴起之前。有关他的记载，可参看 McCrindle (7); B & M, p. 1045; Yule (2), vol. 1; Coedès (1), p. 132ff.。他擅长地理学理论，在交通史问题上并不渊博。

3）在唐代，中国的朝圣者大多数乘外国船只；而在南宋和元代，欧洲的旅行者却喜乘中国帆船，并且对帆船留下深刻的印象。这种现象是相当奇怪的。

4）Pelliot (32)。

5）Sauvaget (2), pp. xxxix, 6, 7, 8, 41, 43；参阅 Ferrand (5)。

6）然而，霍拉尼 [Hourani (1)] 指出，阿拉伯地理学家和旅行家一般所谓“中国船只”（*marākib al-Ṣīn, sufūn Ṣīniyah*），也许和“东印度船”或“中国快速帆船”具有相同的含义。可是他们也使用 *al-sufūn al-Ṣīniyah*（中国人的船）一词。

7）他们通用的语言也许是波斯语 [Schafer (2)]，相当于陆路上的粟特语。关于阿拉伯和波斯的航海的整个问题，可参看 Hadi Hasan (1); Hourani (1)。

8）后期罗马-叙利亚航海家在中国广州附近设有“货栈”的证据之一，是他们在那里种植了指甲花[参阅本书第三十八章，以及 Hirth (1), pp.268ff.]。从《南方草木状》一书中关于“指甲花”的一段记载，我们可以了解到这一点 [R248, Stuart (1), p. 232]。

9）引用费朗的著作时，必须小心。

10）有关伊斯兰教各国的部分，以前曾由夏德 [Hirth (11)] 译成德文。

11）桑原 [Kuwabara (1)] 在这个问题上有许多资料。下面关于蒲寿庚的生平和时代的详细研究，也出自桑原。

节度使留从效在路旁大量栽植的刺桐树[1]而得来的。浙江的杭州则被称为“行在”(Quinsay, Khinzai 或 Khanzai)，这些名称来自“行在”一词，意指宋室失去北方首都后的临时都城。在阿拉伯人的居住区(蕃坊)有一个头目(*qadi*)，是从侨民中选出来负责公共秩序的。有些阿拉伯家庭在中国定居，他们的后代在中国官府任职。蒲寿庚便是阿拉伯裔。他在马可·波罗来到之前的1250—1275年间被任为泉州提举市舶[2]。蒲寿庚也象马可·波罗那样，在元朝做过官。他的职权是征收关税，签发中国商船出入证，监督外国侨民区，查禁钱币出口，并对港口事务进行一般监督。

12世纪末以后，阿拉伯人在太平洋上的航运事业逐渐让位给中国人。15世纪中国明代时，在一段很短的时间内，中国人曾在海上称雄，这在前面已经谈到[3]。这一时期的中国远洋帆船又抵达婆罗洲、菲律宾群岛、锡兰、马拉巴尔、甚至东非[4]。后来，在16世纪初期，葡萄牙的探险家才开辟了新的航海时代。在这段期间内，陆上商路又发生了什么变化呢？

181

(g) 古代丝绸之路

关于陆上商路，我们现在要从公元前2世纪末谈起，那时希腊人在大夏的统治已被月氏人推翻，张骞大致就在这个时期出使西域。不久以后，大约在公元前106年，横越亚洲的丝绸贸易开始经常化(参看图32)。古代的西方人知道中国的两大都市：丝都(Sera Metropolis，大概是长安，可是也有人认为是兰州，或甚至是古代丝绸之路高处的甘州)和秦都(Sinae Metropolis，洛阳)。赫德森指出[5]，这是因为和西汉的交往是经由陆路，西汉的都城在长安(西安)；和东汉的主要交往则是经由海路，至少远及北部湾，而东汉的都城则已迁到洛阳。我们前面已经看到，这一点曾使人们怀疑 Seres 和 Sinae 是不是属于同一国度。

总之，丝绸在离开中国的途中，首先必须沿着南山山麓，经过凉州、甘州、肃州(酒泉)和安西等绿洲城市到达敦煌，在这里分成两路，一路沿着西藏北部柴达木高原的北麓而行；另一路(约在公元5年开辟)则横越沙漠，经过吐鲁番和焉耆，沿着天山南麓而行。这两路都避开了塔里木盆地(塔克拉玛干沙漠)。第三条路在敦煌以西不远的地方，即在古玉门地区，离开北路，直接通过沙漠到位于罗

1) 印度的珊瑚树(*Erythrina indica*)；R 384。
2) 据说“蒲”这个姓来自阿拉伯语尊称 Abū(阿布)。
3) 参阅本卷 p. 143 和本书第二十二、二十九章。
4) 又见于 Duyvendak (8)。
5) Hudson (1), p. 86。

布泊附近的城市楼兰。可是在公元400年以后，由于干旱日益严重，楼兰城成为废墟，这条路也就被废弃了。所有各路都在喀什噶尔（疏勒）会合，然后又分道扬镳。一条路通过捷列克-达文山口进入费尔干纳（大宛），然后经过撒马尔罕到达马尔奇阿那（梅尔夫）的安条克。另外一条路从喀什噶尔到巴克特里亚（大夏）的巴尔赫（巴克特拉），并由此到达梅尔夫，这条路中间要越过帕米尔高原，但穿越帕米尔高原的路径现在无法明确确定，可能要经过塔恩-墨伦山口。沿这条路走，必须经过被称为"石塔"的要塞，这在托勒密和其他古代地理学家的著作中是非常有名的，它矗立在巴克特里亚的边界上［参看 Herrmann (2)］。经过梅尔夫后，路便容易走得多，通过伊朗的和椟城（古代安息的都城）和埃克巴坦那（现在的哈马丹），到达底格里斯河沿岸的塞琉西亚-泰西封（刚好在现在的巴格达的下游）。从那里就有许多道路往西通向叙利亚。

赫德森[1]将整个路程分成四段：（1）从起点西向远及帕米尔，亦即到现在新疆的西部边界；（2）从帕米尔到梅尔夫绿洲，亦即从南路通过巴尔赫（巴克特拉）到巴克特里亚或从北路通过撒马尔罕到达粟特；（3）从梅尔夫到现在伊拉克的塞琉西亚；（4）从塞琉西亚到罗马帝国边境。在这四段路程中，第一和第四段最为艰险。第二段从公元前140年到公元560年是在月氏的贵霜（Kushan）王朝和匈奴的吉达拉（Kidara）王朝统治下，560年被土耳其人占领。因此整个看来，这段路程的情况，对贸易来说是相当稳定的[2]。同样，第三段主要在波斯境内，最初从公元前129年到公元224年，波斯是在安息的阿萨息斯（Arsacid）王朝统治下， 172
后来在萨珊（Sassanids）王朝统治下，最后阿拉伯人占领该地。可是第一段和第四段都是经常处于归顺不定的统治之下。无疑，甘肃和疏勒之间的贸易经常只可能在一系列的游牧部落之间，尤其是大月氏人、匈奴人、蒙古人以及西藏人、还包括许多中亚的小城邦在内，在语言不通的情况下，以物物交换的方式进行[3]。在此期间，中国的统治权有时确曾达到那里，例如在西域都护班超远征的时期就是这样。在这条商路的另一端，处于罗马和安息之间的许多缓冲小国，如奥斯格赫纳和巴尔米拉，则乘此机会作为贸易的中间人而获利[4]。

正因为陆上商路沿线有那么多明显的和潜在的中间商人，所以人们经常想去

1）Hudson (1), p. 79。亦可参阅 Schoff (5)。

2）科德林顿［Codrington (1)］曾描述了这一段的地理情况。

3）参阅 McGovern (1) 和 Drake (1)。古代西方的作者们常常提到古代丝绸之路上使用手势进行的物物交换，例如 Pomponius Mela（公元50年前后），*Chorogr.* I, 60 [Coedès (1), p. 11; Yule (2), vol. 1, p. 196]; Pliny, *Hist. Nat.* VI, 20; 以及 Ammianus Marcellinus（330年前后），*Res Gestae*, XXIII, vi, 64 [Coedès (1), p. 97]。

4）参阅 Rostovtzev (8)。

开辟一条海路来代替中间的几段陆路。很可能有些丝绸贸易为了避开第四段路程而绕道阿拉伯半岛，南下波斯湾再转而北上直达红海[1]，可是不概不会有太多的人绕这样远的路。可以肯定，曾经另外开辟了一条可以连接起来的路，这条路不仅避开第四段幼发拉底河沿岸的各个缓冲小国，而且也不经过第三段的安息。这便是《厄立特里亚海周航记》一书的作者所叙述的，在巴巴里肯和巴鲁加扎两地换船转运。丝绸通过阿富汗兴都库什的一些山口和开伯尔山口到达塔克西拉[2]（在现在拉瓦尔品第附近），再从那里沿印度河而下[3]。这一条路是可能有过的，因为贵霜王国早在1世纪时便已控制着巴克特里亚和粟特以及印度西北部[4]。这一地区更远的东部，并不太适合于和地中海沿岸贸易，可是在沿海还曾有过中国丝绸的另外两个出口处。第一个是恒河。经过托勒密确实提到过的某一条商路[5]（现在难以确定这条路在何处），商队经过西藏高原后，可能由拉达克或锡金或其他喜马拉雅山口，抵达恒河边的帕里姆波斯拉（即华氏城，现名为巴特那），从那里可以接上恒河口的西方船只，这是《厄立特里亚海周航记》一书的作者曾经叙述过的。第二个出口是云南和缅甸之间的交接处，这可从中国古书中得到证明。经由这一条路即可到达萨巴那 (Sabana) 港［毛淡棉 (Moulmein) 附近］和塔可拉 (Tacola) 港（仰
183 光附近）。最后，我们必须提到环绕马来亚的航行，罗马叙利亚人和希腊埃及人曾由此路到达过中国境内或接近中国边境的喀的加拉。据说，罗马人在太平洋沿岸各地的贸易先驱者是2世纪初的一位名叫亚历山大 (Alexander) 的人。他写了一本旅行记，推罗的马里努斯和托勒密都曾引用过[6]。

除丝绸以外，经过著名的商路（无论是陆路还是海路）的其他商品比较少一些。其中最有意义的是普利尼 (Pliny) 所提到的"中国铁"[7]，关于这个问题，我们将留到冶金一章再加以讨论[8]。此外还有毛皮、肉桂和大黄；大黄似乎另有它自己的特殊商路，经由里海以北的各部落而到达西方。地中海地区输出的商品很少是中国人所需要的。不过，在罗马时代的黎巴嫩（腓尼基人）产地和埃及，玻璃制

1）甘英的经历（本卷 p. 196）就说明了这种情况。

2）中国的玉和日本的扇贝都曾在塔克西拉发现过 [Tarn (1), p. 364]。

3）见富歇对此的专门研究 [Foucher (1)]。

4）V.A. Smith (1), pp. 128ff. 及 de la Vallée Poussin (1), p. 308。最伟大的贵霜国王是著名的迦腻色迦。贵霜人是曾征服巴克特里亚的月氏人的后裔，仍说月氏人的萨卡语。参阅《后汉书》卷一一八，第十一页。1937—1939 年法国探险队在喀布尔之北的巴格拉姆发掘出两个有围墙的贸易商品转运仓库（最后使用时期大约是 250 年）。其中有来自印度的象牙雕刻、中国的漆器、叙利亚和亚历山大里亚城的青铜器、玻璃制品和石膏浮雕。很久以来，人们都切望这些材料的详细报道尽快发表 [Wheeler (2)]。

5）Ptolemy, *Geogr.* 1, 17。

6）Hudson (1), p. 89。

7）Pliny, *Hist. Nat.*, XXXIV. 41, 145；亦可参阅 Edkins (9)。

8）本书第三十六章。

造技术已达到完善的程度，在整个亚洲都有市场[1]。羊毛和亚麻织物在东方销售似乎也达到了一定的程度。可是这些物品，即使再加上少量的其他杂货，也还远不足以平衡贸易额。赫德森[2]说："总的说来，罗马对东方的国外贸易，严重入超，必须用金银锭或特殊支付来补偿。"[3] 东西方贸易每年的全部金额可能相当于一百万英镑。有人认为，这种金融上的日趋枯竭，是罗马帝国经济衰落的主要因素。可是黄金并没有到达中国，很有理由认为，黄金是被中间经手的一些国家收走了，这些中间国用罗马帝国的产品和它们本国的产品，与中国人进行物物交换[4]。

(1) 通路、游牧民族和长城

我想，现在我们已经概述了古代横越亚洲的各种交往，足以帮助本书的读者自己去判断，某种具体的思想或技术到底是从中国传出的可能性大，还是从外国传入中国的可能性大。但是，到了罗马帝国崩溃时，情况又是如何呢？

在野蛮民族迁移和入侵时代中国和罗马的关系，已在蒂加特 [Teggart (1)] 的专著中进行了讨论。他将罗马和中国历史学家的编年史料互相对照后，得出结论说，冲突的传播确实是存在的（很象希罗多德所提到过的那些情况：西徐亚各部落彼此迫迁，从一地互相追逐到另一地，参阅本卷p. 170），其影响遍及整个亚洲。在1世纪时，中国人和匈奴人在新疆和蒙古发生过多次战争，跟着常常就有在多瑙 184
河和莱因河地区发生的骚乱。在这些骚乱之后，又往往发生叙利亚或亚美尼亚的罗马人和安息人之间的冲突。

阿兰人、哥特人和其他草原民族的野蛮入侵结束了罗马帝国时代，这在讨论横越亚洲的联系路线方面，当然是很重要的历史变化[5]。关于这些日耳曼人入侵的原因，曾经争论过很久了。有些作者满足于那些虚假的解释[6]，如"渴望于改变"或"热衷于冒险"等等，这姑且撇开不谈，早期的经典理论认为这种入侵是人口过剩引起的[7]，可是人口论专家却并不赞同这样的解释[8]。这里没有足够的证据可以证

1）在河南曾发现一个公元前2世纪亚历山大里亚的玻璃瓶，上面有雅典女神的头部像 [Rostovtzev (5), p. 513]，可是它的真伪尚属可疑 [Tarn (1), p. 536]。

2）Hudson (1), p. 98。

3）这种情形在东印度公司的年代又重现了 [参看本书第二十七章 (k)]，成为19世纪初鸦片战争的主要原因之一。

4）沃明顿的著作 [Warmington (1), p. 272] 有关于入超的详细记载。在山西曾发现过罗马的钱币（公元14—275年间的），卜士礼 [Bushell (1)] 曾著文记述此事。

5）吉本并不是不知道在中国内部和边境上发生的事件之间的关系，例如，他提到过拓跋魏的兴起 [Gibbon (1), vol. 5, pp. 210ff.]。

6）例如 Wm. McDougall (1), p. 223。

7）Bury (2), p.6; Barker (1)。

8）例如 Carr-Saunders (1), pp. 297ff.。

明，由于原始的农耕方法而引起的土地肥力的枯竭导致了对土地的需求 [L. Schmidt (1)]。事实上，日耳曼人在农业耕作工具上比罗马人进步（参阅本书第四十一章）。另外，也很难将原因归之于马匹的驯养 [Peake & Fleure (1)]，因为这肯定是早在一千多年以前便已实现了的。

最广泛地被人们接受的理论是：野蛮民族的迁移是由于游牧民族的自然环境的改变，特别是由于在戈壁和草原地区出现日益严重的或周期性的干旱。这一观点似乎是从李希霍芬[1]和庞培烈[Pumpelly (1)] 等旅行家在 1866 — 1877 年间的研究中得出的。1904 年克鲁泡特金 [Kropotkin (1)] 的文章则进一步加强了这一观点。这种观点如果用恰如其分的语言、而不是用过于精确的形式来表达，自然会有它的说服力。可是，埃尔斯沃思・亨廷顿 [Ellsworth Huntington (1, 2)] 发挥得过分了，他所提出的"亚洲气候脉动论"（1907 年）又被他的追随者布吕克纳 (Brückner) 和柯里 (Curry) 等人加以补充，说得那样精确，以致难以令人信服。柯里在总结中说道："一个有规律的气候变化周期大致为 640 年，每一周期平均包括大约 300 年日益增长的干旱，这便使欧洲和亚洲产生一系列的迁移和稳定的交替期。气候周期在欧亚两洲的影响从公元前2300年到公元1600年都有线索可寻。"大多数研究这一题目的人，都没有被这个说法所说服。奥里尔・斯坦因 [Aurel Stein (2, 3, 5)] 特别着重指出，要获得过去各个历史时期气候变化的准确数据，是非常困难的。至于说干旱现象一直在中亚边界继续发展，这是相当正确的。1943年我在遥远的甘肃西北部时，携带着斯坦因的地图，我们一再注意到图上标明"草原"或"丛林"的地区，在过去的三十年期间内已变成砂质或砾石的沙漠。在那些地方，有许多故事讲到沙石的流动掩埋了城墙、庙宇和牌楼，例如，在鄂尔多斯沙漠边缘的榆林就是这样。当我在十二年前去敦煌的时候，最低的敦煌石窟大部分埋在沙中，尽管现在有些已经挖掘出来了。然而，如果根据这样一些事实来讨论十八个世纪以前的各种情况，那是非常不可靠的[2]。

185 最妥当的办法也许是承认气候的变化可能起过一些作用，而其他一些因素也起过作用。从公元前 230 年左右到公元 300 年之间，长城有效地阻止了匈奴人向东南迁移，因而被认为是导致游牧民族冲向西方的一个因素[3]。只是在 3 世纪以

1) v. Richthofen (2), vol. 1, p. 24。

2) 参阅肖姆贝格 [Schomberg (1)]，以及格雷戈里 [J. W. Gregory (1)] 有关世界干旱问题的精彩论文。

3) von Richthofen (2), vol. 1, p. 445; Minns (1), p. 121; Foord (1); Rostovtzev (1), p. 114; Lattimore (4); E.D. Ross (1, 2)。古代西方作者，除了阿米阿努斯・马尔切利努斯（约 360 年前后）所著《趣事录》[*Res Gestae* XXXIII, vi, 64; 参看 Coedès (1), XXVII, 94] 以外，没有人提到过长城。玉尔 [Yule (2), vol. 1, p. 16] 认为，只有山脉起过阻碍作用，可是他的书上确实用过"高堤" (agger) 一词。参阅本书第二十八章 (c)。

后，无数的匈奴人、突厥人和蒙古人才涌进华北，并且在那里建立了几个王朝。虽然蒂加特不会同意这一观点，可是这种观点却从他自己提出的相互关系说获得了新的合理性。无论如何，重要的是，自从日耳曼人和哥特人迁移后，欧洲在中古初期获得一个相当安定的局面。也就是说，这一时期，正是中亚的一些民族有机会向中国扩张的时期。人们可以想到，北魏王朝一直延续到6世纪中叶，而在8世纪中叶以后，又有回纥和契丹的兴起，在10世纪则有辽、后来又有金的兴起。直到13世纪，欧洲才又感到来自亚洲心脏地区的蒙古族向外扩张的压力。

进入欧洲的多次大迁移很自然地是顺着里海以北西徐亚的大路进行的。尽管我们在估计思想传播的可能性方面，必须把这些大迁移的作用考虑在内，可是大迁移从来没有完全中断过古代丝绸之路。但在罗马势力衰落时，海路贸易却由于不出名的阿比西尼亚的阿克苏姆 (Axum)[1] 王国的兴起而受到了干扰。阿比西尼亚依靠它在红海南部的港口阿杜利斯 (Adulis)，获得了象波斯一样重要的中间人的地位。早在4世纪时，由于拜占庭的建立，亚历山大里亚城几乎全部失去了它作为货物集散地的重要性，并且新的商路已经发展起来，直接从梅尔夫通过亚美尼亚，而完全不必经由美索不达米亚。事实上，丝绸工业当时已成为拜占庭财富的基础之一。

蒂加特把日耳曼人迁移时所表现出的野蛮民族的骚乱，大部分归咎于中国或罗马的战争对重要商路的干扰。在新的形势下，拜占庭人的处境确实很困难，因为一些其他情况迫使他们和波斯人作战，而波斯人又正是他们赖以获得丝绸供应的。因此，公元552年，即查士丁尼皇帝宣布丝绸工业由国家专营后十年，发生了一件政治上和经济上都很重要的大事，那就是蚕种 (*Bombyx mori*) 被引入欧洲。关于此事有各种不同的记载。普罗科匹乌斯 (Procopius)[2] 说，它是某些印度僧人受雇从"赛林达" (Serinda) 带来的；泰奥法内斯 (Theophanes)[3] 说，是一个波斯人从产丝之国将蚕蛾的卵放在中空的手杖里偷运出来的。赫德森[4] 在调和这两种不同的说法时，认为前者所说的僧人可能是以前曾到过印度的波斯景教徒，而 186
"赛林达"即是柬埔寨或占婆 (Champa)；另外的说法则认为"赛林达"是和阗或疏勒。我认为这个问题中最重要的部分，被多数作者忽略了，即究竟哪一个民族对养蚕、缫丝和捻丝等技术具有充分的知识，以致能将丝绸工业成功地从柬埔寨或新疆移植到叙利亚和吕底亚来呢？任何人都能携带一根中空的手杖。但是，不管

1) Hudson (1), p. 105.

2) Procopius, *De Bello Gothico*, IV, 17; Coedès (1), pp. xxviii, 127; Yule (2), vol. 1, p. 203.

3) 见于 Müller, *Fragmenta Hist. Graec.* IV, p. 270 [Yule (2), vol. 1, p. 204].

4) Hudson (1), p. 121.

怎样，移植却成功了。

到了6世纪末，土耳其人开始统治中亚。他们和拜占庭交换了使节，由齐马耳科斯（Zemarchus）[1]率领的拜占庭的使节，回国后留下了他们的见闻记录。因为拜占庭人当时已经自己养蚕，所以并没有很快开辟新商路，但赫德森却看出此事的重要性，因为这是一千多年以来欧洲第一次有人向东旅行到象普罗柯尼苏斯的阿里斯提亚斯到过的这样远的地方，也就是到达里海和天山之北[2]。这次出使的成果之一，是有关中国的非常确切的描述。这是由埃及籍希腊人泰奥菲拉克特·西摩喀塔在628年编写的，他写到（我们已提及）有关“陶格司人”（Taugas，即拓跋，中国人）的情况。他确实知识丰富，知道那里发生过一次大战，“黑衣军”曾渡过大河消灭“红衣军”[3]。这是历史上的真事：隋军渡过长江，击溃陈军，于589年攻入南京[4]。他的资料又说明正确消息传播的广度，因为《旧唐书》中反过来也有一卷关于阿拉伯（大食）[5]的记载，书中说，671—678年间，拜占庭被哈里发穆阿威叶（Mu'āwiyah）围攻。后来阿拉伯人战败，由琼斯·贝兹高底阿斯（Joannes Petzigaudias）出面调停，阿拉伯人赔款停战[6]。

据中国史书记载，643年从拜占庭（拂菻）[7]来过使节（见本卷 p. 205）。拂菻这一新名称，现在开始代替了旧名称大秦。大秦曾用以称呼叙利亚，也可能意指整个罗马帝国，后来又指公元前2世纪以后亚历山大的后继者们所建立的东方希腊人国家[8]。742年最后一批使节走了以后，有相当长的一段间隔，难以肯定那时通过中亚进行的交往是否频繁。当时，由于吐蕃人势力日益增强，引起了新
187 疆的骚乱。吐蕃人从670年后，曾统治喀什噶尔达二十二年之久。他们在7世纪早期就已兴起，在赞普松赞干布的统治下，成为政治上重要的国家。松赞干布曾娶唐朝公主为妻，并在他的国家内，确立了佛教的信仰。虽然在747年唐朝将军高仙芝曾率领有名的远征军横越帕米尔高原到达吉尔吉特，达到了暂时阻止吐蕃

1）即米勒的《希腊史片断》中的摄政者米南德（Menander Protector），见于 Müller, *Fragmenta Hist. Graec.* IV, p. 235 [Yule (2), vol. 1, pp. 205ff.]。

2）从德效骞 [Dubs (6)] 所提出的有趣的证据可以知道，罗马和中国军队的直接军事接触估计是在公元前36年，但对此我们以后再行讨论（本卷 p. 236；参阅本书第二十二、三十章）。当时，罗马军团是由中亚的一个王子统率的。

3）Yule (2), vol. 1, p. 30; Coedès (1), pp. xxix, 138。

4）见 *TH*, vol. 2, p. 1253。

5）“大食”也许是由 Tazi 或 Tadjik 而得名，这是指 Taiyi' 部落的人们 [Hirth (9); Yule (2), vol. 1, p. 88]。

6）Yule (2), vol. 1, p. 48。

7）原来以为这个名词象 Istanbul 一样出自 εἰs τὴν πόλιν（这是麦斯欧迪的看法），可是现在已确定是从 Rūm [From, Hrom, Eastern Rome（东罗马）]音译而来。

8）阅读佛尔克 [Forke (1)] 和赫尔曼 [Herrmann (7)] 之间关于“大秦”究竟是指什么的辩论，是饶有兴趣的，至少从《魏书》时代起，即从5世纪起，大秦的首都便被称为安都（即安条克）。

人和他们的阿拉伯盟友联合进犯的目的，但仍然无法控制吐蕃，在塔拉斯河战役（751 年）中，唐朝的军队被新的穆斯林军队所战败（这在前面已提到过，见本卷 p. 125）。这样，便使陆路交通中断了。可是，陆上交通中断所造成的损失却从海上贸易中得到了补偿。如同前面已提过的，这是由于阿拉伯人航行到中国的伟大时代开始了。1081 和 1091 年到达中国的使节，名义上来自拂菻，实际上并不是拜占庭人，而是巴格达的统治者派遣来的塞尔柱突厥人。他们在1071年曼齐刻尔特（Manzikert）战役中占领了拜占庭的领土[1]。

(2) 在中国的波斯人

在整个唐代，都有波斯商人来中国经商。他们在陆路交通中断时，大概是经海路而来的。他们在唐代的小说和笔记中留下了一些记载。我们应该归功于谢弗 [Schafer (2)] 对零星散乱的文献所作的研究，这在科学思想和技术的传播方面，可能非常重要。第一批波斯使节在公元 455 年到达中国，携有宝石、地毯和香料；最后一批使节在 984 年来中国，是从呼罗珊的萨曼王朝（the Sāmānids of Khurāsān）派遣来的。在唐代的中国，如果我们根据文献史料作出判断，那末，当时的波斯商人普遍地被看成是魔术师、炼丹术士和拥有法术宝石的富商。他们的最大集中地是长安的西市，那里有宝石商店、酒铺、袄教寺和景教堂[2]。在丛书如《太平广记》所记载的故事中，被称为“胡”的波斯商人，往往出高价收买宝石或矿石，而这些物品的中国主人却不知道它们很有价值。从炼金术士的熔炉中炼出的金块可用高价出售。有一个故事叙述穿着道袍的波斯人，招募青年道士帮助他炼丹，好炼成长生不老药。有些中国化了的波斯人后裔可能在波斯与中国的科学交流中，起过重要作用。他们的姓名被流传了下来，其中有几家姓李的。诗人李珣的弟弟李玹是一位著名的道家炼丹术士和善于利用含砷制剂的草药学家，又是著名的棋手[3]。他们的祖先在隋代来到中国，他们的妹妹李舜弦也是诗人，后为五代时 188
前蜀主的昭仪[4]。李玹著有《海药本草》，其中所载多属国外药物，可能也讲到海产药物[5]。8 世纪郑虔所著的《胡本草》一书，其中记述的确属于波斯医学所用药物。可惜这两部书均已散佚，只有部分内容为后来的本草著作所引用。还有一位医生

1）见 Hirth (1), p. 298。

2）有关在唐代长安的西方人的最出色的专著是向达（*3*）。

3）我们从黄休复所著《茅亭客话》一书读到有关他的事迹（卷二，第十页）。

4）参看张星烺（*1*），第四册，第99页。

5）贝勒 [Bretschneider (1)] 根据《本草纲目》卷一上第七页，认为是他的哥哥李珣所作。李时珍认为李珣是 8 世纪时的人（769—780 年）。可是从别的资料来看，李玹和他的兄妹却在 10 世纪初享有盛名。

李密医，他的祖先也是波斯人，李密医在735年去日本，并参与了那里的奈良文化革新[1]。在此之前不久(714年)，有一个名叫及烈的景教徒或摩尼教僧侣[他也许就是基里亚库斯（Cyriacus)]，曾为朝廷"锻造"或仿造过外国的珍奇物品[2]。他的技术非常熟炼("巧")，但是儒家官吏并不赞赏，皇帝也淡然置之。

(3) 蒙古的霸权

如果说在11和12世纪，陆上交通本已减少[3]，那末，在蒙古人的统治下，它却又获得了梦想不到的重要性。蒙古军队在1221年击败斡罗斯联军，打开了欧洲的大门。正如前述(本卷 p. 140)，六十年之后，整个亚洲和东欧，从山海关到布达佩斯，从广州到巴格达，都统一在一个政治霸权之下。因此，毫无疑问，东西交通会变得便利得多[4]。14世纪时，有个商人的笔记本上写着[5]："据来往商旅所说，从顿河口的塔那（Tana）去中国的旅途，不论日夜，都非常安全。"较为令人惊奇的是，这是由于蒙古的胜利征服带来的结果。拉尔夫·福克斯（Ralph Fox）在讲到成吉思汗时，形象地描写道[6]：

> 这位蒙古骑士往往使用源于其大草原生活的纯粹史诗式的形象语言来谈话。他是餐沙饮露、风驰电掣的四只猛犬的主人。尽管他与回纥和乌兹别克商人友谊深笃，但却从未想到，他的生命和胜利到头来只是促成了小心翼翼
> 189 的弗兰奇斯科·巴尔杜奇·佩戈洛蒂先生（Master Francisco Balducci Pegolotti）的商业冒险[7]，这位先生坐在舒适的马车里，带着妻子、译员，还有一个小小的商品护送队。弗兰奇斯先生是未来的象征。……没有一个游牧骑士在从他的毛茸茸的小红马上观看这平静的商队缓缓经过的时候，会想到它是比铁木真的四只猎犬更凶猛无情的未来征服者的先遣部队。

这方面的讨论至此可以结束了。中国和西方的关系从此进入近代阶段，这已在前面关于历史的一章中比较详细地谈到了(本卷 p. 142 ff.)。这里只提几部比较专门的参考书。要研究这个时期——包括蒙古人统治下陆路的开放，明代陆路

1) 见 Takakusu (3), p. 7。

2) 《册府元龟》卷一〇一，第七页；卷五四六，第三页。不要把这个及烈和732年来中国的同名的景教徒相混，后者的名字刻在了著名的"大秦景教流行中国碑"上(718年)；见 Saeki (1), p. 75, 168。

3) 当然，陆路交通从未完全被阻。在威尼斯的圣马可（St. Mark）教堂发现的典型的中国图案，恰是从这个时期开始的，它们可能是从拜占庭所得到的丝织品上描来的 [Einstein (1)]。

4) 由此产生的所有文化交流，可参看富路德的有意义总结 [Goodrich (1), pp. 174, 176]。

5) 参看佩戈洛蒂的1340年左右的著作（Pegolotti, *Libro di Divisamenti di Paesi*)。

6) Ralph Fox (1), p. 257。

7) 关于佩戈洛蒂及其所著商人手册，最好的记载之一见于 Beazley (1), vol. 3, pp. 324ff.。但是，萨顿 [Sarton (1), vol. 3, p. 772] 却断言佩戈洛蒂从来没有到过中国。

的封锁，清代(特别是早期)的适度开放——有两部最重要的书籍：贝勒 [Bretschneider (2)] 和玉尔 [Yule (2)] 的著作。后者研究了和德理 (Odoric of Pordenone)[1]、孟高维诺 (John of Monte Corvino)[2]、马黎诺利 (John Marignolli)[3]、伊本·拔图塔 (Ibn Baṭṭūṭah)[4]、鄂本笃[5]以及其他旅行家的记述[6]。关于马可·波罗，我们在前面已提到过了[7]。从这时起，思想或技术经过或围绕旧大陆的几个中心地区的传播，就比较容易了解了[8]。但可惜的是，最有意义和最重要的传播发生在较早的历史时期。

这决不是说，对近代时期作深入的研究不能得到什么成果。例如，在纺织技术一章中，我们将谈到纺织技术从中国传到意大利的详情的有力证据，可是，据我所知，马可·波罗本人却从来没有提到过纺织机械。同样，奥尔希基 [Olschki (6)] 也叙述了鲜为人知的贩卖鞑靼人(意指蒙古人和中国人)奴隶的情况。在14，15世纪时，有些鞑靼人被卖给意大利家庭作为仆人。例如，在1366—1397年间，有259个鞑靼人(大多数是年轻的妇女)在佛罗伦萨的奴隶市场上被出售。利维 [Livi (1)] 与扎内利 [Zanelli (1)] 曾经研究过奴隶的来源。奴隶的流入大约开始于1328年，当时马可·波罗自己的奴仆鞑靼人彼得 (Peter)，被批准为威尼斯市民。随着1453年拜占庭的灭亡，贩卖奴隶才结束。事实证明，当时异族通婚的事情很多；蒙古女子或中国女子可能曾给予欧洲人某些有益的遗传基因。至于处于被奴役地位的她们和她们的伴侣曾否对某些思想或技术的传播也有所贡献，那只有等待将来的研究来说明了。而在前一个世纪时，情况却正好相反。蒙古
大汗的宫廷里曾经有过大批欧洲技师。其中最有名的是威廉·布歇 (William 190
Boucher)，他是巴黎的金匠和技工，曾于1246—1259年间在哈拉和林侍奉过贵由(元定宗)和蒙哥(元宪宗)，奥尔希基 [Olschki (4)] 曾为他写过专题论文。正如德·梅里 [de Mély (7)] 指出的，这些文化往来也许可以很好地说明在佛像长袍上呈现的百合花形图案。但是，尽管对布歇的生活和工作已发现了许多细节[9]，

1) 见于 Yule (2), vol. 2。比兹利的著作中也载有对和德理旅途见闻的很好的综述 [Beazley (1), vol. 3, pp. 250ff.]。

2) 见于 Yule (2), vol. 3。参阅 Beazley (1), vol. 3, pp. 161ff.。

3) Beazley (1), vol. 3, pp. 288ff.。

4) Yule (2), vol. 4, pp. 80ff.。

5) Yule (2), vol. 4, pp. 198ff.。

6) 玉尔的著作经罗伯茨 [Roberts (1)] 改写成通俗本，并加入了明、清两代的材料。奥尔希基 [Olschki (1)] 的著作我们未能参考。参阅 Sarton (1), vol. 3, pp. 187, 203。

7) 本卷 p. 141。

8) 因为受到篇幅的限制，这里不想综述那些经过这些路线的现代旅行家的文献了。除了前面描述过的沿南山而行的古代丝绸之路以外，当时还有一条通过沙漠直接从北京到喀什噶尔的路线：有关这一点，可参看 Teichman (1); Lattimore (5)。格雷纳德 [Grenard (2)] 曾仔细研究过新疆的几条道路。

9) 在后面适当的地方还要再提到(本书第二十七章)。

能确实指出的任何机械技术或自然原理的传播，却还是寥寥无几。不过，所有这些只是在鞑靼人或蒙古人霸权时代东西方关系密切的几个例子而已。这方面还有待更深入的研究。

和德理还有一段生动而引人入胜的记述，讲他在杭州西湖附近访问一座佛教寺院的情况。在那里，他看到一个和尚正在细心喂养着一群猿猴：

> 他从饭桌上把吃剩的饭菜装满两个大桶，携桶走进通往灌木林的门，我们也跟了进去。灌木林中有一座小山，山上树木茂盛，遍布洞穴。我们正站在那里望着，他开始敲锣。锣声一响，就看到大群动物从山上下来，其中有短尾猿、长尾猴、还有许多面孔有点象人的动物，共约三千之多，它们都规规矩矩地站在这个和尚周围。当这些动物围着他站好时，他把桶放在它们面前，尽快地喂它们。喂完又敲一次锣，这些动物便一齐回到原处。
>
> 我们看见这种情景，禁不住大笑起来，便问道："请告诉我，这是什么意思？"他回答说："这些动物都是贵人的灵魂，我们这样喂它们，是为了尊敬老天爷。"我说："可是这些东西并不是灵魂，而只是各种野兽。"他说："不对，它们的确不是别的什么，而是贵人的灵魂。一个高贵的人，他的灵魂便进入这些高贵动物当中的某一个体内；可是，一个粗野的人，他的灵魂便进入低级动物的体内并留在那里！"无论我怎样驳他，他也不愿相信。[1)]

如果1330年和德理在帕多瓦（Padua）都能够这样把这种灵魂轮迴说告诉他的教友[2)]，那就很难相信，在这几个世纪中，其他对我们来说更重要的事物不会从东方传到西方，只不过是当时或后来认为这些东西不那么重要，所以没有记载下来罢了。

191

(h) 中国史学家所记载的中西文化和科学的接触

从东到西横越旧大陆的交通要道——或者应该说是羊肠小道——前面已经大致谈过了。但是在这些人烟稀少的交通要道上曾经往来过一些起作用的人物，否则，就很难想象在某一时期是否发生、(如果是肯定的，那末)又是怎样发生知识

1) 译文见 Yule (2), vol. 2, p. 203。尽管我们并不怀疑和德理见闻的真实性，但还是应当指出，早在十六个世纪之前，就已经有人讲过完全相似的故事了 (Megasthenes, frag. II; Aelian, *Nat. Anim.* XVI, 10)。

2) 欧洲修道士对佛教教义的歪曲是值得注意的，他们抛开了轮迴说的道德内容，而把投胎再生的地位说成不是由功德而是由社会地位来决定的。看来被和德理问过的那个和尚并非无知。事实上，"高贵的人"这个尴尬的词，使整段文字表现出讽刺的意味。

192

表 7 中国史书中所记载的中国与西方的交流

来 源	《史记》卷一二三	《前汉书》卷九十六上	《后汉书》卷一一六、一一八	[魏略]《三国志》[1] 卷三十	《晋书》卷九十七	《宋书》卷九十七	《梁书》卷五十四
著作年代(大约)	公元前90年	公元100年	公元450年	约公元264年	公元635年	公元500年	7世纪早期，约629年
有关事件的年代(大约)	公元前100年	公元前100年	公元97年	公元220—264年	公元265—419年	公元420—478年	公元502—556年
中国到西方的使者	安息	安息	·	·	·	*	·
西方到中国的使者	*	*	*	*	*	*	*
(往往只是商人)			(120年)	(134年)	(284年)[2]		(安敦，166年) (秦论，266年)
记载的事物:							
蛋(鸵鸟？)	*	*	·	·	·	·	·
魔术师	*	*	*	*	·	·	·
对大秦(罗马叙利亚)的描述	·	·	*	*	*	·	*
甘英的远征	·	·	*	·	*	·	·
石棉(火浣布)	·	·	*	*	*	*	·
夜光璧	·	·	*	*	*	·	·
珊瑚	·	·	*	*	·	·	*
海西布	·	·	*	*	·	·	·
苏合香	·	·	*	*	·	·	*
假宝石	·	·	*	*	·	*	·
琥珀	·	·	*	*	·	·	*
"弱水"	·	·	*	*	·	·	·
水晶柱	·	·	*	*	·	·	·
金球漏壶	·	·	·	·	·	·	·
治盲的穿颅术	·	·	·	·	·	·	·
中国的缫丝法	·	·	·	·	·	·	·

表 7 （续）

来　　源	«魏书»卷一〇二和«北史»卷九十七	«旧唐书»卷一九八	«新唐书»卷二二一上、下	景教碑	«宋史»[3]卷四九〇	«诸蕃志»	«明史»卷三二六
著作年代(大约)	公元 572 年	约公元 950 年	公元1061年	公元781年	公元1345年	公元1225年	公元1739年
有关事件的年代(大约)	公元386—556年	公元618—906年	公元618—906年	公元719年	公元906—1279年	同时代	公元1368—1643年
中国到西方的使者	·			·	·	·	*
西方到中国的使者	·	*	*	·	*	·	*
(往往只是商人)		(公元643,667[4],701, 719年)	(公元666[5],719年)		(公元1081[6],1091年)		(公元150,1371年)
记载的事物:							
蛋(鸵鸟？)	·	·	·	·	·	·	·
魔术师	·	·	*	·	*	·	·
对大秦(罗马叙利亚)的描述	*	·	·	*	*	·	·
甘英的远征	·	·	·	·	·	·	·
石棉(火浣布)	·	·	·	*	·	·	·
夜光璧	*	*	*	*	*	·	·
珊瑚	·	*	*	·	*	*	·
海西布	·	*	*	·	*	·	·
苏合香	·	·	·	*	*	·	·
假宝石	·	·	·	·	·	·	·
琥珀	·	*	*	·	*	·	·
“弱水”	·	·	·	*	*	*	·
水晶柱	·	*	·	·	*	*	·
金球漏壶	·	*	*	·	*	·	·
治盲的穿颅术	·	·	*	·	*	·	·
中国的缫丝法	·	·	·	·	*	·	·

1）引自评注。
2）献纸使者。
3）«宋史»中的记载很简单，本表材料也采自同时代的马端临的«文献通考»(1319年)。
4）此次的使者献了底也迦。
5）«新唐书»与«旧唐书»重复。
6）实际上是塞尔柱人。

上的交流。因此，我建议将夏德的《中国和罗马人的东方》一书作为入门的台阶[1]，然后引证有关中西交流的中国史料。

夏德曾收集并翻译了有关往来使节和商旅的十七种资料，这些资料大部分都记载在正史里，我们把从中得到的结果综合在表 7 中。这张表决不可能罗列无遗，它只是提供来往人物的大概情形，以及中国人特别感兴趣的西域各国的物产或特征。值得注意的是，在记载中，来到中国都城的外国使节，比中国派遣出去的人数多得多，因而可以肯定，许多来到中国的所谓使者，实际上只是一些长途跋涉的商队而已。

《史记》以及《前汉书》、《后汉书》中所记载的中国出使安息的使者，一定是紧跟着前面(本卷 p. 172）提过的张骞出使之后派去的，所以时间应该是在公元前120 年左右。这样的交往在整个汉代持续不断。但关于公元前 30 年从罽宾来的使者有一段文字记载，由于若干原因，这次来往颇受重视。关于罽宾的确切位置，有各种不同的见解，它可能位于现今的阿富汗、犍陀罗、克什米尔和印度河上游一带[2]。《通鉴纲目》的记载如下[3]：

> 汉武帝在位时，开始和西方国家交往。只有罽宾王国认为汉朝的士兵不可能到达而拒绝臣服，国王甚至杀死了数名汉朝使者。汉元帝[4]时，罽宾国王派了一位使者来谢罪，但皇帝对外交不关心而拒绝接见。汉成帝[5]登上王位之后，罽宾又派遣使者带了礼物来谢罪。汉朝(以礼相待并)打算派遣使臣一直伴送罽宾使者回国。
>
> 但是杜钦[6]（一位有权势的重臣）对王凤[7]（大将军）说："与蛮族的友好往来只有在交通相当便利的地方才是可取的。而县度关隘始终是与罽宾联系的障碍。和那个国家的友好可能无益于(附属于我国的)西域城邦；即使它与我们为敌，也可能无害于那些城邦。我们过去曾先与罽宾友好，于是那些城邦作了有损于我们的事，结果和我们断绝关系。加之，刚刚到达的所谓使者既不是贵族，又不是显要人物，只是想做买卖的商人；他们送礼谢罪只不过 194

1）这是一本经典著作。伯希和 [Pelliot (6)] 曾加以评论；也可参看 Edkins (2)。«后汉书»和«魏略»中的有关章节，已由沙畹 [Chavannes (6, 15)] 译成法文，并有较详细的注释。

2）见 McGovern (1), pp. 209, 484；以及 Lévi & Chavannes (1) 的论文。问题似乎在塔恩的著作 [Tarn (1), p. 469] 中已解决。这个名称是指贵霜王国，包括卡皮萨 (Kapiśa，古译迦毕试) 和克什米尔，它的语源来自希腊的地名 Kophen，在阿富汗的喀布尔附近[参阅 Herrmann (2), Map]。

3）«通鉴纲目»卷六，第一一五页。原文见«前汉书»卷九十六上，第十二页[译文见 Wylie (10), p. 37]。

4）公元前48—前33年。

5）公元前32—前 7 年。

6）G2055。

7）G2167。

是借口而已。因此，派遣使节回访是没有什么意义的，只能说明我们受骗罢了。我们的使者(为了到达罽宾)，在越过皮山之后，还要通过四、五个国家，其中每一个都是盗贼遍布。之后，还必须越过岩石赤裸灼热而连绵不绝的大小头痛山——其所以这样命名，是因为它们引起头痛、眩晕和呕吐。接着是三十里长的三池盘石阪峡谷，路径仅十六、七寸宽，沿着悬崖峭壁，旅行者必须用绳索相连才能通过。从这里到县度三千多里，沿途充满了危险。古代圣明的君王专心治理九州和五服，对外域毫不关心。然而现在居然要命令护送这些蛮族商人回国，使我们的士兵和官廷使节面临难以形容的疲劳和危险。这样无益的事不是长治久安的王朝的政策。如果已经任命了护送的官员，让他们护送罽宾人无论如何不要远过皮山。"王凤支持杜钦的奏议。于是，准许罽宾进行通商，只是赠物遣送他们回去。此后，罽宾的使者每隔数年来朝一次。[1]

〈初武帝通西域，罽宾自以绝远，汉兵不能至，独不服，数剽杀汉使。遣使来谢。孝元帝以绝域不录，绝而不通。及帝即位，复遣使献谢罪，汉欲遣使者报送其使。杜钦说王凤曰："中国所以为通厚蛮夷，惬快其求者，为壤比而为寇也。今县度之阸，非罽宾所能越也。其乡慕，不足以安西域；虽不附，不能危城郭。前亲逆节。恶暴西域，故绝而不通；今悔过来，而无亲属贵人，奉献者皆行贾贱人，欲通货市买，以献为名，故烦使者送至县度，恐失实见欺。起皮山南，更不属汉之国四五，时为所侵盗。又历大小头痛之山，赤土身热之阪，令人身热无色，头痛呕吐。又有三池盘石阪，道陿者尺六七寸，长者径三十里。临峥嵘不测之深，行者骑步相持，绳索相引，三千余里乃到县度。险阻危害不可胜言。圣王分九州，制五服，务盛内，不求外。今遣使者承至尊之命，送蛮夷之贾，劳吏士，涉危难，罢敝所恃以事无用，非久长计也。使者业已受节，可至皮山而还。"于是凤白从钦言。罽宾实利赏赐贾市，其使数年而一至云。〉

从上面这段文字可以看出，公元前1世纪时，在印度西北部或阿富汗一带和中国之间，不仅有过一次、而且有过多次半外交、半商业的使者往来。在公元前2世纪后半叶(如本卷 p. 172 已提到过)，月氏游牧民族征服了亚历山大大帝所创建的希腊巴克特里亚王国。在此之前，公元前2世纪前半叶，月氏人由于匈奴的驱逐而向西迁移时，曾占领伊犁河流域[2]，赶走了古代的西徐亚-萨尔马特部落之一——居住在那里的萨卡人。这个民族往南和往西逃避时，曾有一支经过希腊粟特和巴克特里亚到达伊朗[他们把那里称为萨卡斯坦 (Śakastan)，即现今的锡斯坦 (Seistan)]；另一支则到了阿富汗和印度西北部(犍陀罗和印度河流域)，并在那里

1) 由作者译成英文，借助于 *TH*, p. 556; McGovern(1)。戴遂良认为，皮山即塔里木盆地中的和阗和西藏高原(头痛山)之间的喀拉喀奇山口；三池盘即喀喇昆仑山口；县度即悬度，肯定是兴都库什山。

2) McGovern (1), p. 127.

建立了罽宾国。我们介绍这些细节是必要的，为的是使大家理解，罽宾的使者很可能是希腊与中国文化交往的媒介之一。

关于这些罽宾使者的背景，曾经众说纷纭，但是希腊方面的情况，现已由塔恩及其他人完全研究清楚了[1)]。根据班固的说法[2)]，罽宾一个名叫乌头劳的国王 195
在公元前55年前后杀死了几个中国使者。后来他的儿子派遣一个全权大使来中国道歉，大使回国时由汉使关都尉文忠一路护送。这个儿子又阴谋杀害文忠，于是，文忠便和容屈王的儿子阴末赴联合起来进攻罽宾，杀死了这个负义的国王，并拥立阴末赴为罽宾王，臣服于中国。阴末赴后来也杀死了另一个中国使者，然后又派遣使者去中国道歉，这一次汉元帝拒不接待。最后的使者前来大约在公元前30年，当时杜钦奏请汉成帝遣送他们回去，而不予正式承认。据现在的考证，阴末赴就是在印度的最后一个希腊王赫梅乌斯 (Hermaeus)，大约在公元前50—前30年间，他统治着印度河流域以前欧西德米德 (Euthydemid) 所统治的巴克特里亚领土的一小部分。容屈即岳那基 (Yonaki)，是一个“希腊城”。乌头劳大概是铸造在斯巴鲁里斯 (Spalyris) 钱币上“国王的兄弟” (ἀδελφοῦ) 之误，他代表当时统治喀布尔和科芬 (Kophen) 河谷的萨卡家族。值得注意的是，希腊人在印度的最后一段时期的统治，完全是靠中国外交上的支持而存在的。公元前30年以后，印度西北的全部领土又属于萨卡人，而在公元19年，又归从锡斯坦行使君主权的安息人统治。班固[3)]称之为乌弋山离国，即亚历山大里亚-普洛夫达西亚 (Alexandria Prophthasia)，因中国传统上以国都作为国家之名，所以这样称呼它。当然，可以说，罽宾的使者首先关心的应该是政治问题，诸如保护留在印度的希腊文化遗产之类，并且他们一定是从最边远的外省来的，但他们的个人兴趣就可能广泛得多。人们可能会问：他们可曾介绍过什么思想和技术给中国人？当他们陆续通过狭窄的喜马拉雅山口时，他们又带了些什么东西回去？

这一系列事件与传播问题有明显的关系。在罽宾后来的使者去中国时，丝绸之路已开辟了将近一百年。在遥远的西方，这正是辛格 [Singer (2)] 所谓的“亚历山大中叶”的结束期。这个时期的特征是在中国和地中海区域几乎同时出现了一些发明（记里鼓车、水磨等）。可是，这些思想和技术是从哪里朝哪个方向传播的？它们是不是真正独立发展起来的？这些问题至今还是未解之谜。

中国和罽宾的交往也说明，中国人明显地不愿到他们觉得是天然的地理范围以外的远方去旅行。杜钦在这里清楚地描述了高山病的症状，这种神秘的病症，

1) Tarn (1), pp. 339ff.。
2) 《前汉书》卷九十六上，第十一页及以下。
3) 《前汉书》卷九十六上，第十三页。

很可能被理解为不得越过“文明之邦”(*oikoumene*)界限的警告。后面在论述中国文明的“孤立性”时(本书第四十七章),我们还将重提这一段文字。但是,有一个
196 中国人的姓名早就传到了西方,这个人在这样古老的时代,就已象探险家普罗柯尼苏斯的阿里斯提亚斯深入东方一样,远远地深入西方。这个人就是甘英。

甘英的事迹记载在《后汉书》中[1]:

> 汉和帝永元九年(公元 97 年),班超(西域都护)派遣甘英出使大秦(罗马叙利亚),到达条支(巴比伦,美索不达米亚)。将要渡海之时,安息(帕提亚)西部边境的水手对甘英说:“海宽广得很。顺风的话,渡海要三个月的时间,若没有什么风,可能要二年。因此出海的人要备足三年的食粮。而且,在海上人们容易思乡,经常有人死亡。”甘英听到这些,就没有再继续前进[2]。
>
> 〈和帝永元九年,都护班超遣甘英使大秦,抵条支。临大海欲度,而安息西界船人谓英曰:“海水广大,往来者逢善风三月乃得度,若遇迟风,亦有二岁者,故入海人皆赍三岁粮。海中善使人思土恋慕,数有死亡者。”英闻之乃止。〉

这段文字曾经过许多人的讨论。戴遂良 [Wieger (1)] 很有特色地指出,甘英的随行人员因怀乡之心不愿继续前行,从而使内尔瓦 (Nerva) 皇帝或图拉真 (Trajan) 皇帝失去了甘英来访的大好机会[3]。赫德森的评论比较中肯[4],他认为安息人竭力避免中国人和罗马人发生任何直接交往,因为这会暴露安息商人从中牟利的勾当,使他们不能再做中间人。因此,他们向甘英隐瞒事实,不让他知道到叙利亚和罗马的近路是穿越沙漠或由陆路取道上美索不达米亚;反而夸大经波斯湾南下绕阿拉伯半岛进入红海的海路既费时又危险,以此来吓唬甘英。但对我们说来,重要的还是关于知识交流和思想交换的可能性问题。虽然载入正史的只有甘英一人的事迹,但当时可能有十几个其他使者或商人,他们也许没有象甘英向西走得那么远,然而他们深入的程度已足以传播或接受各种思想和技术了。

安息人不让中国人和罗马人建立直接交往一事,决不是赫德森的猜想,因为《魏略》的作者也曾经明确地这样说(引自《三国志》卷三十的注,约写于公元 400 年):

> 那个民族(大秦,即罗马叙利亚)的人长得高大,象中国人一样处事公

1) 《后汉书》卷一一八,第二、九页;参阅 *TH*, p. 720。

2) 译文见 Hirth (1), p. 39; 参阅 Chavannes (6), pp. 159, 177。但夏德书中 [Hirth (1), pp. 34, 36, 37, 40] 所载《后汉书》的卷数是印刷错误。

3) 另一史书《晋书》卷九十七记载:“……在海里有什么东西使人特别思念家乡;那些出去的人没有不十分忧郁悲伤的;如果汉的使者能不以他的父母妻子为怀,那么他可以出海。”(船人曰:“海中有思慕之物,往者莫不悲怀。若汉使不恋父母妻子者可入。”)[译文见 Hirth (1), p. 45]。

4) Hudson (1), p. 83。

平[1]，只是穿的服装与中国人不同；他们称自己的国家为又一个中国。他们常常希望派遣使节到（我们）中国来，但是安息人（帕提亚人）想从大秦与我们的贸易中取利，不让大秦人通过安息[2]。 197

〈大秦国……其俗人长大平正，似中国人而胡服，自云本中国一别也，常欲通使于中国，而安息图其利，不能得过。〉

有人会问：究竟有没有中国使节亲自到过罗马，即便只是象许多罗马叙利亚人去中国那样，由商人伪装成使节？回答似乎是：确实没有。尽管史学家弗洛鲁斯 (Florus)[3] 曾提到有一位使节来自产丝之国，但这还不能作为充分的证据。

(1) 魔术师和杂技演员

公元 120 和 134 年的使者们并不是从遥远的西方来的，而是分别来自掸邦（缅甸边境）和喀什噶尔（疏勒）[4]。然而，从西方来过叙利亚的杂技演员，他们在 121 年元旦曾献艺于汉安帝之前。也许魔术师和杂技演员的来往情况，在科学史中应当比过去受到更多的注意。我们知道，许多早期的巧匠，例如提西比乌斯（公元前 2 世纪）和亚历山大里亚的赫伦（公元 1 世纪），以及他们的中国同行[5] 如丁缓和马钧，都曾为宫廷娱乐制作过机械玩具、魔术道具、舞台游戏机械，等等。魔术师的出现恰恰在中西交往刚刚开始的时候，因为在张骞出使安息时（约公元前 120 年）的有关记载中曾经提到他们。据《后汉书》记载，在公元120年来的那些魔术师能“使邪术，吐火焰，自缚并自解其四肢，换牛马之头，巧舞千球”[6]*。同样，我们在后来 350 年的《搜神记》中 [Bodde (9, 10)]，也读到关于从印度来的流浪魔术师和巫师的记载**。这是很值得进一步研究的。对古代和中古时代的人来说，他们看待魔术师、炼丹术士、机械工匠、医师、占卜算卦人和一切从事魔术妖法的人，并没有什么不同。我们已在表 7 中列出了记载过魔术师和杂技演员的所有史料来源。

1）这种对两种文明平等看待的了不起的认识，使人想起安德鲁·科萨利斯 (Andrew Corsalis) 在 1515年写给洛伦佐·德梅迪奇 (Lorenzo de'Medici) 的信中的话。当他谈到中国人时，说他们多才多艺，“品质和我们相同” (“di nostra qualità”) [参阅 Yule (2), vol. 1, p. 180]。

2）译文见 Hirth (1), p. 70; 参阅 Reinaud (2), pp. 203, 237。

3）Florus, IV 2. Yule (2), vol. 1, p. 18; Reinaud (2), p.106; Coedès (1), p. xv。

4）Hirth (1), pp. 36, 72。

5）参阅本书第二十七章。

6）译文见 Hirth (1), p. 37。

*见《后汉书》卷一一八附注，鱼豢《魏略》曰：“大秦国俗多奇幻，口中出火，自缚自解，跳十二丸，巧妙非常。”——译者

**《搜神记》卷三载李信与胡人换头，此处可能是指这一传说。——译者

公元166年，著名的“安敦使节”来到中国。据《后汉书》记载：

大秦（罗马叙利亚）的国王经常希望派遣使节到汉朝，但是安息（帕提亚）想用中国的丝绸与大秦进行贸易，因此大秦与汉朝的交通被切断了。这种状况一直持续到汉桓帝延熹九年（公元166年），当时大秦国王安敦派了一名使节，从日南（安南）的国境献上了象牙、犀角、瑇瑁。从这时起开始了与大秦（直接的）交往。他们朝贡物品的清单上并没有特别珍异的东西，这使人对传说的事情产生怀疑。[1]

〈其王常欲通使于汉，而安息欲以汉缯彩与之交市，故遮阂不得自达。至桓帝延熹九年，大秦王安敦遣使自日南徼外献象牙、犀角、瑇瑁，始乃一通焉。其所表贡，并无珍异，疑传者过焉。〉

198 似乎很有理由认为，安敦即是马库斯·奥雷利·安敦尼（Marcus Aurelius Antoninus），可是，所有资料都表明，这是一群商人，而不是正式委派的使节。当时安息的势力正在衰落；塞琉西亚和泰西封在前一年已被罗马人占领。这些人可能是从安条克或亚历山大里亚城出发经由海路而来的一个商队，他们沿途出售西方物品，并把所获得的东南亚物产献给中国朝廷。此后不久，直接经由海路来的罗马帝国的商人便到达中国沿海各口岸。那末，除了货物之外，他们还传播了些什么呢？

我们甚至知道这些商人之一的姓名。《梁书》上记载着：

（三国时代吴国）黄武五年（公元226年），一个名为秦论的大秦商人来到交趾（印度支那的北部湾）。交趾太守吴邈把他送到了皇帝孙权处[2]。孙权向秦论了解他的国家的情况和民间的风俗习惯。秦论作了如实的回答。大约在这时，诸葛恪（诸葛亮的侄子）讨伐丹阳，俘虏了一些黝黑的矮人。秦论见到这些人时说，在大秦很难得见到这样的人。于是，皇帝赠送男女矮人各十人，并由会稽的官吏刘咸负责护送秦论回国。但是刘咸中途去世，秦论则回到了他自己的国家。[3]

〈孙权黄武五年，有大秦贾人字秦论来到交趾，交趾太守吴邈遣送诣权，权向方土谣俗，论具以事对。时诸葛恪讨丹阳，获黝、歙短人，论见之曰：“大秦希见此人。”权以男女各十人，差吏会稽刘咸送论，咸于道物故，论乃径还本国。〉

这一史实的意义，在于确实证明了在公元226年，至少有一个叙利亚商人在中国

1）《后汉书》卷一一八，第十页；译文见 Hirth (1), p. 42. 亦可参阅 Hirth (1), p. 173; 并参阅 Chavannes (6), p. 185; *TH*, p. 755.

2）孙权对科学、特别是地理学和制图法很感兴趣（参阅本书第二十二章）。我们在后面将看到，中国传统的定量制图法的兴起，恰好在希腊传统的暂时衰落之际。秦论来中国的时候，正是在我们可以想象的传播经纬线概念的时候。此外不可能再有什么别的了。

3）《梁书》卷五十四，译文见 Hirth (1), p. 48; 亦可参阅 Hirth (1), pp. 47, 306.

度过了一段时期，并且安全地返回本国。他曾否向双方传播过什么思想或技术呢？当时正是亚历山大时代的末期，即狄奥根尼·拉尔修和阿喀琉斯·塔提乌斯(Achilles Tatius)的时代。在此之前，托勒密的著作已经完成。那末，秦论难道不可能对制图法感到过兴趣吗？

3世纪的文献中记载的另一西方使节，即我们在表7中提到过的献纸使者。据《晋书》[1]记载，献纸之事出现在公元280年到290年之间。较详细的记载见于和《晋书》几乎同时代的《南方草木状》一书。此书在"蜜香纸"这一条下写着：

> 蜜香纸是用蜜香树的树皮制作的。纸呈微褐色，有斑点象鱼子。纸很香、强韧，浸泡在水中也不腐烂。晋泰康五年(公元284年)，大秦（罗马叙利亚)呈献三万幅。[2]
>
> 〈蜜香纸，以蜜香树皮叶作之。微褐色，有纹如鱼子，极香而坚韧，水渍之不溃烂。泰康五年，大秦献三万幅。〉

由于当时欧洲和中东肯定都不知有纸(参看本书第三十二章)，同时由于西方用的 199
天然纸草决不会被早已有纸的中国人欣赏，因此，夏德 [Hirth (1)] 的意见颇有说服力，他推想这些叙利亚或亚历山大里亚城的商人，象上述情况那样，在他们到达安南之前，已把所携带的西方货物全部售完，然后廉价收买沿途土产，边买边卖，获利以供去广州的旅途费用，并把土产作为礼物献给中国皇帝。我们知道，蜜香树 (*Aquilaria agallocha*,，即沉香属植物)[3]虽在《南方草木状》中已提到过，可是作为药物则首次见于725年前后的《本草拾遗》中，记其原产地在安南。这次的使者可能又一次起到了传播制图法或其他思想的作用。

在这以后，有一段很长的空白时期。此后的三百六十年中间，中国书籍中没有关于和西方直接交往的任何记载。这当然不是说交通断绝了，因为在记载中可看到，建国在里海附近的阿兰人(萨尔马特人)，曾在435年向北魏进贡[4]，而这只是一个例子。

(2) "夜光璧"和假宝石

这里我们再看看表7，并研究一下使中国人对罗马帝国发生极大的兴趣、以致载入正史的那些物品，也许是适宜的。我们已提到过魔术师和杂技演员的作用。石棉布对中国人说来并不新奇[5]，他们称之为"火浣布"，早在周代便从印度或中

1) 《晋书》卷九十七，第九页。
2) 《南方草木状》卷二末，译文见 Hirth (1), p.272。
3) R 252a。
4) *TH*, p. 1094。
5) 参阅本书第二十五章 (f)。

亚得到过。它无疑曾成为许多"火怪火精"的传奇小说的内容，可是到了梁代，人们搞清楚了它的真正来源，便把它称为"石绒"了[1]。叙利亚的另一产物是夜光璧，它如此强烈地吸引了中国人，以致在所有主要的史书中都有记载，这是很令人费解的。夏德[2]引证了古代西方许多作者的著作，它们讲到过一些能在黑夜发光的宝石。夜光璧很可能是绿萤石 (chlorophane)[3]，它虽有一些别名，如孔雀暖玉 (Pyrosmaragd) 之类，但却既不是翡翠 (emerald)，也不是绿柱石 (beryl, beryllium aluminium silicate)，只不过是萤石(氟化钙)而已。它有许多品种，经过加热或磨擦，就会在黑暗中发出很强的燐光和荧光[4]。里德尔 [Riddell (1)] 已追索出这种萤石和印度的眼镜蛇石 (*naga-kallu*) 可能有关系，有人还说眼镜蛇就是用它来引诱萤火虫的，而且据说它就是日本著名的名为"星之玉"的神圣宝石。

200 红海的珊瑚和珍珠[参阅 Klunzinger (1); Kallenberg (1)] 以及波罗的海或西西里岛的琥珀 [参阅 Schneider (1)]，当然都成为叙利亚商人向中国贩卖的货品。可是中国人善于从某些叙利亚宝石中鉴别出人造赝品，这一点是很有意思的，因为在欧洲化学开始时期，"仿造"的技巧占着重要的地位。夏德[5]的一种推测完全正确，他认为古代和中古代初期记载的东罗马宫廷和寺院的大量黄金珠宝，实际上多半是镀金的铜制品和彩色玻璃。总之，叙利亚位于制造宝石地区的中心，因而仿造的原型很容易得到。《后汉书》中曾记载说，人们认为很多宝石是人造赝品[6]*。玻璃[7]无疑是古代腓尼基人的发明，这就可以说明"水晶柱"的来源了。从表 7 所列的几种史书以及其他书籍中，都可以找到对产于大秦的水晶柱的描述。由上述事实看来，在本第治里附近的维拉帕特南发掘出的罗马-印度商业中心的遗物，包括了大量宝石和假宝石，有些是从 1 世纪前半叶起用玻璃制成的 [Filliozat (4); Wheeler (1)]，这一点很有意思。维拉帕特南很可能是在去中国的商路上的一个货物集散地。中国人当时就已知道，印度人很容易得到希腊统治地区的珠宝[8]。

---

1) 《格致镜原》卷二十七，第二十三页。

2) Hirth (1), p. 243。

3) 这是格罗斯特 (T. von Grotthus) 在1794年命名的。

4) 这种热致发光，可能是由于萤石含微量硫化砷的缘故；发出的光呈紫色，有时距离六英寸，仍可借以阅读印刷字体 [Mellor (2), vol. 3, p. 693]。最早描述萤石的是埃尔斯霍尔茨 (Elsholtz)，时间是1677年，大约和罗伯特·波义耳描述夜光冰晶石 (icy noctiluca) 同时。

5) Hirth (1), p. 237。

6) Hirth (1), p. 43。沙畹 [Chavannes (6)] 在翻译《后汉书》卷一一八时，将原文解释成变戏法是假的，而非宝石是假的，因此似乎有些牵强附会。除此之外，所述内容是显而易见的。

7) 见本书第二十六章 (g)。

8) 据《后汉书》卷一一八第十二页所载 [译文见 Chavannes (6), p. 193]，"印度人与大秦有来往，从那里获得珍宝"("与大秦通，有大秦珍物")。

* 《后汉书》卷一一八原文为："诸国所生奇异玉石诸物，谲怪多不经，故不记云。"——译者

(3) 海西布和苏合香

海西布肯定是古代地中海一带的人、特别是希腊人和埃及人所熟悉的一种织物的名称。大多数权威学者都同意[1]，它是一种棉织物或棉麻混织物，棉花大概是从印度运去的。但是"海西布"这一名称，也用来指某些海栖鳃瓣纲软体动物（例如江珧属的 *Pinna nobilis* 和 *squamosa*）的足丝，它们利用这种丝使自身附着在它们所栖息的沿岸浅海底部的岩石上[2]。这种丝并不象以前人们所想的那样，属于多糖类壳质，而是属于鞣化蛋白[3]。在希腊人统治时代，人们发现这种丝干燥后可以织布。后来，从这一奇特的工业以及从亚里士多德对植物形动物（介于植物和动物之间的一种生物）的非常科学的探讨，产生了很多和它们有关的寓言故事。这些寓言在近代学者中引起了很大的混乱，可是劳弗 [Laufer (6)] 已解释清楚了其中的道理。

《后汉书》在有关罗马叙利亚的记述中说："此外，他们(大秦人)有一种细布，据说来源于水羊的绒毛('水羊毳')，还有一种织物，据说是用野蚕茧做成的。"[4]("又有细布，或言水羊毳，野蚕茧所作也。")尽管居住在波斯以东的人，几乎都没有见过这类织物，但这一传说许多世纪以来却一直被仔细地保存了下来，直到1060年《新唐书》才又记载说："他们把'水羊'的毛织成布，称为海西布。"[5]("织水羊毛为布，曰海西布。")后来唯一的改动是在14世纪早期的《文献通考》中，作者马端临称之为"海中布"，这一名称便比较正确了[6]。 201

这种海西布的纺织并不是很古老的技术，因为普利尼和艾利安(Aelian)都没有提到过它[7]。可是在公元70年左右的著作《厄立特里亚海周航记》一书中，却曾五次提到过它，书中称之为"绒毛品"（πινικόν)[8]。劳弗认为，这种布实际上是波

1) Pauly-Wissowa (1), vol. 3, pp. 1, 1108; Daremberg & Saglio (1). art. "Byssus"; G.A. Faber (1); G. Schaefer (1)。

2) 参阅 Cooke (1); Yonge (1); C.H. Brown (1)。

3) Winterstein (1), vol. II, 2, pp. 43ff. in art. by L. Fredericq。

4) 《后汉书》卷一一八，第九页[译文见 Laufer (6)]。由于中文很简洁，很难知其确切涵义，可是我相信劳弗的译文，它和夏德 [Hirth (1)]、沙畹 [Chavannes (6)] 及施古德 [Schlegel (6)] 的译文都不相同。野蚕茧很容易处理。这种丝是古代亚述和叙利亚的产品。因为茧子是等蛾子出来后再收集的，所以不必用缫丝法来抽丝，而只需经过梳理和纺织。普利尼 (Pliny, XI, 77) 和伊西多鲁斯 (Isidorus, XIX, 22, 13) 称之为 bombycinae。它和科斯岛 (Cos) 有一次联系在一起，那是亚里士多德所说，一个科斯岛的妇女发明了这个方法 [Yates (1), p. 163]。

5) 《新唐书》卷二二一下，第十一页[译文见 Hirth (1), p. 59]。

6) 劳弗 [Laufer (6)] 推测这里有阿拉伯的影响，阿拉伯语称这种织物为"海羊毛" (ṣūf al-baḥr)。

7) 亚里士多德曾否提到过江珧 (*Pinna*) 的海西布这种织物，无法确定，因为在《动物史》 (*Hist. Anim.* 547 b 15) 中，原文有难解之处。

8) 肖夫 [Schoff (3)] 的译本在这一点上有误解。

斯湾中捕珠业的副产品。意大利的塔兰托 (Tarentum) 早已成为这项工业的主要中心 [J. Yates (1)]，可是在希腊人统治时代晚期，显然还没有这种工业。另外提到这种布的有阿尔奇弗龙 (Alciphron, 2 世纪)[1)]、德尔图良 (Tertullian, 约公元 200 年)[2)]，以及后来的大巴西勒 (Basil the Great, 约 350 年)[3)]和普罗科匹乌斯(6 世纪)等人的著作。显然，叙利亚商人当时很快就将这种奇异的布运往中国。

到此为止，对海西布的描述都是根据事实的，可是到了 8 世纪，大量幻想性的传说不断涌现。《旧唐书》[4)]载有另一传说，讲到从土壤中会长出羊羔，在脐带似的肉茎上发出芽来。《新唐书》[5)]中也载有这一传说。在 737 年所著关于《史记》的评注中也有记载*，这是沙畹发现的[6)]。一千年以后，《古今图书集成》中有一节描写"地生羊"[7)]，系引自段公路 875 年所著《北户录》和吴莱所著《渊颖集》(辽代早期，约 1000 年左右)。阿拉伯对这一传说的最早记载，似乎是在阿布·伊斯哈克·
202 伊斯泰赫里 (Abū Isḥāq al-Iṣṭakhrī, 950 年左右著称)的地理著作中[8)]，所载略有出入。此书将海西布说成一种海生动物，上陆后将绒毛留在海滩，自己则被螃蟹追逐并吃掉[9)]。后来的传说更加离奇。《塔木德》(Talmud) 把这种动物说成是脐带连在地上的人。其他阿拉伯作者则把海西布和用某些鸟类的绒毛织成的布混同起来[10)]。

到了 14 世纪，在亚洲旅行的欧洲人士[如和德理 (于 1317—1330 年)[11)]和约翰·曼德维尔 (John Mandevill, 于 1332—1356 年)] 从波斯民间传说中找到一篇故事"西徐亚的羔羊"，这种羊的拉丁文名正好是 *Agnus scythicus*, 完全合乎林耐的命名体系。可是直到现代，这种"羊"究竟是什么东西，仍是一个谜。在一本

1) Alciphron, *Epistolae*, 1, 2, 3。

2) *De Pallio*, in Migne, *Patrologia Latina*, vol. 2, col. 1093。

3) 见于 Migne, *Pat. Lat.*, vol. 29, col. 161。

4) 《旧唐书》卷一九八，第十六页[译文见 Hirth (1), p. 54]。

5) 《新唐书》卷二二一下，第十一页。

6) Chavannes (6), p. 183。

7) 《禽虫典》卷一一二，《汇考》卷二，第十六页。

8) Mieli (1), p. 115.

9) 劳弗认为，螃蟹是穿盔带甲的骑兵形象的先兆。在中国的传说中，骑兵们跃马围绕植物羔羊驰奔，使它们受惊，以致脐茎自断，成群四散。

10) 事实上，波斯曾有过用梳理下来的鸟的绒毛织成的布。中国南部的土著部落中，也有这种织物。据《旧唐书》(卷三十七第十八页)记载，安乐公主 (710年卒) 曾有过这种布。《新唐书》[译文见 Pfizmaier (67), p. 27] 也有记载。10或11世纪的《琅环记》也谈到过用"凤凰金羽"织成的一种金色锦缎。也许，阿拉伯人是把 *Pinna* (江珧)和 *Penna* (羽毛)混淆了。用羽毛做衣服又和美洲印第安人的技术有关系。也可参阅有关羽衣和道家神仙的联系(本书第十章)。

11) Yule (2), vol. 2, p. 241. 和德理认为，这种"羊"就是白额黑雁(参阅本书第三十九章)。

* 《史记》卷一二三，《索隐》中引宋膺《异物志》："有羊羔自然生于土中，候其欲萌，筑墙绕之，恐兽所食。其脐与地连，割绝则死。"——译者

很精彩的书籍《鞑靼的植物羔羊》(*The Vegetable Lamb of Tartary*) 中，作者李氏 (Lee) 试图证明西徐亚的羔羊实际上就是棉花。尽管他所搜集的文献很有价值，但这一结论却不可靠[1]。在14世纪，棉花事实上是众所周知的。虽然在宋代之前中国人不太知道棉花 [Goodrich(3)]，但是在他们关于地生羊的传说中，并无使人联想到棉花的暗示[2]。

如果认为海西布不过是枝节问题，那末，现在就小结一下这个枝节问题吧。我们可以说，地中海的作者和中国的作者一直到6世纪左右，对江珧海西布的纺织业，均有相当正确的知识。可是后来却出现了传奇式的发展，把江珧带上了海岸，并把它变成了羔羊或绵羊，除此之外别无奥妙之处。这些传奇式的故事完全迷惑了18和19世纪的学者们。我们现在可以来谈苏合香了。

苏合香是一种树脂，在中东早有生产，可是很难理解中国人为什么曾经这样重视它。博学的药物学家丹尼尔·汉伯里 (Daniel Hanbury) 特别注意到它的历史[3]，他的结论是：最早的古代的苏合香是安息香属 (*Styrax officinalis*) 植物所分泌的一种芳香树脂，这种树原产于黎凡特 (Levant)。可是后来市场上所供应的液态苏合香却是油膏状制品，是由枫香属 (*Liquidambar orientale*) 树的树皮加热后榨取的。这种树原产于小亚细亚[4]。中国的史料表明，对于来自中东的其他 203
香料也很感兴趣，大概这些香料主要用作药物。甚至在现代的药物著作中，也把苏合香和南美产的妥鲁香胶以及秘鲁香胶列入同一类。它们的挥发成分含有苯(甲)酰肉桂酯及其衍生物，用作肠道杀菌剂，并可有效地防治疥螨和其他寄生虫引起的疾病。

在中国的历史记载中，涉及叙利亚的还有三处，它们在科学技术上都有一定的意义。

(4) 自鸣水钟

自唐朝以来，中国有些书籍记载着西方的几种重要的水钟，这些水钟的机械

1) 无论如何，李氏有一个结论是完全正确的，他说，中国用来雕刻饰物的蕨类植物根茎曾迷惑了18世纪的学者，但实际上它和"地生羊"毫无关系。

2) 施古德 [Schlegel (6)] 把棉花和骆驼都塞到故事中去，从而更增加了混乱。玉尔 [Yule (2), vol. 1, p. 202] 和沙畹 [Chavannes (6)] 的评论是正确的。

3) Hanbury (1), pp. 129ff.。

4) 后来(从 R462 可以判断出)，中国人一定是从近缘品种阿丁枫 (*Liquidambar altingiana*) 中提取苏合香的。这种植物产于东南亚，它的马来亚名称为 *rasa-māla*，在后来欧洲人对亚洲的贸易中被讹用成"rose malloes"。*rasa-māla* 的真实意义是排泄物。这一名称的来源，是因为古时曾有一个传奇故事，说苏合香是狮子的粪便。这一传说虽曾传入中国，可是中国人并不相信。这一段经过由伯基尔 [Burkill (1), pp. 117ff.] 归纳得很好，他把这种树称为阿丁枫变种 (*Altingia* spp.)。

构造可使其中的金球一个一个地落入下面的容器中，借以表明经过的时间[1]。自远古以来，中国人对漏壶的构造便已熟悉，水钟所能引起兴趣的部分，只不过是那个能自鸣的机械装置。现在我们已经知道得很清楚，在近东有这种自鸣水钟。克雷斯韦尔 [Cresswell (1)] 曾经转述 1350 年左右完成的一些波斯文和阿拉伯文手稿，其中附有说明水钟的自动装置插图。这些手稿可以认为就是阿布·伊兹·伊斯梅尔·伊本·拉扎兹·加扎里[2](Abū al-'Izz Ismā'īl ibn al-Razzāz al-Jazarī) 在 1206 年完成的论自动装置的著名论文的一部分，该论文题为《关于机械装置的知识》(*Kitāb fī ma'rifat al-ḥiyal al-handasīya*)[3]，文中描述的大型自鸣计时器上面有活动的人像。这个钟安装在大马士革大清真寺的东门上。1186 年由此经过的旅行家伊本·朱拜尔·金那尼 (Ibn Jubair al-Kinānī)[4]曾看到过。他的记载曾由勒·斯特兰奇 (le Strange) 译成英文[5]。据他说，无论白天还是黑夜，每经过一小时便有两个铜球从两只铜鹰嘴里掉下，落入铜杯中(铜杯有孔，铜球可由孔穿过而回到原处)。这些球一定是中国古书上所说的"金丸"。在铜鹰上面有一排门，门的数目和白天的小时数相等。每一小时，钟都敲鸣，于是代表已经过去的那个钟点的门便关上了。到黄昏时分，所有的门又都开启。这排门的上面是一排灯，数目和夜间的小时数相等。夜间每一小时燃亮一盏灯，发出红色的光，直到所有的灯都点燃为止。到了凌晨，所有的灯都熄灭了。有十一个工人维护这个装置 (*al-mikannīyah*)，使它正常运行。另外一些手稿附图画有在前下方或坐或站的五个人组成的自动乐队(图 33)。这种乐队 ("*ṭabl-khana*") 为王室所专有，它的报时更鼓也许和古代波斯的传统有关。现在，更鼓仍普遍保存在中国各地的鼓楼中。

204 这些12世纪的水钟，显然不可能是写于 10 世纪中叶的《旧唐书》中所描述的钟。可是我们知道，在这些机器方面，阿拉伯人继承了拜占庭的传统。因为迪尔斯 [Diels (2)] 曾经指出，加沙 (Gaza) 的普罗科匹乌斯在 473 到 535 年之间所描写的一种自鸣计时器很象 12 世纪时大马士革的水钟。中国的记载，究竟是指加沙的钟，还是如夏德 [Hirth (1)] 所说是指安条克的钟，便不清楚了。但在拜占庭所属的叙利亚，也可能有好几种钟。

这些自鸣水钟的遗物至少有一座保存至今，这就是摩洛哥非斯城 (Fez) 的布安奈尼亚学院 (Bū 'anāniya *madrasah*) 内的那座钟，米歇尔 [Michel (9)] 曾把它拍摄成照片。它有排列成行的十二扇窗户和十二面铜锣，以前，在夜间能按

1) Hirth (1), pp. 53, 213。

2) Mieli (1), p. 155; Sarton (1), vol. 2, p. 632。

3) 此书曾由威德曼 (Wiedemann) 零星地翻译过，参考文献见 Sarton (1), vol. 2, p. 632。

4) Sarton (1), vol. 2, p. 412。

5) Strange (2), p. 249。

时自动地依次燃灯并敲锣。

(5) 穿颅术和底也伽

在这里还有一个关于穿颅治盲的问题。《新唐书》(卷二二一下)载有:"他们(大秦人)有很高明的医生,能打开脑取出虫,治愈目眚(一种盲症)。"[1] ("拂菻,古大秦也,……有善医能开脑出虫以愈目眚。")《文献通考》有相同的记述。这是很值得注意的一个问题。我相信,这是中国书籍有意识地重视早期西方医药科学的唯一事例。《三国志》[2]所载华佗愿为曹操动头部手术的故事如果属实,那末,中国在同时代(3世纪)已懂得同样的手术了。大家知道,穿颅术可以远溯至旧石器时代后期[3],夏德 [Hirth (1)] 曾在希波克拉底的著作中,找到过有关穿颅术用于治疗某些盲病的明确叙述[4]。关于视力,书中写道:"当眼睛毫无显著病症便失明时,可以在头顶部开颅,分开柔软的部分,穿过头骨,排出可流出的液体。这是一种疗法。用此法,病人便能痊愈。"[5]这种失明可能是由于囊肿或良性肿瘤压迫脑组织所造成的。至于"虫",那是中国作者加上去的字眼。西方的这种医学和外科手术也许是经由印度传入中国,正如普尔齐鲁斯基 [Przyluski (5)] 曾指出的,在阿育王的传说中,有使人感兴趣的类似之处。贵霜时代的一部佛经 (N 1367),后来曾译成中文,其中述及阿育王的儿子的盲病,是由在犍陀罗的巴克特里亚医生治好的。但是,另外有个故事 [《大庄严论》(*Sūtrālaṃkāra*), no. 45] 却把这个王子说成是中国皇帝的儿子。

这方面的传播也许受到过景教徒的影响,他们的活动也可以说明中国文献对 205
底也伽的记载。《旧唐书》[6]记载说,底也伽(古音 tê-ya-ka)或 theriaca[7]是667年拜占庭的一位使者所献的。底也伽是古代和中古代早期西方药物学的重大研究课题之一。原先,它是科洛丰的尼肯特 (Nicander of Colophon,著称于公元前275年) 所用的解毒药,自然是用来医治各种动物毒所引起的病症[8]。可是本都 (Pontus) 国王米特拉达梯 (Mithridates,公元前132—前63年) 想要制作一

1) 译文见 Hirth (1), p. 59。

2) 《三国志·魏书》卷二十九,第一页。

3) 参阅福尔格 (Forgue) 的论文,此文收入 Laignel-Lavastine (1), vol. 2, pp. 350ff.;也可参阅 Parry (1); Sigerist (1), vol. 1, pp. 110ff.。

4) Littré, vol. 7, p. 26; vol. 9, p. 159。

5) 译文见 Littré (1),由作者译成英文。

6) 《旧唐书》卷一九八,第十六页[译文见 Hirth (1), pp. 56, 277]。

7) 夏德对两者发音相符的考证很能说服人。

8) Sarton (1), vol. 1, p. 158。

图版一一

图33　自鸣水钟的图例，采自加扎里的关于机械装置的论文手稿(1206年)，上部是黄道十二宫的符号。然后是依次出现的人象和依次燃亮的灯盏；在这下面，从铜鹰嘴中有金球落入铜杯，击钟使之鸣响；最后是五个乐师组成的自动乐队 [Cresswell (1)]。中国史学家在10世纪曾描述过这种阿拉伯自鸣水钟(起源于拜占庭)，而中国人自7世纪起也曾经自行制造过。

种万能的解毒药[1]，因而开始把各种各样包括所有效用不明的药材拿来配方制药，克里特岛的安特洛马克 [Andromachus of Crete, 尼禄 (Nero) 皇帝的医生，著称于公元 60 年][2]、普利尼(用过六百种药材)[3]、甚至盖伦[4]都曾使用过这类药。后来，各种东西都加了进去，如胆汁、没药、鸦片和大麻等等。据《本草纲目》说[5]，这种药首载于 7 世纪的《唐本草》中；它来自西方各国，宋代时在广州可见到。猪的胆汁是其成分之一，据说它味苦而寒，本身无毒，能够治"诸疾患之邪气"。尽管有这样的记述，李时珍却很正确地把它放在不重要的药物之中。夏德本人藏有一篇 1506 年写的《本草》抄本，其中有一幅彩色图，画着献给皇帝的红色和黑色底也伽药丸。整个说来，我们可以说，中国人相当轻视拜占庭的底也伽和叙利亚的"珠宝"，这显示出中国人具有令人钦佩的怀疑思想[6]。

现在我们来谈谈拜占庭时代和唐朝之间的关系。当时"大秦"的名称已消失，而被"拂菻"(即拜占庭)所代替。献底也伽的使节来中国是在 667 年，可是至少有一个更早的使节是在 643 年[7]、至少有两个较晚的使节是在 719 年和 720 年来到中国。在同一年(719年)内，各有一个使节来自粟特王国和巴克特里亚王国。当时这些王国在阿拉伯征服下已濒于灭亡。据《册府元龟》记载：

> 支汗那 (Jaghānyān[8]) 王帝赊派遣了一位随使节而来名叫大慕阇的天文学家。国王上书中国朝廷，建议试验一下大慕阇的能力，考问他的宗教教义[9]，还建议允许他在依靠教徒捐献而谋生的一个寺庙里传教。[10]
>
> 〈吐火罗国支汗那王帝赊上表，献解天文人大慕阇，其人智慧幽深，问无不知。伏乞天恩，唤取慕阇亲问臣等事意及诸教法，知其人有如此之艺能。望请令其供奉，并置一法堂，依本教供养。〉

在天文学(或星占学)的领域内，究竟大慕阇曾经带来或带回一些什么思想，还有 206
待进一步研究。

我们已看到 (本卷 p. 186)，1081 年和 1091 年的使节是从巴格达的塞尔柱突厥苏丹那里来的，那时离蒙古人统一旧大陆、从而使文化传播较为便利的时代已经为期不远。过去存在的中国和罗马直接来往的时期即将结束了。不过，也有

1) Sarton (1), vol. 1, p. 214。那种药很象现在把各种维生素混合装在胶丸中。
2) Sarton (1), vol. 1, p. 261。
3) *Hist. Nat.* XXIX, 1 (8), 24; XX, 24 (100), 264; XXIX, 4 (21), 70。
4) *De Theriaca* (《底也伽》)。
5) 《本草纲目》卷五十下，第四十五页。
6) 表 7 所列的"弱水"这一问题，留待本书第二十三章论地质学时讨论。
7) 这引起有关景教教主的问题，在这里我们不准备讨论。
8) Tokharestan (托克哈里斯坦，即吐火罗)。
9) 他大概是个摩尼教徒(参阅本卷 p. 128)。亦可参看 Grousset (1), p. 352。
10) 《册府元龟》卷九七一，第三页；由作者译成英文，借助于 Wieger, *TH*, p. 1398。

一件奇怪但较晚的外交往来值得我们注意。1371年，在蒙古人被赶走和明朝建立以后不久，拜占庭的使者捏古伦［可能就是尼古拉·库马诺斯（Nicholas Cumanos）］来到中国[1)*]，他回国时，光荣地带去中国皇帝致罗马皇帝的一封信，还由中国官吏普剌护送，至少护送了一段路程。这件事使人们猜测他究竟为什么来中国。也许他只是一个商人；可是，也许可以想象，拜占庭的政府担忧日益增长的土耳其征服的危险，所以派遣了一个使节，到最新发明炸药武器技术的老家去，探询它在战争上的作用。事实上，土耳其人使用这种技术是比较有效的。但是，在谈及中国和伊斯兰的关系以前，我们还应该问一问：从唐末以来，中国与印度之间可能进行哪些科学技术交流呢？

(i) 中国与印度之间的文化和科学的接触

我们已经知道了早期交往的许多事实[2)]，例如，大约在公元前130年，张骞曾认为，四川的物产经由云南—印度的交通线到达了大夏；又如，中国在公元70—160年之间，便开始有佛教（本卷 pp. 173, 112）。从汉代初期起，就有迹象表明，除了布匹和竹杖之外，其他物品也曾通过云南和阿萨姆的森林山区。总之，印度语中的 Cīnasthāna 一词是出自 Chhin（秦）的。大约完成于公元前120年的著作《淮南子》[3)]有一段讲到大禹“来到裸民国时，把衣服脱掉，然后进去，等出来时再把衣服穿上，以表示尊重当地的习俗”。（故禹之裸国，解衣而入，衣带而去。因之也。）有人认为[4)]，在古代佛教著作中，讲到释迦牟尼或一位菩萨时，也有这样的故事。这些事情如果属实，那末，这一并行事例也和本章开始时提到的那些希腊与中国的并行事例相类似了。可以想象得到，这两个故事是互不相关地发生的，因为中国的南方和印度的东方，都有生活在炎热地区的原始民族。

公元90年，中国人和贵霜人（月氏人和萨卡人的后裔）之间，已有外交和其他
207 方面的交往。当时贵霜在迦腻色迦王的统治下，几乎征服了印度北部整个地区[5)]。
在这整个时期中，和阗地区成为印度、波斯、希腊和中国四方面文明的荟萃点。

---

1) 《明史》卷三二六，第十七页。

2) 参阅师觉月 [Bagchi (1)] 的综述。拉达克里希南 [Radhakrishnan (1)] 的著作尽管用意很好，不过有关中国人的思想方面，似乎有些基本的误解，还有各种历史错误。一般说来，印度的作者们容易把佛教在中国的重要性估计过高。

3) 《淮南子》第一篇，第六页。

4) Bagchi (1), p. 8。

5) *TH*, p. 716; McGovern (1), pp. 249, 251; V.A. Smith (1), pp. 129—143。

* 《明史》卷三二六，第十七页载：“元末，其国人捏古伦入市中国，元亡不能归。（明）太祖闻之，……已而复命使臣普剌等赍敕书、綵币招谕，其国乃遣使入贡，后不复至。”——译者

因此在当时的《摩奴法典》(*Laws of Manu*) 中，提到中国是很自然的。

但是，佛教徒交往的伟大时期，却是从4世纪中叶以后开始的[1)]。公元386年，印度高僧鸠摩罗什 (Kumārajīva) 从中亚来到中国，竭力宣扬大乘佛教[2)]。虽然他很著名，但实际上只是无数继起的传教者之一[3)]。5世纪也有许多来自锡兰的使者，还有来自迦毗罗 (Kapila) 和笈多 (Gupta) 王国的[4)]。对我们来说更有意义的是，许许多多中国的佛教学者和僧人从这个时期起，忍受着难言的艰险和困苦，长途跋涉到印度去取经，带回了大量的佛教经典进行翻译。

(1) 佛教求法者

在这些求法者当中，第一个伟大的人物是法显。他在公元399年出发去印度，414年回国。他的著作《佛国记》曾多次被译成西方文字[5)]。

第二批引人注意的使者是北魏的僧人惠生和宋云，他们在518—522年间，在乌苌 (Udyāna) 和犍陀罗旅行。他们两人各写有旅途见闻记《惠生行传》和《魏国以西十一国》，可惜这两部著作都已散佚。幸而，有一篇大概是引用原文的节本保存了下来，这就是《僧惠生使西域记》，它保存在杨衒之于530年左右所著《洛阳伽蓝记》[6)]一书的第五卷中。这些僧人或多或少具有外交使节的身份。

在所有佛教求法者兼学者而又负有外交使命的人当中，最伟大的要推玄奘[7)]了。他生于603年，从629年到645年间他在印度，卒于664年。他的《大唐西域记》有几种西文译本[8)]。他的弟子惠立所作传记《大唐大慈恩寺三藏法师传》[9)]，大 208
大充实了他的旅行记中的内容。玄奘的品德使他受到后世人的敬重[10)]。

第四个重要的人物是比玄奘年轻些的同时代人义净（生于635年，671—695年在印度，卒于712年）。他留下的著作很少记述他本人的情况，而大多记述他当

1) 在佛教徒求法时代，有关印度的情况，可查阅 de la Vallée Poussin (2) 和 Prasad (1)。

2) *TH*, pp. 1011, 1041。

3) 师觉月 [Bagchi (1)] 的著作中有不少传记，可是没有用汉字写出的名字。

4) 玉尔曾作过这方面的总结，参看 Yule (2), vol. 1, p. 67。

5) Rémusat (1); Beal (1); Legge (4); H. A. Giles (3)。

6) 有毕尔 [Beal (1)] 的译本，可是沙畹 [Chavannes (3)] 的译本比较可靠。

7) 关于他的名字的写法和拉丁拼音有过许多争论，因为"玄"字后来因避讳而改成"元"字。因此他的名字有各种变体，如"元奘"等。"奘"字我们仍保留 Chuang 的音，可是按现代的发音，它近于 Tsang。

8) Julien (1) 和 Beal (2)。可参考沃特斯 [Watters (1)] 和伯希和 [Pelliot (4)] 对它们的评注。

9) 译文见 Julien (1) 和 Beal (3)。

10) 近人苏渊雷 [Su Yuan-Lei (1)] 曾著玄奘传。最近出版的英文本传记为韦利 [Waley (16)] 所作。有名的神怪小说《西游记》即以玄奘的旅行见闻作为基础，这部书由韦利 [Waley (17)] 译成英文，名为《猴子》(*Monkey*)。《西游记》系明代吴承恩所著，至少是由他改写成现在的形式[参看 Nagasawa (1), p. 246]。英文译本所取的书名即该书中的主角，当然就是具有中国人姿态的印度猴神 (Hanuman)。

时在印度和东南亚所看到的佛教礼仪和活动。他的这部著作名为《南海寄归内法传》，有高楠顺次郎 [Takakusu (1)] 的英文译本和毕尔[1] 的节译本。然而，更有价值的是他在705年左右所著的《大唐西域求法高僧传》，该书已由沙畹 [Chavannes (4)] 译成法文[2]。8世纪另有一位去印度的求法者，即朝鲜僧人慧超[3]。在许多求法者当中，最末一个是继业，他和其他许多僧徒从964年至976年在印度，他的见闻保存在范成大1177年著的《吴船录》[4]中。这许多次探险的结果，是在中国印行了三藏佛典[5]。关于佛典的印行，在《枫窗小牍》中有记述[6]。中国的佛教求法者在印度所树立的最后一个石碑，其年代是1033年[7]。

究竟有没有人曾经从科学史的观点来研究过这些材料，我是怀疑的。这全部故事常常被人们传诵[8]，因为它在宗教史上很有价值；而在格鲁塞的著作《佛教徒的行踪》(*Sur les Traces du Bouddha*) 中，叙述得最为精彩，很值得一读。我们现在来看看，从这整个领域能否得到有关中印科学关系的启示。当然，僧人们只对佛教和神学感兴趣，而几乎忽视其他任何东西。因此，从法显的事迹中几乎找不到什么合乎我们需要的材料，这并不足为奇[9]。可是在惠生和宋云的故事中[10]，却有一段很重要的文字。

209 当他们谒见乌苌国王时(乌苌为印度河上游流域的一个古代王国，可能在现今的斯瓦特)，有一段对话如下：

> 国王问宋云说："尊贵的客人是从日出国来的吗？"宋云答道："我们国家东边邻接大海；太阳按照如来 (Tathāgata) 的意志升起。"国王又问："你们国家出了些什么圣人呢？"宋云详细介绍了周公、孔子、庄子和老子的德行；又描述了蓬莱山上的金银殿堂，以及聚集在那里的神仙和圣人。最后他说到管辂善于占卜，华陀精于医学，左慈长于方术。对所有这些事情，他分别予以说明。国王说："假若一切如你所说，贵国的确是佛国。我愿来世生在你们的国家。"[11]

〈国王见宋云，……遣解魏语人问宋云曰："卿是日出人也？" 宋云答曰："我国东界有大

---

1) Beal (3), p. xlii。
2) 毕尔作了节译，参看 Beal (3), p. xxvii。
3) 见 Fuchs (4)。
4) 译文见 Huber (1)。
5) 见 Carter (1), p. 62。
6) 《枫窗小牍》卷二，第十九页。
7) Bagchi (1), p. 79。
8) 例如 Nehru (1), pp. 154ff.。
9) 参看 *TH*, p. 1047。
10) 参看 *TH*, p. 1190。宋云是敦煌人。
11) 译文见 Chavannes (3), p. 408；由作者译成英文，借助于 Beal (1)。

海水，日出其中，实如来旨。"王又问曰："彼国出圣人否？"宋云具说周、孔、庄、老之德，次序蓬莱山上银阙金堂，神仙圣人并在其上；说管辂善卜，华陀治病，左慈方术，如此之事，分别说之。王曰："若如卿言，即是佛国。我当命终，愿生彼国。"〉*

这样看来，宋云虽是佛教徒，但在描述他本国的杰出之点时，选择了儒家、特别是道家，可见他具有"原始科学"（"proto-scientific"）的思想。蓬莱山的神仙（参阅本书第十、三十三章）尤其与最早的炼丹术有关。管辂（209—256年）［参阅本书第二十六章（i）］是一位占卜家，他和发明磁罗盘的历史有关。华佗（130—220年）是中国最伟大的医学家之一（参阅本书第四十四章）。左慈（155—220年）是一位著名的道家方士。由此可见，在6世纪，道教和中国的科学曾受到中国在国外的代表人物的高度推崇[1]。

一个世纪以后，同样的赞美声又再度传扬开了。玄奘的事迹[2]包含了许多有意义的地方。格鲁塞［Grousset（3）］在分析这位佛教高僧面对印度信仰中某些极度荒唐和邪恶的方面时，很正确地强调了他具有儒家的理性和人道主义[3]。惠立告诉我们，在玄奘所住的大寺院例如那烂陀（Nālanda）等寺中，从医药、天文学、数学和方术都进行研究[4]。但最有意义的情况出现在玄奘决定回国时。惠立叙述道：

那烂陀的众僧们听到这个消息，都恳求玄奘留下，说："印度是佛陀诞生之地。虽然他现已离开了世界，可是仍然留有许多踪迹。依次拜访这些地方，对他顶礼和赞颂，世间还有什么比这更愉快的呢？你不远万里而来，为什么又想离开呢？何况，中国是个不践行佛教教义的国家（*mlecchas*），到处充斥
着无足轻重的野蛮人，他们憎恶宗教和信仰。这就是佛陀不生在那里的缘故。 210
那里的人民心胸狭窄，行为极端粗野，因此圣贤都不去。而且那里气候寒冷，道路崎岖——你必须三思啊。"

法师回答道："佛陀创立了他的教义，意在传遍各国。谁能只顾自己享乐，而忘却那些尚未觉悟的人们呢？再说，在我的国家中，官员们衣冠端庄，法律到处受到尊重。皇帝圣明，臣民忠诚，父母慈爱，子孙孝顺。人道和正义得到最高的评价，老人和圣贤受到尊敬。而且，他们的知识深邃玄奥，智慧与神仙匹敌。他们以天为典则，知道如何计算七曜的运动；他们发明了各种

1）因此，更有趣的是，《道德经》的梵文译本，是在647年为伽摩缕波（Kāmarūpa，即阿萨姆）王婆什迦罗·鸠摩罗（Bhāskara Kumāra）准备的；参看伯希和的著作［Pelliot（8）］和本书第十章。

2）参看 *TH*, p. 1344。

3）例如，关于玄奘对舍生寺的批评［Grousset（3），p. 129；Julien（1），vol. 2，p. 278］，以及对湿婆教的苦行僧们一些讨厌的修行法的训斥［Grousset（3），p. 187；Julien（1），vol. 1，p. 225］。

4）Grousset（3），p.156；Beal（3），pp. 112，153。

* 载于《洛阳伽蓝记》第五篇，第五页。——译者

仪器，确定一年的季节，发现了六律和音乐内在的特性。因此，他们能够驯养或驱使一切野生动物，降服魔鬼和神灵，调和阴阳的相反影响，使所有生命获得安宁与幸福。……怎么能说佛陀因为我的国家不足道而不前往呢？"[1)]

〈诸德闻之踪，咸来劝住，曰："印度者，佛生之处。大圣虽迁，遗踪具在，巡游礼赞，足豫平生，何为至斯而更捨也？又支那国者，蔑戾车地，轻人贱法，诸佛所以不生，志狭垢深，圣贤由兹弗往，气寒土嶮，亦焉足念哉？"法师报曰："法王立教，义尚流通，岂有自得霑心而遗未悟。且彼国衣冠济济，法度可遵，君圣臣忠，父慈子孝，贵仁贵义，尚齿尚贤。加以识洞幽微，智与神契。体天作则，七耀无以隐其文；设器分时，六律不能韬其管。故能驱役飞走，感致鬼神，消息阴阳，利安万物。……岂得称佛不往，遂可轻哉？"〉*

由此可见，在国外的中国人再一次赞美了祖国的科学成就，尽管这次带有儒家的而不是道家的特色，但无论如何，甚至连天文仪器都提到了。我们承认这篇讲词是后来为玄奘作传的人重编的，不过惠立是他的及门弟子，他一定知道他师傅的思想。格鲁塞 [Grousset (3)][2)]说："这篇讲词是什么样的气势啊！中国人的严谨、科学精神[3)]和组织性，与印度在政治上的无能和实际事务上的漫不经心，正好形成了对比。"

当我们在义净的著作中也发现类似的态度时，我们开始认识到，中国人可能在心理上不愿承认其他国家在科学上会有什么有价值的新东西能和他们祖国高度发展的科学相比。义净对于医药比别的求法者更感兴趣。在他的著作中，有三章[4)]是关于医药的，巴思 [Barth (1)] 曾讨论过这几章。义净提到了医学中的"八医"，这是指寿命吠陀 (Ayurveda) 医学系统中的八个部分[5)]。可是义净在赞扬印度医生时说，最有用的草药几乎全都可以在中国而不是在印度找到[6)]。他说道：

中国有四百种以上的草药（矿物、草木的茎和根等），大多数质地优良、

1）译文见 Julien (1)；由作者译成英文，借助于 Beal (2)。亦可参阅 Waley (16), p. 57。

2）Grousset (3), p. 189。

3）格鲁塞原来用的词是 scientisme，这个词很好，可是我还没能想出一个与之相当的英文词。这个词并不完全是指科学，因为在7世纪时中国和印度都还没有近代意义上的自然科学。格鲁塞的意思是指中国的原始科学和与之相关联的自然主义，即顾立雅 [Creel (3)] 所谓的"中国主义"（"Sinism"）［见本书第十三、二十章和第二十六章 (h)］。

4）即第二十七、二十八和二十九章。

5）Takakusu (1), pp. 127, 222。这八个部分是：(a) 肿痛；(b) 针灸法；(c) 一般医药；(d) 驱邪；(e) 小儿科；(f) 制药学；(g) 长生不老丹的炼制；(h) 强筋健骨。**

6）我们前面讨论过底也伽（本卷 p. 204），在这一方面，义净下面的话是颇有意义的："有钱的人可以买到从大秦来的贵重的胶。"（"觅贵价之秦胶，富者此事可为。"）

* 《大唐大慈恩寺三藏法师传》卷五，第一页。——译者

** 义净《南海寄归内法传》卷三，第二十七章"先体病源"中的原文为："言八医者：一论所有诸疮；二论针刺首疾；三论身患；四论鬼瘴；五论恶揭陀药；六论童子病；七论长年方；八论足身力"。——译者

色味罕有，芬香扑鼻；因此，我们可以用它们来医治任何疾病，陶养性情。在针刺法和艾灸法等治疗方法上，以及在诊脉技巧上，赡部洲［Jambūdvīpa，即文明世界（*oikoumene*）］从来没有任何一个国家能和中国相比。长生不老的丹药只在中国才能找到。……在印度的五大区域里，有谁不赞美中国呢？[1] 211

〈且如神州药石根茎之类，数乃四百有余，多并色味精奇，香气芬郁，可以蠲疾，可以王神。针灸之医，诊脉之术，赡部州中，无以加也。长年之药，唯东夏焉。……五天之内，谁不加尚？〉*

在治疗方面，义净主张主要靠节制饮食。在著作中，他强烈反对用排泄物进行治疗[2]。

(2) 使者、炼丹术士和数学家

但是，我们在下结论时必须谨慎，不能说，这些到印度去的中国人，由于对祖国的科学成就太自豪，就对印度的科学不感兴趣了。我们记得，前面（本卷p. 128）叙述过许多关于"婆罗门"天文学、数学等等的书籍，都是从法显到义净这一段时期内译成中文的。虽然它们不久便散佚了，可是，它们曾存在过这一件事本身就很有意义。在有关王玄策和玄照的不寻常的史料中[3]，还可找到中国和印度之间科学关系的一些详情。

王玄策是一名官员，他于648年第二次离开中国出使到摩揭陀王国（Magadha，现今的巴特那），那里原来在位的是玄奘的友人戒日王(Harsha Vardhana)。不巧，这时戒日王逝世，一个篡位的大臣（中国史书中称之为阿罗那顺）便乘机袭击中国的使节，抢劫他们的财物，并杀死王玄策的多数随员。但王玄策是个足智多谋的人，他逃往山区，与当时和中国有盟约的泥波罗（Nepal）及吐蕃的国王取得联系。王玄策于是领着大军下山，攻打篡位的乱臣，最后推翻了他。就在这时候，王玄策帮助玄照回到中国。玄照已经在印度研究梵文和佛教多年了。王玄策本人从另一条路回国，并把篡位的印度人和其他俘虏一同押解回来。他把这批战俘连同这次出使经过的奏本呈献给长安的皇帝。

关于此事的记述大约写于一个世纪以后，内容很有意义，因为其中保存着可能是最早的论无机酸的一段文字[4]。迄今为止，一般认为无机酸是13世纪在欧洲

1）译文见 Takakusu (1)，经作者订正。

2）虽然他是河北人，却极反对吃葱。

3) Pelliot (8); Lévi (1); Chavannes (4); Grousset (3), pp. 246ff.; V.A. Smith (1), p. 169; *TH*, p. 1342。

4）曾注意到这段文字的作者有波希埃［Pauthier (1)］、儒莲［Julien (2)］、伯希和［Pelliot (8)］以及玉尔［Yule (2), vol. 1, p. 69］，可是他们都没有认识到它在科学上的意义。

*《南海寄归内法传》卷三，第二十八章"进药方法"。——译者

最先知道的，这方面的最大的权威帕廷顿在法国方济各会修道士维塔尔·迪·富
212 尔（Vital du Four）1295年左右所著《论健康的保持》（*Pro Conservanda Sanitate*）一书中，发现首次提及无机酸的事[1]。可是在段成式860年左右所著《酉阳杂俎》里，我们读到下面这段文字：

> 王玄策俘获了印度君王阿罗那顺。还得到了一个精通诸艺与妖术的名叫那罗迩娑婆[2]的学者，他说能使人们活到二百岁。唐太宗很惊讶，招他住在金飚门内，令他制长生不老之药。皇帝还命兵部尚书崔敦礼进行监督。这个印度人说："在印度有一种叫畔茶佉水的物质，产于大山中的矿石之内，它有七种不同的颜色，有时热，有时冷，可以溶解草药、树木、金属和铁——如果人手放入其中，手就会被消融和毁坏。必须用骆驼的头盖骨作容器取之。……"这个印度人最后死于长安[3]。
>
> 〈王玄策俘中天竺王阿罗那顺以诣阙。兼得术士那罗迩娑婆，言寿二百岁。太宗奇之，馆于金飚门内，造延年药。令兵部尚书崔敦礼监主之。言："婆罗门国有药名畔茶佉水，出大山中石臼内。有七种色，或热或冷，能消草木金铁，人手入则消烂。若欲取水，以骆驼髑髅沉于石臼，取水转注瓠芦中。……"后死于长安。〉

这段文字也许预示了后来阿拉伯化学中的万能溶剂（"alkahest"）。总之，这段文字有力地说明，在7世纪时，已知道一种无机酸。它使雷氏（Ray）所著《印度化学史》（*History of Hindu Chemistry*，一般说来，这本书不太令人信服）中有关强酸的线索显得可信了。在《味海书》（*Rasārṇava Tantra*）中〔勒努认为是12世纪的著作，参看 Renou(1)〕，曾讲到铁和其他金属，被一种从绿矾（*Kāsīsa*）、黄铁矿等提取出的 *viḍa*（一种溶剂？）所"销毁"[4]。根据《味宝集》（*Rasaratna-samuccaya*，勒努认为该书可远推到8世纪）一书，所谓"销毁"，实际上大概就是从金属形成盐类的过程[5]。

当时，玄照希望留在国内安静地翻译佛经。可是664年，他受皇帝之命再次去印度寻找名医并搜集药用植物。那时在中国首都对炼丹术和延年药兴趣很大。玄照成功地找到了一位医生或炼丹术士（可能就是《通鉴纲目》中所记载的[6]娑婆寐或者卢迦逸多），并将他送到中国，而玄照本人则继续在那里找寻药物和草药。

1）和本书作者的私人通讯。参看 Sarton (1), vol. 2, p. 408; vol. 3, p. 531。

2）伯希和［Pelliot (8)］猜想这就是梵文里的 Nārāyaṇasvāmin；韦利［Waley (16)］同意这一说法。波希埃［Pauthier (1)］猜想是梵文里的 Panjāb 水；伯希和［Pelliot (8)］认为是 *phāṇta* 水。后者是指过滤后所得的液体。

3）《酉阳杂俎》第七篇，第七页；由作者译成英文。《旧唐书》卷三第八页有类似的一段文字。

4）Ray (1), vol. 1, pp. 65, 72.

5）Ray (1), vol. 1, pp. 118ff.

6）*TH* pp. 1371, 1372, 1374.

后来，由于西藏人的叛乱和新兴的阿拉伯势力的东渐，他回国的路被阻塞了，结果他在六十岁时客死于印度的寺院中。

中印之间尽管有这些和其他许多关于科学交流的证据，但却难以拿出印度科学影响中国科学的确凿证明。仔细地比较中国的和印度的传统药典，来探究药物学中互相借鉴的地方，是极需要进行的一项工作。有些药物，例如治疗麻疯的大风子油，虽然载入中国药物学书中已有许多世纪，但很可能原产于印度。大风子[1] (*Hydnocarpus anthelmintica*) 的油最早见于1380年左右编的《本草衍义补遗》，也 213
就是说，它有文字记载时已相当迟了。进行这类比较的材料，现在在西方文字的书籍中可以大量找到。可是所有这类研究都由于印度缺乏一种确切的年表而非常难以进行，甚至最重要的印度科学著作的年代都很不准确。

然而中国数学对印度数学的影响却是无可怀疑的[2]。赵君卿在2世纪注释《周髀》(最古老的数学经典著作)时所用的勾股定理的证明，在印度婆什迦罗 (Bhāskara, 1150年) 的著作中再次出现。1世纪《九章算术》中的弓形面积计算法，也在9世纪摩诃毗罗 (Mahāvīra) 的著作中再次出现。3世纪《孙子算经》中的不定方程问题，可在婆罗摩笈多 (Brahmagupta, 7世纪)的著作中找到。而阿耶波多 (Āryabhaṭa, 5世纪) 著作中的几何测量问题，则和3世纪刘徽著作中的问题很相似。这些著作相隔的时间往往是这样长，如果我们不能指出更多的同类事例的话，那末，似乎就应该说两国在这些方面都是独立发展的。

假若不先提一提后面将要说明的复杂情况，此刻还很难编出一份对照表，以说明在科学技术方面印度对中国的影响有多大。这个问题几乎在每一专门领域内都会出现。有一些很基本的观念，例如天文学中二十八宿的赤道系统[3]和医学中气功生理学的一般理论[4]，很可能都是从古代美索不达米亚的最基本的概念中产生，然后由印度人、中国人和希腊人以完全不同的方式加以发展的。我们至少可以看到一个例子，这就是音阶中各个音符的算术周期性[5]。中国人相信它们是从西方传入的，而希腊人则同样确信是从东方传入的。因此，我们可以说它们有一个共同的来源，因为在这两个继起中心之间几乎或完全没有传播。我们已经看到[6]，并且还将看到[7]，不管原子论是起源于印度还是其它地方，它从来没有在

1) R 258。参阅 Burkill (1), vol. 1, p. 1204。

2) 凯 [Kaye (3)] 曾一一加以列举。他认为，张丘建(约 500 年)的数学著作[见本书第十九章 (c)]和印度同时代和稍后些的著作最为接近。

3) 见本书第二十章 (e)。

4) 见本书第四十四章。

5) 见本书第二十六章 (h)。

6) 见本卷 pp. 154ff.。

7) 本书第二十六章 (b)。

中国生过根。

传播当然是存在的，尽管对我们说来大都是些不重要的事物。在5到6世纪，印度的文法无疑曾促进了中国人的语言学研究[1]。印度和中国的绘画在两国的文化中都是享有盛名的。据说，谢赫在480年前后所阐明的绘画六法（“六品”），
214 和较早时印度著作中所说的相同[2]。印度的音乐恰在隋代之前就经库车传到中国，后经演奏家曹妙达(祖先是婆罗门)等人的发展，曾风行一时。反之，玄奘在638年拜访阿萨姆［即伽摩缕波(Kāmarūpa)］国王婆什迦罗·鸠摩罗(Bhāskara Kumara)时，阿萨姆人为玄奘演奏了一个中国乐曲，那个曲子是在619年为庆祝唐朝的一次胜利而作的，离开这次演奏仅十九年。中国的宝塔无疑是从印度的窣堵波(Stūpa)经过一些阶段发展起来的[3]。除了和棉花有关的机器之外（这种机器也到很晚才有），印度人在工程技术方面的贡献极小。这一点我们将在后面再加探讨。

虽然中印之间的交往大多通过佛教徒进行，但是，印度的某些影响还是可察觉的。例如在雕刻的圆柱方面，有一些可能是唐代雕刻的柱子，至今仍保存在福建泉州的寺庙中，库马拉斯瓦米［Coomaraswamy(3)］曾描述过它。但是，这些柱子具有僧伽罗人的风格，这可能和15世纪锡兰国王[4]被软禁在泉州有关，后来他的子孙就留在了那里。另一方面，我们以后将看到[5]，印度的某些礼拜仪式，受到在7世纪通过阿萨姆传去的中国道教的极大影响，甚至可以说就是这样形成的。

大致说来，我们可以认为从3世纪到7世纪末是中印交往的伟大时代，尽管此后直到1015年以前，偶而还有使者从印度各邦来到中国。从8世纪到13世纪是中国和阿拉伯交往的伟大时代。下面我们将对此进行简要的讨论。

(j) 中国与阿拉伯之间的文化和科学的接触

伊斯兰教这个对东西方关系具有深远影响的巨大新兴力量，恰好是在玄奘出发去印度之前兴起的——公元622年先知穆罕默德从麦加逃亡到麦地那 (Hejira

1) Kroeber (2); (3); (4), p. 234。
2) Bagchi (1), p. 163. 但其他人[如 Rowland (2), p. 145]则反对这一说法。
3) Boerschmann (1); Combaz (5).
4) 参阅本书第二十二、二十九章.
5) 参阅本书第十五章 (f).

of the Prophet)，伊斯兰教的纪元就从这一年开始[1]。652 年阿拉伯人完全征服伊朗后，他们的统治范围很快地到达中国势力的前沿；因此，毫不奇怪，中国和阿拉伯的接触很早便在海陆两方面建立了起来[2]。可是有一个时期，中国和非伊斯兰教的波斯的联系增加了。638 年，萨珊王朝最后一个国王伊嗣俟三世 (Yazdagard III) 遣使向唐太宗求援，可是被拒绝了。国王在那哈旺 (Nahawan) 战役(642 年)后退入突厥斯坦时，才知道这个消息[3]。伊嗣俟的儿子卑路斯 (Firuz) 在某种程度上得到中国的支持而在吐火罗自立为王，可是未能长期存在下去，670 年逃往 215
长安，在那里建立了袄教寺院，不久便死去。九年以后，卑路斯的儿子泥涅师 (Narses) 试图依靠中国远征军的帮助恢复他的领土，却没有结果，他于 707 年又回到长安。波斯边界上的小国，例如陀拔斯单 (Tabaristān)，许多年来一直独立于伊斯兰势力之外，他们的使者有十人在 713 到 755 年间来过中国。有些波斯人移居海南岛[4]。陀拔斯单最后一位非伊斯兰统治者的儿子来到中国首都，从此就没有再回去过。这和在巴克特里亚(大夏)-印度(天竺)的希腊人结局一样。虽然人们会想到，在这样的时代里，对政治局面的忧虑在人们的思想上占着首位，可是也可以想象，保存某些学识或技术的遗产的愿望会促进文化的传播。

中国和伊斯兰的第一次直接的接触很快便产生了许多传说，这些传说的真伪是很难辨别的[5]。可是中国史家[6]清楚地讲到，726 年有一位来自阿拉伯(大食)[7]的使者苏黎满 (Sulaimān)。这恰好是在伍麦叶 (Umayyad) 王朝的末期，在哈里发希沙姆 (Hishām) 统治时期，因此，很可能苏黎满是被派遣来请求援助他的衰落中的皇室的。

在 8 世纪时，中国和阿拉伯的关系非常密切。751 年塔拉斯河战役确定了穆斯林在中亚西部的统治权，这是伊斯兰扩张高潮的标志。虽然他们的大将和总督赫贾吉·赛盖非 (al-Hajjāj al-Thaqafī) 曾对他的军事首领穆罕默德 (Muḥam-

1) 这里必须提到许多阿拉伯和波斯的人名，我愿在这里提到阿卜杜拉·加利勒 ('Abd al-Jalīl) 和索瓦热 (Sauvaget) 的简便的入门书，它们对我们是有帮助的［除了萨顿、米里、希提和布罗克尔曼 (Brockelmann) 等人的巨著以外］。可是因为阿拉伯人的名字很长，做索引时各人所取名字的一部分各不相同，因此，在这一方面会遇到一些麻烦。

2) Hitti (1), p. 344。

3) 这些事件为吉本 [Gibbon, vol. 9, ch. 51, pp. 375ff.] 提供了戏剧性的材料。

4) 他们原是波斯船上的船员和乘客，这些船只显然是在中国官吏彭若方的指使下被当地居民抢掠了；鉴真和尚在749年曾看到他们的居留地 [Takakusu (3), p. 462]。

5) 见 Pelliot (5); Mason (1); Broomhall (1); 以及 *TH*, pp. 1355ff. 的总结。据传说，赛耳德·伊本·阿布·瓦嘎斯 (Sa'd ibn abū Waqqāṣ) ——先知穆罕默德的叔父之一，并且是阿拉伯第一次进军的有名的军事领袖——的坟墓在广州，但可以肯定，他从来没有到过中国 [Brockelmann (1), p. 15]。

6) 例如见《通鉴纲目》(*TH*, p. 1400)，其中的记载出自《新唐书》卷二二一下，第十二页。亦可参阅《旧唐书》卷一九八，第十七页。

7) 也许来自波斯的 Tazi 和 Tadjikistan [Hirth (9); Yule (2), vol. 1, p. 88]。

mad）和古泰拜（Qutaibah）许下诺言，宣布谁先踏上中国国土，谁就拥有对中国的统治权[1]。可是敌对的阿拉伯军队未能进入中国。这一切并没有阻止阿拔斯（Abbasid）王朝的第二代哈里发，即阿布·加法尔·曼苏尔（Abu Ja'far al-Manṣūr）在仅仅几年之后派遣一支阿拉伯军队（可能大部分都是波斯人，如果不是伊拉克人的话），来援助年轻的唐肃宗皇帝重新统治帝国，因为他的父亲唐玄宗在安禄山叛乱中被击败[2]。这是756年的事。两年之后，不知道为了什么原因，广东沿海阿拉伯人聚居的地方发生了严重的骚乱。可以看出，从7世纪以后，中国和阿拉伯之间在知识上接触的机会很多。8世纪末，即798年，哈伦·拉施德派遣使
216 者到长安来商议抵抗骚扰他们双方的吐蕃人的联合战略[3]。直到878年，阿拉伯和中国之间的贸易关系才受到严重的干扰，因为在黄巢造反事件中[4]，广州遭到抢劫，这件事在中国和阿拉伯作家的记载中都有叙述。可是这种贸易关系后来又恢复了，在11世纪金、宋时代，历史上载明有二十个以上半商业半外交性质的阿拉伯使团，这是在布维希德（Buwaihid，波斯人）控制哈里发的时期。

从伊斯兰教建立时起[5]，阿拉伯人就知道有中国和印度，因为他们是大秦民族的后裔和阿比西尼亚阿克苏姆的中间人。最著名的《圣训》（Ḥadīth，即先知穆罕默德口授的言辞）之一是："要寻求学问，即使它远在中国。"[6] 762年，曼苏尔奠定了新都巴格达的基础时，他说道［据阿布·加法尔·塔巴里（Abū Ja'far al-Ṭabarī）］："我们有底格里斯河，使我们能与象中国那样遥远的国土联系，并给我们带来美索不达米亚和亚美尼亚的食品以及海洋所能供给的一切。我们还有幼发拉底河，可以给我们运来叙利亚、拉卡（al-Raqqah）和邻近各国所贡献的一切东西。"[7]在伊斯兰的所有科学研究中都流露出这种向往东方的心情。

在9世纪中叶［即穆台瓦基勒（al-Mutawakkil）掌握哈里发职权时］，阿布尔·哈桑·阿里·塔巴里（Abū'l Ḥasan 'Alī al-Ṭabari）[8]写下了伟大的医药著作《智慧的天堂》（*Firdaus al-Ḥikmah*），使人惊奇的是，他在著作中引用印

1）Hitti (1), p. 212。

2）*TH*, pp. 1395, 1402, 1436, 1438. 据说这是伊斯兰教在中国传播的开始；见 Sarton (1), vol. 3, p. 1587; d'Ollone *et al.* (1); Drake (2)。

3）*TH*, p. 1465；亦可参阅 Gibb (1)。

4）*TH*, p. 1506；亦可参阅 Schafer (2)。

5）伊斯兰教在中国的最老的名称是回教；这也许是从最先在中国边界传教的回纥人得到的名称；可是后来又称为清真教［参阅 d'Ollone *et al.* (1)；Broomhall (1)］。现在仍用这一名称，我在甘肃徽县时曾访问过那里的清真寺。

6）Hitti (1). p. 393。

7）译文见 Hitti (1), p. 292。

8）Sarton (1). vol. 1, p. 574; Hitti (1), p. 365; Mieli (1), pp. 71, 73. 请不要和刚刚援引过的约五十年以后的历史学家阿布·加法尔·塔巴里相混［Sarton (1), vol. 1, p. 642; Hitti (1), p. 390］。

度医生例如遮罗伽 (Caraka)、苏斯鲁达 (Suśruta) 和伐伽婆多第二 (Vāgbhaṭa II) 等人的话，并不比他引用希波克拉底、盖伦和狄俄斯科里得斯 (Dioscorides) 的话少[1)]。771 年一位印度学者把天文学著作《苏利耶历数书》(*Sūrya Siddhānta*)[2)] 带到巴格达，在那里由穆罕默德·伊本·易卜拉欣·法扎里 (Muḥammad ibn Ibrāhīm al-Fazārī) 译成阿拉伯文[3)]，这大概是印度数码传播到地中海地区的一条路径[4)]。这种传播工作由伟大的伊本·穆萨·花拉子米 (Ibn Mūsa al-Khwārizmī) 所继续，他的著作《代数学》(*Ḥisāb al-Jabr wa'l - Muqābalah*) 完成于 820 年左右，是中古时期最伟大的代数学著作[5)]。

代表这一倾向的最先进的人物是伟大的阿布·拉汗·比鲁尼 (Abū al-Raihan al-Bīrūnī, 973—1048年)[6)]，他曾跟随伽色尼王朝的马哈茂德 (Maḥmūd of Ghaznah) 进军印度，在1030年左右撰写了他的光辉著作《印度志》(Ta'rīkh al-Hind)。这不仅是一部普通的印度历史和地理书，而且对印度的所有科学进行了范围很广泛的研究，包括作者自己的观察在内。13 世纪时，穆斯林的地理学家们对中国和中国的科学也作出了许多同样的记载，他们当中有百科全书编者穆罕默德·伊本·易卜拉欣·安萨里·底迈什基 (Muḥammad ibn Ibrāhīm al-Anṣārī al-Dimashqī, 1256—1326年)[7)] 和艾哈迈德·伊本·阿卜杜拉·瓦哈布·努维里 (Aḥmad ibn 'Abd al-Wahhāb al-Nuwairī, 1279—1332年)[8)]。较深入的记载有阿布尔-菲达·埃优比[9)] (Abū'l-Fidā al-Aiyubī) 1321 年所编的《地名辞典》(*Taqwīm al-Buldān*)，以及波斯地理学家哈姆达拉·穆斯塔菲·盖兹维尼 (Ḥamdallah al-Mustaufī al-Qazwīnī, 1281—1340 年)[10)] 的著作。此外，还有不少作者去过中国，亲自看到各种事物，就象中国的佛教徒访问印度一样。其中第一个人是苏莱曼·塔吉尔 (Sulaimān al-Tājir, 即商人苏莱曼)，他在中国的停留时期大约在851 年之前不久[11)]。另外一人是伊本·瓦卜·巴士里 (Ibn Wahb al-Baṣrī)，他曾在 876 217

1) 有关印度学术方面，曾由西格尔 [Siggel (1)] 译成德文。
2) 译文见 Burgess (1); 参看 Sarton (1), vol. 1, p. 386。
3) Sarton (1), vol. 1, p. 530; Hitti (1), p. 373; Mieli (1), p. 69。
4) 在本书第十九章讨论数学时，还将论及这一问题和同类的问题。
5) Sarton (1). vol. 1, p. 563; Hitti (1), p. 379; Mieli (1), p. 82; 译文见 Karpinski (1)。
6) Sarton (1), vol. 1, p. 707; Hitti (1), p. 376; Mieli (1), p. 98; 译文见 Sachau (1)。
7) Sarton, (1). vol 3, p. 800; Mieli (1), p. 275; 译文见 Mehren (1)。
8) Sarton (1), vol. 3, p. 620; Mieli (1). p. 262。
9) Sarton (1), vol. 3, p. 793; Mieli (1), p. 268; 译文见 Reinaud & Guyard (1)。
10) Sarton (1), vol. 3, p. 630; Mieli (1), p. 262; 译文见 le Strange (1); J. Stephenson (1)。
11) *TH*, p. 1503; Sarton (1), vol. 1, p. 571; Hitti (1), p. 343; Mieli (1), p. 79; 译文见 Renaudot (1); J. T. Reinaud (1); Ferrand (2); Sauvaget (2)。苏莱曼是否仅仅是《中国和印度游记》(*Akhbār al-Sīn Wa'l -Hind*) 一书所搜集的各种情况的提供者之一，至今还有疑问。

年见过唐僖宗皇帝，后来还对这件事进行了记述[1]。最伟大的是可敬的伊本·拔图塔(1304—1377年)[2]，萨顿称之为伊斯兰最伟大的旅行家，他在整个中古时期，和马可·波罗一样伟大。伊本·拔图塔描述了中国船只的构造、陶瓷的烧制、排灌机械、纸币、煤、贸易经营、养老制度等。

蒙古人征服各地所带来的整个东西方的统一，我们已叙述得很多(本卷pp.140，187)。这里还要提到几个显著的细节，来说明旧大陆的两端当时科学家个人之间的交往要比大家所承认的频繁得多[3]。1258年，蒙古旭烈兀汗攻占巴格达，并废除了阿拔斯王朝哈里发的职权后，便委托著名的纳绥尔丁·图西(1201—1274年)[4]，
218 在阿塞拜疆的马拉盖［Marāghah，大不里士之南］建立天文台。这座天文台配备着当时造得最好的仪器，据说它的图书馆中藏书超过四十万卷[5]。旭烈兀还从中国聘请天文学家来协助进行这项工作，我们甚至知道其中一人的姓名为傅孟吉(译音，不知汉字写法)[6]。在马拉盖，他们遇到了一些从遥远的西班牙来的人，例如，叶海亚·伊本·穆罕默德·伊本·阿布尔·苏克尔·马格里布·安达卢西(Yaḥya ibn Muḥammad ibn abū'l-Shukr al-Maghribī al-Andalusī)[7]，这个人曾在天文台刊行过各种天文表和其他著作，包括他的《论中国和回纥的历法》(*Risālat al-Khiṭa wa'l-Īghū'r*)。马拉盖的天文仪器在13世纪整个后半叶虽然一直在使用着，可是一件都没能保存下来，不过，由于叙利亚人乌尔迪·底迈什基(al-'Urḍī al-Dimashqī)[8]的著作对这些仪器作了详细叙述，所以，我们知道的情况还是很多。在后面适当的地方，我们将有机会把它们和元代郭守敬在同时代制作

1) Renaudot (1); Reinaud (1); 亦可参阅本书第27章 (c) (5)。

2) Sarton (1), vol. 3, p. 1614; Hitti (1), p. 569; Mieli (1), p. 275; 译文见 Defrémery & Sanguinetti (1); Yule (2), vol. 4, pp. 80ff.。

3) 玉尔 [Yule (2), vol. 1, p. 167] 似不无夸张地说："中国的工程师被聘请到底格里斯河之滨。人们可以到大不里士去请教中国的天文学家、医生和神学家。"这种说法使人印象很深；可惜的是，除了中国的神学家这个名称本身有点奇特之外，人们不能证实他和他的书的校订者高第所提供的细节。德奥森 [D'Ohsson (1), vol. 2, p. 611] 提到过工程师，可是他没有引证当时的书籍；他第二次提到工程师 (vol. 3, p. 265) 时，似乎只限于马拉盖。卡特勒梅尔 (Quatremère) 的考证也没有用处，他只说旭烈兀生病，不用西藏喇嘛，而由中国医生治疗。水利工程方面的联系确是很重要的，例如在河渠闸门的发明方面，因为它恰好在向西方传播的适当时期中出现[参阅本书第二十八章 (f)]。可是，德奥森又有什么根据呢？

4) Sarton (1), vol. 2, p. 1001; Hitti (1), p. 378; Mieli (1), p. 150。请不要和其他同姓的阿拉伯科学家相混。纳绥尔丁·图西是波斯人，他是蒙古大汗的私人顾问，他的历史地位和耶律楚材(本卷 p. 140) 相当；可惜的是，他主张伊拉克实行以灌溉发展农业的建议，没有得到游牧首领们的赞同。

5) Minorsky (1)。

6) Sarton (1), vol. 2, p. 1005。

7) Sarton (1), vol. 2, p. 1015; Mieli (1), p. 153; (2), vol. 2, p. 172; Brockelmann (2), vol. 1, p. 474; suppl. vol. 1, p. 868. 其他的西班牙穆斯林曾"远游到中国寻求知识"，我们从伊本·穆罕默德·塔里姆沙尼·麦盖里 (Ibn Muḥammad al-Tālimsānī al-Maqqarī) 所开列的名单中可以知道这一点 [Mieli (1), p. 272; Hitti (1), p. 578]。

8) Sarton (1), vol. 2, p. 1013; 译文见 Jourdain (1); Seemann (1)。

的天文仪器(约 1279 年)进行比较，中国的观象台至今还屹立在北京元代城墙的东南角上。

这种接触的另一实例，是阿塔·伊本·艾哈迈德·撒马尔罕第 (Aṭā ibn Aḥmad al-Samarqandi) 曾于 1362 年为元朝蒙古族的一位王子征西武靖王[1]* 撰写的包含月离表的一部天文学专著。他的亲笔手稿现存巴黎，如萨顿在书中以插图所示，手稿的封面有中国和阿拉伯两国文字，但内容还无人研究过。

我们从天文学领域转到医药和生物科学领域的时候，要谈到拉施德丁·哈姆达尼 (Rashīd al-Dīn al-Hamdānī, 1247—1318年)[2]的名著。他是波斯的医生和学术界的保护人；他在最强大的蒙古统治者合赞汗·马哈茂德 (Ghāzān Maḥmūd Khān) 统治波斯的时代，曾担任宰相之职。在他的著作《历史文集》(*Jāmi'al-Tawārīkh*) 中包含了大量关于中国的资料，特别是有关蒙古人、佛教和纸币的使用[3]。1313 年左右，他主持了中国医药大典的编纂工作，书名为《伊儿汗的中国科学宝藏》(*Tanksuq-namah-i Īlkhān dar funūn-i 'ulūm-i Khiṭāi*)，其中讲到脉学、解剖学，胚胎学、妇科学、药物学和其他医药上的论题，特别值得注意的是，他们认为中国的象形文字比拼音文字优越，更适用于科学，因为中国文字中一个字的意义和它的发音无关[4]。据萨顿说，该书中的 "Wank-Shu Khu" 就是晋代名医王叔和(265—317 年)，他著有《脉经》一书。对于中国思想在波斯文献中的这种有意义的前哨地位，阿特南·阿迪瓦尔 [Adnan Adivar (1)] 和絮海伊尔·因韦 219
尔 [Süheyl Ünver (1, 2)] 曾作过相当充分的描述，后者还发表过附有土耳其译文的插图(图 34)。

文化反过来朝另一个方向传播的事实，可从阿布尔-法拉吉·伊本·阿布·雅各布·纳迪姆 [Abū'l-Faraj ibn Abū Ya'qūb al-Nadīm, 又名瓦拉克·巴格达迪 (al-Warrāq al-Baghādī)，巴格达的文具商，卒于995年][5] 的《科学书目》(*Fihrist al-'ulūm*) 中的一段重要记述得到证明。在这部 988 年完成的书目中[6]，记载着有关伟大的医师和炼丹术士穆罕默德·伊本·扎卡里亚·拉齐 (Muḥammad ibn Zakarīyā al-Rāzī, 850—925年)[7]的一个故事：

1) Sarton (1), vol. 3, p. 1529；我们还不能证明这位王子是谁；也不知其姓名的汉字写法。

2) Sarton (1), vol. 3, p. 969。

3) 译文见 Quatremère (1)。

4) 见本书第四十九章。

5) Sarton (1), vol. 1, p. 662; Hitti (1), p. 414; Mieli (1), p. 95。

6) 萨顿说，列入《科学书目》中的书籍，现存者不足千分之一。至于该书的重要性，读者只要自问一下，这样一部亚历山大里亚城或帕加马城 (Pergamon) 的藏书目录(还附有传记！) 对一个研究古籍的学者说来，该是多么有用。同样可惜的是，中国正史的《艺文志》中所列的书籍，也大都已散佚。

7) Sarton (1), vol. 1, p. 609; Hitti (1), p. 365; Mieli (1), p. 89。

* 原文为拉丁拼音 Chen-Hsi-Wu-Ching，疑即为"征西武靖王"，姑且以此译名。——译者

图版一二

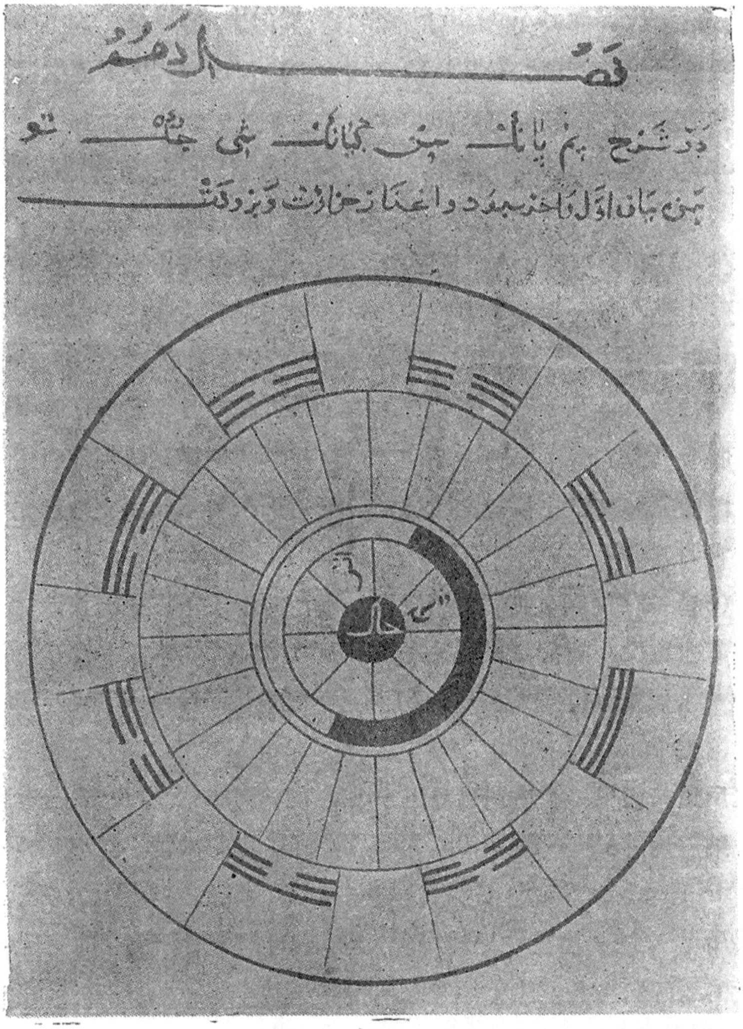

(a)

图34 (包括图版一三) 1313年左右拉施德丁·哈姆达尼所编《伊儿汗的中国科学宝藏》一书中有关医学的三幅插图。图 (a) 中把八卦和昼夜相配,以说明患者体温的升降;图 (b) 为内脏解剖图(可以辨认出心脏、横隔膜、肝脏和肾脏);图 (c) 为脉经图。原书虽是用波斯文写的,但这些图来源于中国,还是十分明显的。[采自 Süheyl Ünver (1,3)]。

图 版 一 三

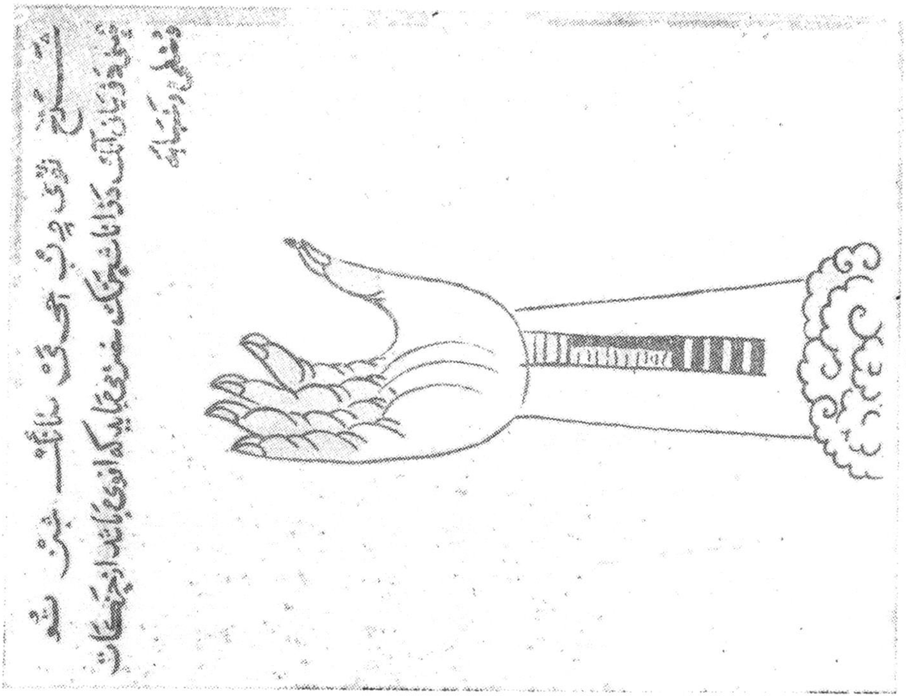

(c)

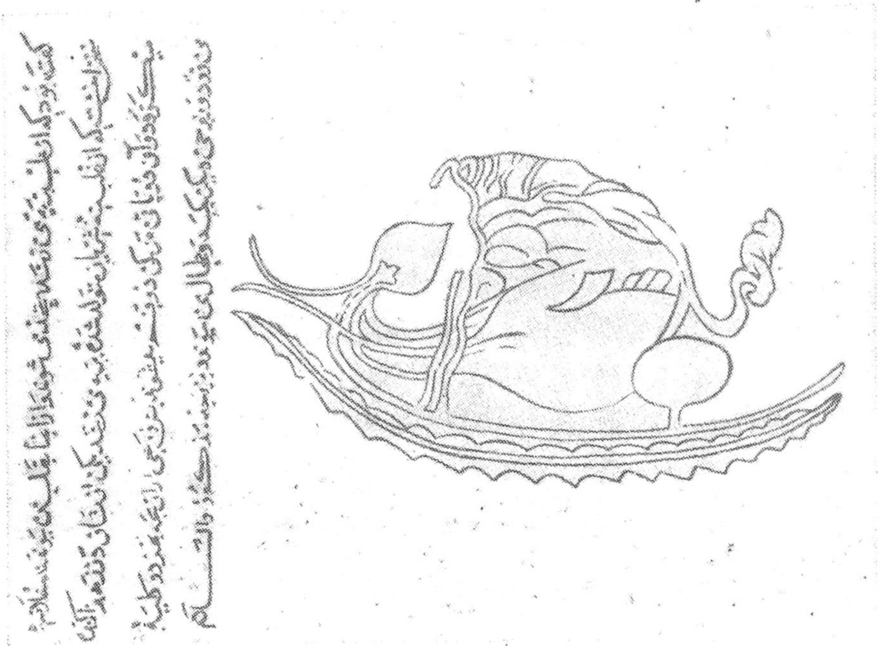

(b)

拉齐说过："有一位中国学者曾来到我家访问。他在本城（大概是巴格达）住了一年左右。他花了五个月的时间学会了阿拉伯文，并且确实讲得流利，写得通顺。当他决定回国时，大约提前一个月对我说：'我要离开这里了，如果有人愿意在我离去以前，把盖伦的十六卷著作读给我听让我笔录，我将非常快乐'。我告诉他说，这点时间还不够抄录一小部分。可是他说：'我求你在我走之前，把你的全部时间都送给我，并且尽快地读给我听。你会看到，你能读多快，我将写得比你还快。'这样，我和我的一个学生，便尽量快地向他诵读盖伦的著作，而他却写得更快。我们起先不相信他会正确地抄录下来，后来我们校对了一下，发现他写得完全正确。我问他怎么能这样快，他说，'在我国有一种书写法称为速写，这便是你所看见的。当我们需要很快抄录时，便用这种字体，然后再把它改成普通的文字。'可是他又说，一个能学得很快的聪明人，没有二十年的时间也不能掌握这种书写法。"[1]

从中国人和阿拉伯人交往的这一短短的动人描述中，可以看出中国这位学者（很可惜他的姓名没有传下来）所用的便是"草书"。纳迪姆认为这整个故事所讲的是关于中国人的书法[2]，这个故事有力地说明（即使不是绝对可靠），10 世纪时盖伦的著作至少有一种中译本。不过我们以后会看到（本书第四十四章），关于希腊医药对中国医药的影响，简直一点痕迹也找不到[3]。中国医学直到现在还是恪守它的独特的概念——阴阳、五行、郁、气、脉学［其中一部分可能由伊本·西那 (Ibn Sina)[4]传入西方］、砭针、灸，使用矿物药也比西方要早得多，等等。

220

(1) 伊斯兰科学的主要性质；中国技术（而不是科学思想）向中古代欧洲的传播

亚洲科学有一条分界线，这条线自北向南通过巴克特里亚（大夏）和波斯湾的出口。阿拉伯文明的科学和科学思想，从最实在的意义上来看，是和欧洲的科学形成一个整体的——这不仅因为在伊斯兰大扩张时代地中海成为穆斯林的内海，西班牙的穆斯林和波斯的穆斯林一样，对科学的发展做出过贡献；同时也因为大家都知道，阿拉伯文是一条渠道，希腊人的著作就是通过它传给中古时期的欧洲人的。前面已提到过把阿拉伯文著作译成欧洲文字的几位大翻译家，例如，巴斯的

1) 译文见 Ferrand (1), vol. 1, p. 135, 由作者译成英文。

2) 希提猜想纳迪姆藏有或者看到过许多中国书籍。

3) 萨顿 [Sarton (1), vol. 3, p. 261] 在提到中国宫廷中的穆斯林和景教徒医生时，也注意到这一点。

4) 公元 980—1037年。参看 Sarton (1), vol. 1, p. 709; Mieli (1), p. 102; Hitti (1), p. 367.

阿德拉德，切斯特的罗伯特和迈克尔·斯科特等。在萨顿的科学史巨著中，还详细地记载着一百多位翻译家。在7至11世纪中，希腊科学典籍中的全部重要著作和大部分次要著作都被译成阿拉伯文，后来又由与上述翻译家相当的人物译成拉丁文。直接从希腊文译成拉丁文的工作却到12世纪才开始，参加翻译的学者有威尼斯人詹姆斯（James, 1128年著称）、萨福克的罗伯特·格罗斯泰斯特（Robert Grosseteste of Suffolk, 生于1175年）和弗莱明人威廉·莫尔贝克（William Moerbeke the Fleming, 生于1215年）等。在同一地理区域内用几种文字同时传播文化这种值得注意的现象中，除了阿拉伯文以外，近东的其他文字，例如叙利亚文和希伯来文，也起着较小但也相当重要的作用。

我们试以叙利亚文的作用为例，因为它在东西文化传播中有一定的意义。我们可以举出博学的主教塞弗鲁斯·塞波克特（Severus Sebokht）[1]，他在7世纪中叶闻名于肯内士尔（Qen-neshre），著有地理学和天文学的著作，并在660年发表了有关星盘的最早的论文之一。在被保存下来的他的著作的断简残篇中，有一篇写于662年，内容提到印度数码[2]。据史密斯（D. E. Smith）说，这位主教大概因为某些希腊（拜占庭）学者傲慢地轻视叙利亚人而感到不平，他为后者辩护，说他们是迦勒底人和其他最早的美索不达米亚天文学家的后代。他说道：

> 我不想讨论印度人的科学，他们和叙利亚人不一样。叙利亚人在天文学上有奇妙的发现，这些发现比希腊人和巴比伦人的科学发现更有天才；他们的极有价值的计算方法，以及计算速度，那是无法形容的。我只想说，这种计算法是应用九个符号来完成的。假如有些人因为自己讲的是希腊语言，就认为自己已达到科学的顶点，那就应当让他们知道这些事物，并且使他们相信，还有别人也同样知道许多事物。[3]

他在结语中说，科学是国际性的，而非希腊人所独占。

现在也可谈谈与此有关的另一段有趣的史料。马居斯·贝尼埃尔（Marqos 221
Bayniel, 1224—1317年）在1281年升任景教的中国教区大主教，称马尔·亚布-阿拉哈三世（Mar Yahbh-Allaha III），他实际是一个中国人[4]。他从相反的方向，即由东向西完成了马可·波罗的陆路旅行。伴随他的是他的朋友拉班·巴梭马（Rabban Bar Sauma），一个土生土长的北京（元大都）本地人，曾任当地神父。1278年，景教教长马尔·登哈（Mar Denha）在马拉盖给他们许可证去巴勒斯

1) Sarton (1), vol. 1, p. 493; D.E. Smith (1), vol. 1, p. 166。

2) Nau (1)。

3) 译文见 Nau (1); 由 D.E. Smith 译成英文。

4) Mieli (1), p. 169; Yule (2), vol. 1, p. 119; 特别是 Chabot (1)。我们不知道他的中文姓名，可是知道他出生于山西，可能是回纥人。

坦。后来马居斯用波斯文写了一份旅行见闻记，现在留传下来的只有叙利亚文的译本[1]。可惜其中没有在科学上特别有意义的内容，但这两位教友作为可能的传播文化的人物却是值得注意的，他们的旅途见闻甚至更加引人入胜，关于这一点，我们在下文即将看到。

然而，东亚的科学并没有融入拉丁学术的体系中去。中国人和印度人对人类科学遗产所作的贡献，并没有深入到法兰克人之中。由于某种原因或其它原因——可能由于曾存在一种持久的传统，对于法兰克人来说，希腊和罗马最伟大的作家的名字，几乎就象民间传说中的人物一样——在把阿拉伯文的作品译成拉丁文时，所选择的经常是古代地中海沿岸著名作家的著作，而从不选择伊斯兰学者们有关印度或中国科学的著作[2]。我们在论述中国和阿拉伯关系的前面几段文字里所提到的十六种阿拉伯和波斯著作中，只有一种在1700年以前被译成欧洲文字(花拉子米的著作，由切斯特的罗伯特译)；1800年以前才译出第二种[苏莱曼·塔吉尔的书，由勒诺多译于1718年，参看 Renaudot (1)]。有六种著作对于不懂阿拉伯文或波斯文的读者，至今仍是完全无法利用。其余数种在1800年以后才陆续译出[3]。

这里我们还要提到安德烈亚斯·米勒·格赖芬哈吉乌斯 [Andreas Müller Greifenhagius (1)][4] 1679年的先驱性著作《白达维中国史》(*Historia Sinensis Abdallae cogn. Abu Said Beidawi*)；译者认为此书和波斯神学家阿卜杜拉·伊本·欧麦尔·巴达维 (ʻAbdallah ibn ʻUmar al-Baidāwī, 卒于1286年)[5]无关，而是达乌德·伊本·穆罕默德·巴纳基提 (Dāwūd ibn Muḥammad al-Banākitī, 卒于1330年)[6]的著作《史学和家系学的智者之园》(*Raudat ūli'l-albāh fī Tawārīkh al-akābir wa'l-ansāb*) 的一部分[7]；后者又是从刚才提到的拉施德丁·哈姆达尼的《历史文集》一书中引伸出来的[8]。这本书的拉丁文译本似乎影响很小，并且它的内容大多不是科学方面的。在这个时期，伊斯兰学者所得到的有关东亚的资料仍然多

1) 译文见 Budge (2)。

2) 只有少数人欣赏这种科学著作，其中之一是施拉迈尔 [Schrameier (1)]，他的这一著作于1888年写于北京。参阅 Sarton (6)

3) 比鲁尼的著作被译成英文，1888年；底迈什基的著作——法文，1874年；阿布尔-菲达的著作——法文，1848年；盖兹维尼的著作——英文，1919年；伊本·拔图塔的著作——法文，1874—1879年；乌尔迪·底迈什基的著作——法文，1809年；哈姆达尼的《历史文集》——法文，1836年；《科学宝藏》——土耳其文，1939年。

4) 关于他的情况可参看 A. Müller (1); Lach (2)。

5) Sarton (1), vol. 2, pp. 870, 871。

6) Sarton (1), vol. 3, pp. 971, 976。

7) 即其中的第八部分。

8) 见 Weston (1)。

于西欧学者。卡勒 [Kahle (1)] 曾注意到一本土耳其文的著作，作者是阿布·伯克尔·伊本·巴赫拉姆·底迈什基 (Abū Bakr ibn Bahrām al-Dimashqī)，这本书和米勒的著作几乎是同时代的。虽然粗略看来，它是布劳乌 (Blaeuw) 所著《世界地图集》(*World Atlas*, 1662年)的译本，可是实际上它包括许多原始材料，还从13世纪马格里布 (al-Maghribī) 的著作、14世纪的《历史文集》和《智者之园》以及15世纪兀鲁伯的天文表中取得资料。伊本·巴赫拉姆·底迈什基曾有一篇讲《易经》的文章[参阅本书第十三章 (g)]，并列有中国发明家的名单 (参阅本卷 p. 51)。此外，舍费尔 [Schefer (1)] 和卡勒 [Kahle (2)] 曾述及16世纪早期阿里·埃克伯尔 ('Alī Ekber) 所著土耳其文著作《中国记述》(*Khiṭai-nāmah*)。他和比他早两个世纪的伊本·拔图塔一样，非常赞美中国妇女，对于中国的陶瓷、音乐和军事等方面也有较多论述。 222

因此，十分清楚，在近代欧洲科学形成的整个初期阶段，人们并不了解中国和印度的贡献。耶稣会士将中国科学和技术带到欧洲，并引起了西方的注意，但是，这一重大的工作并没有影响上述事实，因为这些工作是在1600年以后(大部分在1650年以后)完成的。希提看到了这方面的部分情况，他说[1)]，"伊斯兰地理学文献"在欧洲思想史上并没有留下直接的印象。由于伊斯兰地理学家的著作都没有被译成拉丁文，所以他们的大部分贡献并没有传到西方。西欧对远东的描述性的地理学并不感兴趣，他们对精确的制图学以及对中国或印度的药物学或医学也都不感兴趣。

但是，如果说东亚的科学并没有渗透到法兰克人和拉丁人那里去(确切地说，也就是没有渗透到世界的那样一个地区去，在那里，由于地理决定因素和社会决定因素受到历史上一系列"偶然事件"的影响，近代科学和技术后来才得到发展)，那末，东亚的技术却完全是另外一种情况。东西方之间的这种障碍物或过滤机制，仅仅对比较抽象的科学的交流起过作用。相反地，在公元后整整十四个世纪的时间内，技术上的发明创造尽管缓慢地、但却大量地从东方传到西方[2)]。这一事实答复了本章开始时 (p. 154) 由完全不同的背景提出的疑问，这就是：为什么(从人类学的意义上看) 技术方面的传播起着很重要的作用，而科学本身或科学思想的传播却没有多大成果？

举例来说(我们只举一些较显著的例子)，假定蒙古人和中亚其他民族把高效率的马具和火药的知识传入欧洲，而阿拉伯人则将造纸、印刷术和磁罗盘传入欧

1) Hitti (1), p. 387。

2) 我们可以看到许多例子(参阅本卷 pp. 240, 242)，后面将把这些例子列成表格。可是在这里必须说明，林恩·怀特 [Lynn White (1)] 和斯蒂芬森 [C. Stephenson (1)] 的重要论文曾首先指出这一点。

洲。人们也许要问：他们能带些什么回去？在15世纪以前，西欧的技术可以说落后于旧大陆的其他任何地区。从经院哲学中可以看到的亚里士多德逻辑学的过分的严密性，不可能对亚洲思想家有任何吸引力；近代科学确实必须冲破这一外
223 壳才能诞生[1]。希腊和希腊化国家的古典科学作品确实是一项宝藏，甚至比虔诚的佛教徒到印度去取的经典还要宝贵。但在13世纪时，这些科学作品并不是全部都可以得到的，而且，在文艺复兴和维萨留斯及伽利略的时代之前，其中没有一种著作被充分地吸收到欧洲人的思想之中。当然，这些著作可以从阿拉伯文译本得到，中国人之所以没有得到它们，或许是因为中国学者对理论缺乏兴趣，而这些理论却补偿了欧洲在技术上的贫乏。

总之，我们可以得出结论说，中国和西方之间思想传播的机会要比从表面可看到的多得多，可是对这些机会的利用却比较少。在公元后第一个一千纪刚开始时，也许有些讲希腊语的西徐亚人很熟悉黑海边的希腊城邦和那些城邦中大家传诵的书籍；也许有些讲希腊语的阿兰人可以通过草原地区的某种媒介语言和讲中国话的匈奴人交谈。有些罗马-叙利亚的商人在广州港口居住时，可能已懂得很多的中国话，足以表达或接受各种思想。可是整个说来，中国和西方在科学上相互影响的程度似乎非常微小，以致使人感到这种富有成果的交谈根本就没有存在过。至于在技术方面，情况便大不相同了。

(k) 旅行者的类型和动机；战略性迂迴的政治需要

在结束文化交流这个题目之前，还有一件事必须谈谈。我们已经注意到一些艺术上和文学上的证据，追溯过古代的商路，并且叙述了可能作为思想和技术传播者的许多个人的一些比较著名的旅行事迹。现在我们还要谈谈这些旅行者的类型和他们的动机。

关于商人，我们在上面已讲得很多：从史前时期的青铜器和毛皮的交换者，到罗马-叙利亚人和安息人，最后到蒙古统治时代的马可·波罗和他的同事们。可是关于商人们在传播文化方面确实起过什么作用这一点，却没有很好地讨论过。推测起来，他们很可能对技术比对抽象的理论兴趣要大些。然而韦利[2]却指出，这种推测也许是危险的，他提醒我们说，吕不韦是一位有名的商人，可是他是自然哲学著作《吕氏春秋》的主编，至少是它的赞助人(见本卷 p. 98)。传说中甚至

1) 例如，约瑟夫·格兰维尔 (Joseph Glanvill) 和罗伯特·波义耳都对亚里士多德哲学进行过攻击，在弗朗西斯·戈奇的值得纪念的论文 [Francis Gotch (1)] 中曾有详细论述。

2) Waley (4), p. 114.

把管夷吾[1]也说成是商人。同样，肯尼迪 [Kennedy (2)] 也曾有意义地比较过《幼年时代的福音》(*Gospels of the Infancy*)、《普曜经》(*Lalita Vistara*) 及《毗湿奴往世书》(*Vishṇu Purāṇa*) 等著作，从而找出了印度神学和早期基督教神学中的类似点，虽然他非常轻视水手，却认为商人在文化传播上起过重大的作用[2]。可是他认 **224**
为，主要的作用还在基督教徒和印度人居住在一起的那些公共地区，例如在公元1世纪的巴比伦，特别是在巴克特里亚和贵霜帝国，在那些地方，基督教徒、犹太人、佛教徒和印度人之间肯定有日常的来往。沿着这一线索作进一步的研究，是很有意义的[3]。

关于负有政治和外交使命的旅行者，例如麦加斯梯尼、张骞等人，也已经谈得很多了。我们不能忽视促使他们旅行的战略上的需要。这种模式早在公元前2世纪时便已确定了。拉铁摩尔[4]曾指出，当中国人深入北部戈壁及其边缘的干旱地区时，他们能够在绿洲上建立中国文化的小据点，能够统治和同化当地的人，可是从来没有使他们的文化和游牧民族的文化融为一体，所以他们经常感到需要采取两翼包围的战略。因此，他们就需要甘肃走廊和长城，需要用帝王的威权和征讨来代替文化的融合。我们看到，张骞出使的成果是很大的，而他原来的目的就是想和月氏联盟攻打匈奴。

643年拜占庭的使节在唐朝第二代皇帝统治时来到中国，他的使命完全和张骞的出使一样。玉尔说道[5]，在这次出使以前的七年中，穆斯林的阿拉伯人已从罗马帝国夺取了叙利亚，并从萨珊国王那里夺取了波斯，因此，萨珊王朝的最后一个国王伊嗣俟便遣使向中国求援。拂菻的使者们可能谈到药物和丝绸贸易，可是他们的真正使命是想骚扰伊斯兰的后方。但是，在一个多世纪以后，哈里发却又遣使去长安(798年)，目的是要和唐朝联盟抵抗吐蕃人。蒙古人入侵后，在蒙古势力、伊斯兰人和十字军的法兰克人之间的三角斗争中，这种情况不断重复发生。这方面的历史在伯希和 [Pelliot (10)]、米诺尔斯基 [Minorsky (2)] 的著作以及格鲁塞的名著《历史的清单》(*Bilan de l'Histoire*) 中有详细论述[6]。1250年左右，法国国王路易九世意图明确地要联合景教徒抵抗萨拉森人，曾派遣柏郎嘉宾 (Franciscons John of Plano Carpini)[7]、安德鲁 (Andrew of Longjumeau)[8]

1) 即管仲，公元前7世纪时齐国的宰相，《管子》一书即以他的名字为书名（参阅本卷 p. 150)。
2) 肯尼迪从古典作家对水手和商人的性格的描述中，引用了许多有趣的事例。
3) 参阅 Lévi (5)。
4) Lattimore (1), p. 170。
5) Yule (2), vol. 1, p. 55。
6) 特别是"欧洲和亚洲" (Europe et Asie) 一文中。
7) 见 Beazley (1), vol. 2, pp. 279ff.。
8) 见 Beazley (1), vol. 2, pp. 317ff.。

和罗伯鲁 (William Ruysbroeck)[1] 作为使者前去谒见成吉思汗。他们的使命没有完成，但是四年后，由于亚美尼亚王海顿一世 (Haython I)[2]的安排，结成了基督教徒和蒙古人的联盟，而 1258 年旭烈兀攻占巴格达这件事，从某种意义来说，似乎是基督教徒的胜利，因为蒙古军队中有许多景教徒。可是地中海东部沿岸十字军所占领的各城邦却拒绝和蒙古人结盟，他们宁愿和拜巴尔斯 (Baybars)[3]统治下的埃及穆斯林马穆鲁克王朝 (Muslim Mamluks of Egypt) 联合。拜巴尔斯不久就阻止了蒙古人在伊斯兰国土上的扩张，于是他转而反对十字军，并在 1291 年把他们驱逐出去。

225 就在这种动乱的最后阶段，也就是在伊朗的蒙古人完全伊斯兰化之前，以及在地中海东部沿岸的十字军据点被清扫之前，最后的一次努力促成了基督徒和蒙古人之间的联盟，这是我们前面提到过的那位中国的景教大主教马尔·亚布-阿拉哈三世的功劳。1287 年，伊儿汗·阿鲁浑 (Ilkhan Arghun) 派遣他的友人拉班·巴梭马去拜占庭和罗马，为从两翼包围马穆鲁克王朝而进行结盟谈判。拉班·巴梭马的出使远及巴黎和加斯科涅(在那里他拜访了英王)，可是西欧各国过于分裂，不能起到任何重要作用。米诺尔斯基 [Minorsky (2)] 在继续论述这一段历史时曾指出，伊斯兰人当时恰好同时被围困于蒙古人和法兰克人之间。后来在 15 世纪时，土库曼人[4]被围困于土耳其人和威尼斯共和国之间；而在 16 世纪时，波斯萨非王朝 (Safawids)[5]则被围困于苏丹国家和西欧之间。这些类似的情况曾一再导致同样的外交往来。

许多人从十字军的最后失败和地理大发现的伟大航行[6] 这两者之间的关系，看出这些迂迴运动的作用。叙利亚地区拉丁族殖民地的衰落，使埃及马穆鲁克王朝完全控制了印度和亚洲的商业，这一事实激励了西欧的航海者去寻找经由好望角通往印度的海路。格鲁塞曾从年代方面作了一个印象深刻的对比。1498 年土耳其人的先遣队到达维琴察，而瓦斯科·达·迦马 (Vasco da Gama) 在卡利卡特登陆成功。1503 年，土耳其人大败威尼斯人，可是六年之后，弗朗西斯科·达尔梅达 (Francisco d'Almeida) 经过一次决定性的海战，获得了印度洋的控制权。1522 年，罗得岛陷入苏莱曼一世 (Sulaimān the Magnificent) 之手，可是这件

1) 见 Beazley (1), vol. 2, pp. 320ff.。

2) Sarton (1), vol. 3, p. 953. 有关海顿一世的精彩记述可见 Beazley (1), vol. 2, pp. 382ff. 亚美尼亚和中国的关系有时很密切，有些家族自称是中国人的后裔 [Yule (2), vol. 1, p. 94]，这很可能是由于某些宗女和亲及犯人流放的结果。

3) Hitti (1), pp. 655ff.。

4) Brockelmann (1), p. 272。

5) Hitti (1), p. 703。

6) 例如参看 Grousset (4); Panikkar (1), pp. 30, 36, 49。

事发生还不到五年，葡萄牙人便在古吉拉特沿海驱散了穆斯林的舰队。在16世纪30年代，土耳其人能够劫掠奥地利，但是不能使约·达·卡斯特罗(Joaõ da Castro)离开印度。从某种程度上说，伊斯兰文明的衰落是由于它在亚洲和西方之间的贸易(尤其是香料的贸易)方面，丧失了它的中心地位。可是，在这个时候，载着利玛窦的船正在开往中国，中国“孤立时代”的终结已经在望。我们的叙述应当就在这里结束了。

(1) 总的观察

叙述到这里，读者也许要问：从我们已经讨论过的大量地理和历史事实中，能否得出一些总的原则?[1] 当然，如果不同时描画出伊朗、印度、希腊、穆斯林等各方面的特征，那便很难表明旧大陆几种文化之间的关系，可是这样艰巨的工作，显然不是本书所能做到的。然而，我们也许记得在本书开始时所说的，中国的位
置是独特的，这使它同古代各大河流域文化隔绝开来。新月沃地和西边的埃及相 226
距不远，离东边的印度河流域文明也比较近，而黄河流域却在遥远的东北方，中间隔着喜马拉雅山和西藏高原的巨大屏障。

在探讨科学和技术的历史发展中我们感兴趣的一些交往时，我们至少可以从前面的叙述得出一个推论，那便是：发生这些交往的时期是极其重要的。举例来说，在张骞出使和古代丝绸之路开拓以前，直到公元前2世纪末，我们对某些独特观念或技术细节的传播可能性的估价，必然不同于对以后各个时期的估价。比这更早些，在青铜器时代，从中国经由西伯利亚草原到北欧，确实有明显的文化联系，即使这种联系只限于现在仍有其标本遗物的某些技术。此外，中国在汉朝安定时期(公元前2世纪到公元2世纪)和南北朝动乱时期(公元4世纪到6世纪)之间，以及在元朝和明朝之间，它的对外“开放”的程度也各有很大的不同。

(1) 传播和趋同

有些东西是某一民族对人类知识和力量的总和所作出的贡献，因为它们已经传播开来并被其他各个民族所利用；而有些东西则确实是在几个地方分别独立完成的发明，因此是几个民族的共同贡献。我们在区分这两者时，便要卷入到一些有争论的问题中去(当然并不是我们想争论)，这些问题在本世纪20年代曾引起人

---

1) 我曾想把这一段推迟到本书第三部分写完后再写，可是这样一个计划显然是不实际的；不过作者相信。将来也不必作根本性的修改。作者很感谢哥伦比亚大学的韦尔特菲什(G. Weltfish)博士对下面数段所提出的宝贵建议。

类学家和考古学家的激烈的辩论。虽然埃利奥特·史密斯 (Elliott Smith) 和佩里 (W. J. Perry) 那种认为世界上一切文明都来自古埃及的过分夸张的言论，以及特里恩·德·拉库佩里和鲍尔早期那种竭力把中国文化一一说成来源于美索不达米亚的做法，现在都已经不再受到重视，可是有些极端传播论者的理论，今天还是有人支持的[1]。然而，比较受到普遍支持的观点，似乎总是更有道理些。

〔狄克逊[2]写道：〕大多数表面上看来并不相干而又类似的特征，也许可以用传播的作用来解释；可是这里还留下大量问题，对于这些问题，唯一合理的解释是各自的独创。常识和概率规律必须用于所有的情况。在用传播来解释问题时，如果需要假定极端不可能发生的或几乎不可能发生的情况，那末，“作证的义务”(*Onus probandi*) 就十分繁重了。在严重缺乏物证时，我们必须不被空洞的一般说法所迷惑，而要求具体的证据。在确有这样的证据之前，我们宁可用独立发明或者趋同作用来解释。对文化发展来说，传播确实要比独立发明重要得多，可是在证据面前，偶然的独立发明是不能否认的。

227 这里，人类学家应用了“趋同”这一词，它的意义和在讨论生物进化时所用的意义相似(或至少可以这样假定)。在生物进化论中，“趋同”定义为同功而非同源的结构在适应环境的过程中变得彼此相似这样一种进程。所谓同源器官，乃是从它们所在机体的共同祖先遗传下来的结构本质相同的器官，虽然它们在实现各种功能时可能有差别很大的变化。例如，所有呼吸空气的脊椎动物的五指(或趾)肢体都可称为同源器官，可是鲸的鳍状肢却远不象一般人所认为的前肢。相对地，同功器官虽然表面上似乎完全相似，可是构造上却根本不同。例如，鸟类和昆虫类的翅就是这样，节肢动物和脊椎动物用以步行的附肢也是这样。这种区别大概也可以应用在生物化学作用上。举例来说，陆栖的腹足动物、昆虫、爬行类和鸟类都排泄尿酸，作为它们的氮素代谢的主要的最后产物。它们之所以这样，是为了使它们“封闭箱”式 (cleidoic type) 的胚胎发育和陆上环境相适应，可是产生尿酸的反应系统在所有这些种类中可能并不都是相同的。

趋同这个概念用于社会进化时，不一定要解释为高级的独立发明。它可能只意味着在遇到同样的相当简单的问题时，世界上不同地方的人们用相同的方法来解决它。勒鲁瓦-古尔亨 (Leroi-Gourhan)[3]在关于原始发明的传播的精辟讨论中指出，环境和人的本性对事物的可能性施加了相当大的限制——例如，装饰品只能从耳朵或鼻子上挂下来，纤维只能通过搓捻来纺织，斧头只能装在柄上（大

1) 例如 Raglan (1)。
2) R.B. Dixon (1), p. 223。
3) Leroi-Gourhan (1), vol. 2, pp. 321ff.。

约只有十种可能的装柄方法)，等等。他说：“趋同作用对于民族学家是一种永远不能卸掉的负担，在这方面每一种理论都有相类似之处。”[1]换句话说，我们必须设想，在互相隔绝的各种文化中有许多并行的发展，特别是在较早的阶段。

在知识领域里，存在着和这些简单情况相类似的事物。在我们已讨论过或不久即将讨论的一些例子中就有这种情况，例如，在亚里士多德和荀子的书中同时出现了“灵魂阶梯”型的理论[2]，埃利亚学派的悖论和惠施的悖论也是同时出现的[3]。不仅如此，既然从世界任何地方观察天空，天空总是一样的，那末，在旧大陆的两端，天文学知识有并行发展的情况，也许就不是很使人惊奇的事了。查特利 [Chatley (9)] 曾强调许多相对应的事情。他说，我们发现，当日月食在巴比伦开始被正规地记录下来的时候 [纳波纳萨尔 (Nabonassar)，公元前 8 世纪]，中 228
国古书上也有仔细的记载。当毕达哥拉斯学派昌盛的时候 (公元前 600—前 300 年)，中国的学者和占卜者也正在把《易经》[4]发展成为包括阴阳学说和象数之学的万有概念宝库，而这一切在汉代都系统化了。正当纳布里亚努斯 (Naburiannu) 和提摩卡里斯 (Timocharis) 开始在巴比伦和希腊观察恒星的位置时 (他们的著作全都散佚了)，中国的石申和甘德也在记录着他们的观测 (这些记录仍然保存着)[5]。默冬 (Meton) 和卡利波斯 (Callipos) 的日月周期，在中国也在同一时期以不同的名称出现，而且实际上，它们在中国出现可能还要早得多，不过，希腊人在这方面也很可能是从巴比伦人那里学来的[6]。至于柏拉图和贝洛索斯 (Berossos) 的日月周期，在中国至少从公元前 300 年起就有类似的东西了。在张骞的时代以后，刘歆发明了他的《三统历》(公元 25 年)，时间是和我们所知道的中国首次应用水力同时，亦即在罽宾派出使节和甘英出使到达伊拉克和罗马叙利亚边境这两件事之间。据查特利说，这种历法在准确性和系统性方面远远优于以前所有的历法，并且要比托勒密的《天文学大成》早一个世纪以上。世界各地所制订的计算日月五星周期的规则和图表都非常相似，因此，关于它们的创见性和独立性，只有根据它们所达到的精确度才能从技术上作出适当的评价，而这种评价又会因所采用的假定不一而有差异，结果甚至连它们孰先孰后也很难确定。东方和西方不断努力计算 π 的精确值的历史，就是一个很好的例子。很多世纪以来，中国人在

1) Leroi-Gourhan (1), vol. 2, p. 464。

2) 见本书第九章 (e)。植物和动物的性质到处都是相同的。

3) 见本书第十一章 (c)。连续性和非连续性是普遍的概念。在前面(本卷 p. 154) 已经指出，原子论可能是在印度、希腊和中国分别独立地产生的。

4) 见本书第十三章 (g)。

5) 见本书第二十章 (f)。

6) 见本书第二十章 (h)。

这方面都遥遥领先，这件事的真正意义究竟是什么呢？

(2) 简单性和复杂性

社会的进化正如同生物的进化一样，曾存在从简单到复杂、从低级组织到高级组织的过程，对此没有什么人持异议。同样，人们也容易承认，思想、发明、技术或机械愈是简单，它在世界各地独创的可能性就愈大。可是这一原则确实受到产生这种发明的文化所达到的复杂程度的限制。最古的技术发明当然都是比较简单的，可是众所周知，最可能的设想就是认为这些技术只在一处产生，然后从那里向各方流传出去。后来发明的技术自然是比较复杂了，因此，人们几乎无法相信，在一定时期内，会在几个地方多次发明同一技术。但与此同时，如果这些文化较发达的地区仍然需要而且利用着较简单的技术，那就比较容易把它们想象
229 为独立产生的。因为人类的素养(假使可以这样说的话)在不断提高，手工和智力两方面的技能变得愈来愈精，并且传播得愈来愈广。这种议论的合乎逻辑的结论或许是：在近代科学技术兴起以后，很可能出现由于人类的高度素养而同时作出的发现和发明。从奥格本 (Ogburn)[1] 所作的研究看来，这正是当前所发生的情况。他列举了许多这类相对应的事物[2]。我们可以举一个具体的例子来说明：记里鼓车上所需要的简单的齿轮组，被认为在公元前 3 世纪时曾发明过两次。这种说法很难令人置信。但是，如果今天还没有这种齿轮组的话，世界上几乎任何国家的任何青年技工，都会把它装配出来。总之，可能传播的发明，其复杂程度随一般文化成就的上升曲线而上升，初期简单，然后逐渐复杂。而在适当(且大致是逐渐缩短的)期间内可能证明为独创性的发明，其复杂程度应当随可能传播的发明的复杂程度而上升。

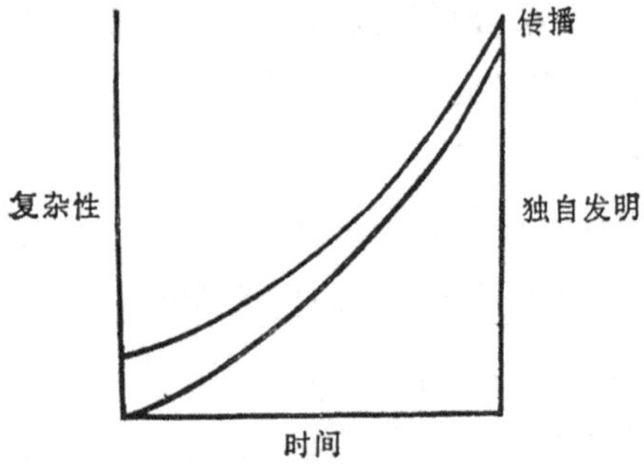

确实，诸如在戈登·蔡尔德著作中提出的、并由维达尔·德·拉·布拉什(Vidal

1) 参看 Ogburn (2)，特别是该书第 90 页起那一节。同时也可参看哈里森 Harrison (2) 的有意义的论文。

2) 我想到一件事：首次成功地接收到从月球上反射回来的无线电波，是在第二次世界大战中由美国和匈牙利分别独立完成的。我正在准备写这一章时，对于科学界一位同事的话，印象很深。一次饭后大家讨论到保密科学文献的解密原则时，有人提出，对于这些文献，应当在五十年后"解密"。我的这位同事就说，这种做法对任何人都没有好处，因为"每一件东西，如果在二十年内没有别的科学工作者再度发现的话，那末，这件东西要不是无关重要的，便是错误的"。这一观点和传播不可避免论的观点(较早时期传播显然是需要的)之间，其差别之大是多么惊人啊。

de la Blache)[1] 精细概括的见解，已经成为公认的看法，这就是：所有最古老的和最基本的发明，例如火、轮子、耕犁、纺织、动物驯养等等，只能想象为是由一个中心地区起源，而后再从那里传播出去。美索不达米亚流域最早的文明被认为是极可能的中心。毕安祺 [Bishop (2)] 所绘的地图中，有一幅标出古代应用青铜器的地区，它很好地表达了上述意见。这张图已用在本书中(见图11)。确实很难令人相信，青铜的冶炼曾经过多次的发明。但是到了晚得多的时期，如在公元后第一千纪期间，对于较复杂的发明，例如手推转磨、水轮、风车、提花机、磁罗盘和映画镜等，人们也有同样的想法。这些东西当中的任何一种，都很难想象会有两个起源。

(3) 发明权和传播 230

如果科学技术史家想要评价各种文化的贡献，他就必不可免地要承担一项看来永无终了的工作，这就是要设法明确发明权的问题。他的各种结论，也象自然科学本身的结论一样，不得不经常进行修正。拱形结构曾一度被当作是较晚的埃特鲁斯坎人的发明，现在才知道苏美尔人早就应用了[2]。医疗体操的技术，一般认为是18世纪瑞典人对欧洲的贡献，事实上可以看到，它是从中国中古代早期道家的练功实践直接产生的[3]。航海家的常平架以及更重要的自动导航仪的陀螺仪装置，不仅可追溯到中古时期寒冷的天主教堂中修道士烘手的炭炉，而且还可以更远地追溯到公元 2 世纪中国工匠制造出来供长安王公贵族和官吏们床上用的自动平衡香炉[4]。第一次出现天文望远镜的自动时针驱动装置，并不象通常所认为的那样是在19世纪早期的欧洲，而是在 2 世纪的中国[5]。首次制造赤道仪装置并不是在天文堡 (Uraniborg) 或维也纳的工场里，而是在中国元朝的大都，尽管郭守敬在 1276 年制成的只是装有标线的窥管。

在上述某些情况中，没有丝毫迹象表示出在两个发明之间有任何联系。1824年，夫琅和费 (Fraunhofer) 发明时计驱动装置时，他确实不知道中国人应用水力运转的赤道浑仪已经有许多世纪之久。这是因为真正的中国天文学，经过耶稣会士"改造"以后，已经暂时被遗忘了，实际上在近代史学家研究明白之前，对这些

1) Vidal de la Blache (1), p. 285.

2) 见本书第二十八章 (d).

3) 见本书第十章 (i) 及第四十四章.

4) 见本书第二十七章 (c).

5) 见本书第二十章 (g).

机器是一无所知的[1]。在另外一些事例中，则出现其他的情况。有时在两个事件之间已经过去了很长一段时间，其间一定会有许多传播的机会，可是我们没有证据。有时相隔的时间很短，可是我们已有确切的证据说明其间曾有过传播。举例来说，第一座大型石拱桥是在公元600年后不久由中国的李春建造的，可是世界其他地方都没有这种结构的桥；直到1300年后不久意大利才建造了几座这种类型的桥梁，这种设计此后当然就盛行了[2]。这里的一些年代和在元代中国旅行的意大利旅行者带回的报告非常相符。我们也想知道，13世纪时中国工程师在蒙古统治下的伊拉克的底格里斯河畔做了些什么。对于这些，现在还没有任何线索
231 可寻，只能从其中的关系进行推测而已。同样，最早的铁索吊桥至少早在6世纪便已在中国建造起来[3]，虽然后来在中国还建造了许多座，特别是在藏族以及喜马拉雅山附近各民族居住的地区。可是建造吊桥的原理到16世纪末才被欧洲人知道，而在欧洲建造第一座吊桥则是在18世纪末叶。在这种情况下，纵然缺乏证据，但是有理由猜想这是有意识的模仿。在有些情况下，虽然间隔的时间很短，我们却看到了技术的传播。拿降落伞来说，德·拉·卢贝雷 (de la Loubère) 1688年在暹罗看到杂技演员们使用它，一个世纪之后勒诺尔芒 (Lenormand) 读到了他的描述，于是做了一些成功的实验，并把这种物品介绍给蒙戈尔费埃 (Montgolfier)[4]。这并不是想否认降落伞的设想是在文艺复兴时期由欧洲人提出的，可是在亚洲，这种设想要早得多。

有些事例，譬如纸[5]，我们有卡特所编的确切可信的传播年代表，说明它如何在公元2世纪从中国起源，到13世纪传入欧洲的经过。对于印刷术[6]和火药[7]，现在也可以编制出同样的传播年代表。最后，我们有时遇到时间上异乎寻常的一致。例如，定量制图法在中国的发展时间，恰好是托勒密在欧洲完成他的著作的时期，可是没有任何具体的证据，可以证明裴秀曾经知道在世界的其他地方也有人试图在地球表面画上座标网，以便尽可能正确地决定特殊地点的位置。这就出现了另一种传播方式，它和我们迄今为止所讨论的不同。对此，我们即将加以讨论。

1）当然，不能绝对排除一种可能：夫琅和费也许曾偶然看到宋君荣的旧著(像剑桥天文台一样，大多数天文台的图书馆都藏有这些书)，并读到似乎是传说的转动浑仪。他也许已经忘却他的想法是从这个来源引伸出来的。

2）见本书第二十八章 (e)。

3）见本书第二十八章 (e)。

4）见本书第二十七章 ( )。

5）见本书第三十二章。

6）见本书第三十二章。中国在11世纪后期首先发明活字印刷，这一点已没有争论。可是在中国当时并没有普遍采用它，因为用活字印刷需要制作大量的活字字型，较简单的方法还是继续使用木版，即"直接刻印"。中国最初的活字版是用胶泥做的；后来，几乎在谷腾堡 (Gutenberg) 以前一个世纪，朝鲜人用青铜浇铸汉字活字字型。

7）见本书第三十、三十三章。

(4) 同时出现的各种发展

科学技术发展的同时性有时使人很为难。某些概念、某些学科和某些复杂的发明，有一种使人难以理解的习性，即它们在旧大陆的两端几乎同时出现（甚至消失）。在本章开始时，我们提出过知识同时性的明显例证，即公元前4世纪时关于月亮盈亏周期性与海生无脊椎动物生殖的关系方面的知识；以及人体解剖学兴盛和衰落的奇特的并行性。至于前面对“灵魂阶梯”型理论的同时出现以及对埃利亚学派一类的哲学悖论所作的说明，则不容易把这类例子都包括在内。

此外，还有机械方面的发明。齿轮以及随之而来的齿轮传动的各种应用，它们的出现和盛行，在希腊文明和中国文明中几乎完全是同时发生的(公元前2世纪到公元1世纪)。同样，记里鼓车在欧洲出现是在公元前1世纪到公元1世纪 232
之间，而在中国出现大约是在公元前2世纪到公元2世纪之间[1]。至于水轮[即我们后面所称的水推轮 (ex-aqueous wheel)，它从水的流动和降落取得动力]，目前研究所得到的情况是：在小亚细亚北部沿海出现水轮大约是公元前60年左右，在中国出现水轮则大约是在公元20年。由于在中国这种水轮并不用以碾磨谷物，而是依靠必然复杂的装置来运转冶金用的风箱，因此我们必须承认，水轮至少在数十年前就已试验和应用了。因而我们可以说，水轮的出现是在旧大陆的两端同时发生的[2]。不过这里还有一种复杂的情况，即我们所讨论的可能是两种不同的发明，一种是水平架设的水轮，另一种是垂直架设的。虽然我们不能确切知道最早的“欧洲型”立式水轮的性质，但立式水轮后来变得很普通，被称为维特鲁威(Vitruvius) 式水轮；相反，在中国，一切证据都表明，最早的水轮是水平架设的[3]。立式水轮可能是从戽水车(周边有罐的升水轮)演变而来的，因此可能起源于印度，而卧式水轮很象来源于手推转磨的扩展。因此可以设想，一些所谓同时发明的问题，通过查明所研究的对象确实是两种而不是一种发明，问题就可以得到最终的解决。另外有一点引人注意的是，水轮发明的时期正与中国和希腊在中亚细亚交往的时期相一致。

可是这种解释不能说明光学发展史上的奇特的情况：映画镜在10世纪同时在阿拉伯人和中国人中间出现[4]。在这样的情况下，唯一的希望是进一步的探索将弥补我们目前资料的不足，并将指出它是这一方或那一方先发明，或者是在某一介

1) 见本书第二十七章 (c)。

2) 见本书第二十七章 (f)。

3) 后面将指出，在中国和西方的古代和中古代的整个工程学中都存在这种差别。中国的技师始终倾向于把轮子水平架设，而西方的技师则倾向于垂直架设。

4) 见本书第二十六章 (g)。

于其间的中间地点发明的。

我们经常还要提到这样一些问题：公元前1世纪，谁在巴克特里亚谈论过齿轮？罗马-叙利亚商人秦论曾在公元226年访问过中国，他曾否积极参与制图活动？海赛姆（al-Haitham）论光学的论文是否会在他在世时传入广州或杭州？在马可·波罗或佩戈洛蒂的行囊中，有可能找到什么纺织机械的图样吗？

233

（5）潮汐的观察者和“秦人”

我们仅有的几篇关于中亚地区科学家和技术专家的资料，可以为这方面的研究增添浓厚的兴趣。首先，我们应当记住，希腊科学向东方传播的范围，要比通常认识到的远得多。在帕提亚（安息）的希腊人城市中，曾经出了一位著名的天文学家——迦勒底人塞琉科斯（Seleucos the Chaldean）[1]。他出生在厄立特里亚海边的塞琉西亚（Seleuceia-on-the-Erythraean-Sea）[2]，大约是在公元前140年左右成名。这个地方大致是在波斯湾的东北岸。据塔恩［Tarn (1)］说，他一生反对依巴谷，坚持萨莫斯的阿里斯塔克（Aristarchus of Samos）的地球绕日运动理论，并用月亮对大气的周日旋转所施加的阻力来解释波斯湾的潮汐。他发现了潮汐的周期性的均差，认为这和月球在黄道上的位置有关[3]。我们在下面将会看到[4]，王充在公元80年左右，曾清楚地说明过海潮的涨落对月亮的依赖关系，王充或许曾风闻塞琉科斯的研究工作，这种可能性自然是存在的。即使如此，传入的肯定也只是思想，而不会提及人名。可是，这纯属猜测，何况在中国更早些时候，这种思想就已“在流传中”了。

这类思想也许传播得相当快，这可用下述的无可否认的事实来证明。在西方所有的古典文献中，有关丝和蚕的唯一近乎正确的记载，是由包萨尼亚斯（Pausanias, 卒于公元180年）在他的《希腊记述》（*Description of Greece*）一书中提供的。这个时候，一定是马库斯·奥雷利的“使节”商人们（他们是在166年到中国去的）刚刚从中国回来的时候[5]。在包萨尼亚斯之后，一直到12世纪，一些作者仍然在重复那些无稽之谈，说什么丝纤维好象是长在树上的羊毛，或者说是用各种各样

1）Tarn (1), p. 43。塔恩认为，如果他真的是迦勒底人，那末，按照希腊人的传统应该保留他的原名，如象西丹努斯（Kidinnu）、纳布里亚努斯和贝洛索斯。显然，“迦勒底人”是曾在巴比伦学校中学习过的希腊天文学家们给予他的荣誉称号。

2）“厄立特里亚海”，当然也和后来在《厄立特里亚海周航记》一书中相同，是指我们现在所称的红海，以及波斯湾和阿拉伯海。

3）参阅 Sarton (1), vol. 1, p. 183。

4）本书第二十一章（i）。

5）最先指出这一点的是雷诺［Reinaud (2), p. 185］。

颜色的野花纺织出来的[1]。

希腊巴克特里亚和希腊语世界的关系是相当密切的，这一点可以用许多证据来说明。普罗佩提乌斯（Propertius，公元前50—前10年）曾写过一首诗，诗中讲到在亚历山大里亚城有一个女子名叫亚雷都萨（Arethusa），她的丈夫两次去巴克特里亚，久久不归，并在那里“看到过中国人”[2]。修辞学家狄奥·克里索斯顿（Dio Chrysostom，生于公元50年）曾描写常去亚历山大里亚城商业区的许多巴克特里亚商人[3]。当时一件奇怪的事极引人注意，这件事情发生在公元前2世纪末中国人和费尔干那人发生战争的期间，详细的内容将在后面再讲[4]。故事说的是中国人为了改良马种，想从大宛（费尔干那）输入战马。骏马是汉武帝最感兴趣的东西之一。公元前114年张骞死后，汉武帝得知这些马的优点，于是派遣一 234
个又一个使者去买马，可是都没有多大成绩。有一些参加出使的年青人告诉他说，在贰师城[5]中有一位国王名叫毋寡，他饲养有特别优良的马。于是汉武帝派遣使者去购买，可是这位国王认为他离开中国很远，地位安全，便杀害了使者。接着，中国便数次派远征军横越新疆塔里木盆地，但都无结果。公元前101年，李广利被派去指挥远征军后，一支三万人的军队的确成功地到达了贰师城，并攻占了外城。

正是这次围城牵涉到一些有意思的技术问题，《史记》中有这样的记载：

> 大宛国王的城里没有水井，人们必须到城外的河里去取水。于是（李广利）派遣水利工程人员（“水工”）去改变河道，使城中缺水；或者（使水冲垮城基）打开一个缺口，以便从缺口攻入城内[6]。
>
> 〈宛王城中无井，皆汲城外流水，于是乃遣水工徙其城下水空以空其城。〉

水的供应一度的确是被切断了，于是退入内城的大宛人杀死了毋寡，并且声称他们愿意献出马来。李广利和他的谋士们商议是否接受他们的贡献时，考虑了下面的事实：

> 据说，（大）宛（人）新近得到了一位秦人的帮助，他知道如何掘井（“秦人知穿井”）；而且据说城内仍然食粮充裕。……[7]
>
> 〈闻宛城中新得秦人，知穿井，而其内食尚多。〉

李广利将军最后接受了他们的条款，和他的军队带着马回国了。

1）见本书第三十一章。

2）Propertius, *Elegies*, IV, 3.

3）Dio Chrysostom, *Discourses*, 32。

4）见本书第三十章。

5）可能是现今的乌鲁太朴（Urutepe）。

6）《史记》卷一二三，第十七页［译文见 Hirth (2)，经修改］。

7）《史记》卷一二三，第十九页［译文见 Hirth (2)］。

这里主要的问题是：司马迁所说的“秦人”，到底指的是什么人。塔恩[1]在他的审慎的讨论中，根据各种理由，否认了一般认为凿井的工程师是中国逃兵的说法。很凑巧，《史记》同一卷的相邻一节中恰恰提到了逃兵，但所用的则是另外一种表达方式，即“亡卒”，司马迁在这段叙述中提到这些亡卒所做的一些事，恰好是我们颇感兴趣的。他在讲到大宛以西直到安息地域所居住的人民时，这样写道：

> 这些国家不产丝和漆，不知道铸造铁器的方法[2]。……一些人从汉朝使
> 235 节的随从人员中擅自逃脱（“汉使亡卒”），在此定居，教当地的人们铸造武器和用具。这些国家的人们得到中国的黄、白金属（即金、银）时，用来制作用具，而不是铸造钱币。[3]
>
> 〈其地皆无丝漆，不知铸钱器，及汉使亡卒降，教铸作他兵器。得汉黄白金，辄以为器，不用为币。〉

这里所用的贬词“汉使亡卒”显然不是指从秦来的人。如果“秦人”的“秦”不是指中国，那末，他就必定是从大秦来的；我们在前面已经看到，大秦指的是罗马叙利亚。实际上，塔恩认为，在塞琉西的势力最后崩溃时，在巴克特里亚的一个边界城邦中不可能有叙利亚工程师，他认为这可能是巴克特里亚的希腊人，因为很多人相信“大秦”一词有时用得不确切，把巴克特里亚的各地区都包括在内。但是，有一个我们在下面还要加以引证的事实[4]，塔恩显然是不知道的，这个事实就是：凿深井的技术[5]可以一直追溯到汉代的四川，因此在公元前100年时出现一位凿井专家似乎并不算太早。而且，这项技术的故乡四川在中国第一次统一之前，一直是秦国最重要的组成部分之一。因此，也许最后会得出结论说，这个“秦人”是中国人。现在我们暂时把这个谜放在一边——可是从目前我们所讨论的观点来看，最有意义的当然是这个人来自叙利亚的可能性。不论他是哪一种希腊人，他可能曾和懂得冶金的中国逃兵（即使只是通过翻译）讨论过提西比乌斯和亚里士多德。在以后讨论铸铁这一发明的传播时，我们还要提到他们[6]。

希腊人的凿井技术可由《厄立特里亚海周航记》一书[7]的作者来证明，因为他在巴鲁加扎看到过井。人们认为这些井可以追溯到亚历山大大帝的时代。的确，

---

1) Tarn (1), pp. 309ff.。

2) 有些版本改“钱”字为“铁”字。如用“铁”字，读起来似乎更顺些。《前汉书》卷九十六上第十八页说的是同一内容，而始终用“铁”字。

3) 《史记》卷一二三，第十五页[译文见 Hirth (2)]。

4) 见本书第三十七章。

5) 这里我尤其指的是钻水井，而不是仅指以砖石衬砌的竖井。

6) 据班固说，龟兹人善于铸冶（《前汉书》卷九十六下，第九页），从这一点可以推测铸铁术在更早的时候便已流传。

7) *Periplus*, §41。

在亚历山大大帝远征时，有一个凿井工程师跟随着他[1]，我们甚至知道他的姓名[2]。可是巴鲁加扎的井肯定并不是那么古老的，它们是在巴克特里亚人欧西德米德·阿波罗多图斯 (Euthydemid Apollodotus) 征服该地区的时候开凿的[3]，即在公元前 177 年左右。在波斯，塞琉西的希腊人一直保持着古老的灌溉系统，其中包括露出一排竖井的地下渠道，这种灌溉系统至今还被利用着〔叫作坎儿井 (*qanāt* 或 *kārīz*)，即波利比奥斯 (Polybius) 所说的 *hyponomoi* (ὑπόνομοι)〕[4]。《史记》中有 236
一项记载非常有意义[5]：公元前 120 年，庄熊罴在中国设计了一项复杂的工程，叫作"龙首渠"，包括有地下渠道和相隔一定距离的竖井[6]。这件事比李广利的水利工程师参加围攻贰师的战役要早二十年。可是这种方法和波斯的方法很相象，似乎说明在公元前 2 世纪时就有过某些交往。然而，这种坎儿井灌溉系统并没有在中国广泛流行，这大概是因为各地的条件并不需要它。显然，关于水利工程的起源以及波斯、希腊和中国的技术专家们的互相借鉴，还有许多我们不知道的情况。

"亡卒"的故事使我们想起八个世纪以后在中亚发生的另一个事件。751 年塔拉斯河战役后，有一些中国的造纸工人被俘，并被劝诱在撒马尔罕继续从事他们的工艺[7]。这被认为是造纸术从东向西最早的传播，而这件事是在造纸术发明以后至少过了六百年才发生的。关于这些工人的姓名，似乎没有任何记载，可是由于一个巧合的机会，这次战役中另外一些被俘的技术人员，却给我们留下了一些史料。在被俘虏的人当中，有一个叫做杜环的军官，他在十一年后回国时，把中国工匠定居在阿拔斯王朝首都〔库费 (Kūfah)〕的情况告诉家人。恰巧他的兄弟是著名学者杜佑，因此这些情况便被记载下来了。在杜佑的《通典》中，我们看到[8]：

> (在阿拉伯首都)织工织绫绢，金银匠制作金银，还有画匠；(他们从事

---

1) 此外，还有许多其他方面的工程技术专家 [Tarn (2), vol. 1, p. 12; vol.12, p. 39]，例如，忒萨利的狄阿得斯 (Diades of Thessaly) 是攻城技术专家，得伊诺克拉忒斯 (Deinocrates) 是城市规划专家；教堂中的讲师(测量学家和地理学家)有巴克顿 (Bacton)、狄俄格涅托斯 (Diognetos) 和菲洛尼得斯 (Philonides)。涅阿耳科斯 (Nearchos) 和俄涅西克拉托斯 (Onesicratos) 是航海专家。建筑设计师兼工程师阿里斯托布洛斯 (Aristobulos) 是亚历山大大帝的好友，后来还写过他的事迹。可是这一切都发生在亚历山大里亚人研究机械的伟大时代之前，因此他们不可能将知识传播到东方。

2) 即金属工匠戈尔戈斯 (Gorgos, Γόργοσό μεταλλευτῆς)，见Strabo, XV, 700; Tarn (1), p. 149。

3) Tarn (1), p. 148.

4) 参看 Polybius, X, 28, 3ff。波利比奥斯曾提到它们，这一事实证明，这种灌溉系统可以追溯到公元前146年以前。参阅 Stein (8); B. Fisher (1); A. Smith (1)。

5) 《史记》卷二十九，第五页。

6) 见本书第二十八章 (f)。

7) Carter (1), p. 97。

8) 《通典》卷一九一至一九三[译文见 Pelliot (32)；由作者译成英文]。《太平寰宇记》卷一八六第十五页和《文献通考》卷三三九第七页也有相同的记载。

的技术)都始于中国的技术人员。例如，绘画的樊淑和刘泚是京都(长安)人，拈丝和织丝("机络")的乐隈和吕礼是陕西人。

〈绫绢机杼、金银匠、画匠，汉匠起作。画者京兆人樊淑、刘泚，织络者河东人乐隈、吕礼。〉

这件事的重要性，远远超过众所周知的中国和穆斯林在艺术风格上的互相影响[参阅 Hornblower (1)]。这件事使我们相信，如果说我们有很好的理由去推测某种装置或技术在8世纪时曾向西方传播的话，那末，我们也应当毫不犹豫地相信，当时确实存在一些能够传播它的人，并且也具备进行这种传播的环境。

还有出乎意料的巧合。公元前36年，也在塔拉斯河畔，当一支中国军队在胜利地攻进匈奴单于的一座固守的都城时，他们曾遇到了一些很奇特的雇佣兵。讨伐军杀死了单于(他在七年前杀害了一位中国外交使者，以后便住在东粟特)，这
237 支军队是由西域都护骑都尉甘延寿和副校尉陈汤率领的。根据甘延寿传记中关于这一战役的详细描写，中国军队在扎营和开始围攻时，远远地望见"步兵百余人夹门鱼鳞陈，讲习用兵。……"[1]该地被攻占后，有145个士兵被生俘。

起初人们认为[Dubs (28)]，这是马其顿的方阵，而这些士兵是希腊雇佣兵，可是这种说法在历史上和技术上[2]都不可能成立。然而，在中国文献中没有极为类似的其他记述。这个独一无二的记载使人们得出结论说，这些士兵不是别人，而是罗马军团的士兵，他们当时正在操练叠锁盾的龟甲形阵[3]，并由此推断[Dubs (6, 29)]，他们是公元前54年帕提亚人在卡雷(Carrhae)大败克拉苏(Crassus)时所获俘虏的残存者[4]。所有这些推断也许都可以接受，可是仍然不能确定，那些被俘的士兵到底是不是上面说的在围攻前看见的正在操练的罗马人。德效骞[Dubs (30)]提出过一个有利于这种猜想的论据，他指出，公元5年，甘肃有一座新建的城市称为骊靬，这一名称几乎和我们在前面(p. 173)看到的称呼米底亚、叙利亚并可能泛指整个东罗马帝国的名称相似。更明显的是，这一名称在公元9年被王莽改为揭虏，意思可能是指"攻城俘获的俘虏"。因此，这一证据表明，残余的罗马人曾聚居在古代丝绸之路沿线，他们在那里与中国女子结婚，度

1) 《前汉书》卷七十，第九页及以下[译文见 Duyvendak (16)]。

2) 这里所谓技术上不可能，是因为马其顿军的盾是圆的，并且也不重叠成鱼鳞形，不象罗马龟甲阵步兵所排成的那样。

3) 这些士兵为罗马人的另一证据是，单于的城不仅有土墙防御，还有用木桩钉成的双层木栅*。这种方法是罗马军事技术的典型。

4) 在这两次战役之间的二十年中，罗马人确实推进了1500英里，远及东方的马尔奇阿那的安条克，可是，他们的推进似乎很慢。因此，人们无法知道，中国人所见到并且也许俘虏了的那些人，到底是不是在卡雷战役后由罗马人教练出来的某种波斯士兵。

* 《前汉书》卷七十载："土城外有重木城，从木城中射，颇杀伤外人。"——译者

过了他们的一生[1]。

也许我们不应对这些士兵期望过多，可是，如果他们中间确实有人懂点军事工程的话，那末，在中国文化和罗马文化之间就可能会有一些零星的知识交流[2]。

如果"秦人"确是从巴克特里亚以西的什么地方来的，那末，还得继续探寻文献中这类有关"秦人"的资料。我们已经指出过，在隋唐时代有一些带着"婆罗门"字样的印度数学和天文学的书籍，除此而外，当然还有许多带有医药和天文、星占内容的佛经[3]；可是西方著作显然从来没有传到过。有关这类传播的唯一说法，经过考查后[4]已证明是没有根据的。不过进一步的探索，也可能会发现一些东西。例如，在敦煌发现的景教书目中，有《浑元经》这样一个书名，人们也许可以大胆地把它翻译为"论宇宙之第一因"[5]。不过，如果景教徒和摩尼教徒曾经带来过什么的话，那很可能全部都是关于神学的东西。 238

(6) 扩散着的技术和地域化的科学；对陌生事物的接受或排斥

到此为止，我们主要是把简单性和复杂性看作是一种观念或一种技术能否在各个不同文明阶段得到传播的一项标准。可是我们必须记住，科学的理论和观察是有别于技术上的发明的。举例来说，人们可能仅仅出于善意而把轮子的发明叫做应用科学，实际上，在那以前根本还没有科学可以应用。关于 π 值的论证是在木工做成轮子之后很久才出现的——至少从中国的例子来判断是如此。我并不是主张不要把科学史和技术史放在一起来写，可是当我们开始考虑科学和技术的传播时，难道不存在着一种过滤的过程吗？那些比较容易传播的，难道不是立刻可以付诸实用的发明，而倒是科学和准科学的观察、推测和理论吗？因此，难道不正是在技术领域能够优先得到传播吗[6]？而在科学思想和科学观察方面，我们

1) 这一聚居地可以证明是在永昌附近。永昌是现今公路上的一个县城(大致在酒泉和兰州的中途)。虽然这个地方并不重要，但当我在1943年11月经过时，还是不禁注意到它。我在旅行日记中写道："永昌山区居民的脸颊甚红。"这在中国居民中是很少见的。可是很难相信，经过了二十个世纪的"战争和蹂躏"，任何的地方先民特征还会表现在面貌特征上。

2) 这整个故事由于与军事技术(参阅本书第三十章)及制图术[第二十二章 (d)] 都有关系而显得很有意义。在制图方面，德效骞 [Dubs (30)] 所提出的文化传播的具体事例并不能完全使人信服，理由以后再谈。

3) 参看本卷 pp. 128, 211；又见本书第十九章 (c)。

4) 本书第二十章 (a)。

5) Saeki (1), pp. 67ff.。

6) 克雷西 [P. F. Creesey (1)] 曾部分地看到这一点，因为他强调说："在有限的间接接触的许多个世纪中，只有物质性的东西传到欧洲。它们是单独传来的，并不涉及任何与中国人的风俗习惯有关的整体。"关于这一点，他很容易地说明了——传来了火药，却不是驱邪的爆竹；传来了纸张，却不是纸币。参阅本卷 pp. 154, 222。

难道不是往往可以看到独立发展或者趋同的情况吗？

就技术而论，也许是一种“棘轮机构”(catch-and-ratchet) 的机制在起作用。勒鲁瓦-古尔亨说[1]：“人们可以接受一种比他们以前所用的语言更简单的语言，可以接受一种较不发达的宗教，可是除非由于战争的破坏而暂时倒退，他们决不会从用犁倒退到用锹。”不仅如此，在传播整套思想体系方面，似乎存在着某种“先天的”不可能性，因为思想体系无疑地要受到各种独特的种族特征的限制，可是
239 这些思想体系的点滴片断还是有可能传播的。在这里起作用的，肯定不是那种或者全部要、或者全部不要的方式。

这种观点的正确性肯定是有一定的限度的，因为我们必须接受菲利奥扎 [Filliozat (1)] 所搜集的那些有力的证据。这些证据表明，希腊的气疗医学和古代印度的医学非常相似，而这也和古代中国的“气”和“风”的生理概念惊人地近似[2]。因此，这些东西都可能是源于美索不达米亚。除此以外，巴比伦的占星术思想曾经传到过中国[3]，而巴比伦关于音调的算术周期性知识则曾向东西两方传播[4]；在亚洲有些天文体系中二十八宿占有重要的位置，关于这一点，唯一可信的解释是它们都起源于巴比伦[5]。可是这种方式的传播似乎是例外，而不是常规。广义地说，中国的科学在耶稣会士来到之前已有二千年的历史，尽管知识交流的机会要比一般所想象的多得多，但是它和西方科学却很少有共同之处——这便是本书的主题的意义所在。然而中国的技术发明在公元后的十三个世纪中，曾不断地倾注到欧洲，正如后来的技术潮流流向东方一样。这一论点现在终于达到了公认的地步，这从林恩・怀特 [Lynn White (1)]、斯蒂芬森 [C. Stephenson (1)]、克罗伯 [Kroeber(3)] 和桑戴克 [Thorndike (8)] 等人的著作中均可看出。

这里似乎需要一些具体例子，可是首先必须谈谈一个相反的现象，即一种文化拒绝从另一种文化借用资料的现象——这是民族学家们极感兴趣的问题。这里可以举个例子来说明我们所面对的事实。到唐代(7至10世纪)时，尽管象我们前面所看到的，中国、波斯、伊斯兰和印度彼此间的交往特别密切，但是，当时中国人的思想模式和欧洲人的思想模式都已经如此定型，以致要他们接受任何外来的新东西，即使不能说是不可能，至少也应当说是十分困难。中国的医药学似乎主要是不受外来的影响而走自己的道路。同样，在13世纪元代时，当扎马鲁丁 (Jamāl al-Dīn) 带着他的天文学使命从波斯来到北京时，由于两个天文学体系

1) Leroi-Gourhan (1), vol. 2, p. 322。
2) 参阅本书第四十三、四十四章。
3) 参阅本书第十四章 (a)。
4) 参阅本书第二十六章 (h)。
5) 参阅本书第二十章 (e)。

非常不同，他对中国天文学工作的直接影响几乎等于零[1]，而只是间接地促进了郭守敬对赤道仪的伟大发明。相反地，中国人从公元前1世纪起便开始观察和记录太阳黑子，可是即便是在这方面有一点什么消息传到过中古时代的欧洲，欧洲人也是不可能仿效或推广这种观察的，因为在他们的思想中，太阳是一个完美无缺的东西，并且从定义上说，它就不可能有任何斑点[2]。如果中国人关于天体是 240
自由地漂浮在太空或者是被风吹着而沿它们正规的路程运动这种概念能够被欧洲人所接受的话，那末，意义就会更加重大了。可是没有一个中古时代的欧洲人愿意放弃他们关于宇宙是一些坚实的同心水晶球的信念，以及神学的地球中心说思想。的确，当耶稣会士们第一次听到古代中国的这些太空理论时，他们把这些当作是中国官吏和僧尼的又一种谬论[3]。这样的例子可以举出许许多多，从生物学上的物种不变论[4]，到地质学上的火成说概念[5]，都可以找到一些例子来。可是在这个问题上不必多花工夫了。看来，每一种文明都必须经历艰辛的道路才能最后获得真理，并且在历史过程中，它们彼此往往很少互相借助。正象和德理和他的佛教徒朋友那样，他们只肯承认彼此意见不同，可是，在和德理这一方面并没有丝毫垄断智慧的权利。

(7) 几种技术的西传

这里我们只想举出少数有关机械的和其他技术的传播的实例，而不想把本书以后各卷中所要详细讨论的内容提前来叙述。有少数几种基本技术曾经从古代美索不达米亚朝四面八方传播，例如有轮的车、辘轳和滑车等。古代埃及发明了桔槔，可能还发明了曲柄，可是后者尚不能确定。从新月沃地的某些地方，也可能是从更远的西部，传来了手推转磨。制锁的基本工艺早在巴比伦和埃及便已定型，接着便很少改变地向旧大陆的所有地区传播开去，一直到文艺复兴时代之后才稍有改进。印度人的贡献有长槽引水桔槔，并且可能还有戽水车这一重要发明。波斯人唯一的第一流发明是风车，它以各种各样的形式传播到世界各地。虽然亚历山大里亚城的理论家们在机器的分类和描写方面走在别人的前面，但是，古代地中海区域的欧洲人除了发明手推转磨外，他们贡献出的唯一有价值的机械技术是

1）见本书第二十章（g）。例如，中国人从未采用过星盘。也许这是因为他们对经纬仪和黄道座标的相互变换不感兴趣。星盘是欧几里得几何学和托勒密行星学说这两项纯属欧洲人的发明的具体表现。中国人更喜欢代数方法，而不甚关心对天体运动的推测。

2）见本书第二十章（i）。参阅 Kanda (1)。

3）见本书第二十章（j）。

4）见本书第十章（e）。

5）见本书第二十三章（b）。

高转筒车，即后来阿拉伯各地普遍使用的“萨吉雅”(*sāqīyah*)。可是，中国人的发明就多了，这些发明在公元1世纪到18世纪期间先后传到了欧洲和其他地区，这里包括：(a) 龙骨车；(b) 石碾和水力在石碾上的应用；(c) 水排；(d) 风扇车和簸扬机；(e) 活塞风箱；(f) 水平织机(它可能也是印度的发明)和提花织机；(g) 缫丝、纺丝和并丝机；(h) 独轮车；(i) 加帆手推车；(j) 磨车；(k) 挽畜用
241 的两种有效马具——胸带式即驭者马具，和颈带式马具；(l) 弓弩；(m) 风筝；(n) 竹蜻蜓和走马灯；(o) 深钻技术；(p) 铸铁术；(q) 常平架；(r) 弓形拱桥；(s) 铁索吊桥；(t) 河渠闸门；(u) 造船和航运方面的许多发明，包括防水隔舱、高效率空气动力帆和纵帆装置；(v) 船尾舵；(w) 火药以及和它有关的一些技术；(x) 磁罗盘，最初用于堪舆术，后来又用于航海；(y) 纸、印刷术和活字印刷术；(z) 瓷器。我写到这里用了句点，因为二十六个字母都已用完了，但还有许多例子、甚至还有重要的例子可以列举。

我们决不能认为对以上任何一种发明已经没有话可讲了，也不能认为在所有例子中，都有足够的证据可以充分证明，后来欧洲人的应用都是从较早的中国人的实践中得来的。但是所有这些例子有一个共同的特点，这就是它们在中国应用的时期，确实早于它们在世界任何其他部分出现的时期，有时甚至要早得多。我们把上面所举的例子在表8中加以概括。

无疑地，在确定这些统计时，除了传播的条件外，还有许多别的因素起过作用。例如，某些提水机械可能没有传播出去，因为其他文化习惯于应用其他类型而效率并不差的机械，一直到了文艺复兴时期才由于什么都要尝试的好奇心而试用了它们。再说，中国文化的某些成就，例如掌握铸铁技术较早，很可能是由于所用的铁矿石的性质使它能在比别处的矿石为低的温度下熔化，结果，即使铸铁的原理已传播出去，这种技术也不能被别的地方模仿。总之，西方历史学家所喜爱的某些见解，显然必须根据诸如此类的事实进行广泛的修正。汤因比(Toynbee)曾写道：“不管能不能把我们西方使用机械的迹象一直追溯到西方历史的起源时期，有一点是毫无疑问的，这就是：对机械的爱好是西方文明的特征，正如对美学的爱好是希腊人的特征，或对宗教的爱好是印度人和印度教徒的特征那样。”[1]然而，所有这类对东方和西方的评价，恐怕都是建立在不牢靠的基础上的。

现在也许应该来看看，在耶稣会士时代(17世纪)，西方在哪些工程学原理上曾经能对中国的文明作出过贡献。在这方面，我们有丰富的史料。仅有的几种确实重要而中国文化中没有的机械元件是：(a) 螺旋。中国文化中没有螺旋就如

1) Toynbee (1), vol. 3, p. 386.

表 8 中国传到西方的机械和其他技术 242

名　　　称	西方落后于中国的大致时间（以世纪计算）
(a) 龙骨车	15
(b) 石碾	13
用水力驱动的石碾	9
(c) 水排	11
(d) 风扇车和簸扬机	14
(e) 活塞风箱	约14
(f) 提花机	4
(g) 缫丝机（锭翼式，以便把丝线均匀地绕在卷线车上，11世纪时出现；14世纪时应用水力纺车）	3—13
(h) 独轮车	9—10
(i) 加帆手推车	11
(j) 磨车	12
(k) 挽畜用的两种有效马具：胸带式	8
颈带式	6
(l) 弓弩（作为个人的武器）	13
(m) 风筝	约12
(n) 竹蜻蜓（用线拉）	14
走马灯（由上升的热空气流驱动）	约10
(o) 深钻技术	11
(p) 铸铁	10—12
(q) 常平悬架	8—9
(r) 弓形拱桥	7
(s) 铁索吊桥	10—13
(t) 河渠闸门	7—17
(u) 造船和航运的许多原理	多于10
(v) 船尾舵	约 4
(w) 火药	5—6
作为战争技术而使用的火药	4
(x) 磁罗盘（天然磁石制成的匙）	11
磁罗盘针	4
航海用磁罗盘	2
(y) 纸	10
印刷术（木版）	6
印刷术（活字版）	4
印刷术（金属活字版）	1
(z) 瓷器	11—13

同古代欧洲文化中没有踏板和脚踩的动作一样，而踏板和脚踩的动作在中国技术中是非常显著的，例如在龙骨车上。简单形式的螺旋很早便通过和阿拉伯的交往而传到中国，可是耶稣会士是以阿基米德水车的形式带去的。他们也带去了 (b) 提西比乌斯双压水泵。液体的活塞唧筒不是中国工程传统中所特有的，虽然古代中国就有往复活塞式风箱，在盐田钻深井时所用的活门提桶上还有一种类似抽水 243

唧筒的装置。然后还有 (c) 曲轴。这个部件在中国机械中一直没有使用过，虽然曲柄本身许多世纪以来(大约从汉代以来)便已应用了。耶稣会士介绍到中国的最后一种重要物品是 (d) 钟表装置，它完全是 14 世纪早期欧洲的发明。他们还传入过其他十三种器物或机械，但可以说完全是多余的，因为中国许多世纪以来就已知道那些东西，只是形式略有不同罢了。表 9 说明向东方传播的这几件东西，中国在时间上落后了多少个世纪。

表 9　西方传到中国的机械技术

名　　　称	中国落后于西方的大致时间（以世纪计算）
(a) 螺旋	14
(b) 液体的压力唧筒	18
(c) 曲轴	3
(d) 钟表装置	3

中国至少有两件发明，似乎从来没有传到过任何其他文化区：(a) 指南车；(b) 连珠弩和投石机。指南车作为一切控制论机械的祖先之一有其重要性，可是对于其他民族来说也许是没有意义的，因为他们对车子上安装一个永远手指南方的人像(不管车走什么路径)这种魔法似的威风不感兴趣。连珠弩和投石机的发明没有传播出去是相当奇怪的，因为这种便于携带的弓弩曾经作为汉代军队的一种标准武器而大量生产过。

另外一些技术必须归入特殊的一类。关于这类技术，中古代后期的西方人虽然知道中国人曾应用过，可是他们并没有采用。克雷西曾举出几个例子：(a) 船舶建造中的防水隔舱；(b) 纸币；(c) 煤的使用。有关这些东西的知识至少早在马可·波罗时代就已传入西方，可是没有一种适合当时欧洲人的文化模式，而且人们有时还可以相当清楚地指出它们不适合的原因[1]。因此，我们不仅必须常常考虑到技术知识从一种文明传播到另外一种文明所需要的时间，而且还必须常常考虑到在实际采用这项技术之前所经历的潜伏时期。大致说来，上面提到的三个例子的潜伏时期约为四个世纪。

244

(8) 激发性传播

在讨论古代和中古代一种文明对另一种文明发生影响的种种可能性时，应该认识到完全没有必要去假设，一种文明会全盘接受另一种文明的思想体系或模式

1) 参阅第二十九章 (g)。它们可以作为克罗伯的"观念化胚芽"的例子，参看本卷 p. 247。

结构，因为有时只要有一点点暗示，只要受到某种思想的隐约启发，就足以引起一连串的发展，而这些发展在以后的年代中，又会导致一些显然有完全独立的起源但又大体上相似的事物的出现。例如，一个人也许只是听说有某一种文字存在，却根本没有见过写下的片语只字，然而就是这样一个概念，可能激发出一种全新的和独特的文字体系[1]。又如，关于在世界上某个遥远的地方已经搞成功某种技术的消息，也会鼓励另一民族完全用他们自己的方法重新解决那个问题[2]。这种传播过程，在某一时期内，曾被查特利 [Chatley (23)]、惠勒 [Wheeler (2)] 和克罗伯 [Kroeber(2)] 等一些学者看作是一种重要的可能传播方式。克罗伯称之为"激发性传播"。

要进一步说明这个问题，最简单的办法是从本书以后各章所叙述的材料中，抽出一些激发性传播的例子(或者举出一些可以作为这方面的例子的事物)。我们首先以深钻为例。

今天在勘探油田时所用的这种钻深井或钻孔的技术，肯定是中国人的发明，因为我们有许多证据可以证明，这种技术早在汉代(公元前1世纪到公元1世纪)就已经在四川应用。不仅如此，他们长期以来所应用的方法，同美国加利福尼亚州和宾夕法尼亚州在利用蒸汽动力以前所用的方法在本质上是相同的。此外，在古代的四川，已经利用从钻孔中冒出的天然气来蒸发从盐井中抽出的或从别处流出的盐水。一千年之久，这种技术丝毫没有传入其他文化区的迹象。后来在阿拉伯作家的书中，曾有一、二处提到过，不久，欧洲就在12世纪成功地钻了第一批 245
自流井。钻这些井所用的方法是否就是古代中国人所用的方法，现在还很难完全肯定。但是因为据我们所知，在这以前，其他任何地方都没有出现过这种深钻的

1) 这确是曾经发生过的事。1821年，一位名叫塞科亚 (Sequoya, 即 John Gist) 的混血人，曾为北美印第安人切罗基族 (Cherokee) 的语言创造了一套拼音"字母"。他并不懂英文，但深感书写之便利(据 Foreman)。他所创造的这套字母中有些符号很象英文字母，但其他有些则是他新创造的。另外还有一个类似的情况：1849年，多阿鲁·布开尔 (Doalu Bukere) 为利比亚的维伊 (Vei) 语创造了一种字音表(据 Ellis)。此外，还有一种字音表是喀麦隆巴蒙 (Bamun) 部落的一个非洲王子在1899年发明的，后来逐渐地发展而成为字母(据 Métraux)。中国西南边境少数民族的象形文字，是一些人根据已有的模式造出来的。中古时期西夏的文字也是这样造出来的 (参阅本卷 p. 133)。更使人惊异的例子是苏联北极圈内楚科奇 (Chukcha) 牧民廷尼维尔 (Tynnevil)，他在1932年完成了一种象形文字的体系；这种文字虽然没有传开，可是在俄国语言学界引起了极大兴趣 [Semushkin (1), p. 226]。查特利、惠勒和克罗伯都提出了更富于想象的观点，他们认为，仿照这种"仿写"过程，也适用于说明古代世界书面语言的传播，还可以用来说明中国象形文字的起源以及随着腓尼基人字母文字而兴起的多种字母系统的出现。

2) 这一点可以用印刷术为例来加以说明，直到今天，没有人认为谷腾堡曾看到过中国的印刷书籍，可是不能排除他听到过人们谈论这件事的可能性。不过，这种发明是一种再发明，而不是很有独创性的发明。塔恩 [Tarn (1) p. 373] 提出，蔡伦造纸应归因于这种激发性传播。张骞曾报告说，安息人及其他西方人在羊皮纸上横着书写(《史记》卷一二三)，塔恩认为，这可能使中国人对于在丝绸或竹简上写字感到不满意。

方法，所以几乎可以肯定，欧洲当时所用的就是古代中国所用的方法。然而，12世纪的早期（在蒙古人向西进军之前）是一个最不利于任何思想从中国传到欧洲的时期，因为在当时的情况下必须由阿拉伯海员从海路带过去，而且还可能得通过摩尔人统治下的西班牙，何况阿拉伯海员似乎也不大可能去到四川。因此，合理的推测应该是：这样的传播很可能纯粹是一种思想的传播，或者说是受到了中国人的启发。当时可能有人说："在中国，有些人一代一代都靠向地底钻洞的方法发财，只要有耐心和有适当的工具，我们也能做到这一点。"于是有人就跟着这样做了，而且在这种情况下，解决问题的技术就可能几乎完全相同。当然，从一般情况来说，事情不会都是这样的。

前面说过，风车是波斯人发明的。但是在8世纪的锡斯坦，风车是水平架设的，它在元代初期（13世纪后半叶）传入中国时仍然保持这样的架设方法，而当时在中国东部沿海地区曾广泛采用这样的风车来把海水抽进大片的盐田中。可是，欧洲的风车从一开始就是垂直架设的，象一个维特鲁威式水轮，需要正交齿轮传动装置。这样的风车，我们可以从14世纪的最早图画中看到。因此，这一事实似乎告诉我们，当时有人（很可能是一个在黎凡特参加过十字军东征的人）曾对别人说："有些萨拉森人**确是**利用风力来碾磨玉米。"结果，可能是英国或法国北部的水车制造者，由于没有完全搞清楚风车是怎样制成的，以为是用垂直架设的轮子，于是就用他自己的方法解决了问题[1]。

我们还可以在定量制图法这个较抽象的领域内找到一个非常类似的例子（关于这种制图法，我们已经几次提及[2]）。在托勒密去世后仅数十年，他的经线和纬线已废而不用（除了在拜占庭有限的环境中），从而宣告希腊地理科学的伟大时代的结束；然而就在这个时候，旧大陆另一端的裴秀却正在撰写关于制图技术的著作，从而为中国的矩形网格座标制奠定了牢固的基础，他的方法直到近代才被新的方法所取代[3]。裴秀和托勒密所采用的基本原理虽然相同，但实际用的座标制却截然不同，因为中国的座标方格没有考虑到地球的曲率。在这个实例中，要作出激发性传播的假设，主要的困难可能在于这样一个事实，即和托勒密同一时代的张衡看来已经沿着中国特有的路线在进行研究了。但是即便如此，这个假设也不会因此而完全失效，因为某些个人（特别是商人）当时来往旅行的事，肯定是会有的，他们可能在适当的时候对别人说过这样的话："在大秦，一些有学问的人想法在地面划上许多十字交叉的平行线网，来确定各个地点的位置。"

246 踏轮车船的历史也许可以说是这一系列事例中最复杂而最有趣的一个实例

1）见本书第二十七章 (i)。

2）参看本卷 pp. 198, 231。

3）见本书第二十二章 (d)。

了。关于利用叶桨轮把力传给水(推水轮)(ad-aqueous wheel)以达到在水面上运动的目的的想法，随时都可能从维特鲁威立式水轮或者现在所用的戽水车联想出来。事实上，早在公元4世纪末期，拜占庭的一位无名作者就曾经首次提出过这样的设想，这位作者的军事工程计划虽然从那时一直传到今天，但是几乎可以肯定，他的设想当时并没有变成现实。后来在6世纪，拜占庭的将军贝利萨留(Belisarius)在哥特人包围罗马时，曾把碾磨谷物的水磨安装在停泊的船上；而从8世纪开始(如果不是更早几个世纪的话)，中国就已经有了用踏轮来驱动的真正的车船，并且多次用作水师船行驶在湖泊和运河上。这种船确实一直沿用到今天，凡是到过广州港口和珠江的人都可能看到这样的船只[1]。这件事很可能是这样发生的：在唐代的某个时期或者更早一些，出现了一个传闻，说是“有人曾在拂菻国(即东罗马帝国)看到过船上有转动的轮子”。中国的工程师听到这个传闻以后，由于误解了轮子所起的作用，设计出来的不是设在船上的浮动谷磨，而是真正的踏轮车船。这样的传闻很可能是由前面提到过的那些在7世纪时来自拜占庭的使者带来的。当时甚至还可能是同时传来了两条消息，另一条消息则没有被误解，因为在中国，同样也存在有船上水磨，至少从宋代起就已经有，而且现在还仍然在使用。此后，经过一段很长的时期，消息似乎又向相反的方向传播了，因为在中古时代后期的欧洲技术文献手稿中，有过关于踏轮车船的描述〔例如，1335年基多·达·维格伐诺(Guido da Vigevano)和1407年康拉德·凯塞(Konrad Kyeser)的著作〕，但最先记载这种船的真实结构的是布拉斯科·德·加雷(Blasco de Garay, 1545年)。因此，这种方向相反的传播，也象其他许多东西一样，可以确定是发生在马可·波罗的时代。后来，当第一批汽船以它们的明轮搅动着中国各港湾的海水时，那些看到这种古老的踏轮帆船的欧洲船员，绝对不可能相信它们会是中国人自己发明的，而不是以欧洲人的汽船为蓝本而制成的一种粗糙的仿制品。

再举最后一个例子。如果我们知道了金属币的全部历史的话，那末，金属币就可以很好地用来说明激发性传播这个主题[2]。传统的说法认为，用专门的印模在小片贵金属或标准金属上加上印记或铸成图形而造出的金属币，是公元前7世纪初期第一次在小亚细亚东部地区之一的吕底亚出现的[3]。这种钱币是有印记的。很多人都认为，金属币的这种制造方法后来迅速地传播开来，不仅传到了所有希

1) 见本书第二十七章(g)。

2) 克罗伯[Kroeber (2)]所举出的许多例子，依我看来，似乎都不对头。例如瓷器的例子便很难引用。在16和17世纪欧洲人进行了一些独立的研究，试图对它进行模仿，但是他们的最后成果只能和中国早已取得的成果相差无几。因此，没有什么新的资料足以把社会一知识一实践的模式表现出来。他还提到铸造钱币的问题[Kroeber (3)]，但却认为吕底亚的金属币在时间上是遥遥领先的。

3) Breasted (1), p. 313, 有图例说明。

247 腊城邦，并且还向西传播到波斯文化区。但是从王毓铨 [Wang Yü-Chhüan (1)] 最近所写的内容很广的著作中可以看到，中国最早的钱币几乎可以追溯到商代。刀币(和东部沿海的齐国有关)开始于公元前 9 世纪，而铲币(和周王室有关)则开始于公元前 8 世纪[1)]。这两种钱币，和后来中国所用的一切金属币一样，都是铸造的。可是在这个概括的说明中有一个例外，即东南部的楚国在公元前 8 或 7 世纪所发行的一种小型金币，则和吕底亚的一样，上面印有方印。圆钱在中国直到战国时期(公元前 4 到 3 世纪)才出现。而金属币在印度[2)]是在公元前 7 世纪后期摩揭陀国 (Magadha)〔悉苏那伽 (Śaiśunāga) 王朝和难陀 (Nanda) 王朝〕出现的[3)]；钱币上都有印记，有些印模是方的。根据本章开始时关于横贯旧大陆中央部分的道路的讨论来看，很难相信在周代人、佛教时期以前的印度人和吕底亚人之间曾经有过很多的文化交往，虽然时间上的关系还是很难理清。在目前的情况下，暂时只能够得出以下三点：(1)在吕底亚铸造第一批钱币时，中国至少在两个世纪前就已开始铸造了；(2)印度第一批打有印记的钱币，是在吕底亚铸造第一批钱币之后不到一个世纪开始出现的；反之，(3)在中国铸造第一批圆钱时，希腊有打印的圆形钱币已经近三个世纪了。

克罗伯 [Kroeber (2)] 已观察到这样一些可能性。他说，激发性传播"是在原来体系或模式在传播时不会遇到阻力的情况下发生的，但是，这种体系的具体内容的传播，则往往会遇到许多困难。在这种情况下，被接受的是这个复合体或体系中的思想，但是为了接受文化仍然要发展新的内容。"他接着说，在每一个激发性传播的实例中，实际引起的都是一种新的模式的诞生，这种模式对产生它的那种文化来说是崭新的，但在整个人类文化中则并不是全新的。这里既存在着历史上的联系和依存，也存在有独创性，因为这个新的模式是按不同的方法用新的材料塑造而成的[4)]。因此，激发性传播也许可以定义为"受外国文化中的先例的启发而产生的新模式"[5)]。此外，正如克罗伯所指出[6)]，这样的刺激更可能以"观念化胚芽"的形式而处于休眠状态，或许达数世纪之久，一直等到内部环境发生
248 了变化才苏醒过来，这可能由于其他胚芽的萌发而引起，或者可能是由于有意识

1) 这个年代，和某些看法比较起来虽然保守些，但还没有得到公认；另外还有一种不同的说法，请参看 Yang Lien-Shêng (3)。可是即使刀币和铲币不能追溯到公元前 5 世纪之前，这一段文字的总论证仍然不受影响。

2) 见憍桑比 [Kosambi (1)] 论塔克西拉遗址宝藏的著作，当然，亦可参见 Marshall (1)。

3) 这很可能是受到波斯的刺激 [Tarn (2) vol. 1, p. 86]。

4) 因此，用生物学术语来说，这种模式可以说是"同功"而非"同源"(参阅本卷 p. 227)。

5) 关于文字体系的一些例子，在前面已经谈到过了，但是在文学内部当然也会发生同样的过程。塔恩 [Tarn (1)] 曾有力地论证，在希腊和印度文化交流地带就存在着这样的影响，例如在戏剧方面是如此(参看该书 p. 384)，在有关国王同哲学家谈话的一类文学作品中也是如此(参看该书 p. 414)。

6) Kroeber (3), p. 9。

地模仿输入的产品而引起的。另外一个必须牢记在心的因素是这样一种可能性有效的激发性传播很可能并不是通过或多或少被歪曲了的消息，而是通过极少数个人来传播的。正如我们已经看到的，阿里斯提亚斯、甘英和秦论似乎是孤立的，可是实际上他们的无名伙伴和竞争者也许比我们已经知道的更多。旧大陆和新大陆之间的关系虽然不是本书所要讨论的范围，但是，尽管大多数美洲印第安考古学家对墨西哥、玛雅和秘鲁文明的起源一直坚持一种门罗主义观点，然而这几种文明和东亚大陆集团所共有的许多文化特性给人们那么多的暗示，以致不能不考虑是否有一些直接的刺激曾经横越令人兴叹的大洋而传到了彼岸。

克罗伯在谈到"仿写"思想的传播时，使用了"导致中国所固有的但却是诱导出来的本地发明的一种刺激"这样的词句。这句话是颇耐人寻味的，因为激发性传播的概念在社会进化过程中所起的作用同脊椎动物的个体形态形成具有极大的相似之处。现代实验胚胎学告诉我们，在进行异种移植时（例如在青蛙和蝾螈之间进行这样移植时），一片诱导体的组织在正常条件下本应刺激它所作用的组织，并使它产生角状颚，可是如果相应组织受到刺激时是由牙作出通常反应的话，那末，这一诱导体组织作用的结果将是产生牙。刺激并不具有物种特定性，对应的组织是"根据它自己的传统"作出反应的，也就是说，将根据它自己的遗传学机制而作出反应。同样，在社会进化的进程中，在技术史上一定也曾经多次发生过同样的情况——一种概念传入后，所发生的反应的性质取决于当地文化的特征。

在中国文明和旧大陆其他文明之间的接触问题上，我打算在这一章中说的，似乎就是这些了。以后我们将尽可能仔细地研究中国文明对科学和技术所作出的贡献。正象本卷卷首所引的罗伯特·胡克的话，这样的研究将"在我们面前展现出一个迄今为止只被人们神话般地加以描述的知识王国"，并且"将使我们能够去和这个王国中古往今来最优秀和最伟大的人物进行交谈"。

参考文献

缩略语表

A．1800年以前的中文书籍

B．1800年以后的中文和日文书籍和论文

C．西文书籍和论文

说明

1．参考文献A，以书名的汉语拼音为序排列。

2．参考文献B，以作者姓名的汉语拼音为序排列。

3．A和B收录的文献，均附有原著列出的英文译名。其中出现的汉字拼音，属本书作者所采用的拼音系统。其具体拼写方法，请参阅本卷第二章(pp. 23ff.)。

4．参考文献C，以作者姓名的字母为序排列。

5．关于参考文献的详细说明，见于本卷第二章(pp. 20ff.)。

缩略语表

AA *Artibus Asiae*
A/AIHS *Archives Internationales d'Histoire des Sciences* (continuation of *Archeion*)
AAN *American Anthropologist*
AB *Art Bulletin* (New York)
AGNT *Archiv f. d. Geschichte d. Naturwissenschaften u. d. Technik*
AH *Asian Horizon*
AHR *American Historical Review*
AJA *American Journal of Archaeology*
AJP *American Journal of Philology*
AKML *Abhandlungen f. d. Kunde des Morgenlandes*
AM *Asia Major*
AMSR *American Sociological Review*
ANI *Ancient India*
AO *Acta Orientalia*
APAW/PH *Abhandlungen d. preussischen Akademie d. Wissenschaften zu Berlin* (Phil. -hist. Klasse)
AQ *Antiquity*
ARLC/DO *Annual Reports of the Librarian of Congress* (Division of Orientalia)
ARSI *Annual Reports of the Smithsonian Institution*
ARTHA *Arethusa*
AS/BIHP *Bulletin of the Institute of History and Philology, Academia Sinica* (《国立中央研究院历史语言研究所集刊》)
ASEA *Asiatische Studien; Etudes Asiatiques*
ASIA *Asia*
B *Byzantion*
BAFAO *Bulletin de l'Association Française des Amis de l'Orient*
BCGS *Bulletin of the Chinese Geological Society* (《中国地质学会会志》)
BE/AMG *Bibliothèque d'Etudes (Annales du Musée Guimet). See RAA and RHR*
BEFEO *Bulletin de l'Ecole Française de l' Extrême Orient*
BGSC *Bulletin of the Chinese Geological Survey*
BLSOAS *Bulletin of the London School of Oriental and African Studies*
BMFEA *Bulletin of the Museum of Far Eastern Antiquities* (Stockholm)
BVSAW/PH *Berichte über d. Verhandlungen d. sächsischen Akademie d. Wissenschaften zu Leipzig* (Phil. -hist. Klasse); formerly *Ber. u.d. Verhdl. d. kgl. Sächsischen Gesellschaft d. Wiss.*
CB *Centrablatt f. Bibliothekswesen*
CET *Ciel et Terre*
CHER *Chhing-Hua Engineering Reports (Kung-Chhêng Hsüeh Pao)* (《国立清华大学工程学报》)
CHESJ *Chhing-Hua Engineering Society Journal (Kung-Chhêng Hsüeh Hui Hui Khan)* (《国立清华大学工程学会会刊》)
CHI *Cambridge History of India*
CHJ *Chhing-Hua Hsüeh Pao* [Chhing-Hua (Ts'ing-Hua University) Journal] (《清华学报》)
CIB *China Institute Bulletin* (New York)
CIBA/T *Ciba Review* (Textile Technology)
CJ *China Journal of Science and Arts*
CLR *Classical Review*
CMH *Cambridge Medieval History*
CNH *Cambridge Natural History*
CNRS Centre Nationale de la Recherche Scientifique
CP *Classical Philology*
CQ *Classical Quarterly*
CR *China Review*.
CSPSR *Chinese Social and Political Science Review*
CTR *Contemporary Review*
DVN *Dan Viet-Nam*
DWAW/PH *Denkschriften d. Akademie d. Wissenschaften, Wien* (Vienna) (Phil.

	-hist. Klasse)
E	*Ecology*
EI	*Encyclopaedia of Islam*
ENG	*Engineering*
ESA	*Eurasia Septentrionalis Antiqua*
ETH	*Ethnos*
FEQ	*Far Eastern Quarterly*
FF	*Forschungen und Fortschritte*
FL	*Folklore*
FMNHP/AS	*Field Museum of Natural History* (Chicago) *Publications; Anthropological Series*
G	*Geography*
GGM	*Geographical Magazine*
GHA	*Göteborgs Högskolas Årsskrift*
GJ	*Geographical Journal*
GM	*Geological Magazine*
GR	*Geographical Review*
GZ	*Geographische Zeitschrift*
HB	*Human Biology*
HJAS	*Harvard Journal of Asiatic Studies*
I	*L'Ingegnere*
IAQ	*Indian Antiquary*
IC	*Islamic Culture*
IPR	Institute of Pacific Relations
ISIS	*Isis*
JA	*Journal Asiatique*
JAFL	*Journal of American Folklore*
JAOS	*Journal of the American Oriental Society*
JBAA	*Journal of the British Archaeological Association*
JDZWT	*Japanisch-deutsche Zeitschrift f. Wissenschaft u. Technik*
JEH	*Journal of Economic History*
JMH	*Journal of Modern History*
JPOS	*Journal of the Peking Oriental Society*
JRAI	*Journal of the Royal Anthropological Institute*
JRAS	*Journal of the Royal Asiatic Society*
JRAS/B	*Journal of the Royal Asiatic Society of Bengal* (cf. *TAS/B*)
JRAS/BOM	*Journal of the Royal Asiatic Society, Bombay Branch*
JRAS/KB	*Journal of the Royal Asiatic Society, Korea Branch*
JRAS/NCB	*Journal of the Royal Asiatic Society, North China Branch*
JRCAS	*Journal of the Royal Central Asian*

	Society
JRSA	*Journal of the Royal Society of Arts*
JS	*Journal des Savants*
JWCBRS	*Journal of the West China Border Research Society*
JWKHS	*Jen Wên Kho-Hsüeh Hsüeh-Pao* (Kunming) [«人文科学学报»(昆明)]
KDVS/HFM	*Kgl. Danske Videnskabernes Selskab* (Hist. Filol. Medd.)
KHCK	*Kuo Hsüeh Chi-Khan* («国学季刊»)
KHS	*Kho-Hsüeh* («科学»)
KSP	*Ku Shih Pien* [«古史辨» 见顾颉刚(2); 罗根泽(3)]
MAI/NEM	*Mémoires de l'Académie des Inscriptions et Belles Lettres,* Paris (Notices et Extraits des MSS.)
MCB	*Mélanges Chinois et Bouddhiques*
MCM	*Macmillan's Magazine*
MCMU	*Memoirs of the Carnegie Museum* (Pittsburgh)
MGGH	*Mitteilungen d. geographischen Gesellschaft in Hamburg*
MGGW	*Mitteilungen d. geographischen Gesellschaft in Wien*
MGSC	*Memoirs of the Chinese Geological Survey*
MMI	*Mariner's Mirror*
MQ	*Modern Quarterly*
MRAI	*Mémoires de l'Académie Royale des Inscriptions et Belles Lettres* (Paris).
MRC	Medical Research Council (U.K.)
MRDTB	*Mem. Research Dept. Toyo Bunko* (Tokyo)
MS	*Monumenta Serica*
MSOS	*Mitteilungen d. Seminar f. orientalischen Sprachen* (Berlin)
N	*Nature*
NCR	*New China Review*
NGM	*National Geographic Magazine*
NJKA	*Neue Jahrbücher f. d. klassische Altertum*
O	*Observatory*
OAV	*Orientalistisches Archiv.* (Leipzig)
OAZ	*Ostasiatische Zeitschrift*
OMO	*Österreiche Monatschrift f.d. Orient*
OR	*Oriens*
ORT	*Orient*
PA	*Pacific Affairs*
PAAAS	*Proceedings of the American Academy*

of Arts and Sciences

PIAJ *Proceedings of the Imperial Academy of Japan*

PIS *Proceedings of the Iranian Society*

PL *Philologus*

PNHB *Peking Natural History Bulletin*

PNISI *Proc. Nat. Instit. of Sciences of India*

PRGS *Proceedings of the Royal Geographical Society*

PRSB *Proceedings of the Royal Society* (Series B)

PS *Palaeontologica Sinica* («中国古生物志»)

PSBA *Proc. Soc. Biblical Archaeology*

PTRSB *Philosophical Transactions of the Royal Society* (Series B)

QBCB/C *Quarterly Bulletin of Chinese Bibliography (Chinese edition)* *Thu Shu Chi-Khan* («图书季刊»)

QJMS *Quarterly Journal of Microscopical Science*

RA *Revue Archéologique*

RAA/AMG *Revue des Arts Asiatiques (Annales du Musée Guimet).* See *BE/AMG* and *RHR/AMG*

RAS Royal Asiatic Society

RAS/ON *Occasional Notes of the Royal Astronomical Society*

REES *Revue des Etudes Ethnographiques et Sociologiques*

RGI *Rivista Geografica Italiana*

RH *Revue Historique*

RHR/AMG *Revue de l'Histoire des Religions (Annales du Musée Guimet).* See *BE/AMG* and *RAA/AMG*

RI *Revue Indochinoise*

RIIA Royal Institute of International Affairs

ROC *Revue de l'Orient Chrétien*

RP *Revue Philosophique*

RQS *Revue des Questions Scientifiques* (Brussels)

RSO *Rivista di Studi Orientali*

RTP *Revue des Traditions Populaires*

RTS Religious Tract Society

S *Sinologica*

SA *Sinica*

SBE *Sacred Books of the East* series

SCI *Scientia*

SCK *Smithsonian Contributions to Knowledge*

SOS *Semitic and Oriental Studies* (Univ. of California Publ. in Semitic Philology)

SP *Speculum*

SPAW/PH *Sitzungsberichte d. preussischen Akademie d. Wissenschaften* (Phil. -hist. Klasse)

SPCK Society for Promoting Christian Knowledge

SPMSE *Sitzungsberichte d. physikalisch-medizinischen Gesellschaft Erlangen*

SSQ *Social Science Quarterly*

SWAW/PH *Sitzungsberichte d. Akademie d. Wissenschaften, Wien* (Vienna) (Phil.-hist. Klasse)

TAPS *Transactions of the Amer. Philos. Society*

TAS/B *Transactions of the Asiatic Society of Bengal (Asiatick Researches)*

TITLV *Tijdschrift v. indische Taal-, Land- en Volkenkunde*

TNS *Transactions of the Newcomen Society*

TP *T'oung Pao* («通报»)

UNN *United Nations News* (U.K.)

VAG *Vierteljahrsschrift d. astronomischen Gesellschaft*

VGEB *Verhandlungen d. Gesellschaft f. Erdkunde* (Berlin)

VKAWA/L *Verhandelingen d. Koninklijke Akademie v. Wetenschappen te Amsterdam* (Afd. Letterkunde)

VS *Variétés Sinologiques* series

WR *World Review*

YAHS *Yenching Shih-Hsüeh Nien-Pao (Yenching Annual of Historical Studies* or *Yenching Historical Annual)* («燕京史学年报»)

YCHP *Yenching Hsüeh-Pao (Yenching Journal of Chinese Studies)* («燕京学报»)

YJSS *Yenching Journal of Social Studies*

ZDMG *Zeitschrift d. deutschen morganländischen Gesellschaft*

ZGEB *Zeitschrift d. Gesellschaft f. Erdkunde* (Berlin)

ZOIAV *Zeitschrift d. österreichischen Ingenieu-ru. Architekten-Vereines*

A. 1800年以前的中文书籍

《百川学海》
The Hundred Rivers Sea of Learning [a collection of separate books; the first *tshung-shu*]
宋，12世纪后期或13世纪初期
左圭辑

《白虎通德论》
Universal Discussions at the White Tiger Lodge
东汉，约公元80年
班固
译本：Tsêng Chu-Sên (I)

《白孔六帖》
见《六帖》

《抱朴子》
Book of the Preservation-of-Solidarity Master
晋，4世纪初期
葛洪
摘译本：Feifel (1,2), Wu & Davis (2), 等
道藏*/1171—1173

《北户录》
Northern Family Records
唐，875年
段公路

《北齐书》
History of the Northern Chhi Dynasty [550—577]
唐，636年
李德林及其子李百药
节译本：Pfizmaier (60)

《北史》
History of the Northern Dynasties [Nan Pei Chhao period, 386—581]
唐，约629年
李延寿

《北堂书钞》
Book Records of the Northern Hall [encyclopaedia]
唐，约630年
虞世南

《北周书》
见《周书》

《本草纲目》
The Great Pharmacopoeia
明，1596年
李时珍
节译：Read 及其合作者(1—7)；索引：Read & Pak(I)

《本草衍义》
The General Ideas of the Pharmacopoeia
宋，1116年
寇宗奭
道藏/761

《本草衍义补遗》
Revision and Amplification of *the General Ideas of the Pharmacopoeia*
明，约1380年
朱震亨

《博物志》
Record of the Investigation of Things
(参阅《续博物志》)
晋，约290年
张华

* 此处"道藏"原以 *TT* 表示(但未列入本卷缩略语表)，斜线以下的数字系戴遂良所编《道藏》目录的编号[见 Wieger (6)]。下同。 ——译者

《册府元龟》
Collection of Material on the Lives of Emperors and Ministers
宋，1013年
王钦若和杨亿等辑

《陈书》
History of the Chhen Dynasty [556—589]
唐，630年
姚思廉及其父姚察
节译本：Pfizmaier (59)

《冲虚真经》
见《列子》

《畴人传》
Biographies of (Chinese) Mathematicians (and Scientists)
清，1799年
阮元
罗士琳、诸可宝和黄钟骏的续编载于《皇清经解》卷一〇五九

《初学记》
Entry into Learning [encyclopaedia]
唐，700年
徐坚

《春秋》
Spring and Autumn Annals
周
编著者不详
译本：Couvreur (I); Legge (II)

《春秋繁露》
String of Pearls on the Spring and Autumn Annals
西汉，约公元前135年
董仲舒
摘译本：Wieger (2); Hughes (I); d'Hormon (ed.)
《通检丛刊》之四

《大戴礼记》
Recorder of Rites [compiled by Tai the Elder]
西汉，东汉成书，公元80—100年
戴德编
译本：R.Wilhelm (6); cf. Legge (7)

《大观经史证类本草》
Ta-Kuan reign-period Reorganised Pharmacopoeia
见《证类本草》

《大唐大慈恩寺三藏法师传》
Life of the Master of the Law and the Tripitaka dwelling in the Great Loving-Kindness Temple in the time of the Thang
唐，约665年
惠立
译本：Julien (I); Beal (3)

《大唐西域记》
Records of the Western Countries in the time of the Thang
唐，646年
玄奘
辩机编
译本：Julien (I); Beal (2)

《大唐西域求法高僧传》
Records of the High Monks (who went out to) seek for (the Books) of the Law in the time of the Thang
唐，约705年
义净
译本：Chavannes (4)

《大学》
The Great Learning [The Learning of Greatness]
周，或许公元前4世纪
可能是一位佚名的孔子同时代人与孟子所撰
译本：Legge (2); Hughes (2)

《大业杂记》
Records of the Reign of Sui Yang Ti [the Ta-Yeh reign-period]
隋
杜宝

《道德经》
Canon of the Virtue of the Tao
周，公元前300年以前
相传李耳(老子)撰
译本：Waley (4); Chhu Ta-Kao (2); Lin Yü-Thang (I); Wieger (7); 以及许多种其他译本

《道藏》
Taoist Patrology [containing 1464 Taoist works]
历代作品。宋最初集成和刊印。金(1186—1191年)、元、和明(1445年、1598年和1607年)也曾印行
索引：Wieger (6)
《引得》第25号

《读书记数略》
Register of Numerical Categories
清，1707年
宫梦仁

《尔雅》
Literary Expositor [dictionary]
周代材料，秦或西汉成书
编者不详
约公元300年郭璞增补与评注
《引得特刊》第18号

《法显行传》
见《佛国记》

《法显传》
见《佛国记》

《枫窗小牍》
Maple-Tree Window Memories
宋，13世纪初(1202年以后)
袁褧

《封神演义》
Stories of the promotions of the Martial Genill [novel]
明
许仲琳
译本：Grube (I)

《风俗通义》
Popular Traditions and Customs
东汉，175年
应劭
《通检丛刊》之三

《佛国记》[又名《法显传》或《法显行传》]
Records of Buddhist Countries (also called Travels of Fa-Hsien)
晋，约420年
法显
译本：Rémusat (I); Beal (I); Legge (4); H.A. Giles (3)

《格致镜原》
Mirror of Scientific and Technological Origins
清，1735年
陈元龙

《庚辛玉册》
The Jade Book of the Kêng (-Tzu) and Hsin (-Chhou) Years (on Mineralogy, Alchemy and Pharmaceutics)
明，1421年
宁献王

《古今图书集成》
Imperial Encyclopaedia
清，1726年
陈梦雷等辑
索引：L.Giles (2)

《古今注》
Commentary on Things Old and New
晋，4世纪中期
崔豹

《古音表》
Catalogue of Ancient Pronunciations
清，1667年(收入《音学五书》)
顾炎武

《管子》
The Writings of Master Kuan
周和西汉
相传管仲所撰

《广舆图》
Enlarged Terrestrial Atlas
元，1320年
朱思本
明代(约1555年)，罗洪先首刊并加"广"字

《广韵》
Enlargement of the *Chhieh Yün* Dictionary of the Sounds of Characters
宋(后唐和宋代学者编纂，1011年始有今名)

《海药本草》
Drugs of the Southern Countries beyond the Seas [or Pharmaceutical Codex of Marine Products]
唐，约775年(或10世纪初)
李珣(据李时珍)
李玹(据黄休复)

《汉武故事》
Tales of the Emperor Wu of the Han
刘宋和齐，5世纪
也许是王俭据葛洪著作改编
译本：d'Hormon (ed.)

《汉武帝内传》
The Inside Story of Emperor Wu of the Han
晋，4世纪，或至少隋以前
著者不详(伪托班固)，也许是葛洪所撰
道藏/289

《后汉书》
History of the later Han Dynasty [25—220]
刘宋，450年
范晔
节译本：Chavannes (6,16)；Pfizmaier (52,53)
《引得》第41号

《化书》
Book of the Transformations (in Nature)
后唐，约940年
相传谭峭撰
道藏/1032

《华阳国志》
Record of the Country South of Mount Hua [Historical Geography of Szechuan]
晋，347年
常璩

《淮南子》[又名《淮南鸿烈》]
The Book of (the Prince of) Huai Nan [compendium of natural philosophy]
西汉，约公元前120年
相传(淮南王)刘安等撰
摘译本：Morgan (1)；Erkes (1)；Hughes (1)；Chatley (1)；Wieger (2)
《通检丛刊》之五
道藏/1170

《汲冢周书》
The Books of (the) Chou (Dynasty) found in the Tomb at Chi
见《逸周书》

《金史》
History of the Chin (Jurchen) Dynasty [1115—1234]
元，约1345年
脱脱和欧阳玄
《引得》第35号

《晋书》
History of the Chin Dynasty [265—419]
唐，635年
房玄龄
节译本：Pfizmaier (54—7)

《救荒本草》
Famine Herbal
明，(1395年) 1406年
周定王
收入《农政全书》卷四十六至卷五十九

《旧唐书》
Old History of the Thang Dynasty [618—906]
五代，945年
刘昫

《旧五代史》
Old History of the Five Dynasties [907—959]
宋，974年
薛居正

《九章算术》
Nine Chapters on the Mathematical Art
东汉，1世纪(包括西汉以来的资料)
编者不详

《橘录》
Orange Record [citrus horticulture]
宋，1178年
韩彦直
译本：Hagerty (1)

《开河记》
Record of the Opening of the (Grand) Canal

隋
著者不详

《康熙字典》
Imperial Dictionary of the Khang-Hsi reign-period
清，1716年
张玉书编

《考工记》
The Artificers' Record [a section of the *Chou Li (q.v.)*]
汉
著者不详

《琊环记》
On the Cyclical Recurrence of World Catastrophes
辽，10世纪
伊世珍

《类篇》
Dictionary of Character Sounds
宋，1067年
司马光

《礼记》[又名《大戴礼记》]
Record of Rites [compiled by Tai the Younger]
西汉，约公元前50年
戴圣编纂
译本：Legge (7); Couvreur (3); R. Wilhelm (6)
《引得》第27号

《梁书》
History of the Liang Dynasty [502—556]
唐，629年
姚察及其子姚思廉

《辽史》
History of the Liao (Chhi-tan) Dynasty [916—1125]
元，约1350年
脱脱和欧阳玄
摘译本：Wittfogel, Fêng Chia-Shêng *et al.*
《引得》第35号

《列子》[又名《冲虚真经》]
The Book of Master Lieh
周和西汉，公元前5至前1世纪（该书收录了取自各种来源的古代片断材料并杂有公元380年前后的新材料）
相传列御寇撰
译本：R.Wilhelm (4); L.Giles (4); Wieger (7)
道藏/663

《六书故》
The Six Classes of Characters Explained
宋，约1275年，1320年刊行
戴侗

《六帖》
The Six Cards [encyclopaedia]
唐，约800年
白居易
（宋代孔传续辑）

《律吕精义》
The Essential Meaning of the Standard Pitch-Pipes (in two parts)
明，1596年
朱载堉

《吕氏春秋》
Master Lü's Spring and Autumn Annals [compendium of natural philosophy]
周(末期)，约公元前3世纪
相传吕不韦等编撰
译本：R.Wilhelm (3)
《通检丛刊》之二

《律学新说》
A New Account of the Science of the Pitch-Pipes
明，1584年
朱载堉

《论衡》
Discourses Weighed in the Balance
东汉，82或83年
王充
译本：Forke (4)
《通检丛刊》之一

《论语》
Conversations and Discourses (of Confucius)
周，公元前5世纪后期或公元前4世纪初期

孔子的弟子编纂
译本：Legge (2)；Waley (5)；Ku Hung-Ming (1)
«引得特刊»第16号

«洛阳伽蓝记»
Description of the Buddhist Temples of Loyang
北魏，约530年
杨衒之

«毛诗古音考»
Investigations on the Sounds in Mao's Version of the *Book of Odes*
明，1606年
陈第

«茅亭客话»
Discourses with Guests in the Thatched Pavilion
宋
黄休复

«梦溪笔谈»
Dream Pool Essays
宋，1086年
沈括

«孟子»
Writings of Mencius
周，公元前3世纪
孟轲
译本：Legge (3)
«引得特刊»第17号

«明儒学案»
Schools of Philosophers of the Ming Dynasty
清，约1700年
黄宗羲和万斯同

«明史»
History of the Ming Dynasty
清，1739年
张廷玉等

«墨经»
见«墨子»

«墨子»
The Book of Master Mo
周，公元前4世纪
墨翟(及其弟子)
译本：Mei Yi-Pao (1)；Forke (3)
«引得特刊»第21号
道藏/1162

«穆天子传»
Account of the Travels of the Emperor Mu
周，公元前245年以前（公元218年在魏王子安釐王墓中发现）
著者不详
译本：Eitel (1)；Chêng Tê-Khun (2)

«南方草木状»
Records of the Plants and Trees of the Southern Regions
晋，3世纪
稽含

«南海寄归内法传»
Record of Buddhist Practices Sent Home from the South Seas
唐，约689年
义净
译本：Takakusu (1)

«南华真经»
见«庄子»

«南齐书»
History of the Southern Chhi Dynasty [479—501]
齐和梁，520年
萧子显

«南史»
History of the Southern Dynasties [Nan Pei Chhao period, 420—589]
唐，约629年
李延寿

«南裔异物志»
Strange Things from the Southern Borders
东汉，2世纪末
杨孚

«南州异物志»
Strange Things of the South

晋，3或4世纪
万震

《农政全书》
Complete Treatise on Agriculture
明，1625—1628年编纂，1639年刊印
徐光启
陈子龙编订

《齐民要术》
Important Arts for the People's Welfare
北魏，可能5世纪
贾思勰

《前汉书》
History of the Former Han Dynasty [-206—+24]
东汉，约100年
班固
摘译本：Dubs (2); Pfizmaier (32-4, 37-51); Wylie (2,3,10); Swann (1)
《引得》第36号

《切韵》
Dictionary of the Sounds of Characters [rhyming dictionary]
隋，601年
陆法言
见《广韵》

《钦定古今图书集成》
见《古今图书集成》

《钦定四库全书简明目录》
Abridged Analytical Catalogue of the Books in the *Ssu Khu Chhüan Shu* Encyclopaedia, made by imperial order
清，1782年
[有两种：(a) 纪昀编，几乎包括在《提要》中提到的所有的书；(b) 于敏中编，只包括抄录的书]

《钦定四库全书总目提要》
Analytical Catalogue of the Books in the *Ssu Khu Chhüan Shu* Encyclopaedia made by imperial order
清，1782年
纪昀主编
索引：杨家骆；Yü & Gillis

《三才图会》
Universal Encyclopaedia
明，1609年
王圻

《三国志》
History of the Three Kingdoms [220—280]
晋，约290年
陈寿
《引得》第33号

《三国志演义》
The Three Kingdoms Story [novel]
元
罗贯中
译本：Brewitt-Taylor (1)

《僧惠生使西域记》
Record of Western Countries, by the monk Hui-Sêng
北魏，约530年
惠生
收入《洛阳伽蓝记》卷五
译本：Beal (1); Chavannes (3)

《山海经》
Classic of the Mountains and Rivers
周和西汉
著者不详
摘译本：de Rosny (1)
《通检丛刊》之九

《世本》
Book of Origins [imperial genealogies, family names, and legendary inventors]
西汉(收有周代材料)
宋衷(东汉)编

《诗本音》
Dictionary of the Original Sounds of Words in the *Book of Odes*
清，1667年(收入《音学五书》)
顾炎武

《史记》
Historical Record (down to -99)
西汉，约公元前90年
司马迁及其父司马谈
摘译本：Chavannes (1); Pfizmaier (13—

36); Hirth (2); Wu Khang (1); Swann (1); etc.
«引得»第 40 号

«诗经»
Book of Odes [ancient folksongs]
周，公元前 9—5 世纪
编著者不详
译本：Legge (1,8); Waley (1); Karlgren (14)

«石渠礼论»
Report of the Discussions in the Stone Canal Pavilion
西汉，公元前 51 年
相传戴圣撰
译本：Tsêng Chu-Sên (1)

«事始»
Beginnings of all Affairs
隋，605—616 年
刘存或刘孝孙

«事文类聚»
Encyclopaedia of Events and Literature
宋，1246 年
祝穆

«事物纪原»
Records of the Origins of Affairs and Things
宋，约 1085 年
高承

«书经»
Historical Classic [Book of Documents]
周，后代有增补
著者不详
译本：Medhurst (1); Legge (1,10); Karlgren (12)

«水浒传»
The Story of the Lake [novel, i.e. *All men are Brothers*]
明，约 1380 年
据说系施耐庵撰
译本：Buck (1)

«水经»
The Waterways Classic [geographical account of rivers and canals]
据说西汉，可能三国
相传桑钦撰

«水经注»
Commentary on the *Waterways Classic* [geographical account greatly extended]
北魏，5 世纪后期或 6 世纪初期
郦道元

«说文解字»
Analytical Dictionary of Characters
东汉，121 年
许慎

«四库全书»
见«钦定四库全书»

«宋史»
History of the Sung Dynasty [960—1279]
元，约1345 年
脱脱和欧阳玄
«引得»第 34 号

«宋书»
History of the (Liu) Sung Dynasty [420—478]
南齐，500 年
沈约
节译本：Pfizmaier (58)

«宋元学案»
Schools of Philosophers in the Sung and Yuan Dynasties
清，约 1750 年
黄宗羲和全祖望

«苏沈良方»
Beneficial Prescriptions collected by Su (Tung-Pho) and Shen (Kua)
宋，约 1100 年
苏东坡和沈括

«算学新说»
A New Account of the Science of Calculation (in Acoustics and Music)
明，1603 年
朱载堉

«隋书»

History of the Sui Dynasty [581—617]
唐，636年
魏徵等
摘译本：Pfizmaier (61—5)

«孙子算经»
Master Sun's Mathematical Manual
三国（230—270年，或可能更晚）
孙××（名字不详）

«太平广记»
Miscellaneous Records collected in the Thai-Phing reign-period
宋，981年
李昉编

«太平寰宇记»
Thai-Phing reign-period General Description of the World [Geographical Record]
宋，976—983年
乐史

«太平御览»
Thai-Phing reign-period Imperial Encyclopaedia
宋，983年
李昉编
«引得»第23号

«唐本草»
Pharmacopoeia of the Thang Dynasty
（参阅«新修本草»）
唐，660年
苏恭编

«唐书»
见«旧唐书»和«新唐书»

«唐韵正»
Thang Dynasty Rhyme Sounds (compared with those of antiquity)
清，1667年（收入«音学五书»）
顾炎武

«天工开物»
The Exploitation of the Works of Nature
明，1637年
宋应星

«通典»
Reservoir of Source Material on Political and Social History
唐，约812年
杜佑

«通鉴纲目»
Essential Mirror of Universal History [the *Tzu Chih Thung Chien* condensed]
宋，1189年
朱熹（及其学派）
摘译本：Wieger (1)

«通志»
Historical Collections
宋，约1150年
郑樵

«通志略»
Compendium of Information [part of *Thung Chih* (*q.v.*)]

«忘怀录»
What Not to Forget to take with you (when Preparing for a Journey)
宋，约1070年
沈括

«魏略»
Memorable Things of the Wei State (San Kuo)
三国（魏）或晋，3或4世纪
鱼豢

«魏书»
History of the (Northern) Wei Dynasty [386—556]
北魏，572年
魏收

«文献通考»
Historical Investigation of Public Affairs
宋，约1254年，但直到1319年始刊行
马端临

«武备志»
Records of War Preparations
明，1628年
茅元仪

《吴船录》
Account of a Journey by boat to Wu [from Szechuan]
宋，1177年
范成大

《五代史记》
见《新五代史》

《武经总要》
Collection of the most important Military Techniques
宋(敕命编纂)，1040(1044)年
曾公亮主编

《西京杂记》
Miscellaneous Records of the Western Capital
梁或陈，6世纪中期
相传刘歆(西汉)或葛洪(晋)撰，但可能系吴均所撰

《西游记》
Story of a Journey to the West [novel, i.e. *Monkey*]
明，14或15世纪
吴承恩
译本：Waley (17)

《夏小正》
Lesser Annuary of the Hisa Dynasty
周，公元前7至前4世纪之间
佚名
收入《大戴礼记》
译本：R.Wilhelm (6); Soothill (5)

《小戴礼记》
见《礼记》

《孝经》
Filial Piety Classic
据说周代；或许汉代，公元前后1世纪
相传系曾参(孔子的弟子)所撰
译本：de Rosny (2); Legge (1)

《新书》
New Book
西汉，公元前2世纪，但现存的书可能有部分系唐或唐以前所撰
贾谊

《新唐书》
New History of the Thang Dynasty [618—906]
宋，1061年
欧阳修和宋祁
摘译本：des Rotours (1); Pfizmaier (66—74)
《引得》第16号

《新五代史》[又名《五代史记》]
New History of the Five Dynasties [907—959]
宋，约1070年
欧阳修

《新修本草》
Newly Reorganised Pharmacopoeia
唐，659年
李勣(及22位助手)
[这部本草著作很类似《唐本草》。该书虽在中国已佚，但有5卷因732年经一位日本使者抄录而得以在日本留存至今]

《新语》
New Discourses
西汉，约公元前196年
陆贾
译本：v. Gabain (1)

《行水金鉴》
Golden Mirror of the Flowing Waters
清，1725年
傅泽洪

《续博物志》
Supplement to the *Record of the Investigation of Things*
(参阅《博物志》)
宋，12世纪中期
李石

《续事始》
Supplement to the Beginnings of All Affairs
(参阅《事始》)
后蜀，约960年
马鉴

«易经»
The Classic of Changes [Book of Changes]
周，西汉有增补
编者不详
译本：R. Wilhelm (2); Legge (9); de Harlez (1)
«引得特刊»第 10 号

«艺文类聚»
Literary Records Collected and Classified [encyclopaedia]
唐，约 620 年
欧阳询

«易音»
Dictionary of the Original Sounds of Words in the *Book of Changes*
清，1667 年(收入«音学五书»)
顾炎武

«逸周书»(又名«汲冢周书»)
Lost Books of the Chou
周，若属实，则在公元前296年或更早(3 世纪时在魏王子安釐王墓中发现)
著者不详

«音论»
Study of Ancient Pronunciations
清，1667 年(收入«音学五书»)
顾炎武

«音学五书»
Five Works on Phonetics
清，1667 年
顾炎武

«营造法式»
Treatise on Architectural Methods
宋，1097年；1103 年刊印；1141 年修订
李诫

«酉阳杂俎»
The Yu-Yang Miscellany [lit. Mixed Stew]
唐，863 年
段成式

«玉海»
Ocean of Jade [encyclopaedia]
宋，1267 年(元代 1351 年初刊)
王应麟

«元史»
History of the Yuan (Mongol) Dynasty [1206—1367]
明，约 1370 年
宋濂
«引得»第 35 号

«渊颖集»
The Vast and the Minute
辽，约1000年
吴莱

«月令»
Monthly Ordinances (of the Chou Dynasty)
周，公元前 7 至 3 世纪之间
著者不详
收入«小戴礼记»和«吕氏春秋»
译本：Legge (7); R. Wilhelm (3)

«乐律全书»
Collected Works on Music and Acoustics [包括«律学新说»、«律吕精义»和«算学新说»]
明，约 1610 年
朱载堉

«证类本草»
Reorganised Pharmacopoeia
北宋，1108 年
唐慎微

«至圣实录»
On Islam and its Prophet-Sage
清，1721 年
刘智

«中原音韵»
Tables of Sounds and Rhymes
宋，约 1250 年
周德清

«周礼»
Record of the Rites of (the) Chou (Dynasty) [descriptions of all government official posts and their duties]
西汉
编者不详
译本：E. Biot (1)

《周髀算经》
The Arithmetical Classic of the Gnomon and the Circular Paths (of Heaven)
汉，公元前后 1 世纪（可能包括周代以来的资料）
著者不详

《周书》
History of the (Northern) Chou Dynasty [557—581]
唐，625 年
令狐德棻

《诸蕃志》
Records of Foreign Peoples
宋，1225 年
赵汝适
译本：Hirth & Rockhill

《竹书纪年》
The Bamboo Books [annals]
周，可靠部分在公元前296年或更早（3 世纪时在魏王子安釐王墓中发现）
著者不详
译本：E. Biot (3)

《朱子全书》
Collected Works of Chu Hsi
宋（明代编；1713 年初版）
朱熹
摘译本：Bruce (1); le Gall (1)

《朱子语类》
Classified Conversations of Chu Hsi
宋，约 1270 年
黎靖德

《庄子》[又名《南华真经》]
The Book of Master Chuang
周，约公元前290 年
庄周
译本：Legge (5); Fêng Yu-Lan (5); Lin Yü-Thang (1); Wieger (7)
《引得特刊》第 20 号

《子史精华》
Essence of the Philosophers and Historians [dictionary of quotations]
清，1727 年
允禄等

《资治通鉴》
Mirror of Universal History [-403—+959]
宋，1084 年
司马光

《左传》
Master Tsochhiu's Enlargement of the *Chhun Chhiu* (Spring and Autumn Annals) [dealing with the period -722—-468]
周，公元前 400 至 250 年间，秦汉学者有增补
相传左丘明撰
参见Karlgren (8); Maspero (1)
译本：Couvreur (1); Legge (11)

B. 1800年以后的中文和日文书籍和论文

长泽规矩也 (Nagasawa Kikuya) (*2*)
«支那书籍解题»
Bibliography of Bibliographies of Chinese Books
东京，1940年

陈德芸 (*1*)
«古今人物别名索引»
Synonymy of the Names of Distinguished Chinese, Ancient and Modern
岭南大学，广州，1937年

陈乃乾 (*1*)
«别号索引»
Synonymy of Chinese Personal Names
开明，上海，1936年

陈文涛 (*1*)
«先秦自然学概论»
History of Science in China during the Chou and Chhin period
商务，上海，1934年

陈垣 (*1*)
火祆教入中国考
History of the Coming of Zoroastrianism to China
«国学季刊»，1923年，1，27.

陈垣 (*2*)
摩尼教入中国考
History of the Coming of Manichaeism to China
«国学季刊»，1923年，1，203.

陈垣 (*3*)
元西域人华化考
On the Sinisation of 'western People' during the Yuan Dynasty
第1部分，«国学季刊»，1923年，1，573.
第2部分，«燕京学报»，1927年，2，171.

邓初民 (*1*)
«社会史简明教程»
Handbook of Chinese Social History
生活，重庆，1943年

丁文江、翁文灏、曾世英 (*1*) (编)
«中华民国新地图»
New Atlas of the Chinese Republic
申报馆，上海，1934年

丁绪贤 (*1*)
«化学史»
History of Chemistry (in the West)
上海，约1936年

董作宾 (*1*)
«殷历谱»
On the Calendar of the Shang Dynasty
国立中央研究院，李庄，1945年

范适
«明季西洋传入之医学»
On the Coming of Western Medicine to China during the Ming Dynasty
中华医史学会，上海，1946年

范文澜 (*1*)
«中国通史简编»
General History of China (2 vols.)
北平，1948年，后合为一卷，有数种版本

冯承钧
«中国南洋交通史»
History of the Contacts of China with the South Sea Regions
商务，上海，1937年

冯友兰 (*1*)
«中国哲学史»
History of Chinese Philosophy
商务，长沙，1934年；第二版，1941年

冯云鹏（1）
《金石索》
Collection of Carvings, Reliefs and Inscriptions
[该书是近代最早的关于汉代画象石的著作]
1821年

顾颉刚（1）
《汉代学术史略》
Outline History of Learning in the Han Dynasty
东方，重庆，1944年

顾颉刚（2）（编）
《古史辨》
Discussions on Ancient History and Philosophy(a collective work)
第1—3册和第5册，朴社，北平，1916—1931年，1935年

顾颉刚（5）
与钱玄同先生论古史书
《古史辨》，1926年，1，59.
英文摘要：CIB, 1938, **3**, 67.

郭伯恭（1）
《永乐大典考》
A Study of the Yung-Lo reign-period Encyclopaedia
商务，上海，1938年

郭沫若（2）
《古代社会之研究》
Studies in Ancient Chinese Society
上海，约1927年

郭沫若（3）
《甲骨文字研究》
Researches on the Characters on the Oracle Bones (incl. astronomical and calendrical data)
2卷，北平，1931年。由 W. Eberhard 德文摘要：OAZ. 1932, **8**, 225.

胡适（1）
《胡适文存》
Collected Works
亚东，上海，1930年

翦伯赞（1）
《中国史纲》
Outline of Chinese History (2 vols.)
五十年代出版社，重庆，1944年

金毓黻（1）
《中国史学史》
History of Chinese Historiography
编译馆和商务印书馆，重庆，1944年

李长之（1）
《道教徒的诗人李白及其痛苦》
The Taoist Poet Li Pai and his sufferings
商务，重庆，1943年

李兆洛（1）
《历代舆地沿革险要图》
Historical Atlas of China
1838年，1879年重印

刘仙洲（1）
中国机械工程史料
Materials for the History of Engineering in China
《国立清华大学工程学会会刊》，1935年，**3**和**4** (no. 2), 27。清华大学重印，北平，1935年。续篇刊于《清华工程学报》，1948年，**3**，135.

吕振羽（1）
《简明中国通史》
General History of China, 2 vols
生活，北京，1951年

罗根泽（1）
战国前无私家著作说
Absence of Books by Individual Writers before the Warring States Period
《古史辨》，1933年，**4**，8.
英文摘要：CIB, 1938, **3**, 82.

罗根泽（3）（编）
《古史辨》
Discussions on Ancient History and Philosophy (a collective work), vol. 4.
朴社，北平，1933年

罗振玉（1）
《殷商贞卜文字考》
Investigations on the Charaters written on

the Shang Divination Bones
1910年

马国翰 (*1*) (辑)
《玉函山房辑佚书》
Jade Box Mountain Studio Collection of (Reconstituted) Lost Books
1853年

齐思和 (*1*)
黄帝的发明故事
Stories of the Inventions of Huang Ti
《燕京史学年报》，1934年，,2 21

钱宝琮 (*1*)
《中国算学史》
A History of Chinese Mathematics
国立中央研究院历史语言研究所单刊，甲种，第6种
国立中央研究院，北平，1932年。上册(下册未刊)

全汉昇 (*1*)
《唐宋帝国与运河》
The Thang and Sung Empires and the Grand Canal
商务，重庆，1944年

施廷镛 (*1*)
《丛书子目书名索引》
Index to the Tshung-Shu Collections
清华大学，北平，1936年

石璋如 (*3*)
传说中周都的实地考察
A Field Investigation of the Traditional Sites of Settlements of the Chou People
《国立中央研究院历史语言研究所集刊》，1949年，20B, 91

苏渊雷 (*1*)
《玄奘》
Biography of Hsüan-Chuang
胜利，重庆，1944年

孙诒让 (*1*)
《契文举例》
Examples of Oracle-Bone Writing
1904年，刊于1917年

孙毓棠 (*1*)
《中国古代社会经济论丛》
Discussion of ancient Chinese Social and Economic History
云南经济委员会，昆明，1943年

谭正璧 (*1*)
《中国文学家大字典》
Biographical Dictionary
光明，上海，1941年

王国维 (*1*)
《王忠慤公遗书》
Collected Works (48 vols)
商务，长沙，1940年

王国维 (*2*)
殷卜辞所见先公先王考
Information about the Ancient Kings and Rulers on the Oracle-Bones
收入《观堂集林》(王国维(1)之部分)

王静如 (*1*)
《西夏文之研究》
Hsi-Hsia Studies, Pts. 1 and 2
国立中央研究院历史语言研究所单刊，甲种，第8和第11种
国立中央研究院，北平，1932年，1933年

王仁俊 (*1*)
《格致古微》
Scientific Traces in Olden Times
1896年

王庸 (*1*)
《中国地理学史》
History of Geography in China
商务，长沙，1938年

闻一多 (*1*)
从人首蛇身像谈到龙与图腾
Beings with human heads and serpent bodies considered as Dragon Totems
《人文科学学报》，1942年，1，1

吴承洛 (*1*)
中西科学艺术文化历史编年对照
Comparative Tables of Scientific, Technological and Scholarly Achievements in

China and Europe
«科学», 1925年, 10, 1

吴虞 (*1*)
«吴虞文录»
Collected Works
成都, 1936年

向达 (*1*)
唐代长安与西域文明
Western Cultures at the Chinese Capital (Chhang-an) during the Thang Dynasty
«燕京学报»专号, no. 2, 北平, 1933年

徐建寅 (*1*)
«格致丛书»
Compendium of General Science
1901年

徐中舒 (*1*)
«安阳发掘报告»
Excavations at Anyang
国立中央研究院, 北平, 1929—31年

严可均 (*1*) (编)
«全上古三代秦汉三国六朝文»
Complete Collection of Prose Literature (including fragments) from Remote Antiquity through the Chhin and Han Dynasties, the Three Kingdoms and the Six Dynasties
1836年完成; 1887—93年刊行

杨家骆 (*1*) (编)
«四库全书学典»
Bibliographical Index of the *Ssu Khu Chhüan Shu* Encyclopaedia
世界书局, 上海, 1946年

袁同礼
永乐大典现存卷目表
Census of the Locations and Contents of the still existing Volumes of the Yung-Lo reign-period Encyclopaedia
«图书季刊», 1939年(新卷), 1, 246

章鸿钊 (*1*)
«石雅»
Lapidarium Sinicum; A Study of the Rocks, Fossils and Minerals as known in Chinese Literature
中央地质调查所, 北平, 初版1921年, 第二版1927年。MGSC (ser. B), no. 2 (Demiéville 的评论见于 *BEFEO*, 1924, **24**, 276)

章锡琛 (*1*)
«二十五史人名索引»
Index to Persons Mentioned in the Twenty-five Dynastic Histories
开明, 上海, 1935年; 第2版, 1946年

张星烺 (*1*)
«中西交通史料汇编»
Materials for the Study of the Intercourse of China with Other Countries
6册: (1)古代中国与欧洲之交通
(2)古代中国与欧洲之交通
(3)古代中国与非洲和阿拉伯之交通
(4)古代中国与亚美尼亚、犹太和波斯之交通
(5)古代中国与突厥和中亚之交通
(6)古代中国与印度之交通
辅仁大学, 北平, 1930年

张荫麟 (*1*)
明清之际西学输入中国考略
History of the Introduction of Western Science and Technology into China in the Ming and Chhing Dynasties
«清华学报», 1924年, 1 (no. 1), 38

张荫麟 (*2*)
中国历史上之"奇器"及其作者
Scientific Inventions and Inventors in Chinese History
«燕京学报», 1928年, 1(no. 3), 359

张政烺 (*1*)
六书古义
Investigation of the Ancient Meaning of the term 'Six Writings'
«国立中央研究院历史语言研究所集刊», 1948年, 10, 1

张子高 (*1*)
«科学发达史»
History of Scientific Discoveries (general)
上海, 约1930年

郑肇经（*1*）
《中国水利史》
History of River Conservancy and Irrigation Engineering in China
商务，长沙，1939年

周谷城（*1*）
《中国通史》
General History of China (2 vols)
开明，重庆，1941年

朱希祖（*1*）
中国史学之起源
Origins of Chinese Historical Science
《社会科学季刊》,1

《引得》第10号
《艺文志二十种综合引得》
Combined Indexes to Titles of Books in Twenty of the Bibliographies in the Official Histories
燕京大学哈佛燕京学社，北平，1932年

《引得》第23号
《太平御览引得》
Index to the *Thai-Phing Yü Lan* Encyclopaedia (Subjects, and Books quoted)
燕京大学哈佛燕京学社，北平，1935年

《引得》第25号
《道藏子目引得》(翁独健编)
Combined Indexes to the Authors and Titles of Books in Two Collections of Taoist Literature
燕京大学哈佛燕京学社，北平，1935年

《引得》第27号
《礼记引得》
Index to Words in the *Li Chi* (a Concordance)
燕京大学哈佛燕京学社，北平，1937年

《引得》第32号
《食货志十五种综合引得》
Combined Indexes to the Economic Sections of Fifteen of the Official Histories
燕京大学哈佛燕京学社，北平，1938年

《引得》第40号
《史记及注释综合引得》
Index to Words in the *Shih Chi* and its Collected Commentaries (a Concordance)
燕京大学哈佛燕京学社，北平，1947年

《引得特刊》第10号
《周易引得》
Index to Words in the *I Ching* (a Concordance)
燕京大学哈佛燕京学社，北平，1935年

《引得特刊》第16号
《论语引得》
Index to Words in the Confucian Analects (a Concordance)
燕京大学哈佛燕京学社，北平，1940年

《引得特刊》第17号
《孟子引得》
Index to Words in Mencius (a Concordance)
燕京大学哈佛燕京学社，北平，1941年

《引得特刊》第18号
《尔雅引得》
Index to Words in the *Erh Ya* Dictionary (a Concordance)
燕京大学哈佛燕京学社，北平，1941年

《引得特刊》第20号
《庄子引得》
Index to Words in *Chuang Tzu* (a Concordance)
燕京大学哈佛燕京学社，北平，1947年

《引得特刊》第21号
《墨子引得》
Index to Words in *Mo Tzu* (a Concordance)
燕京大学哈佛燕京学社，北平，1948年

《通检丛刊》之一
《论衡通检》
Index to Words and Phrases in the *Lun Hêng*
巴黎大学北平汉学研究所，北平，1943年

《通检丛刊》之二
《吕氏春秋通检》
Index to Words and Phrases in the *Lü Shih Chhun Chhiu*
巴黎大学北平汉学研究所，北平，1943年

«通检丛刊»之三
«风俗通义通检»
Index to Words and Phrases in the *Fêng Su Thung I*
巴黎大学北平汉学研究所，北平，1943年

«通检丛刊»之四
«春秋繁露通检»
Index to Words and Phrases in the *Chhun Chhiu Fan Lu*
巴黎大学北平汉学研究所，北平，1944年

«通检丛刊»之五
«淮南子通检»
Index to Words and Phrases in *Huai Nan Tzu*
巴黎大学北平汉学研究所，北平，1944年

«通检丛刊»之九
«山海经通检»
Index to Words and Phrases in the *Shan Hai Ching*
巴黎大学北平汉学研究所，北平，1948年

C. 西文书籍和论文

ADNAN ADIVAR (1). 'On the *Tanksuq-nāmah-i Ilkhān dar Funūn-i 'Ulūm-i Khiṭāi*.' *ISIS*, 1940 (appeared 1947), **32**, 44.

AL-AIYŪBĪ, ABŪ'L-FIDĀ'. *Taqwīm al-Buldān* (Universal Geography). See Reinaud & Guyard.

ANDERSON, G. F. (1). 'The Wonderful Canals of China.' *NGM*, 1905, **16**, 68.

ANDERSON, JOHN (1). *A Report on an Expedition to Western Yunnan via Bhamo*. Calcutta, 1871.

ANDERSSON, J. G. (1). *Children of the Yellow Earth*. Kegan Paul, London, 1934.

ANDERSSON, J. G. (2). 'The Cave Deposit at Sha-Kuo-Thun in Fêngtien.' *PS* (ser. D), 1923, **1**, 1.

ANDERSSON, J. G. (3). 'An Early Chinese Culture.' *BGSC*, 1923, **5**, 1.

ANDERSSON, J. G. (4). 'Preliminary Report on Archaeological Research in Kansu.' *MGSC* (ser. A), 1925, **5**, 1.

ANDERSSON, J. G. (5). 'Researches into the Prehistory of the Chinese.' *BMFEA*, 1943, **15**, 7.

ANDERSSON, J. G. (6). 'Prehistoric Sites in Honan.' *BMFEA*, 1947, **19**, 1.

ANDERSSON, J. G. (7). 'Hunting Magic in the Animal Style.' *BMFEA*, 1932, **4**, 221.

ANDRÉE, R. (1). 'Scapulimantia.' In Boas Memorial Volume: *Anthropological Papers in honour of Franz Boas*. Stechert, New York, 1906, p. 143.

ANON. (1). *Manuel du Sinologue* (Bibl. Sinico-Japonaise no. 6). Maisonneuve, Paris, 1889.

APPLETON, W. W. (1). *A Cycle of Cathay; the Chinese Vogue in England during the 17th and 18th Centuries*. Columbia Univ. Press, New York, 1951.

ARENDT, C. (1). 'Synchronistische Regententabellen z. Geschichte d. chinesischen Dynastien.' *MSOS*, 1899, **2**, 152–250; 1900, **3**, 1–164; 1901, **4**, 114–70.

ARENDT, C. (2). 'Parallels in Greek and Chinese Literature.' *JPOS*, 1886, **1**, 29.

ARMSTRONG, E. A. (1). 'The Crane Dance in East and West.' *AQ*, 1943, **17**, 71.

ARMSTRONG, E. A. (2). 'The Ritual of the Plough.' *FL*, 1943, **54**, 250.

ARMSTRONG, E. A. (3). 'The Triple-Furrowed Field.' *CLR*, 1943, **57**, 3.

ARMSTRONG, E. A. (4). 'Mugwort Lore.' *FL*, 1944, **55**, 22.

ARMSTRONG, E. A. (5). 'Chinese Bull Ritual and its Affinities.' *FL*, 1944, **56**, 200.

ARMSTRONG, E. A. (6). 'Symbolism of the Swan and the Goose.' *FL*, 1944, **55**, 54.

AUBOYER, J. (1). 'L'Influence Chinoise sur le Paysage dans la Peinture de l'Orient et dans la Sculpture de l'Insulinde.' *RAA/AMG*, 1935, **9**, 228.

BACON, FRANCIS (1). *Philosophical Works*, ed. Ellis & Spedding. Routledge, London, 1905.

BAGCHI, P. C. (1). *India and China; a thousand years of Sino-Indian Cultural Relations*. Hind Kitab, Bombay, 1944. 2nd ed. 1950.

BALAZS, E. (=S.) (1). 'La Crise Sociale et la Philosophie Politique à la Fin des Han.' *TP*, 1949, **39**, 83.

BALAZS, E. (=S.) (2). 'Entre Révolte Nihiliste et Evasion Mystique' (the Seven Sages of the Bamboo Grove, and Pao Ching-Yen). *ASEA*, 1948, **1**, 27 (sequel to Balazs, 1).

BALAZS, E. (=S.) (4). 'Ein Vorlaüfer von Wang An-Schi' [Li Kou]. *SA*, 1933, **8**, 165.

BALL, C. J. (1). *Chinese and Sumerian*. Oxford, 1913. (crit. L. C. Hopkins, *PSBA*, 1914, **36**, 269; 1915, **37**, 24, 50 & 75. Cf. H. H. White, *NCR*, 1920, **2**, 37.)

BARBOUR, G. B. (1). (*a*) 'The Loess of China.' *CJ*, 1925, **3**, 454, 509. *ARSI*, 1926, 279. (*b*) 'The Loess Problem of China.' *GM*, 1930, **67**, 458.

BARBOUR, G. B. (2). 'Physiographic History of the Yangtze.' *GJ*, 1936, **87**, 17.

BARBOUR, G. B. (3). 'Recent Observations on the Loess of North China.' *GJ*, 1935, **86**, 54.

BARKER, SIR ERNEST (1). 'Italy and the West 410–476 A.D.', in *CMH*, 1911, vol 1, p. 393.

BARNETT, L. D. (1). 'Commercial and Political Connections of Ancient India with the West.' *BLSOAS*, 1917, **1** (1), 101.

BARTH, A. (1). Critique of Chavannes (4) and of Takakusu (1). *JS*, 1898, 261, 425, 522.

BEAL, S. (1) (tr.). *Travels of Fah-Hian [Fa-Hsien] and Sung Yün, Buddhist Pilgrims from China to India* (+400 and +518). Trübner, London, 1869.

BEAL, S. (2) (tr.). *Si Yu Ki [Hsi Yü Chi], Buddhist Records of the Western World, transl. from the Chinese of Hiuen Tsiang [Hsüan-Chuang]*. 2 vols. Trübner, London, 1884. 2nd ed. 1906.

BEAL, S. (3) (tr.). *The Life of Hiuen Tsiang [Hsüan-Chuang] by the Shaman Hwui Li [Hui-Li], with an introduction containing an account of the Works of I-Tsing [I-Ching]*. Kegan Paul, London, 1911.
BEAZLEY, C. R. (1). *The Dawn of Modern Geography*. 3 vols. (vol. 1, +300 to +900; vol. 2, +900 to +1260; vol. 3, +1260 to +1420). Vols. 1 and 2, Murray, London, 1897 and 1901. Vol. 3, Oxford, 1906.
BELL, M. S. (1). 'The Great Central Asian Trade Route from Peking to Kashgaria.' *PRGS* (n.s.), 1890, 12, 57.
BELPAIRE, B. (1). 'Le Taoisme et Li Thai-Pai.' *MCB*, 1931, 1, 1.
BERGMAN, FOLKE (1). *Archaeological Researches in Sinkiang*. Reports of the Sino-Swedish [Scientific] Expedition [to Northwest China]. 1939, vol. 7 (1).
BERNARD-MAÎTRE, H. (1). *Matteo Ricci's Scientific Contribution to China*, tr. E. T. C. Werner. Vetch, Peiping, 1935.
BERNARD-MAÎTRE, H. (2). *Sagesse Chinoise et Philosophie Chrétienne; Essai sur leurs Relations Historiques*. Mission Press, Tientsin, 1935.
BERNARD-MAÎTRE, H. (3). 'Le Père le Chéron d'Incarville, missionaire français à Pékin.' *A/AIHS*, 1949, 28, 333.
BERNARD-MAÎTRE, H. (4). 'Notes on the Introduction of the Natural Sciences into the Chinese Empire.' *YJSS*, 1941, 3, 220.
BERNARD-MAÎTRE, H. (5). *Le Père Matthieu Ricci et la Société Chinoise de son Temps (1552 à 1610)*. 2 vols. Hsienhsien, Tientsin, 1937.
BERTHELOT, ANDRÉ (1). *L'Asie Centrale et Sud-Orientale d'après Ptolemée*. Payot, Paris, 1930.
BEVAN, E. R. (1). 'India in Early Greek and Latin Literature', ch. 16 in *CHI*, vol. 1, p. 391.
BIOT, E. (1) (tr.). *Le Tcheou-Li ou Rites des Tcheou [Chou]*. 3 vols. Imp. Nat., Paris, 1851. (Photographically reproduced, Wêntienko, Peiping, 1930.)
BIOT, E. (2). *Essai sur l'histoire de l'Instruction Publique en Chine*. Duprat, Paris, 1845.
BIOT, E. (3) (tr.). *Chu Shu Chi Nien* (Bamboo Books). *JA*, 1841 (3e sér.), 12, 537; 1842, 13, 381.
BIOT, E. (18). 'Mémoire sur les Colonies Militaires et Agricoles des Chinois.' *JA*, 1850 (4e sér.), 15, 338, 529.
BISHOP, C. W. (1). 'Chronology of Ancient China.' *JAOS*, 1932, 52, 232.
BISHOP, C. W. (2). 'Beginnings of Civilisation in Eastern Asia.' *AQ*, 1940, 14, 301; *JAOS*, 1939, Suppl. no. 4, p. 35.
BISHOP, C. W (3). 'The Rise of Civilisation in China with reference to its Geographical Aspects.' *GR*, 1932, 22, 617.
BISHOP, C. W. (4). 'The Neolithic Age in Northern China.' *AQ*, 1933, 7, 389.
BISHOP, C. W. (5). 'The Geographical Factor in the Rise of Chinese Civilisation.' *GR*, 1922, 12, 19.
DE LA BLACHE, P. VIDAL (1). *Principes de Géographie Humaine*. Colin, Paris, 1921 and 1948.
BLACK, J. DAVIDSON & DE CHARDIN, TEILHARD (1). 'On the Discovery of a Palaeolithic Industry in Northern China.' *BCGS*, 1924, 3, 45.
BLACK, J. DAVIDSON, LICENT, E. & DE CHARDIN, TEILHARD (1). 'On a presumably Pleistocene Tooth from the Sjara Osso Gol.' *BCGS*, 1927, 5, 285.
BLOCH, MARC (1). *La Société Féodale*. Vol. 1: *La Formation des Liens de Dépendance*. Albin Michel, Paris, 1939. Vol. 2. *Les Classes et le Gouvernement des Hommes*. Albin Michel, Paris, 1940. (Evol. de l'Hum. Sér.; Moyen-Age, nos. 34 and 34 bis.)
BODDE, D. (1). *China's First Unifier, a study of the Chhin Dynasty as seen in the life of Li Ssu (−280 to −208)*. Brill, Leiden, 1938. (Sinica Leidensia ser. no. 3.)
BODDE, D. (9). 'Some Chinese Tales of the Supernatural; Kan Pao and his *Sou Shen Chi*.' *HJAS*, 1942, 6, 338.
BODDE, D. (10). 'Again Some Chinese Tales of the Supernatural; Further Remarks on Kan Pao and his *Sou Shen Chi*.' *JAOS*, 1942, 62, 305.
BOERSCHMANN, E. (1). *Chinesische Pagoden*. de Gruyter, Berlin, 1931.
BOHLIN, B. (1). 'Newly Visited Western Caves at Tunhuang.' *HJAS*, 1936, 1, 163.
BOUVAT, L. (1). *L'Empire Mongol (2e Phase)*. Boccard, Paris, 1927. (*Histoire du Monde*, ed. E. Cavaignac, vol. 8 (3).) See Grousset (2).
BREASTED, J. H. (1). *The Conquest of Civilisation*. Harper, New York, 1926.
BRÉHIER, L. (1). *La Philosophie de Plotin*. Paris, 1928.
BRETSCHNEIDER, E. (1). *Botanicon Sinicum; Notes on Chinese Botany from Native and Western Sources*. 3 vols. Trübner, London, 1882 (printed in Japan). (Reprinted from *JRAS/NCB*, 1881, 16.)
BRETSCHNEIDER, E. (2). *Medieval Researches from Eastern Asiatic Sources; Fragments towards the Knowledge of the Geography and History of Central and Western Asia from the thirteenth to the seventeenth century*. 2 vols. Trübner, London, 1888.

BRETSCHNEIDER, E. (3). 'Chinese Intercourse with the Countries of Central and Western Asia during the 15th century. I. Accounts of Foreign Countries and especially those of Central and Western Asia, drawn from the *Ming Shih* and the *Ta Ming I Thung Chih*.' *CR*, 1876, **5**, 132, 165. Reprinted in Bretschneider (2), vol. 2, p. 157.

BRETSCHNEIDER, E. (4). 'Chinese Intercourse with the Countries of Central and Western Asia during the 15th century. II. A Chinese Itinerary of the Ming period from the Chinese Northwest Frontier to the Mediterranean Sea.' *CR*, 1876, **5**, 227. Reprinted (abridged) in Bretschneider (2), vol. 2, p. 329.

BREWITT-TAYLOR, C. H. (1) (tr.). *San Kuo, or the Romance of the Three Kingdoms.* Kelly & Walsh, Shanghai, 1926.

BROCKELMANN, C. (1). *History of the Islamic Peoples.* Eng. tr. J. Carmichael & M. Perlmann. Putnam, New York, 1947.

BROCKELMANN, C. (2). *Geschichte d. arabischen Literatur.* Felber, Weimar, 1898. Supplementary volumes. Brill, Leiden, 1937.

BROOMHALL, M. (1). *Islam in China.* Morgan & Scott, London, 1910.

BROWNE, E. G. (1). *Arabian Medicine.* Cambridge, 1921. (French tr. H. J. P. Renaud; Larose, Paris, 1933.)

BRUCE, J. P. (1) (tr.). *The Philosophy of Human Nature, translated from the Chinese, with notes.* Probsthain, London, 1922. (Chs. 42-8, inclusive, of *Chu Tzu Chhüan Shu*.)

BRUNET, P. & MIELI, A. (1). *L'Histoire des Sciences (Antiquité).* Payot, Paris, 1935.

BUCK, P. (1) (tr.). *All Men are Brothers.* New York, 1933. (The *Shui Hu Chuan*.)

BUDGE, E. A. WALLIS (1). *Guide to the Egyptian Collections in the British Museum.* Brit. Mus. Trustees, London, 1909, and subsequent editions.

BUDGE, E. A. WALLIS (2) (tr.). *The Monks of Kublai Khan, or the History of the Life and Travels of Rabban Sauma and Marqos.* (Travels of Marqos Bayniel. Tr. from Syriac.) RTS, London, 1928.

BULLOCH, W. (1). 'History of Bacteriology.' In *A System of Bacteriology in Relation to Medicine*, vol. 1, p. 15. MRC, London, 1930.

BURDSELL, R. L. (1). 'Altitude and Location of Minya Konka.' *GR*, 1934, **24**, 118.

BURGESS, E. (1) (tr.). *Sūrya Siddhānta; a Translation of a Textbook of Hindu Astronomy, with notes and an appendix.* Ed. P. Gangooly, introd. by P. Sengupta. Calcutta Univ., Calcutta, 1860; repr. 1935.

BURKILL, I. H. (1). *A Dictionary of the Economic Products of the Malay Peninsula* (with contributions by W. Birtwhistle, F. W. Foxworthy, J. B. Scrivenor & J. G. Watson). 2 vols. Crown Agents for the Colonies, London, 1935.

BURKITT, F. C. (1). *The Religion of the Manichees.* Cambridge, 1925.

BURLING, J. & BURLING, A. H. (1). 'Western Influences on Chinese Art.' *CJ*, 1941, **34**, 149.

BURY, J. B. (1). *The Idea of Progress.* Macmillan, London, 1920.

BURY, J. B. (2). *The Invasion of Europe by the Barbarians.* Macmillan, London, 1928.

BUSHELL, S. W. (1). 'Ancient Roman Coins from Shansi.' *JPOS*, 1886, **1**, 17.

BUXTON, L. H. DUDLEY (1). *China, a Human Geography.* Oxford, 1929.

CABLE, M. & FRENCH, F. (1). *The Gobi Desert.* Hodder & Stoughton, London, 1942.

CARLES, W. R. (1). 'The Yangtze Kiang.' *GJ*, 1898, **12**, 225.

CARR-SAUNDERS, A. M. (1). *The Population Problem.* Oxford, 1922.

CARTER, T. F. (1). (*a*) *The Invention of Printing in China and its spread Westward.* Columbia, New York, 1925; 2nd ed. 1931. (*b*) 'The Westward Movement of the Art of Printing,' in *Yearbook of Oriental Art and Culture*, ed. A. Waley, vol. 1, p. 19. Benn, London, 1925. (rev. B. Laufer, *JAOS*, 1927, **47**, 71.)

CEDRENOS, GEORGIOS (*c.* +1057) (1). *Compendium Historiarum.* 2 vols. Bonn, 1838-9.

CHABOT, J. B. (1). *Histoire de Mar Jabalaha III.* Paris, 1895.

CHALFANT, F. H. (1). 'Early Chinese Writing.' *MCMU*, 1906, **4**, 1.

CHANG HSIN-HAI (1). 'Some Types of Chinese Historical Thought.' *CSPSR*, 1929, **13**, 321.

CHANG, MATTHIAS (1). *Synchronismes Chinois; Chronologie Complète et Concordance avec l'ère Chrétienne de toutes les dates concernant l'Histoire de l'Extrême-Orient; Chine, Japon, Corée, Annam, Mongolie, etc. VS*, no. 24, 1905.

CHAO YUAN-JÊN (1). 'Languages and Dialects in China' (with map). *GJ*, 1943, **102**, 63.

DE CHARDIN, TEILHARD & PHEI WÊN-CHUNG (1). *Le Néolithique de la Chine*, French Bookstore, Peiping, 1944. (Pub. Instit. de Géobiologie, Peiping, no. 10.)

DE CHARDIN, TEILHARD & YANG CHUNG-CHIEN (1). 'Preliminary Observations on the Pre-Loessic and Post-Pontian Formations in Western Shansi and Northern Shensi.' *MGSC*, 1930 (ser. A), no. 8, 34.

CHARLESWORTH, M. P. (1). 'Some Notes on the *Periplus Maris Erythraei*.' *CQ*, 1928, **22**, 92.

CHATLEY, H. (1). MS translation of the astronomical chapter (ch. 3, Thien Wên) of *Huai Nan Tzu*. Unpublished. (Cf. note in *O*, 1952, **72**, 84.)
CHATLEY, H. (2). 'The Development of Mechanisms in Ancient China.' *TNS*, 1942, **22**, 117. (Long abstr. without illustr. *ENG*, 1942, **153**, 175.)
CHATLEY, H. (3). 'Science in Old China.' *JRAS/NCB*, 1923, **54**, 65.
CHATLEY, H. (4). 'Did Ancient Chinese Culture come from Egypt?' *JRAS/NCB*, 1929, **60**, 79.
CHATLEY, H. (9). 'Ancient Chinese Astronomy.' *RAS/ON*, 1939, no. 5, 65.
CHATLEY, H. (23). *The Origin and Diffusion of Chinese Culture*. China Soc, London, Oct. 1947.
CHAVANNES, E. (1). *Les Mémoires Historiques de Se-Ma Ts'ien* [*Ssuma Chhien*]. 5 vols. Leroux, Paris, 1895–1905. (Photographically reproduced, in China, without imprint and undated.)
1895 vol. 1 tr. *Shih Chi*, chs. 1 to 4 inclusive.
1897 vol. 2 tr. *Shih Chi*, chs. 5, 6, 7, 8, 9, 10, 11, 12.
1898 vol. 3 (i) tr. *Shih Chi*, chs. 13, 14, 15, 16, 17, 18, 19, 20, 21, 22.
vol. 3 (ii) tr. *Shih Chi*, chs. 23, 24, 25, 26, 27, 28, 29, 30.
1901 vol. 4 tr. *Shih Chi*, chs. 31, 32, 33, 34, 35, 36, 37, 38, 39, 40, 41, 42.
1905 vol. 5 tr. *Shih Chi*, chs. 43, 44, 45, 46, 47.
CHAVANNES, E. (2). 'Le Royaume de Wou [Wu] et de Yue [Yüeh].' *TP*, 1916, **17**, 129.
CHAVANNES, E. (3) (tr.). 'Le Voyage de Song [Sung] Yün dans l'Udyāna et le Gandhāra.' *BEFEO*, 1903, **3**, 379.
CHAVANNES, E. (4) (tr.). *Voyages des Pelèrins Bouddhistes; Les Religieux Eminents qui allèrent chercher la Loi dans les Pays d'Occident; mémoire composé à l'époque de la grande dynastie Thang par I-Tsing* [*I-Ching*]. Leroux, Paris, 1894.
CHAVANNES, E. (5). 'Le T'ai chan [Thai Shan]; Essai de Monographie d'un Culte Chinois.' *BE/AMG*, 1910, no. 21. (With appendix: 'Le Dieu du Sol dans la Chine Antique.')
CHAVANNES, E. (6) (tr.). 'Les Pays d'Occident d'après le *Heou Han Chou*.' *TP*, 1907, **8**, 149. (Ch. 118, on the Western Countries, from *Hou Han Shu*.)
CHAVANNES, E. (12). 'Introduction to the "Documents Chinois découverts par Aurel Stein dans les Sables du Turkestan Oriental",' tr. Mme. Chavannes and H. W. House. *NCR*. 1922, **4**, 341. (Reprinted, with Stein (6, 7) and H. K. Wright (1), in brochure form. Peiping, 1940.)
CHAVANNES, E. (15). 'Les Pays d'Occident d'après le *Wei Lio*' [*Wei Lüeh*]. *TP*, 1905, **6**, 519. (The whole of the passage preserved by Phei Sung-Chih in the commentary following ch. 30 of the *San Kuo Chih*, of which the part on Ta-Chhin was translated by Hirth (1).)
CHAVANNES, E. (16). 'Trois Généraux Chinois de la Dynastie des Han Orientaux.' *TP*, 1906, **7**, 210. (Tr. ch. 77 of the *Hou Han Shu* on Pan Chhao, etc.)
CHÊNG TÊ-KHUN (1). 'A Short History of Szechuan.' *JWCBRS*, 1945, **16**, 1. (West China Union Univ. Museum Offprint Series, no. 8.)
CHÊNG TÊ-KHUN (2) (tr.). 'Travels of the Emperor Mu.' *JRAS/NCB*, 1933, **64**, 124; 1934, **65**, 128.
CHÊNG TÊ-KHUN (4). 'An Introduction to Chinese Civilisation' (mainly prehistory). *ORT*, 1950: Aug. p. 28, 'Early Inhabitants'; Sept. p. 28, 'The Beginnings of Culture'; Oct. p. 29, 'The Building of Culture'.
CHÊNG TÊ-KHUN & LIANG CHHAO-THAO (1). *An Introduction to the South-western Peoples of China*. Chhêngtu, Sze., 1945. (West China Union University Museum Guidebook Series, no. 7.)
CHHEN SHOU-I. (1). 'John Webb, seventeenth century English Sinologist.' *CSPSR*, 1935, **19**, 295.
CHHU TA-KAO (1) (tr.). *Chinese Lyrics*. Cambridge, 1937.
CHHU TA-KAO (2) (tr.). *Tao Tê Ching, a new translation*. Buddhist Lodge, London, 1937.
CHI CHHAO-TING (1). *Key Economic Areas in Chinese History, as revealed in the Development of Public Works for Water-Control*. Allen & Unwin, London, 1936.
CHIANG YI (1). *Chinese Calligraphy*. London, 1938.
CHILDE, V. GORDON (1). *The Bronze Age*. Cambridge, 1930.
CHILDE, V. GORDON (2). *Man Makes Himself*. Watts, London, 1936. (Thinker's Library, no. 87.)
CHILDE, V. GORDON (3). *Progress and Archaeology*. Watts, London, 1944. (Thinker's Library, no. 102.)
CHILDE, V. GORDON (4). *What Happened in History*. Penguin Books, London, 1942; New York, 1946.
CHILDE, V. GORDON (5). *New Light on the Most Ancient East*. Kegan Paul, London, 1934.
CHILDE, V. GORDON (6). *The Dawn of European Civilisation*. 1st ed. 1925. Kegan Paul, London, 1947.
CHILDE, V. GORDON (7). 'India and the West before Darius.' *AQ*, 1939, **13**, 5.
CHILDE, V. GORDON (8). 'The Oriental Background of European Science.' *MQ*, 1938, **1**, 105.
CHILDE, V. GORDON (12). Lecture: 'Discoveries in Siberia and Eastern Russia in Relation to Prehistoric Connections between China and the West.' Cambridge, Oct. 1952.
CHOU PIEN-MING (1). *Internationalising the Chinese Script; Progress in Quokyu Romanisation, 1937–1945*. Amoy University, Amoy, 1945.

CHOU PIEN-MING (2). *Jonghwa Minquo Cienfaa; or the Chinese Constitution in International Costume; and other Specimens in Q.R., with an essay on the Last Lap of Quoyu Romanization*. Amoy University, Amoy, 1948.
CLAPP, F. G. (1). 'Along and Across the Great Wall of China.' *GR*, 1920, 9, 221.
CLAPP, F. G. (2). 'The Huang Ho.' *GR*, 1922, 12, 1.
CODRINGTON, K. DE B. (1). 'Geographical Introduction to the History of Central Asia.' *GJ*, 1944, 104, 27, 73.
COEDÈS, G. (1) (tr.). *Textes d'auteurs grecs et latins relatifs à l'Extrême Orient depuis le 4ème siècle avant J. C. jusqu'au 14ème siècle après J. C.* Leroux, Paris, 1910.
COEDÈS, G. (3). 'Fouilles en Cochin-Chine; le Site de Go-Oc-Eo, Ancient Port du Royaume de Fou-Nan.' *AA*, 1947, 10, 193.
COMBAZ, G. (1). *L'Inde et l'Orient classique*. 2 vols. Geuthner, Paris, 1937.
COMBAZ, G. (5). 'L'Evolution du Stūpa en Asie': *MCB*, 1932, 2, 163 (Etude d'Architecture Bouddhique); 1935, 3, 93 (Contributions Nouvelles et Vue d'Ensemble); 1937, 4, 1 (Les Symbolismes du Stūpa).
LE COMTE. See Lecomte.
CONRADY, A. (1). 'Indischer Einfluss in China in 4-jahrh. v. Chr.' *ZDMG*, 1906, 60, 335.
CONRADY, A. (2). 'Alte westöstliche Kulturwörter.' *BVSAW/PH*, 1925, 77, no. 3.
COOK, T. (1). 'The Independent Lolo of South-West Szechuan.' *JWCBRS*, 1936, 8, 70.
COOKE, A. H. (1). 'Molluscs' (general introduction) in *CNH*, vol. *Molluscs and Brachiopods*, p. 201.
COOMARASWAMY, A. K. (3). 'Hindu Sculptures at Zayton.' *OAZ*, 1933, 9, (19), 5.
CORDIER, H. (1). *Histoire Générale de la Chine*. 4 vols. Geuthner, Paris, 1920.
CORDIER, H. (2). *Bibliotheca Sinica; Dictionnaire bibliographique des Ouvrages relatifs à l'Empire Chinois*. 3 vols. Ec. des Langues Orientales Vivantes, Paris, 1878–95. 2nd ed. 5 vols. pr. Vienna, 1904–24.
CORDIER, H. (7). 'The Life and Labours of Alexander Wylie.' *JRAS*, 1887, 19, 351.
CORDIER, H. (8). *Essai d'une Bibliographie des Ouvrages publiés en Chine par les Européens au 17e et au 18e Siècle*. Leroux, Paris, 1883.
CORDIER. See Yule (1).
COSQUIN, E. (1). 'Les Mongols et leur prétendu Rôle dans la Transmission des Contes Indiens vers l'Occident Européen; Etude de Folklore Comparé sur l'introduction du *Siddhi-Kür* et le Conte du "Magicien et son Apprenti".' *RTP*, 1912. Sep. pub. Clouzot, Niort, 1913.
COUVREUR, F. S. (1) (tr.). *Tch'ouen Ts'iou [Chhun Chhiu] et Tso Tchouan [Tso Chuan]; Texte Chinois avec Traduction Française*. 3 vols. Mission Press, Hochienfu, 1914.
COUVREUR, F. S. (2). *Dictionnaire Classique de la Langue Chinoise*. Mission Press, Hsienhsien, 1890; photographically reproduced, Vetch, Peiping, 1947.
COUVREUR, F. S. (3) (tr.). *Li Ki [Li Chi], ou Mémoires sur les Bienséances et les Cérémonies*. 2 vols. Hochienfu, 1913.
COX, E. H. M. (1). *Plant-Hunting in China, a History of Botanical Exploration in China and the Tibetan Marches*. Collins, London, 1945.
COYAJI, J. C. (1). *Cults and Legends of Ancient Iran and China*. Karani, Bombay, 1936.
CREEL, H. G. (1). *Studies in Early Chinese Culture* (1st series). Waverly, Baltimore, 1937.
CREEL, H. G. (2). *The Birth of China*. Fr. tr. by M. C. Salles, Payot, Paris, 1937. (References are to page numbers of the French ed.)
CREEL, H. G. (3). *Sinism; A Study of the Evolution of the Chinese World-View*. Open Court, Chicago, 1929.
CRESSEY, G. B. (1). *China's Geographic Foundations; A Survey of the Land and its People*. McGraw-Hill, New York, 1934.
CRESSEY, P. F. (1). 'Chinese Traits in European Civilisation: a Study in Diffusion.' *AMSR*, 1945, 10, 595.
CRESSWELL, K. A. C. (1). 'Dr F. R. Martin's Treatise on Automata.' In *Yearbook of Oriental Art and Culture*, ed. A. Waley, vol. 1, p. 33; vol. 2, Pls. 23 and 24. Benn, London, 1925.
CROWTHER, J. G. (1). *The Social Relations of Science*. Macmillan, London, 1941.

DAREMBERG, C. & SAGLIO, E. (1). *Dictionnaire des Antiquités Grecques et Romains*. Hachette, Paris, 1875–1919.
DARMESTETER, J. (8). 'La Flèche de Nemrod en Perse et en Chine.' *JA*, 1885 (8e sér.), 5, 229.
DAVIES, R. M. (1). *Yunnan, the Link between India and the Yangtze*. Cambridge, 1909.
DAVIS, J. F. (1). *The Chinese; a general description of China and its Inhabitants*. 3 vols. Knight, London, 1844.
DEFRÉMERY, C. & SANGUINETTI, B. R. (1) (tr.). *Voyages d'ibn Batoutah*. 5 vols. Soc. Asiat., Paris, 1853–9. (Many reprints.)

DELAPORTE, L. (1). *Les Hittites.* Albin Michel, Paris, 1936. (Evol. de l'Hum. Sér.; Préhist. no. 8 bis.)
DELAPORTE, L. (2). *Les Peuples de l'Orient Méditerranéen, I, Le Proche Orient Asiatique.* Presses Univ. de Fr., Paris, 1938. (Clio series no. 1.)
DEYDIER, H. (1). *Contributions à l'Etude de l'Art de Gandhāra.* Maisonneuve, Paris, 1950.
DIELS, H. (2). 'Über die von Prokop beschriebene Kunstuhr von Gaza; mit einem Anhang enthaltende Text und Übersetzung d. ἔκφρασις ὡρολογίου des Prokopios von Gaza.' *APAW/PH*, 1917, no. 7.
AL-DIMASHQĪ, MUḤAMMAD IBN IBRĀHĪM AL-ANṢĀRĪ AL-ṢŪFĪ. *Nukhbat al-Dahr* (Selection of the Age on the Wonders of Land and Sea). See Mehren.
DIXON, R. B. (1). *The Building of Cultures.* London, 1928.
DOBELL, CLIFFORD (1). *Antony van Leeuwenhoek and his 'Little Animals.'* Bale, London, 1932.
DORÉ, H. (1). *Recherches sur les Superstitions en Chine.* 15 vols. T'u-Se-Wei Press, Shanghai, 1914–29.
Pt. I, vol. 1, pp. 1–146: 'Superstitious' practices, birth, marriage and death customs (*VS*, no. 32).
Pt. I, vol. 2, pp. 147–216: talismans, exorcisms and charms (*VS*, no. 33).
Pt. I, vol. 3, pp. 217–322: divination methods (*VS*, no. 34).
Pt. I, vol. 4, pp. 323–488: seasonal festivals and miscellaneous magic (*VS*, no. 35).
Pt. I, vol. 5, sep. pagination: analysis of Taoist talismans (*VS*, no. 36).
Pt. II, vol. 6, pp. 1–196: Pantheon; Trinities, culture-heroes and Buddhist gods (*VS*, no. 39).
Pt. II, vol. 7, pp. 197–298: Pantheon; Buddhist gods and saints (*VS*, no. 41).
Pt. II, vol. 8, pp. 299–462: Pantheon; Buddhist gods, saints and schools (*VS*, no. 42).
Pt. II, vol. 9, pp. 463–680: Pantheon, Taoist (*VS*, no. 44).
Pt. II, vol. 10, pp. 681–859: Taoist celestial bureaucracy (*VS*, no. 45).
Pt. II, vol. 11, pp. 860–1052: city-gods, field-gods, trade-gods (*VS*, no. 46).
Pt. II, vol. 12, pp. 1053–1286: miscellaneous spirits, stellar deities (*VS*, no. 48).
Pt. III, vol. 13, pp. 1–263: popular Confucianism, sages of the *Wên Miao* (*VS*, no. 49).
Pt. III, vol. 14, pp. 264–606: popular Confucianism, historical figures (*VS*, no. 51).
Pt. III, vol. 15, sep. pagination: popular Buddhism, life of Gautama (*VS*, no. 57).
DRAKE, F. S. (1). (*a*) 'China's North-west Passage. A Chapter in its Opening.' *JRAS/NCB*, 1935, 66, 42. (*b*) 'The Struggle for the Tarim Basin in the Later Han Dynasty.' *JRAS/NCB*, 1936, 67, 147.
DRAKE, F. S. (2). 'Mohammedanism in the Thang Dynasty.' *MS*, 1943, 8, 1.
DUBS, H. H. (1). 'The Reliability of Chinese Histories.' *FEQ*, 1946, 6, 23.
DUBS, H. H. (2) (tr., with assistance of PHAN LO-CHI and JEN THAI). *History of the Former Han Dynasty, by Pan Ku, a Critical Translation with Annotations.* 2 vols. Waverly, Baltimore, 1938.
DUBS, H. H. (3). 'The Victory of Han Confucianism.' *JAOS*, 1938, 58, 435. (Reprinted in Dubs (2), vol. 2, pp. 341 ff.)
DUBS, H. H. (4). 'A Chinese Gold Hoard; Wang Mang's Treasury.' *JEH*, 1942, 2, 36.
DUBS, H. H. (5). 'The Beginnings of Alchemy.' *ISIS*, 1947, 38, 62.
DUBS, H. H. (6). 'A Military Contact between Chinese and Romans in 36 B.C.' *TP*, 1940, 36, 64.
DUBS, H. H. (7). *Hsün Tzu; the Moulder of Ancient Confucianism.* Probsthain, London, 1927.
DUBS, H. H. (25). 'Spelled Substitutes for Chinese Writing.' Mimeographed for private circulation, Oxford, 1951.
DUBS, H. H. (26). 'The Date of the Shang Period.' *TP*, 1951, 40, 322.
DUBS, H. H. (27). 'On the Supposed Monosyllabic Myth' (i.e. Chinese as a monosyllabic language). *JAOS*, 1952, 72, 82.
DUBS, H. H. (28). 'A Comment on an Illustrated Battle-Account in 35 B.C.' *TP*, 1939, 35, 211.
DUBS, H. H. (29). 'An Ancient Military Contact between Romans and Chinese.' *AJP*, 1941, 62, 322.
DUBS, H. H. (30). 'A Roman Influence on Chinese Painting.' *CP*, 1943, 38, 13.
DUDGEON, J. (2). 'The Beverages of the Chinese' (on tea and wine). *JPOS*, 1895, 3, 275.
DUYVENDAK, J. J. L. (1). 'Sailing Directions of Chinese Voyages' (a Bodleian Library MS). *TP*, 1938, 34, 230.
DUYVENDAK, J. J. L. (2). 'Chinese in the Dutch East Indies.' *CSPSR*, 1927, 11, 1.
DUYVENDAK, J. J. L. (3) (tr.). *The Book of the Lord Shang; a Classic of the Chinese School of Law.* Probsthain, London, 1928.
DUYVENDAK, J. J. L. (8). *China's Discovery of Africa.* Probsthain, London, 1949. (Lectures given at London University, Jan. 1947; rev. P. Paris, *TP*, 1951, 40, 366.)
DUYVENDAK, J. J. L. (10). 'Ma Huan Re-examined.' *VKAWA/L*, 1933 (n.s.), 32, no. 3.
DUYVENDAK, J. J. L. (13). 'Early Chinese Studies in Holland.' *TP*, 1936, 32, 293.
DUYVENDAK, J. J. L. (15). Note on the fragment of the *Shui Hu Chuan* brought back by the Dutch in +1596 and given by Merula to the Bodleian Library, Oxford, in the seventeenth century. *TP*, 1938, 34, 228.

DUYVENDAK, J. J. L. (16). 'An Illustrated Battle-Account in the History of the Former Han Dynasty. *TP*, 1938, **34**, 249.

EBERHARD, W. (1). 'Kultur und Siedlung der Randvölker Chinas.' *TP* (Suppl.), 1942, **36**.
EBERHARD, W. (2). 'Lokalkulturen im alten China.' *TP* (Suppl.), 1943, 37; *MS* Monograph, no. 3, 1942. (crit. H. Wilhelm, *MS*, 1944, 9, 209.)
EBERHARD, W. (3). 'Early Chinese Cultures and their Development, a Working Hypothesis.' *ARSI*, 1937, 513.
EBERHARD, W. (9). *A History of China from the Earliest Times to the Present Day*. Routledge & Kegan Paul, London, 1950. Tr. from the German ed. (Swiss pub.) of 1948 by E. W. Dickes. Turkish ed, *Čin Tarihi*, Istanbul, 1946. (crit. K. Wittfogel, *AA*, 1950, 13, 103; J. J. L. Duyvendak, *TP*, 1949, 39, 369; A. F. Wright, *FEQ*, 1951, 10, 380.)
ECKE, G. V. (1). 'On a Wei Relief represented in a Rubbing.' *MS*, 1936, 2, 205.
EDGERTON, W. F. (1). (*a*) 'The Upanishads, what do they seek and why?' *JAOS*, 1929, 49, 97. (*b*) 'Sources of the Philosophy of the Upanishads.' *JAOS*, 1917, 36, 197. (*c*) 'Dominant Ideas in the Formation of Indian Culture.' *JAOS*, 1942, **62**, 151.
EDGERTON, W. F. (2). 'Two Notes on the Flying Gallop.' *JAOS*, 1936, 56, 178.
EDKINS, J. (1). 'A Sketch of the Growth of Science and Arts in China to the Ming Dynasty.' *JPOS*, 1888, 2, 142.
EDKINS, J. (2). 'What did the ancient Chinese know of the Greeks and Romans?' *JRAS/NCB*, 1883, (n.s.), **18**, 1.
EDKINS, J. (5). 'The Place of Huang Ti in Early Taoism.' *CR*, 1886, **15**, 223.
EDKINS, J. (9). 'Allusions to China in Pliny's *Natural History*.' *JPOS*, 1885, **1**, 1.
EINSTEIN, L. E. (1). 'A Chinese Design in St Mark's at Venice.' *RA*, 1926 (5ᵉ sér.), **24**, 28.
EITEL, E. J. (1) (tr.). 'Travels of the Emperor Mu.' *CR*, 1888, **17**, 233, 247.
ELLIS, G. W. (1). *Negro Culture in West Africa*. Neale, New York, 1914.
ERKES, E. (1) (tr.). 'Das Weltbild d. Huai Nan Tzu' (tr. of ch. 4). *OAZ*, 1918, **5**, 27.
ERKES, E. (2). 'Ist die Hsia Dynastie geschichtlich?' *TP*, 1937, **33**, 134.
EZERMAN, J. L. J. F. & VAN WETTUM, B. A. J. (1). 'Alphabetical List of the Emperors of China and of their year-titles or *Nien-hao*, with the date of their reign and duration.' *TP*, 1891, 2, 357.

FABER, G. A. (1). 'Dress and Dress-Materials in Greece and Rome.' *CIBA/T*, 1938, **1**, (9), 296.
FEBVRE, L. (1) [With L. BATAILLON]. *La Terre et l'Evolution Humaine; Introduction Géographique à l'Histoire*. (L'Evol. de l'Hum. Sér. Sect. 1, Préhist. no. 4.)
FEIFEL, E. (1) (tr.). *Pao Phu Tzu Nei Phien*, chs. 1 to 3. *MS*, 1941, **6**, 113.
FEIFEL, E. (2) (tr.). *Pao Phu Tzu Nei Phien*, ch. 4. *MS*, 1944, **9**, 1.
FÊNG TA-JAN & KILBORN, L. G. (1). 'Nosu and Miao Arrow Poisons.' *JWCBRS*, 1937, 9, 130.
FÊNG YU-LAN (1). *A History of Chinese Philosophy*: Vol. 1, *The Period of the Philosophers (from the beginnings to c. B.C. 100)* tr. D. Bodde; Vetch, Peiping, 1937; Allen & Unwin, London, 1937. Vol. 2, *The Period of Classical Learning (from the 2nd century B.C. to the 20th century A.D.)* tr. D. Bodde; Princeton Univ. Press, Princeton, N.J., 1953. Translations by Bodde of parts of vol. 2 had appeared earlier in *HJAS*. (See Fêng Yu-Lan, *1*.)
FÊNG YU-LAN (2). *The Spirit of Chinese Philosophy*, tr. E. R. Hughes. Kegan Paul, London, 1947.
FÊNG YU-LAN (5) (tr.). *Chuang Tzu; a new selected translation with an exposition of the philosophy of Kuo Hsiang*. Commercial Press, Shanghai, 1933.
FERGUSON, J. C. (1). 'China's Earliest Culture. *CSPSR*, 1938, **22**, 1.
FERGUSON, J. C. (4). 'The Southern Migration of the Sung Dynasty.' *JRAS/NCB*, 1924, **55**, 14.
FERGUSON, J. C. (5). 'Painters among Catholic Missionaries and their Helpers in Peking.' *JRAS/NCB*, 1934, **65**, 21.
FERRAND, G. (1). *Relations de Voyages et Textes Géographiques Arabes, Persans et Turcs relatifs à l'Extrême Orient, du 8ᵉ au 18ᵉ siècles, traduits, revus et annotés etc.* 2 vols. Leroux, Paris, 1913.
FERRAND, G. (2) (tr.). *Voyage du marchand Sulaymān en Inde et en Chine redigé en +851; suivi de remarques par Abū Zayd Ḥasan (vers +916)*. Bossard, Paris, 1922.
FESTUGIÈRE, A. G. (1). *La Révélation d'Hermès Trismégiste, I. L'Astrologie et les Sciences Occultes*. Gabalda, Paris, 1944. (See Filliozat, 5.)
FESTUGIÈRE, A. G. (2). 'Trois Rencontres entre la Grèce et l'Inde.' *RHR/AMG*, 1943, **125**, 32.
FÉVRIER, J. (1). 'L'Alphabet.' In *Encyclopédie Française*, 1937, vol. 1, pt. 2, ch. 4, 1.44-1.
FILLIOZAT, J. (1). *La Doctrine Classique de la Médecine Indienne*. Imp. Nat., CNRS and Geuthner, Paris, 1949.
FILLIOZAT, J. (2). 'Les Origines d'une Technique Mystique Indienne.' *RP*, 1946, 136, 208.

FILLIOZAT, J. (3). 'Taoisme et Yoga.' *DVN*, 1949, 3, 1.
FILLIOZAT, J. (4). 'Les Echanges de l'Inde et de l'Empire Romain aux premiers siècles de l'ère Chrétienne.' *RH*, 1949, 201, 1.
FILLIOZAT, J. (5). Review of Festugière (1) (*q.v.*). *JA*, 1944, 234, 349.
FILLIOZAT, J. (6). 'La Doctrine des Brahmanes d'après St Hippolyte.' *JA*, 1945, 234, 451; *RHR/AMG*, 1945, 128, 59.
FISHER, B. (1). 'The *Qanāts* of Persia.' *GR*, 1928, 18, 302.
FITZGERALD, C. P. (1). *China; a Short Cultural History*. Cresset Press, London, 1935.
FITZGERALD, C. P. (2). 'The Yunnan-Burma Road.' *GJ*, 1940, 95, 161.
FITZGERALD, C. P. (3). 'The Tiger's Leap.' *GJ*, 1941, 98, 147.
FITZGERALD, C. P. (4). 'The Tali District of W. Yunnan.' *GJ*, 1942, 99, 50.
FITZGERALD, C. P. (5). 'The Northern Marches of Yunnan.' *GJ*, 1943, 102, 49.
FOCHLER-HAUKE, G. (1). *Die Mandschurei; eine geographische-geopolitische Landeskunde*. Vowinckel, Heidelberg, 1941.
FOORD, E. (1). 'China and the Destruction of the Roman Empire.' *CTR*, 1908, 94, 207.
FOREMAN, G. (1). *Sequoyah, a Biography*. Univ. Oklahoma Press, 1938.
FORGUE, E. (1). Art. 'Histoire de la Chirurgie', in Laignel-Lavastine, *Histoire Générale de la Médecine* (*q.v.*), vol. 2, p. 350.
FORKE, A. (1). 'Ta Ts'in [Ta-Chhin] das Römische Reich.' *OAZ*, 1927, 14, 48.
FORKE, A. (3) (tr.). *Me Ti [Mo Ti] des Sozialethikers und seiner Schüler philosophische Werke*. Berlin, 1922. (*MSOS*, Beiband, 23 to 25.)
FORKE, A. (4) (tr.). *Lun Hêng, Philosophical Essays of Wang Chhung*: Vol. 1, 1907. Kelly & Walsh, Shanghai; Luzac, London; Harrassowitz, Leipzig. Vol. 2, 1911 (with the addition of Reimer, Berlin). (*MSOS*, Beibände, 10 and 14.) (crit. P. Pelliot, *JA*, 1912 (10e sér.), 20, 156.)
FORKE, A. (9). *Geschichte d. neueren chinesischen Philosophie* (i.e. from beg. of Sung to modern times). de Gruyter, Hamburg, 1938. (Hansische Univ. Abhdl. a. d. Geb. d. Auslandskunde, no. 46 (Ser. B, no. 25).)
FORKE, A. (12). *Geschichte d. mittelälterlichen chinesischen Philosophie* (i.e. from beg. of Former Han to end of Wu Tai). de Gruyter, Hamburg, 1934. (Hamburg. Univ. Abhdl. a. d. Geb. d. Auslandskunde, no. 41 (Ser. B, no. 21).)
FORKE, A. (13). *Geschichte d. alten chinesischen Philosophie* (i.e. from antiquity to beg. of Former Han). de Gruyter, Hamburg, 1927. (Hamburg. Univ. Abhdl. a. d. Geb. d. Auslandskunde, no. 25 (Ser. B, no. 14).)
FORREST, R. A. D. (1). *The Chinese Language*. Faber & Faber, London, 1948.
FOUCHER, A. (1). *La Vieille Route de l'Inde de Bactres à Taxila* (Mém. de la Déleg. Archéol. Franç. en Afghanistan). 2 vols. Paris, 1940–7.
FOUCHER, A. (2). *L'Art Gréco-Bouddhique de Gandhāra*. Paris, 1905–22.
FOX, H. M. (1). 'Lunar Periodicity in Reproduction.' *PRSB*, 1924, 95, 523.
FOX, R. (1). *Genghis Khan*. Lane, London, 1936.
FRANKE, H. (4). 'Gustav Haloun (1898–1951): In Memoriam.' *ZDMG*, 1952, 102, 1.
FRANKE, O. (1). *Geschichte d. chinesischen Reiches*. 5 vols. de Gruyter, Berlin, 1930–53.
FRANKE, O. (2). 'Der Ursprung der chinesischen Geschichtsschreibung.' *SPAW/PH*, 1925, 276.
FRANKE, O. (3). *Studien z. Geschichte des Konfuzianischen Dogmas und d. chinesischen Staatsreligion, das Problem des Tsch'un-ts'iu [Chhun Chhiu] und Tung Tschung-schu's Tsch'un-ts'iu-fan-lu*. Hamburg, 1920. (Hamburg. Univ. Abhdl. a. d. Geb. d. Auslandskunde, no. 1.)
FRANKE, O. (4). *Li Tschi [Li Chih], ein Beitrag z. Geschichte d. chinesisches Geisteskämpfe in 16-Jahrh. APAW/PH*, 1938, no. 10.
FRANKE, O. (5). 'Zur Frage der Einführung des Buddhismus in China.' *MSOS*, 1910, 13, 295.
FRANKE, O. (8). *Aus Kultur und Geschichte Chinas, Vorträge und Abhandlungen aus den Jahren 1902–1942*. Deutschland Institut, Peiping, 1945.
FRANKE, O. (9). 'Zwei wichtige literarische Erwerbungen des Seminars für Sprache und Kultur Chinas zu Hamburg' (on the *Yung-Lo Ta Tien* and the *Thu Shu Chi Chhêng*). *Jahrb. d. Hamburgischen wissenschaftl. Anstalten*, 1914, 32. (Reprinted in Franke (8), p. 91.)
FRANKE, O. (10). 'Der Sinn der chinesischen Geschichtsschreibung.' *FF*, 1937, 13, no. 13. (Reprinted in Franke (8), p. 374.)
FRANKE, W. (1). 'Juan Yuan.' *MS*, 1944, 9, 53.
FREEDMAN, M. (1). 'Nan Yang; Chinese South-east Asia.' *AH*, 1948, 1, 13.
FUCHS, W. (4). 'Huei-Ch'ao's [Hui Chhao] Pilgerreise durch Nordwest-Indien und Zentral-Asien um +726.' *SPAW/PH*, 1938, 30, 426.
FULLER, M. L. & CLAPP, F. G. (1). 'Loess and Rock Dwellings of Shensi.' *GR*, 1924, 14, 215.
FURON, R. (1). *Manuel de Préhistoire Générale*. Payot, Paris, 1943.

von Gabain, A. (1) (tr.). 'Ein Fürstenspiegel; Das *Sin-Yü* [*Hsin Yü*] des Lu Kia. [Lu Chia].' Inaug. Diss. Berlin, 1930; and *MSOS*, 1930, 33, 1.
von der Gabelentz, G. (1). *Chinesische Grammatik*. Leipzig, 1881.
Gale, J. S. (1). 'The Korean Alphabet.' *JRAS/KB*, 1912, 4, 13.
le Gall, S. (1). *Le Philosophe Tchou Hi* [*Chu Hsi*], *sa Doctrine, son Influence*. T'u-Se-Wei, Shanghai, 1894 (*VS*, no. 6). (Incl. tr. of part of ch. 49 of *Chu Tzu Chhüan Shu*.)
Galt, H. S. (1). *A History of Chinese Educational Institutions*. Vol. 1. *To the End of the Five Dynasties* (+960). Probsthain, London, 1951.
Gardner, C. S. (1). *A Modern System for the Romanisation of Chinese*. Harvard, 1930.
Gardner, C. S. (2). 'The Western Transcription of Chinese.' *JRAS/NCB*, 1931, 62, 137.
Gardner, C. S. (3). *Chinese Traditional Historiography*. Harvard Univ. Press, Cambridge, Mass. 1938. (Harvard Histor. Monographs, no. 11.)
Gaubil, A. (2). *Histoire Abrégée de l'Astronomie Chinoise* (with Appendices 1, Des Cycles des Chinois; 2, Dissertation sur l'Eclipse Solaire rapporté dans le *Chou-King* [*Shu Ching*]; 3, Dissertation sur l'Eclipse du Soleil rapportée dans le *Chi-King* [*Shih Ching*]; 4, Dissertation sur la première Eclipse du Soleil rapportée dans le *Tchun-Tsieou* [*Chhun Chhiu*]; 5, Dissertation sur l'Eclipse du Soleil, observée en Chine l'an trente-et-unième de Jésus-Christ; 6, Pour l'Intelligence de la Table du *Yue-Ling* [*Yüeh Ling*]; 7, Sur les Koua; 8, Sur le *Lo-Chou* (recognition of *Lo Shu* as magic square)). In *Observations Mathématiques, Astronomiques, Géographiques, Chronologiques et Physiques, tirées des anciens Livres Chinois ou faites nouvellement aux Indes, à la Chine, et ailleurs, par les Pères de la Compagnie de Jésus*, ed. E. Souciet. Rollin, Paris, 1732, vol. 2.
Gaubil, A. (3). *Traité de l'Astronomie Chinoise*. In *Observations Mathématiques, etc.*, ed. E. Souciet. Rollin, Paris, 1732, vol. 3.
Geil, W. E. (1). *The Sacred Five of China* [*mountains*]. Murray, London, 1926.
Geil, W. E. (2). *The Eighteen Capitals of China*. Constable, London, 1911.
Geil, W. E. (3). *The Great Wall of China*. Shanghai and London, 1909.
Gerini, G. E. (1). *Researches on Ptolemy's Geography of Eastern Asia* (*Further India and Indo-Malay Peninsula*). Royal Asiatic Society and Royal Geographic Society, London, 1909. (Asiatic Society Monographs, no. 1.)
Gibb, H. A. R. (1). 'The Embassy of Hārūn al-Rashīd to Chhang-An.' *BLSOAS*, 1922, 2, 619.
Gibbon, Edward (1). *The History of the Decline and Fall of the Roman Empire*. 12 vols. Strahan, London, 1790 (first ed. 1776–88).
Giles, H. A. (1). *A Chinese Biographical Dictionary*. 2 vols. Kelly & Walsh, Shanghai, 1898; Quaritch, London, 1898.
Giles, H. A. (2). *Chinese-English Dictionary*. 2 vols. Quaritch, London, 1892; 2nd. ed. 1912. Shanghai, 1909–12.
Giles, H. A. (3) (tr.). *The Travels of Fa-Hsien*. Cambridge, 1923.
Giles, L. (1). 'A Note on the *Yung-Lo Ta Tien*.' *NCR*, 1920, 2, 137.
Giles, L. (2). *An Alphabetical Index to the Chinese Encyclopaedia* (*Chhin Ting Ku Chin Thu Shu Chi Chhêng*). British Museum, London, 1911.
Giles, L. (3). 'Two Parallel Anecdotes from Greek and Chinese Sources.' *BLSOAS*, 1922, 2, 609.
Giles, L. (4) (tr.). *Taoist Teachings from the Book of Lieh Tzu*. Murray, London, 1912; 2nd ed. 1947.
Giles, L. (5). *Six Centuries at Tunhuang*. China Society, London, 1944.
Goodrich, L. Carrington (1). *Short History of the Chinese People*. Harper, New York, 1943.
Goodrich, L. Carrington (2). *The Literary Inquisition of Chhien-Lung*. Waverly, Baltimore, 1935.
Goodrich, L. Carrington (3). 'Cotton in China.' *ISIS*, 1943, 34, 408.
Goodrich, L. Carrington & Chhü Thung-Tsu (1). 'Foreign Music at the Court of Sui Wên Ti.' *JAOS*, 1949, 69, 148.
Goosens, R. (1). 'Un Texte Grec relatif à l'Aśvamedha' (in the *Life of Apollonios of Tyana* by Philostratos). *JA*, 1930, 217, 280.
Gotch, F. (1). 'On Some Aspects of the Scientific Method.' Essay in *Lectures on the Method of Science*, ed. T. B. Strong. Oxford, 1906.
Gourou, P. (1). (*a*) *La Terre et l'Homme en Extrême-Orient*. Colin, Paris, 1947. (*b*) 'Notes on China's Unused Uplands.' *PA*, 1948, 21, 227.
Graham, D. C. (1). 'Historic Notes on the Pho Jen (Beh Ren); the last group of the Pre-Chinese Thai people to remain in Szechuan.' *JWCBRS*, 1936, 8, 82.
Graham, D. C. (2). 'Customs of the Chhuan Miao.' *JWCBRS*, 1937, 9, 13.
Graham, D. C. (3). 'Note about Couvade' and correspondence. *JWCBRS*, 1936, 8, 180; 1937, 9, 231.

GRANET, M. (1). *Danses et Légendes de la Chine Ancienne.* 2 vols. Alcan, Paris, 1926.
GRANET, M. (2). *Fêtes et Chansons Anciennes de la Chine.* Alcan, Paris, 1926; 2nd ed. Leroux, Paris, 1929.
GRANET, M. (3). *La Civilisation Chinoise.* Renaissance du Livre, Paris, 1929; 2nd ed. Albin Michel, Paris, 1948. (Evol. de l'Hum. sér. no. 25.) (crit. Ting Wên-Chiang, *MSOS*, 1931, 34, 161.)
GREGORY, J. W. (1). 'Is the Earth drying up?' *GJ*, 1914, 43, 148, 293.
GREIFENHAGIUS. See Müller, Andreas (Greifenhagius).
GRENARD, F. (1). *Haute Asie.* Vol. 8, pt. 2 of *Géographie Universelle.* Colin, Paris, 1929.
GRENARD, F. (2). 'Sur quelques Routes Anciennes et Modernes.' In J. L. Dutreuil de Rhins, *Mission Scientifique dans la Haute Asie.* Paris, 1898, pp. 212 ff.
DE GROOT, J. J. M. (1). *Chinesische Urkunde z. Geschichte Asiens.* (1) *Die Hunnen d. vorchristlichen Zeit;* (2) *Die Westlände Chinas in d. vorchristl. Zeit,* ed. O. Franke. de Gruyter, Berlin, 1921 & 1926. (crit. E. von Zach, *AM*, 1924, 1, 125.)
GROSIER, J. B. G. A. (1). *De la Chine; ou Description Générale de cet Empire,* etc. 7 vols. Pillet, Paris, 1818–20.
GROUSSET, R. (1). *Histoire de l'Extrême-Orient.* 2 vols. Geuthner, Paris, 1929. (Also appeared in *BE/AMG*, nos. 39 & 40.)
GROUSSET, R. (2). *L'Empire Mongol (1e Phase).* Boccard, Paris, 1941. (*Histoire du Monde*, ed. E. Cavaignac, vol. 8 (2).) See Bouvat.
GROUSSET, R. (3). *Sur les Traces du Bouddha.* Plon, Paris, 1929.
GROUSSET, R. (4). *Bilan de l'Histoire.* Plon, Paris, 1946.
GROUSSET, R. (7). *De la Grèce à la Chine.* Paris, 1952.
GRUBE, W. (1) (tr.). *Die Metamorphosen der Götter* (*Fêng Shen Yen I*, chs. 1–46 with summary of chs. 47–100). 2 vols. Brill, Leiden, 1912.
GRUBE, W. (2). *Die sprachgeschichtliche Stellung des Chinesischen.* Weigel, Leipzig, 1881.
GRUMM-GRJMAILO (1). 'History of the Introduction of the Grape Vine to China.' *Archives d'Hist. de la Technol. USSR*, 1935, 5, no. 15.
DE GUIGNES, C. L. J. (1). *Idée Générale du Commerce et des Liaisons que les Chinois ont eus avec les Nations Occidentales.* Mémoires de Littérature tirés des Registres de l'Académie des Inscriptions et Belles-Lettres, 1784, 46, 555.
DE GUIGNES, JOSEPH (1). *Mémoire dans lequel on prouve, que les Chinois sont une Colonie Egyptienne.* Desaint & Saillant, Paris, 1760. (A paper to the Académie des Inscriptions, 14 Nov. 1758; *MRAI*, 1764, 29, 1.)
DE GUIGNES, JOSEPH (2). 'Mémoire dans lequel on entreprend de fixer la Situation de quelques Peuples Scythes dont il est parlé dans Hérodote, et de rechercher si du temps de cet Historien on connaissait la Chine.' *MRAI*, 1770, 35, 539.

'H., A. R.' (1). 'The Romanisation of Chinese Place-Names.' *GJ*, 1943, 102, 67.
HADI HASAN (1). *A History of Persian Navigation.* Methuen, London, 1928.
HAGERTY, M. J. (1) (tr.). 'Han Yen-Chih's *Chü Lu* (Monograph on the Oranges of Wênchow, Chekiang)', with introduction by P. Pelliot. *TP*, 1923, 22, 63.
DU HALDE, J. B. (1). *Description Géographique, Historique, Chronologique, Politique et Physique de l'Empire de la Chine et de la Tartarie Chinoise.* 4 vols. Paris, 1735. The Hague, 1736; Eng. tr. R. Brookes, London, 1736, 1741.
HALOUN, G. (1). 'Chinese Script.' *WR*, Sept. 1942, p. 27.
HALOUN, G. (4). 'Zur Üe-Tsï [Yüeh-chih] Frage.' *ZDMG*, 1937, 91, 243.
HALOUN, G. (6). 'Die Rekonstruktion der chinesischen Urgeschichte durch die Chinesen.' *JDZWT*, 1925, 3, 243.
HALOUN, G. (7). 'Seit wann kannten die Chinesen die Tocharer oder Indogermanen überhaupt?' *AM*, 1924, 1, 1.
HAMBIS, L. (1). 'Le chapitre 107 du *Yuan Che* [*Yuan Shih*]; les généalogies impériales Mongoles dans l'Histoire Chinoise Officielle de la Dynastie Mongole.' *TP* (Suppl.), 1945, 38, 1.
HANBURY, DANIEL (1). *Science Papers, chiefly Pharmacological and Botanical.* Macmillan, London, 1876.
DE HARLEZ, C. (1). *Le Yih-King* [*I Ching*], *Texte Primitif Rétabli, Traduit et Commenté.* Hayez, Bruxelles, 1889.
HARRISON, H. S. (2). 'Opportunism and the Factors of Invention.' *AAN*, 1930, 32, 106.
HAVRET, H. (1). 'Conversion des Dates Cycliques (Années et Jours) en Dates Juliennes.' *TP*, 1898, 9, 142.
VAN HÉE, L. (10). 'The *Chhou Jen Chuan* of Juan Yuan (+1764 to +1849).' *ISIS*, 1926, 8, 103.

HERRMANN, A. (1). *Historical and Commercial Atlas of China.* Harvard-Yenching Institute, Cambridge, Mass. 1935. (Harvard-Yenching Institute, Monograph series, no. 1.)
HERRMANN, A. (2). *Die alten Seidenstrassen zw. China u. Syrien. Beitr. z. alten Geographie Asiens, I* (with excellent map). Berlin, 1910. (Quellen u. Forschungen z. alten Gesch. u. Geographie, no. 21); photographically reproduced Tientsin, 1941.
HERRMANN, A. (3). 'Die alten Verkehrswege zw. Indien u. Süd-China nach Ptolemäus.' *ZGEB*, 1913, 771.
HERRMANN, A. (4). 'Ein alter Seeverkehr zw. Abessinien u. Süd-China zum Beginn unserer Zeitrechnung.' *ZGEB*, 1913, 553.
HERRMANN, A. (5). 'Die Seidenstrassen vom alten China nach dem Römischen Reich.' *MGGW*, 1915, 58, 472.
HERRMANN, A. (6). *Die Verkehrswege zw. China, Indien und Rom um etwa 100 nach Chr.* Leipzig, 1922. (Veröffentl. d. Forschungsinstitut f. vergleich. Religionsgeschichte Univ. Leipzig, no. 7.)
HERRMANN, A. (7). 'Die Lage des Landes Ta Ts'in [Ta-Chhin].' *OAZ*, 1927, 14, 196.
HERRMANN, A. (12). 'Das geographische Bild Chinas im Altertum.' *SA* (Forke-Festschrift Sonderausgabe), 1937, 72.
HIRTH, F. (1). *China and the Roman Orient.* Kelly & Walsh, Shanghai; G. Hirth, Leipzig and Munich, 1885; photographically reproduced in China with no imprint, 1939.
HIRTH, F. (2) (tr.). 'The Story of Chang Chhien, China's Pioneer in West Asia.' *JAOS*, 1917, 37, 89. (Translation of ch. 123 of the *Shih Chi*, containing Chang Chhien's Report; from §18–52 inclusive and 101 to 103. §98 runs on to §104, 99 and 100 being a separate interpolation. Also tr. of ch. 111 containing the biogr. of Chang Chhien.)
HIRTH, F. (3). *Ancient History of China; to the end of the Chou Dynasty.* New York, 1908; 2nd ed. 1923.
HIRTH, F. (4). 'Words introduced from the Chinese into European languages.' *CR*, 1873, 2, 95.
HIRTH, F. (9). *Über fremde Einflüsse in der chinesischen Kunst.* G. Hirth, München u. Leipzig, 1896.
HIRTH, F. (10). 'Biographisches nach eigenen Aufzeichnungen.' *AM* (Hirth Presentation Volume), 1922, 1, 1. (With complete bibliography of the writings of F. Hirth appended.)
HIRTH, F. (11). 'Die Länder des Islam nach chinesischen Quellen.' *TP*, 1894, 5 (Suppl.). (Translation of, and notes on, the relevant parts of the *Chu Fan Chih* of Chao Ju-Kua; subsequently incorporated in Hirth & Rockhill.)
HIRTH, F. & ROCKHILL, W. W. (tr.). *Chao Ju-Kua; His work on the Chinese and Arab Trade in the twelfth and thirteenth centuries, entitled 'Chu Fan Chih.'* Imp. Acad. Sci., St Petersburg, 1911. (crit. G. Vacca, *RSO*, 1913, 6, 209; P. Pelliot, *TP*, 1912, 13, 446; E. Schaer, *AGNT*, 1913, 6, 329; O. Franke, *OAZ*, 1913, 2, 98; A. Vissière, *JA*, 1914, (11e sér.), 3, 196.)
HITTI, P. K. (1). *History of the Arabs.* 4th ed. Macmillan, London, 1949.
HOANG, P. (1). *De Calendario Sinici Variae Notiones; Calendarii Sinicae et Europaei Concordantia,* Zikkawei (Hsü-Chia-Wei), Shanghai, 1885; *A Notice of the Chinese Calendar and a Concordance with the European Calendar,* Zikkawei (Hsü-Chia-Wei), Shanghai, 1904.
HOANG, P. (4). *Concordance des Chronologies Néomeniques Chinoise et Européenne.* Shanghai, 1910 (*VS*, no. 29).
HODOUS, L. (1). *Folkways in China.* Probsthain, London, 1929.
HOPKINS, L. C. (1). (*a*) 'Shang Rulers.' *JRAS*, 1917, 69. (*b*) 'The Royal Genealogies on the Honan Relics and the Record of the Shang Dynasty.' *AM* (Hirth Presentation Volume), 1922, 1, 194.
HOPKINS, L. C. (2). (*a*) 'The Shaman or *Wu*.' *NCR*, 1920, 2, 423. (*b*) 'The Shaman or Chinese *Wu*; his inspired dancing and versatile character.' *JRAS*, 1945, 3.
HOPKINS, L. C. (3). *The Development of Chinese Writing.* China Society, London, n.d.
HOPKINS, L. C. (4). 'L'Ecriture dans l'Ancienne Chine.' *SCI*, 1920, 27, 19.
HOPKINS, L. C. (5). 'Pictographic Reconnaissances, I.' *JRAS*, 1917, 773.
HOPKINS, L. C. (6). 'Pictographic Reconnaissances, II.' *JRAS*, 1918, 387.
HOPKINS, L. C. (7). 'Pictographic Reconnaissances, III.' *JRAS*, 1919, 369.
HOPKINS, L. C. (8). 'Pictographic Reconnaissances, IV.' *JRAS*, 1922, 49.
HOPKINS, L. C. (9). 'Pictographic Reconnaissances, V.' *JRAS*, 1923, 383.
HOPKINS, L. C. (10). 'Pictographic Reconnaissances, VI.' *JRAS*, 1924, 407.
HOPKINS, L. C. (11). 'Pictographic Reconnaissances, VII.' *JRAS*, 1926, 461.
HOPKINS, L. C. (12). 'Pictographic Reconnaissances, VIII.' *JRAS*, 1927, 769.
HOPKINS, L. C. (13). 'Pictographic Reconnaissances, IX' (and Index to Chinese characters examined in this series and other papers in the same Journal 1916–28). *JRAS*, 1928, 327.
HOPKINS, L. C. (14). 'Archaic Chinese Characters, I.' *JRAS*, 1937, 27.
HOPKINS, L. C. (15). 'Archaic Chinese Characters, II.' *JRAS*, 1937, 209.
HOPKINS, L. C. (16). 'Archaic Chinese Characters, III.' *JRAS*, 1937, 409.

HOPKINS, L. C. (17). 'The Dragon Terrestrial and the Dragon Celestial, I, A Study of the *Lung* (terrestrial).' *JRAS*, 1931, 791.
HOPKINS, L. C. (18). 'The Dragon Terrestrial and the Dragon Celestial, II, A Study of the *Chhen* (celestial).' *JRAS*, 1932, 91.
HOPKINS, L. C. (19). 'The Human Figure in Archaic Chinese Writing; a Study in Attitudes.' *JRAS*, 1929, 557.
HOPKINS, L. C. (20). 'The Human Figure in Archaic Chinese Writing.' *JRAS*, 1930, 95.
HOPKINS, L. C. (21). 'The Ancestral Message.' *JRAS*, 1938, 413.
HOPKINS, L. C. (22). 'The Wind, the Phoenix, and a String of Shells.' *JRAS*, 1917, 377.
HOPKINS, L. C. (23). 'The Honan Relics; a new investigator and some Results.' *JRAS*, 1921, 29.
HOPKINS, L. C. (24). 'On a newly-discovered Early Chou Inscribed Bronze.' *JRAS*, 1924, 1.
HOPKINS, L. C. (25). 'Metamorphic Stylisation and the Sabotage of Significance; a Study in Ancient and Modern Chinese Writing.' *JRAS*, 1925, 451.
HOPKINS, L. C. (26). 'Where the Rainbow Ends.' *JRAS*, 1931, 603.
HOPKINS, L. C. (27). 'Archaic Sons and Grandsons; a Study of a Chinese Complication Complex.' *JRAS*, 1934, 57.
HOPKINS, L. C. (28). 'Symbols of Parentage in Archaic Chinese, I.' *JRAS*, 1940, 351.
HOPKINS, L. C. (29). 'Symbols of Parentage in Archaic Chinese, II.' *JRAS*, 1941, 204.
HOPKINS, L. C. (30). 'Sunlight and Moonshine.' *JRAS*, 1942, 102.
HOPKINS, L. C. (31). 'The *Cas-Chrom* v. the *Lei-Ssu*; A Study of the Primitive Forms of Plough in Scotland and Ancient China.' I, *JRAS*, 1935, 707. II, *JRAS*, 1936, 45.
HOPKINS, L. C. (32). 'The Rescue of the Chinese Rhinoceros.' *JRAS*, 1939, 253.
HOPKINS, L. C. (33). 'The Bearskin, another Pictographic Reconnaissance from Primitive Prophylactic to Present-Day Panache; a Chinese Epigraphic Puzzle.' *JRAS*, 1943, 110.
HOPKINS, L. C. (34). 'A Cryptic Message and a New Solution.' *JRAS*, 1947, 191.
HOPKINS, L. C. (35). 'The Chinese Numerals and their Notational Systems.' *JRAS*, 1916, 315, 737.
HORA, S. L. (1). (*a*) 'The History of Science and Technology in India and South-east Asia.' *N*, 1951, 168, 1047. (*b*) (ed.) 'Symposium on History of Sciences in South Asia.' *PNISI*, 1952, 18, 323.
D'HORMON, A. (1) (ed.). *Lectures Chinoises.* Ecole Franco-Chinoise, Peiping, 1945–.
HORNBLOWER, G. D. (1). 'Round the International Exhibition of Persian Art.' *IC*, 1931, 5, 588 (599); 1932, 6, 67 (75, 76).
HORWITZ, H. T. (1). 'Ein Beitrag zu den Beziehungen zwischen ostasiatischer und europaïscher Technik.' *ZOIAV*, 1913, 65, 390.
HOURANI, G. F. (1). *Arab Seafaring in the Indian Ocean in Ancient and Early Medieval Times.* Princeton Univ. Press, Princeton, 1951. (Princeton Oriental Studies, no. 13.)
HOURANI, G. F. (2). 'Direct Sailing between the Persian Gulf and China in pre-Islamic Times.' *JRAS*, 1947, 157.
HSIAO YÜ (1). 'Recherches sur Mong Kiang Niu.' (History of the *Mêng Chiang Nü* ballad.) *S*, 1948, 1, 189.
HU HUAN-YUNG (1). 'A Geographical Sketch of Chiangsu Province.' *GR*, 1947, 37, 609.
HU SHIH (1). *The Chinese Renaissance.* Univ. of Chicago Press, Chicago, 1934.
HUART, C. & DELAPORTE, L. (1). *L'Iran Antique, Elam et Perse, et la Civilisation Iranienne.* Albin Michel, Paris, 1943. (Evol. de l'Hum. Sér.; Préhist. no. 24.)
HUBER, E. (1). 'Itineraire du Pèlerin Ki Ye [Chi-Yeh] dans l'Inde.' *BEFEO*, 1902, 2, 256.
HUBERT, H. (1). *Les Celtes et l'Expansion Celtique jusqu'à l'Epoque de la Tène.* Albin Michel, Paris, 1932. (Evol. de l'Hum. Sér.; Préhist. no. 21.)
HUBERT, H. (2). *Les Celtes depuis l'Epoque de la Tène, et la Civilisation Celtique.* Albin Michel, Paris, 1932. (Evol. de l'Hum. Sér.; Préhist. no. 21 bis.)
HUDSON, G. F. (1). *Europe and China; A Survey of their Relations from the Earliest Times to 1800.* Arnold, London, 1931.
HUGHES, E. R. (1). *Chinese Philosophy in Classical Times.* Dent, London, 1942. (Everyman Library, no. 973.)
HUGHES, E. R. (2) (tr.). *The Great Learning and the Mean-in-Action.* Dent, London, 1942.
HUGHES, E. R. (3). *The Invasion of China by the Western World.* Black, London, 1937.
HUGHES, E. R. (4). 'Concerning the Importance and Reliability of the *I Wên Chih*' (bibliography in the *Chhien Han Shu*). *MCB*, 1939, 6, 173.
HÜLLE, H. (1). 'Geschichte u. Inhalt d. Wissenschaft von Ostasien.' *CB*, 1925, 42, 545.
HUMMEL, A. W. (1). 'Phonetics and the Scientific Method.' *ARLC/DO*, 1940, 169.
HUMMEL, A. W. (2) (ed.). *Eminent Chinese of the Chhing Period.* 2 vols. Library of Congress, Washington, 1944.

HUMMEL, A. W. (4). 'Notes on Li Chih (Ming), unorthodox scholar and martyr.' *ARLC/DO*, 1931–2, 190; 1938, 232; 1939, 248.
HUNTINGTON, ELLSWORTH (1). *The Pulse of Asia.* Boston, 1907, 1910.
HUNTINGTON, ELLSWORTH (2). *Civilisation and Climate.* 3rd ed. New Haven, 1924.
HUZZAYIN, S. A. (1). *Arabia and the Far East; their commercial and cultural relations in Graeco-Roman and Irano-Arabian times.* Soc. Royale de Geogr. Cairo, 1942.

IBN BAṬṬŪṬAH, ABŪ 'ABDALLĀH AL-LUWĀṬĪ AL-ṬANGHĪ (1). *Riḥla ibn Baṭṭūṭah* (Journey of ibn Baṭṭūṭah). See Defrémery & Sanguinetti (1).
IMPEY, L. (1). 'Shangtu (Xanadu), the summer Capital of Kublai Khan.' *GR*, 1925, 15, 584.

'ABD AL-JALĪL, J. M. (1). *Brève Histoire de la Littérature Arabe.* Maisonneuve, Paris, 1943; 2nd ed. 1947.
JANSE, O. (1). 'Notes sur quelques Epées Anciennes trouvées en Chine.' *BMFEA*, 1930, 2, 67.
JANSE, O. (2). 'Tubes et Boutons cruciformes trouvés en Eurasie.' *BMFEA*, 1932, 4, 187.
JANSE, O. (3). 'L'Empire des Steppes et les Relations entre l'Europe et l'Extrême-Orient dans l'Antiquité.' *RAA/AMG*, 1935, 9, 9.
JANSE, O. (4). 'Quelques Antiquités Chinoises d'un caractère Hallstattien.' *BMFEA*, 1930, 2, 177.
JANSE, O. (5). *Archaeological Research in Indo-China* (Harvard-Yenching Monograph Series, no. 7). Harvard Univ. Press, Cambridge, Mass. 1947. (Also in *RAA/AMG*, 1935, 9, 144, 209; 1936, 10, 42.)
JENSEN, H. (1). 'Indogermanisch u. Chinesisch.' Art. in *Germanen u. Indogermanen* (H. Hirt Festschrift), ed. H. Arntz. Winter, Heidelberg, 1936, p. 139. (Indogermanische Bibliothek, no. 15 (2).)
JOURDAIN, A. (1). 'Mémoire sur l'Observatoire de Méragha et les Instruments employés pour y observer.' *Magasin Encyclopédique*, 1809 (6), 84, 43; and sep. Paris, 1810.
JULIEN, STANISLAS (1) (tr.). *Voyages des Pèlerins Bouddhistes.* 3 vols. Impr. Imp., Paris, 1853–8. (Vol. 1 contains Hui-Li's life of Hsüan-Chuang; vols. 2 and 3 contain Hsüan-Chuang's *Hsi Yü Chi.*)
JULIEN, STANISLAS (2). 'Mélanges de Géographie Asiatique et de Philologie Sinico-Indienne.' Paris, 1864, pp. 166ff. (See note in *JA*, 1864 (6e sér.), 3, 372). A collection of offprints from *JA*, including 'Notices sur les Pays et les Peuples Etrangers, tirées des Géographies et des Annales Chinoises, V. Thien-Tchou, l'Inde.' *JA*, 1847 (4e sér.), 10, 81 (109) (essentially a translation of part of *Wên Hsien Thung Khao*, ch. 338, p. 14*a*).

KAHLE, P. (1). 'China as described by Turkish Geographers from Iranian Sources.' *PIS*, 1940, 2, 4.
KAHLE, P. (2). 'Eine Islamische Quelle über China um +1500 (Das *Khiṭai-nāmah* des 'Alī Ekber).' *AO*, 1933, 12, 91.
KALLENBERG, C. (1). 'Der Handel mit Perlen und Perlmutterschalen in Rothen Meere.' *OMO*, 1884 (March), p. 86.
KANDA, SIGERU (1). 'Ancient Records of Sunspots and Aurorae in the Far East, and the Variation of the Period of Solar Activity.' *PIAJ*, 1933, 9, 293.
KANTER, H. (1). 'Der Löss in China.' *MGGH*, 1922, 34, 99.
KARLGREN, B. (1). *Grammata Serica; Script and Phonetics in Chinese and Sino-Japanese. BMFEA*, 1940, 12, 1. (Photographically reproduced as separate volume, Peiping, 1941.)
KARLGREN, B. (2). 'Legends and Cults in Ancient China.' *BMFEA*, 1948, 18, 199.
KARLGREN, B. (3). *The Romanisation of Chinese.* China Society, London, 1928.
KARLGREN, B. (4). *Sound and Symbol in Chinese.* Oxford, 1923; repr. 1946. (Eng. tr. of *Ordet och Pennan i Mittens Rike.* Stockholm, 1918.)
KARLGREN, B. (5). *Philology and Ancient China.* Aschehong (Nygaard), Oslo, 1926. (Institutet for Sammenlignende Kulturforskning; A, Forelesninger, no. 8.)
KARLGREN, B. (6). 'Le Proto-Chinois, Langue Flexionelle.' *JA*, 1920 (11e sér.), 15, 205.
KARLGREN, B. (7). *Etudes sur la Phonologie Chinoise.* 3 vols. Stockholm, 1915–19.
KARLGREN, B. (8). 'On the Authenticity and Nature of the *Tso Chuan*.' *GHA*, 1926, 32, no. 3 (crit. H. Maspero, *JA*, 1928, 212, 159).
KARLGREN, B. (10). 'The Authenticity of Ancient Chinese Texts.' *BMFEA*, 1929, 1, 165.
KARLGREN, B. (12) (tr.). 'The Book of Documents' (*Shu Ching*). *BMFEA*, 1950, 22, 1.
KARLGREN, B. (14) (tr.). *The Book of Odes; Chinese Text, Transcription and Translation.* Museum of Far Eastern Antiquities, Stockholm, 1950. (A reprint of the translation only from his papers in *BMFEA*, 16 and 17.)

KARPINSKI, L. C. (1) (tr.). *Robert of Chester's Latin Translation of the Algebra of al-Khwārizmī, with an Introduction, Critical Notes, and an English Version.* Univ. of Michigan Studies, New York, 1915.
KAYE, G. R. (3). *Indian Mathematics.* Thacker & Spink, Calcutta, 1915.
KENNEDY, J. (1). 'Buddhist Gnosticism; the System of Basilides.' *JRAS*, 1902, 377.
KENNEDY, J. (2). 'The Gospels of the Infancy, the *Lalita Vistara*, and the *Vishṇu Purāṇa*: or the Transmission of Religious Ideas between India and the West.' *JRAS*, 1917, 209, 469.
KING, F. H. (1). 'The Wonderful Canals of China.' *NGM*, 1912, **23**, 931.
KIRCHER, ATHANASIUS (1). *China Monumentis qua Sacris qua Profanis Illustrata.* Amsterdam, 1667. (French tr. Amsterdam, 1670.)
KLEINGUNTHER, A. (1). ΠΡΩΤΟΣ ΕΥΡΕΤΗΣ (Greek lists of inventors and technic deities). *PL*, 1933, Suppl. **26**, 26.
KLIENE, C. (1). *Anglo-Chinese Calendar, 1751–2000* A.D. Shanghai and London, 1895.
KLUNZINGER, C. B. (1). 'Die Umgegend von Qoseir am Rothen Meere.' (On coral.) *ZGEB*, 1879, **14**, 401.
KOESTER, H. (1). 'Four thousand hours over China.' *NGM*, 1938, **73**, 571.
KONDAKOV, N. P. (1). 'Les Costumes Orientaux à la Cour Byzantine.' *B*, 1924, **1**, 7.
KOSAMBI, D. D. (1). 'Chronological Order of the Punch-Marked Coins, I. A Re-Examination of the Older Taxila Hoard.' *JRAS/BOM*, 1949 (n.s.), **24/25**, 33.
KROEBER, A. L. (2). 'Stimulus Diffusion.' *AAN*, 1940, **42**, 1.
KROEBER, A. L. (3). 'The Ancient Oikoumene as an Historic Culture Aggregate' (Huxley Memorial Lecture). *JRAI*, 1945.
KROEBER, A. L. (4). *Configurations of Culture Growth.* Univ. Calif., Berkeley and Los Angeles, 1944.
KROPOTKIN, PRINCE PETER (1). 'The Desiccation of Eurasia.' *GJ*, 1904, **23**, 722.
KU CHIEH-KANG (1). *Autobiography of a Chinese Historian* (preface to *Ku Shih Pien* (*q.v.*)), tr. A. W. Hummel. Leiden, 1931. (Sinica Leidensia series, no. 1.)
KU HUNG-MING (1) (tr.). *The Discourses and Sayings of Confucius.* Kelly & Walsh, Shanghai, 1898.
KUWABARA, JITSUZO (1). 'On Phu Shou-Kêng, a man of the Western Regions, who was the Superintendent of the Trading Ships Office in Chhüan-chou towards the end of the Sung Dynasty, together with a general sketch of the Trade of the Arabs in China during the Thang and Sung eras.' *MRDTB*, 1928, **2**, 1; 1935, **7**, 1 (rev. P. Pelliot, *TP*, 1929, **26**, 364; S. E[lisséev], *HJAS*, 1936, **1**, 265).

LACH, D. F. (2). 'The Chinese Studies of Andreas Müller.' *JAOS*, 1940, **60**, 568.
LACH, D. F. (3). 'China and the Era of the Enlightenment.' *JMH*, 1942, **14**, 209.
LACH, D. F. (4). *Contributions of China to German Civilisation.* Inaug. Diss., Chicago, 1944 (photoprinted excerpt).
DE LACOUPERIE, TERRIEN (1). *The Western Origin of Chinese Civilisation.* London, 1894.
LAIGNEL-LAVASTINE, M. (1) (ed.). *Histoire Générale de la Médecine, de la Pharmacie, de l'Art Dentaire et de l'Art Vétérinaire.* 3 vols. Albin Michel, Paris, 1938.
LARSON, F. A. (1). *Duke of Mongolia.* Boston, 1930.
LATTIMORE, O. (1). *Inner Asian Frontiers of China.* Oxford Univ. Press, London and New York, 1940. (Amer. Geogr. Soc. Research Monograph Series, no. 21.)
LATTIMORE, O. (2). 'Origins of the Great Wall of China; A Frontier Concept in Theory and Practice.' *GR*, 1937, **27**, 529.
LATTIMORE, O. (3). 'An Inner Asian Approach to the Historical Geography of China.' *GJ*, 1947, **110**, 180.
LATTIMORE, O. (4). 'Caravan Routes of Inner Asia.' *GJ*, 1928, **72**, 523.
LATTIMORE, O. (5). 'The Desert Road to Turkestan.' *NGM*, 1929, **55**, 661.
LAUFER, B. (1). *Sino-Iranica; Chinese Contributions to the History of Civilisation in Ancient Iran. FMNHP/AS*, 1919, **15**, no. 31 (Pub. no. 201). (rev. and crit. Chang Hung-Chao, *MGSC*, 1925 (ser. B), no. 5.)
LAUFER, B. (2). 'The Hsi-Hsia Language.' *TP*, 1916, **17**, 1.
LAUFER, B. (3). *Chinese Pottery of the Han Dynasty* (Pub. of the East Asiatic Cttee. of the Amer. Mus. Nat. Hist.). Brill, Leiden, 1909. (Photographically reproduced Tientsin, 1940.)
LAUFER, B. (6). 'The Story of the *Pinna*.' *JAFL*, 1915, **28**, 103.
LAUFER, B. (25). 'The Bird-Chariot in China and Europe.' In *Anthropological Papers written in honour of Franz Boas and presented to him on the 25th anniversary of his doctorate*, ed. B. Laufer. Stechert, New York, 1926, pp. 410 ff.
LAUFER, B. (27). 'Malabathron.' *JA*, 1918 (11e sér.), **12**, 5.

LAUFER, B. (28). 'Christian Art in China.' *MSOS*, 1910, 13, 100.
LECOMTE, LOUIS (1). *Nouveaux Mémoires sur l'Etat présent de la Chine*. Anisson, Paris, 1696. (Eng. tr. *Memoirs and Observations, Topographical, Physical, Mathematical, Mechanical, Natural, Civil and Ecclesiastical, made in a late journey through the Empire of China, and published in several letters, particularly upon the Chinese Pottery and Varnishing, the Silk and other Manufactures, the Pearl Fishing, the History of Plants and Animals, etc. translated from the Paris edition etc.* 2nd ed. London, 1698. Germ. tr. Frankfurt, 1699–1700.)
LEE, H. (1). *The Vegetable Lamb of Tartary; a curious Fable of the Cotton Plant*. London, 1887.
LEE, J. S. See Li Ssu-Kuang.
LEGGE, J. (1) (tr.). *The Texts of Confucianism, translated. Pt. 1, The Shu King, the Religious portions of the She King, the Hsiao King* [*Shu Ching, Shih Ching*, and *Hsiao Ching*]. Oxford, 1879. (*SBE*, no. 3); reprinted in various eds.; Com. Press, Shanghai.
LEGGE, J. (2) (tr.). *The Chinese Classics, etc.*: Vol. 1. *Confucian Analects, The Great Learning, and the Doctrine of the Mean*. Legge, Hongkong, 1861; Trübner, London, 1861.
LEGGE, J. (3) (tr.). *The Chinese Classics, etc.*: Vol. 2. *The Works of Mencius*. Legge, Hongkong, 1861; Trübner, London, 1861.
LEGGE, J. (4) (tr.). *A Record of Buddhistic Kingdoms; an account by the Chinese monk Fa-Hsien of his travels in India and Ceylon (+399 to +414) in search of the Buddhist books of discipline*. Oxford, 1886.
LEGGE, J. (5) (tr.). *The Texts of Taoism*. (Contains (*a*) *Tao Tê Ching*, (*b*) *Chuang Tzu*, (*c*) *Thai Shang Kan Ying Phien*, (*d*) *Chhing Ching Ching*, (*e*) *Yin Fu Ching*, (*f*) *Jih Yung Ching*.) 2 vols. Oxford, 1891; photolitho reprint, 1927. (*SBE*, nos. 39 and 40.)
LEGGE, J. (7) (tr.). *The Texts of Confucianism, Pt. 3. The Li Ki* [*Li Chi*]. 2 vols. Oxford, 1885; reprint, 1926 (*SBE*, nos. 27 and 28).
LEGGE, J. (8) (tr.). *The Chinese Classics, etc.* Vol. 4, Pts. 1 and 2. *She-King* [*Shih Ching*]; *The Book of Poetry*. Lane Crawford, Hongkong; and Trübner, London, 1871. Reprint, without notes, Com. Press, Shanghai, n.d.
LEGGE, J. (9) (tr.). *The Texts of Confucianism, Pt. 2. The Yi King* [*I Ching*]. Oxford, 1882, 1899. (*SBE*, no. 16.)
LEGGE, J. (10) (tr.). *The Chinese Classics, etc.* Vol. 3, Pts. 1 and 2. *The Shoo King* (*Shu Ching*). Hongkong, and Trübner, London. 1865.
LEGGE, J. (11) (tr.). *The Chinese Classics, etc.* Vol. 5, Pts. 1 and 2. *The Ch'un Ts'eu with the Tso Chuen* (*Chhun Chhiu and Tso Chuan*). Hongkong, and Trübner, London, 1872.
LEI HAI-TSUNG (1). *The Warring States (−473 to −221); the Modern Period in Ancient China*. War Area Service Corps Information Pamphlets, series A, no. 1, Kunming, 1943.
LEI HAI-TSUNG (2). 'Periodisation in Chinese and World History.' *CSPSR*, 1937, 20, 461.
LEROI-GOURHAN, ANDRÉ (1). *Evolution et Techniques*. Vol. 1. *L'Homme et la Matière*, 1943; Vol. 2. *Milieu et Techniques*, 1945. Albin Michel, Paris.
LÉVI, S. (1). 'Les Missions de Wang Hiuen-Ts'e [Wang Hsüan-Tshê] dans l'Inde.' *JA*, 1900 (9e sér.), 15, 297, 401.
LÉVI, S. (2). 'Ceylan et la Chine.' *JA*, 1900 (9e sér.), 15, 411.
LÉVI, S. (5). 'Les Marchands de Mer et leur Rôle dans le Bouddhisme Primitif.' *BAFAO*, 1929, 19.
LÉVI, S. & CHAVANNES, E. (1). 'Voyages des Pèlerins Bouddhistes; l'Itinéraire d'Ou-K'ong' (+751 to +790; Wu-Khung), *JA*, 1895 (9e sér.), 6, 341, with additional note (p. 371). 'Le Ki-Pin' (the location of Chi-Pin, Kashmir, etc.).
LI CHI (1). 'Chinese Archaeology.' Art. in *Symposium on Chinese Culture*, ed. Sophia Zen. IPR, Shanghai, 1931, pp. 184 ff.
LI CHI (2). *The Formation of the Chinese People; an Anthropological Enquiry*. Harvard Univ. Press, Cambridge, Mass. 1928.
LI SSU-KUANG (J. S. LEE) (1). *The Geology of China*. Murby, London, 1939.
LIANG CHHI-CHHAO (1). *History of Political Thought during the Early Tsin* [*Chhin*] *Period*. Kegan Paul, London, 1930.
LIN MOU-SHÊNG (1). 'The Revolution in the History of Chinese History.' *CIB*, 1938, 3, 12.
LIN YU-THANG (1) (tr.). *The Wisdom of Laotse* [*and Chuang Tzu*] *translated, edited and with an introduction and notes*. Random House, New York, 1948.
LINDBLOM, G. (1). 'Vessels with Star-shaped Lids.' *ETH*, 1942, 1, 55.
LIPS, J. E. (1). 'Foreigners in Chinese Plastic Art.' *ASIA*, 1941, 41, 377.
LITTRÉ, E. (1) (ed. and tr.). *Hippocrates, Opera Omnia*. Baillière, Paris, 1863.
LIU, S. C. H. (1). 'Introduction of Modern Science into China.' *CJ*, 1941, 34, 120, 210.
LIVI, R. (1). *La Schiavitù Domestica nei Tempi di Mezzo*. Padua, 1928.

DE LA LOUBÈRE, S. (1). *A New Historical Relation of the Kingdom of Siam, by Monsieur de la Loubère, Envoy-Extraordinary from the French King to the King of Siam in the Years 1687 and 1688, wherein a full and curious Account is given of the Chinese Way of Arithmetick and Mathematick Learning,* tr. A. P., Gen[t?] R.S.S. [i.e. F.R.S.]. Horne Saunders & Bennet, London, 1693 (from the French edition, Paris, 1691).
LOVEJOY, A. O. & BOAS, G. (1). *A Documentary History of Primitivism and Related Ideas.* Vol. 1. *Primitivism and Related Ideas in Antiquity.* Johns Hopkins Univ. Press, Baltimore, 1935.
LU CHIH-WEI (1). *On Chinese Poetry.* Peiping, 1935.
DE LUBAC, H. (1). *Textes Alexandrins et Bouddhiques.* Paris, 1938.

McCRINDLE, J. W. (1). *Ancient India as described in Classical Literature; being a Collection of Greek and Latin texts relating to India, extracted from Herodotus, Strabo, Diodorus Siculus, Pliny, Aelian (Kosmas Indicopleustes), Philostratus, Dion Chrysostom, Porphyry, Stobaeus, the Itinerary of Alexander the Great, the Periegesis of Dionysius, the Dionysiaka of Nonnus, the Romance History of Alexander, and other works.* Constable, Westminster, 1901.
McCRINDLE, J. W. (2). *Ancient India as described by Ktesias the Knidian; being a translation of the abridgement of his Indica by Photios, and of the fragments of that work preserved in other Writers, with notes, etc.* Thacker & Spink, Calcutta, 1882.
McCRINDLE, J. W. (3). *Ancient India as described by Megasthenes and Arrian, being a translation of the fragments of the Indica of Megasthenes collected by Dr Schwanbeck, and of the first part of the Indica of Arrian.* Thacker, Bombay, 1877. (Reprinted with additions from *IAQ*, 1876–7.)
McCRINDLE, J. W. (4). *The Commerce and Navigation of the Erythraean Sea; being a translation of the 'Periplus Maris Erythraeus', of an anonymous writer, and of Arrian's account of the Voyage of Nearchos from the mouth of the Indus to the Head of the Persian Gulf, with notes, etc.* Thacker & Spink, Calcutta, 1879.
McCRINDLE, J. W. (5). *The Invasion of India by Alexander the Great, as described by Arrian, Quintus Curtius, Diodorus, Plutarch, and Justin.* Constable, Westminster, 1896.
McCRINDLE, J. W. (6). *Ancient India as described by Ptolemy, being a translation of the chapters which describe India and Central and East Asia, in the Treatise on Geography written by Klaudios Ptolemaios the celebrated astronomer, with notes, etc.* Thacker & Spink, Calcutta, 1885.
McCRINDLE, J. W. (7). *The Christian Topography of Cosmas (Indicopleustes), an Egyptian monk.* London, 1897. (Hakluyt Society Publications, series 1, no. 98.)
McDOUGALL, W. (1). *The Group Mind.* Cambridge, 1920.
McGILLIVRAY, D. (1). *A Mandarin-Romanised Dictionary of Chinese.* Presbyt. Miss. Press, Shanghai, 1907.
McGOVERN, W. M. (1). *Early Empires of Central Asia.* Univ. of North Carolina Press, Chapel Hill, 1939.
McKAY, E. (1). *Early Indus Civilisations,* ed. D. McKay. Luzac, London, 2nd ed. 1948.
DE MAILLA, J. A. M. DE MOYRIAC (1) (tr.). *Histoire Générale de la Chine, ou Annales de cet Empire, traduites du Tong Kien Kang Mou [Thung Chien Kang Mu].* Ed. Grosier & le Roux des Hautes-rayes; Pierres & Clousier, Paris, 1777–85. 13 vols. (This translation was made from the edition of +1708; Hummel (2), p. 689.)
MARGOULIÈS, G. (1) (tr.). *Le Kou Wên [Ku Wên] Chinois; Recueil de Textes avec Introduction et Notes.* Geuthner, Paris, 1925 (Inaug. Diss., Paris). (rev. H. Maspero, *JA*, 1928, 212, 174.)
MARSHALL, SIR JOHN (1). *Taxila. An Illustrated Account of Archaeological Excavations carried out at Taxila under the orders of the Government of India between the years 1913 and 1934.* 3 vols. Cambridge, 1951.
MARTIN, W. A. P. (1). *The Chinese, their Education, Philosophy and Letters.* Harper, New York, 1881.
MARTIN, W. A. P. (2). *The Lore of Cathay; or, the Intellect of China.* Oliphant, Edinburgh and London, 1901.
MARTIN, W. A. P. (3). *Hanlin Papers.* 2 vols. Vol. 1. Trübner, London, 1880, Harper, New York, 1880; Vol. 2. Kelly & Walsh, Shanghai, 1894.
MARTIN, W. A. P. (4). 'Plato and Confucius; a curious Coincidence.' *JPOS*, 1887, 1, 199; *JAOS*, 1890, 14, xxxi. (repr. in Martin (3), vol. 2, p. 199.)
MASON, I. (1). 'The Mohammedans of China; when and how they first came.' *JRAS/NCB*, 1929, 60, 42.
MASON, I. (2) (tr.). *The Arabian Prophet, a life of Mohammed from Chinese and Arabic Sources* (tr. of Liu Chih's *Chih Shêng Shih Lu* of +1724). Com. Press, Shanghai, 1921.
MASPERO, H. (1). 'La Composition et la date du *Tso Chuan*.' *MCB*, 1931, 1, 137.
MASPERO, H. (2). *La Chine Antique.* Boccard, Paris, 1927. (*Histoire du Monde*, ed. E. Cavaignac, vol 4.) (rev. B. Laufer, *AHR*, 1928, 33, 903.) Not to be confused with the book of his brother G. Maspero, *La Chine* (2 vols. Delagrave, Paris, 1918 and 1925), which deals with modern history.

MASPERO, H. (3). 'L'Astronomie Chinoise avant les Han.' *TP*, 1929, **26**, 267. (Abstract by Vacca (5).)
MASPERO, H. (4). 'Les Instruments Astronomiques des Chinois au temps des Han.' *MCB*, 1939, **6**, 183.
MASPERO, H. (5). 'Le Songe et l'Ambassade de l'Empereur Ming.' *BEFEO*, 1910, **10**, 95, 629.
MASPERO, H. (6). 'Les Langues d'Extrême-Orient.' In *Encyclopédie Française*, 1937, vol. **1**, pt. 2, ch. 3, 1.40-1 ff.
MASPERO, H. (12). *Les Religions Chinoises; Mélanges Posthumes sur les Religions et l'Histoire de la Chine*, vol. 1, ed. P. Demiéville. Civilisations du Sud, Paris, 1950. (Publ. du Mus. Guimet, Biblioth. de Diffusion, no. 57.)
MASPERO, H. (19). 'Communautés et Moines Bouddhistes Chinois au 2e et 3e siècles.' *BEFEO*, 1910, **10**, 222.
MASSON-OURSEL, P., DE WILLMAN-GRABOWSKA, H. & STERN, P. (1). *L'Inde Antique et la Civilisation Indienne*. Albin Michel, Paris, 1933. (Evol. de l'Hum. Sér.; Préhist. no. 26.)
AL-MAS'ŪDĪ. See de Meynard & de Courteille.
MATHEWS, R. H. (1). *Chinese-English Dictionary*. China Inland Mission, Shanghai, 1931; Harvard-Yenching Inst., Harvard, 1947.
MAYERS, W. F. (1). *Chinese Reader's Manual*. Presbyterian Press, Shanghai, 1874; reprinted, 1924.
MAYERS, W. F. (2). 'Bibliography of the Chinese Imperial Collections of Literature' (i.e. *Yung-Lo Ta Tien*; *Thu Shu Chi Chhêng*; *Yuan Chien Lei Han*; *Phei Wên Yuan Fu*; *Phien Tzu Lei Pien*; *Ssu Ku Chhüan Shu*). *CR*, 1878, **6**, 213, 285.
MAYERS, W. F. (3). 'Chinese Explorations of the Indian Ocean during the fifteenth century.' *CR*, 1875, **3**, 219, 331; 1875, **4**, 61.
MEHREN, A. F. M. (1) (tr.). *Manuel de la Cosmographie du Moyen Age*. Copenhagen, 1874.
MEI YI-PAO (1) (tr.). *The Ethical and Political Works of Motse* [*Mo Tzu*]. Probsthain, London, 1929.
MEILE, P. (1). 'Apollonius de Tyane et les Rites Védiques.' *JA*, 1945, **234**, 451.
MEILE, P. (2). 'Les Yavanas dans l'Inde Tamoule.' *JA*, 1940, **232**, 85.
MELLOR, J. W. (2). *Comprehensive Treatise on Inorganic and Theoretical Chemistry*. 15 vols. Longmans Green, London, 1923.
DE MÉLY, F. (1). *Les Lapidaires Chinois*. Vol. 1 of *Les Lapidaires de l'Antiquité et du Moyen Age*. Leroux, Paris, 1896. (Contains facsimile reproduction of the mineralogical section of (*Ho Han*) *San Tshai Thu Hui*, chs. 59 and 60, from a Japanese edition.) (rev. M. Berthelot, *JS*, 1896, 573.)
DE MÉLY, F. (5). 'Les Pierres de Foudre chez les Chinois et les Japonais.' *RA*, 1895 (3e sér.), **27**, 326.
DE MÉLY, F. (7). *De Périgueux au Fleuve Jaune*. Geuthner, Paris, 1927.
MENZIES, J. M. (1). *Oracle Records from the Waste of Yin*. Shanghai, 1917.
MÉTRAUX, A. (1). 'The King's Alphabet; a Comment on "Race Superiority".' *UNN*, 1951, **6**, 18.
DE MEYNARD, C. BARBIER & DE COURTEILLE, P. (1) (tr.). *Les Prairies d'Or* (the *Murūj al-Dhabab* of al-Mas'ūdī, +947). 9 vols. Paris, 1861-77.
MICHEL, H. (9). 'Un Service de l'Heure Millennaire.' *CET*, 1952, **68**, 1.
MIELI, ALDO (1). *La Science Arabe, et son Rôle dans l'Evolution Scientifique Mondiale*. Brill, Leiden, 1938.
MIELI, ALDO (2). *Panorama General de Historia de la Ciencia*. Vol. 1, *El Mundo Antiguo; griegos y romanos*; Vol. 2, *El Mundo Islámico e el Occidente Medieval Cristiano*. Espasa-Calpe, Buenos Aires, 1946. (Nos. 1 and 5 respectively of Colección Historia y Filosofia de la Ciencia, ed. J. Rey Pastor.)
MIKAMI, Y. (1). *The Development of Mathematics in China and Japan*. Teubner, Leipzig, 1913. (Abhdl. z. Gesch. d. math. Wissenschaften mit Einschluss ihrer Anwendungen, no. 30.) (rev. H. Bosmans, *RQS*, 1913, **74**, 641.)
MILLS, J. V. (3). 'Notes on Early Chinese Voyages.' *JRAS*, 1951, 3.
MINNS, E. H. (1). *Scythians and Greeks; a Survey of Ancient History and Archaeology on the North Coast of the Euxine from the Danube to the Caucasus*. Cambridge, 1913.
MINORSKY, V. (1). 'Maragha.' *EI*, 1930, vol. 3, p. 261.
MINORSKY, V. (2). 'The Middle East in Western Politics in the thirteenth, fourteenth and fifteenth centuries.' *JRCAS*, 1940, **27**, 427.
VON MÖLLENDORFF, P. G. & VON MÖLLENDORFF, O. F. (1). *Manual of Chinese Bibliography*. Kelly & Walsh, Shanghai, 1876.
MORGAN, E. (1) (tr.). *Tao the Great Luminant; Essays from Huai Nan Tzu, with introductory articles, notes and analyses*. Kelly & Walsh, Shanghai, n.d. (1933?).
MORSE, W. R. & YEN, Y. (1). 'Ancient Historical Aboriginal Ethnic Groups of Szechuan Province.' *JWCBRS*, 1936, **8**, 106.

MOULE, A. C. (1). *Christians in China before the year 1550*. SPCK, London, 1930.
MOULE, A. C. (2). 'Thai Shan.' *JRAS/NCB*, 1912, 43, 3.
MOULE, A. C. & PELLIOT, P. (1) (tr. and annot.). *Marco Polo (+1254 to +1325); The Description of the World*. Routledge, London, 1938.
MÜLLER, A. 'Andreas Müller Greifenhagius' (+1630 to +1694). *ZDMG*, 1881, 35, iii.
MÜLLER, ANDREAS (GREIFENHAGIUS) (1). *Historia Sinensis Abdallae cogn. Abu Said Beidawi*. Jena, 1677 (with title *Hist. Sin. Abdallae Beidavaei*); 1679; 1689. (In Persian and Latin.)
MÜLLER, ANDREAS (GREIFENHAGIUS) (2). *Disquisitio Geographica et Historica; de Chataja, In Qua (1) Praecipue Geographorum nobilis illa Controversia: Quaenam Chataja sit, et an sit idem ille terrarum tractus, quem Sinas, et vulgo Chinam vocant, aut pars ejus aliqua? latissime tractatur, (2) Eadem vero opera pleraque rerum, quae unquam de Chataja, deque Sinis memorabilia fuerunt, atque etiam nunc sunt, compendiose narrantur*. Berlin, 1670.
MULLIKIN, M. A. (1). 'Thai Shan, Sacred Mountain of the East.' *NGM*, 1945, 87, 699.
MUMFORD, LEWIS (1). *Technics and Civilisation*. Routledge, London, 1934.
MÜNSTERBERG, O. (1). 'Influences Occidentales dans l'Art de l'Extrême-Orient.' *REES*, 1909, 1.
MÜNSTERBERG, O. (2). 'Leonardo da Vinci und der chinesische Landschaftsmalerei.' *OAV*, 1910, 1, 92. (crit. E. Chavannes, *TP*, 1911, 12, 102.)

NACKEN, J. (1). 'A Chinese Webster; *Lu-Shu-Ku* [*Liu Shu Ku*]; or the Six Classes of Characters and their substantiation, by Tae-Tung [Tai Tung] of the 13th century.' *CR*, 1873, 2, 175, 215, 354.
NAGASAWA, K. (1). *Geschichte der Chinesischen Literatur, und ihrer gedanklichen Grundlage*, tr. from the Japanese by E. Feifel. Fu-jen Univ. Press, Peiping, 1945.
NAGEL, P. (1). 'Umrechnung d. zyklischen Daten des chinesischen Kalenders in europäische Daten.' *MSOS*, 1931, 34, 153.
NANJIO, B. (1). *A Catalogue of the Chinese Translations of the Buddhist Tripitaka*. Oxford, 1883.
NAU, F. (1). 'Notes d'Astronomie Syrienne' (sect. 3: La Plus Ancienne Mention Orientale des Chiffres Indiens) (Severus Sebokht, +662). *JA*, 1910 (10ᵉ sér.), 16, 209 (225).
NEEDHAM, JOHN TURBERVILLE (1). *De Inscriptione quadam Ægyptiaca Taurini inventa et Characteribus Ægyptiis olim et Sinis communibus exarata idolo cuidam antiquo in regia universitate servato ad utrasque Academias Londinensem et Parisensem rerum antiquarum investigationi et studio praepositas data Epistola*. Palearini, Rome, 1761.
NEEDHAM, JOSEPH (1). *Chemical Embryology*. 3 vols. Cambridge, 1931.
NEEDHAM, JOSEPH (2). *A History of Embryology*. Cambridge, 1934.
NEEDHAM, JOSEPH (6). *History is on our side: a contribution to political religion and scientific faith*. Allen & Unwin, London, 1946.
NEEDHAM, JOSEPH (26). 'The History of Science and Technology in India and South-east Asia' (review of symposium and note on dating). *N*, 1951, 168, 64, 1048. (See Hora, 1.)
NEEDHAM, JOSEPH & LIAO HUNG-YING (1) (tr.). 'The Ballad of Mêng Chiang Nü weeping at the Great Wall.' *S*, 1948, 1, 194.
NEEDHAM, JOSEPH & NEEDHAM, DOROTHY M. (1) (ed.). *Science Outpost*. Pilot Press, London, 1948.
NEHRU, JAWAHARLAL (1). *The Discovery of India*. Meridian, London, 1946.
NEUGEBAUER, O. (6). 'Über eine Methode zur Distanzbestimmung Alexandria-Rom bei Heron.' *KDVS/HFM*, 1939, 26, no. 2 (p. 21) and no. 7.

OBRUCHEV, V. A. (1). 'Das Lössland des Nordwestens Chinas.' *GZ*, 1895, 1, 263.
OGBURN, W. F. (1). *Social Change*. London, 1923.
OGBURN, W. F. (2) (ed.). *Technological Trends and National Policy, including the Social Implications of New Inventions* (Report of the Sub-Committee on Technology of the (U.S.) National Resources Committee). Govt. Printing Office, Washington D.C., 1937.
D'OHSSON, MOURADJA (1). *Histoire des Mongols depuis Tchinguiz* [*Chingiz*] *Khan jusqu'à Timour Bey ou Tamerlan*. The Hague and Amsterdam, 1834–52.
D'OLLONE, H., VISSIÈRE, A., BLOCHET, E. *et al.* (1). *Recherches sur les Mussulmans Chinois*. Leroux, Paris, 1911. (Mission d'Ollone, 1906–1909; cf. d'Ollone, H., *In Forbidden China*, tr. B. Miall, London, 1912.)
OLSCHKI, L. (1). *Marco Polo's Precursors*. Baltimore, 1943.
OLSCHKI, L. (4). *Guillaume Boucher; a French Artist at the Court of the Khans*. Johns Hopkins Univ. Press, Baltimore, 1946. (rev. H. Franke, *OR*, 1950, 3, 135.)
OLSCHKI, L. (6). 'Asiatic Exoticism in Italian Art of the Early Renaissance.' *AB*, 1944, 26, 95.

PARRY, T. W. (1). 'The Art of Trephining among Prehistoric and Primitive Peoples; their motives for its practice and their methods of procedure.' *JBAA*, 1916 (n.s.), **22**, 33.
PARTINGTON, J. R. (1). *Origins and Development of Applied Chemistry.* Longmans Green, London, 1935.
PAULY-WISSOWA (PAULY, A. ed. G. WISSOWA) (1). *Real-Encyclopädie d. classischen Altertumswiss.* Metzler, Stuttgart, 1893–.
PAUTHIER, J. P. G. (1). 'Examen Méthodique des Faits concernant le Thien-Tchu ou l'Inde. *JA*, 1839 (3e sér.), **8**, 401.
DE PAUW, C. (1). *Recherches Philosophiques sur les Egyptiens et les Chinois*, vols. 4 and 5 of *Œuvres Philosophiques*, 1774. 2nd ed., Bastien, Paris, Rep. An III (1795).
PEAKE, C. H. (1). 'Some Aspects of the Introduction of Modern Science into China. *ISIS*, 1934, **22**, 173.
PEAKE, H. & FLEURE, H. J. (1). *The Steppe and the Sown.* London, 1928.
PELLIOT, P. (1). Critical Note on the Earliest Reference to Tea. *TP*, 1922, **21**, 436.
PELLIOT, P. (2). 'Les Grands Voyages Maritimes Chinois au début du 15e Siècle.' *TP*, 1933, **30**, 237; 1935, **31**, 274.
PELLIOT, P. (3). On the Bodhidharma Legend, in 'Artistes des Six Dynasties et des Thang.' *TP*, 1923, **22**, 253.
PELLIOT, P. (4). Critique of Watters (1). *BEFEO*, 1905, **5**, 423.
PELLIOT, P. (5). 'Les Plus Anciens Monuments de l'Ecriture Arabe en Chine.' *JA*, 1913 (11e sér.), **2**, 177.
PELLIOT, P. (6). 'Note sur les Anciens Itinéraires Chinois dans l'Orient Romain.' *JA*, 1921 (11e sér.), **17**, 139.
PELLIOT, P. (7). 'Les Influences Iraniennes en Asie Centrale.' *RI*, 1912 (n.s.), **18**, 1.
PELLIOT, P. (8). 'Autour d'une Traduction Sanskrite du *Tao-tö-king* [*Tao Tê Ching*].' *TP*, 1912, **13**, 350.
PELLIOT, P. (10). 'Les Mongols et le Papauté. *ROC*, 1922 (3e sér.), **3**, 3; **4**, 225.
PELLIOT, P. (25). *Les Grottes de Touen-Hoang* [*Tunhuang*]; *Peintures et Sculptures Bouddhiques des Epoques des Wei, des Thang et des Song.* (Mission Pelliot en Asie Centrale, six portfolios of plates.) Paris, 1920–24.
PELLIOT, P. (27). *Les Influences Européennes sur l'Art Chinois au 17e et au 18e siècle.* Imp. Nat., Paris, 1948. (Conférence faite au Musée Guimet, Feb. 1927.)
PELLIOT, P. (28). 'La Peinture et la Gravure Européennes en Chine au temps de Matthieu Ricci.' *TP*, 1921, **20**, 1.
PELLIOT, P. (31). 'Li-Kien, autre nom du Ta-Ts'in (Orient Méditerranéen)' (Ta-Chhin). *TP*, 1915, **16**, 690.
PELLIOT, P. (32). 'Des Artisans Chinois à la Capitale Abbaside en +751/+762.' *TP*, 1928, **26**, 110.
PFIZMAIER, A. (1) (tr.). 'Notiz u.d. Geschichtswerk *Tso Tschuen.*' *DWAW/PH*, 1850, **1**, 37. (Tr. chs. 1–5 *Tso Chuan*, selections.)
PFIZMAIER, A. (2) (tr.). 'Die Zeiten des Fürsten Yin von Lu.' *SWAW/PH*, 1854, **13**, 292. (Partial tr. ch. 1 *Tso Chuan.*)
PFIZMAIER, A. (3) (tr.). 'Die Zeiten des Fürsten Hoan [Huan], Tschuang [Chuang] und Min, von Lu.' *SWAW/PH*, 1854, **13**, 430, 449, 469. (Partial tr. chs. 2, 3, 4 *Tso Chuan.*)
PFIZMAIER, A. (4) (tr.). 'Die Zeiten des Fürsten Hi [Hsi] von Lu.' *SWAW/PH*, 1854, **14**, 425. (Partial tr. ch. 5 *Tso Chuan.*)
PFIZMAIER, A. (5) (tr.). 'Die Zeiten des Fürsten Wên von Lu.' *SWAW/PH*, 1855, **15**, 424. (Partial tr. ch. 6 *Tso Chuan.*)
PFIZMAIER, A. (6) (tr.). 'Die Zeiten des Fürsten Siuen [Hsüan] von Lu.' *SWAW/PH*, 1855, **17**, 12. (Partial tr. ch. 7 *Tso Chuan.*)
PFIZMAIER, A. (7) (tr.). 'Notizen a.d. Gesch. d. chin. Reich von j. 590 bis 572 v. Chr.' *SWAW/PH*, 1855, **17**, 255. (Partial tr. ch. 8 *Tso Chuan.*)
PFIZMAIER, A. (8) (tr.). 'Notizen a.d. Gesch. d. chin. Reich von j. 572 bis 546 v. Chr.' *SWAW/PH*, 1856, **18**, 115. (Partial tr. ch. 9 *Tso Chuan.*)
PFIZMAIER, A. (9) (tr.). 'Notizen a.d. Gesch. d. chin. Reich von j. 545 bis 538 v. Chr.' *SWAW/PH*, 1856, **20**, 487. (Partial tr. chs. 9, cont'd, 10 *Tso Chuan.*)
PFIZMAIER, A. (10) (tr.). 'Notizen a.d. Gesch. d. chin. Reich von j. 537 bis 529 v. Chr.' *SWAW/PH*, 1857, **21**, 156. (Partial tr. ch. 10 *Tso Chuan* contd.)
PFIZMAIER, A. (11) (tr.). 'Notizen a.d. Gesch. d. chin. Reich von j. 528 bis 510 v. Chr.' *SWAW/PH*, 1858, **25**, 61. (Partial tr. ch. 10 *Tso Chuan*, contd.)
PFIZMAIER, A. (12) (tr.). 'Notizen a.d. Gesch. d. chin. Reich von j. 509 bis 468 v. Chr.' *SWAW/PH*, 1858, **27**, 113. (Partial tr. chs. 11, 12 *Tso Chuan.*)

PFIZMAIER, A. (13) (tr.). 'Die Geschichte des Reiches U' (Wu). *DWAW/PH*, 1857, 8, 123. (Tr. ch. 31 *Shih Chi*; cf. Chavannes (1), vol. 4.)
PFIZMAIER, A. (14) (tr.). 'Die Geschichte des Hauses Thai Kung' (of Chhi). *SWAW/PH*, 1862, 40, 645. (Tr. ch. 32 *Shih Chi*; cf. Chavannes (1), vol. 4.)
PFIZMAIER, A. (15) (tr.). 'Die Geschichte des Hauses Tscheu Kung' (Chou Kung). *SWAW/PH*, 1863, 41, 90. (Tr. ch. 33, *Shih Chi*; cf. Chavannes (1), vol. 4.)
PFIZMAIER, A. (16) (tr.). 'Die Geschichte des Hauses Schao-Kung u. Khang-Scho' (of Yen and Wei). *SWAW/PH*, 1863, 41, 435, 454. (Tr. chs. 34, 37 *Shih Chi*; cf. Chavannes (1), vol. 4.)
PFIZMAIER, A. (17) (tr.). 'Die Geschichte des Fürstenlandes Tsin' (Chin). *SWAW/PH*, 1863, 43, 74. (Tr. ch. 39 *Shih Chi*; cf. Chavannes (1), vol. 4.)
PFIZMAIER, A. (18) (tr.). 'Die Geschichte des Fürstenlandes Tsu' (Chhu). *SWAW/PH*, 1863, 44, 68. (Tr. ch. 40 *Shih Chi*; cf. Chavannes (1), vol. 4.)
PFIZMAIER, A. (19) (tr.). 'Keu-Tsien, Konig von Yue, und dessen Haus' (Kou Chien of Yüeh and Fan Li). *SWAW/PH*, 1863, 44, 197. (Tr. ch. 41 *Shih Chi*; cf. Chavannes (1), vol. 4.)
PFIZMAIER, A. (20) (tr.). 'Geschichte d. Hauses Tschao' (Chao). *DWAW/PH*, 1859, 9, 45. (Tr. ch. 43 *Shih Chi*; cf. Chavannes (1), vol. 5.)
PFIZMAIER, A. (21) (tr.). 'Das Leben des Feldherrn U-Khi' (Wu Chhi). *SWAW/PH*, 1859, 30, 267. (Tr. ch. 65 *Shih Chi*; not in Chavannes (1).)
PFIZMAIER, A. (22) (tr.). 'Der Landesherr von Schang' (Shang Yang). *SWAW/PH*, 1858, 29, 98. (Tr. ch. 68 *Shih Chi*; not in Chavannes (1). Cf. Duyvendak (3).)
PFIZMAIER, A. (23) (tr.). 'Das Rednergeschlecht Su' (Su Chhin). *SWAW/PH*, 1860, 32, 642. (Tr. ch. 69 *Shih Chi*; not in Chavannes (1).)
PFIZMAIER, A. (24) (tr.). 'Der Redner Tschang I und einige seiner Zeitgenossen' (Chang I and Chhu Li Tzu). *SWAW/PH*, 1860, 33, 525, 566. (Tr. chs. 70, 71 *Shih Chi*; not in Chavannes (1).)
PFIZMAIER, A. (25) (tr.). 'Wei Jen, Fürst von Jang.' *SWAW/PH*, 1859, 30, 155. (Tr. ch. 72 *Shih Chi*; not in Chavannes (1).)
PFIZMAIER, A. (26) (tr.). 'Zur Geschichte von Entsatzes von Han Tan' *SWAW/PH*, 1859, 31, 65, 87, 104, 120. (Tr. chs. 75, 76, 78, 83 *Shih Chi*; includes life of the Prince of Phing Yuan; not in Chavannes (1).)
PFIZMAIER, A. (27) (tr.). 'Das Leben des Prinzen Wu Ki [Wu Chi] von Wei.' *SWAW/PH*, 1858, 28, 171. (Tr. ch. 77 *Shih Chi*; not in Chavannes (1).)
PFIZMAIER, A. (28) (tr.). 'Das Leben des Redners Fan Hoei' (Fan Hui). *SWAW/PH*, 1859, 30, 227. (Tr. ch. 80 (in part), *Shih Chi*; not in Chavannes (1).)
PFIZMAIER, A. (29) (tr.). 'Die Feldherren des Reiches Tschao' (Chao). *SWAW/PH*, 1858, 28, 55, 65, 69 (Tr. chs. 80 (in part), 81, 82 *Shih Chi*; not in Chavannes (1).)
PFIZMAIER, A. (30) (tr.). 'Li Sse, der Minister des ersten Kaisers' (Li Ssu). *SWAW/PH*, 1859, 31, 120, 311. (Tr. chs. 83, 87 *Shih Chi*; not in Chavannes (1). Cf. Bodde (1).)
PFIZMAIER, A. (31) (tr.). 'Das Ende Mung Tien's' (Mêng Thien). *SWAW/PH*, 1860, 32, 134. (Tr. ch. 88 *Shih Chi*; not in Chavannes (1). Cf. Bodde (1).)
PFIZMAIER, A. (32) (tr.). 'Die Genossen des Königs Tschin Sching' (Chang Erh and Chhen Yü). *SWAW/PH*, 1860, 32, 333. (Tr. ch. 89 *Shih Chi*, ch. 32 *Chhien Han Shu*; not in Chavannes (1).)
PFIZMAIER, A. (33) (tr.). 'Die Nachkommen der Könige von Wei, Tsi [Chhi] und Han.' *SWAW/PH*, 1860, 32, 529, 533, 542, 551, 562, 567. (Tr. chs. 90, 93, 94, 97 *Shih Chi*, ch. 33 *Chhien Han Shu*; not in Chavannes (1).)
PFIZMAIER, A. (34) (tr.). 'Die Feldherren Han Sin, Pêng Yue, und King Pu' (Han Hsin, Phêng Yüeh and Ching Pu). *SWAW/PH*, 1860, 34, 371, 411, 418. (Tr. chs. 90 (in part), 91, 92 *Shih Chi*, ch. 34 *Chhien Han Shu*; not in Chavannes (1).)
PFIZMAIER, A. (35) (tr.). 'Der Abfall des Königs Pi von U' (Wu). *SWAW/PH*, 1861, 36, 17. (Tr. ch. 106 *Shih Chi*; not in Chavannes (1).)
PFIZMAIER, A. (36) (tr.). 'Sse-ma Ki-Tschü, der Wahrsager von Tschang-ngan' (Ssuma Chi-Chu, in the chapter on diviners, *Jih Chê Lieh Chuan*). *SWAW/PH*, 1861, 37, 408. (Tr. ch. 127, *Shih Chi*; not in Chavannes (1).)
PFIZMAIER, A. (37) (tr.). 'Die Gewaltherrschaft Hiang Yü's' (Hsiang Yü). *SWAW/PH*, 1860, 32, 7. (Tr. ch. 31 *Chhien Han Shu*.)
PFIZMAIER, A. (38) (tr.). 'Die Anfänge des Aufstandes gegen das Herrscherhaus Thsin' (Chhin). *SWAW/PH*, 1860, 32, 273. (Tr. ch. 33 *Chhien Han Shu*.)
PFIZMAIER, A. (39) (tr.). 'Die Könige von Hoai Nan aus dem Hause Han' (Huai Nan Tzu). *SWAW/PH*, 1862, 39, 575. (Tr ch. 44 *Chhien Han Shu*.)
PFIZMAIER, A. (40) (tr.). 'Das Erreigniss des Wurmfrasses der Beschwörer.' *SWAW/PH*, 1862, 39, 50, 55, 58, 65, 76, 89. (Tr. chs. 45, 63, 66, 74 *Chhien Han Shu*.)

PFIZMAIER, A. (41) (tr.). 'Worte des Tadels in dem Reiche der Han.' *SWAW/PH*, 1861, 35, 206. (Tr. ch. 51 *Chhien Han Shu.*)

PFIZMAIER, A. (42) (tr.). 'Die Heerführer Li Kuang und Li Ling.' *SWAW/PH*, 1863, 44, 511. (Tr. ch. 54 (first part) *Chhien Han Shu.*)

PFIZMAIER, A. (43) (tr.). 'Die Geschichte einer Gesandtschaft bei den Hiung-Nu's' (Su Wu). *SWAW/PH*, 1863, 44, 581. (Tr. ch. 54 (second part), *Chhien Han Shu.*)

PFIZMAIER, A. (44) (tr.). 'Die Heerführer Wei Tsing und Ho Khiu-Ping' (Wei Chhing and Ho Chhü-Ping). *SWAW/PH*, 1864, 45, 139. (Tr. ch. 55 *Chhien Han Shu.*)

PFIZMAIER, A. (45) (tr.). 'Die Antworten Tung Tschung-Schü's [Tung Chung-Shu] auf die Umfragen des Himmelssohnes.' *SWAW/PH*, 1862, 39, 345. (Tr. ch. 56 *Chhien Han Shu.*)

PFIZMAIER, A. (46) (tr.). 'Zwei Statthalter der Landschaft Kuei Ki.' *SWAW/PH*, 1861, 37, 304. (Tr. ch. 64A (first part) *Chhien Han Shu.*)

PFIZMAIER, A. (47) (tr.). 'Die Bevorzugten des Allhalters Hiao Wu' (emperor Hsiao Wu Ti). *SWAW/PH*, 1861, 38, 213, 234. (Tr. ch. 64A (second part), 64B *Chhien Han Shu.*)

PFIZMAIER, A. (48) (tr.). 'Die Würdenträger Tsiuen Pu-I, Su Kuang, Yü Ting-Kue, und deren Gesinnungsgenossen' (Chien Pu-I, Su Kuang, Yü Ting-Kuo). *SWAW/PH*, 1862, 40, 131. (Tr. ch. 71 *Chhien Han Shu.*)

PFIZMAIER, A. (49) (tr.). 'Tschin Thang, Fürst-Zertrümmerer von Hu' (Chhen Thang). *SWAW/PH*, 1862, 40, 396. (Tr. ch. 70 (in part) *Chhien Han Shu.*)

PFIZMAIER, A. (50) (tr.). 'Die Menschenabtheilung der wandernden Schirmgewaltigen' (*yu hsia*; knights errant or soldiers of fortune). *SWAW/PH*, 1861, 37, 103. (Tr. ch. 92 *Chhien Han Shu.*)

PFIZMAIER, A. (51) (tr.). 'Die Eroberung der beiden Yue [Yüeh] und des Landes Tschao Sien [Chao-Hsien, Korea] durch Han.' *SWAW/PH*, 1864, 46, 481. (Tr. ch. 95 *Chhien Han Shu.*)

PFIZMAIER, A. (52) (tr.). 'Zur Geschichte d. Zwischenreiches von Han.' *SWAW/PH*, 1869, 61, 275, 309. (Tr. chs. 41, 42 *Hou Han Shu.*)

PFIZMAIER, A. (53) (tr.). 'Die Aufstände Wei-Ngao's und Kungsun Scho's' (Wei Ao and Kungsun Shu). *SWAW/PH*, 1869, 62, 159. (Tr. ch. 43 *Hou Han Shu.*)

PFIZMAIER, A. (54) (tr.). 'Aus der Geschichte d. Zeitraumes Yuen-Khang von Tsin' (+292 to +299). *SWAW/PH*, 1876, 82, 179, 205, 212, 223, 230, 232. (Tr. chs. 31 (in part), 40, 58, 60, 100 *Chin Shu.*)

PFIZMAIER, A. (55) (tr.). 'Aus der Geschichte des Hofes von Tsin.' *SWAW/PH*, 1876, 81, 545, 561, 568. (Tr. chs. 31 (in part), 53, 59 *Chin Shu.*)

PFIZMAIER, A. (56) (tr.). 'Über einige Wundermänner Chinas' (magicians and technicians such as Chhen Hsün, Tai Yang, Wang Chia, Shunyu Chih, etc.). *SWAW/PH*, 1877, 85, 37. (Tr. ch. 95 *Chin Shu.*)

PFIZMAIER, A. (57) (tr.). 'Die Machthaber Hoan Wen und Hoan Hiuen' (Huan Wên and Huan Hsüan). *SWAW/PH*, 1877, 85, 603, 632. (Tr. chs. 98, 99 *Chin Shu.*)

PFIZMAIER, A. (58) (tr.). 'Ungewöhnliche Erscheinungen und Zufälle in China um die Zeiten der Südlichen Sung.' *SWAW/PH*, 1875, 79, 362. (Tr. chs. 30–4 (*Wu Hsing Chih*) of (*Liu*) *Sung Shu.*)

PFIZMAIER, A. (59) (tr.). 'Die letzten Zeiten d. Reiches der Tsch'in' (Chhen). *SWAW/PH*, 1881, 98, 701, 714, 718, 746, 751, 759, 775; 1882, 101, 264. (Tr. chs. 6, 7, 11, 28, 31, 35, 36 *Chhen Shu.*)

PFIZMAIER, A. (60) (tr.). 'Nachrichten aus der Geschichte d. nördl. Thsi.' *DWAW/PH*, 1884, 34, 1, 12, 24, 35, 43, 48, 64, 77, 84, 90, 92, 95. (Tr. chs. 8, 9, 10, 11, 12, 13, 17, 28, 39, 49, 50 *Pei Chhi Shu.*)

PFIZMAIER, A. (61) (tr.). 'Darlegungen a.d. Gesch. d. Hauses Sui.' *SWAW/PH*, 1881, 97, 627, 649, 653, 658, 686, 702. (Tr. chs. 36, 40, 45, 48, 79 *Sui Shu.*)

PFIZMAIER, A. (62) (tr.). 'Lebensbeschreibungen von Heerführern und Würdenträgern des Hauses Sui.' *DWAW/PH*, 1882, 32, 281, 301, 320, 351, 369. (Tr. chs. 37, 38, 39, 40 (in part), 41 (in part) *Sui Shu.*)

PFIZMAIER, A. (63) (tr.). 'Fortsetzungen a.d. Gesch. d. Hauses Sui.' *SWAW/PH*, 1882, 101, 187, 201, 207, 230, 249. (Tr. chs. 41 (in part), 70, 73 (in part), 74, 85 *Sui Shu.*)

PFIZMAIER, A. (64) (tr.). 'Die fremdländischen Reiche zu den Zeiten d. Sui.' *SWAW/PH*, 1881, 97, 411, 418, 422, 429, 444, 477, 483. (Tr. chs. 64, 81, 82, 83, 84 *Sui Shu.*)

PFIZMAIER, A. (65) (tr.). 'Die Classe der Wahrhaftigen in China.' *SWAW/PH*, 1881, 98, 983, 1001, 1036. (Tr. chs. 71, 73, 77 *Sui Shu.*)

PFIZMAIER, A. (66) (tr.). 'Zur Geschichte d. Aufstände gegen das Haus Sui.' *SWAW/PH*, 1878, 88, 729, 743, 766, 799. (Tr. chs. 1, 84, 85, 86 *Hsin Thang Shu.*)

PFIZMAIER, A. (67) (tr.). 'Seltsamkeiten aus den Zeiten d. Thang' I and II. I, *SWAW/PH*, 1879, 94, 7, 11, 19. II, *SWAW/PH*, 1881, 96, 293. (Tr. chs. 34–36 (*Wu Hsing Chih*), 88, 89 *Hsin Thang Shu.*)

PFIZMAIER, A. (68) (tr.). 'Darlegung der chinesischen Ämter.' *DWAW/PH*, 1879, **29**, 141, 170, 213; 1880, **301**, 305, 341. (Tr. chs. 46, 47, 48, 49A *Hsin Thang Shu*; cf. des Rotours (1).)

PFIZMAIER, A. (69) (tr.). 'Die Sammelhäuser der Lehenkönige Chinas.' *SWAW/PH*, 1880, **95**, 919. (Tr. ch. 49B *Hsin Thang Shu*; cf. des Rotours (1).)

PFIZMAIER, A. (70) (tr.). 'Über einige chinesische Schriftwerke des siebenten und achten Jahrhunderts n. Chr.' *SWAW/PH*, 1879, **93**, 127, 159. (Tr. chs. 57, 59 (in part: *I Wên Chih* including agriculture, astronomy, mathematics; war, five-element theory) *Hsin Thang Shu*.)

PFIZMAIER, A. (71) (tr.). 'Die philosophischen Werke Chinas in dem Zeitalter der Thang.' *SWAW/PH*, 1878, **89**, 237. (Tr. ch. 59 (in part: *I Wên Chih*, philosophical section, including Buddhism) *Hsin Thang Shu*.)

PFIZMAIER, A. (72) (tr.). 'Der Stand der chinesische Geschichtsschreibung in dem Zeitalter der Thang' (original has Sung as misprint). *DWAW/PH*, 1877, **27**, 309, 383. (Tr. chs. 57 (in part), 58 (*I Wên Chih*, history and classics section) *Hsin Thang Shu*.)

PFIZMAIER, A. (73) (tr.). 'Zur Geschichte d. Gründung d. Hauses Thang.' *SWAW/PH*, 1878, **91**, 21, 46, 71. (Tr. chs. 86 (in part), 87, 88 (in part) *Hsin Thang Shu*.)

PFIZMAIER, A. (74) (tr.). 'Nachrichten von Gelehrten Chinas.' (Scholars such as Khung Ying-Ta, Ouyang Hsün, etc.) *SWAW/PH*, 1878, **91**, 694, 734, 758. (Tr. chs. 198, 199, 200 *Hsin Thang Shu*.)

PHEI WÊN-CHUNG (1). 'Preliminary Report on the late Palaeolithic Cave of Chou-khou-tien.' *BGSC*, 1934, **13**, 3.

PHELPS, D. L. (1). 'The Place of Music in the Platonic and Confucian Systems of Moral Education.' *JRAS/NCB*, 1928, **59**, 128.

PINOT, V. (1). *La Chine et la Formation de l'Esprit Philosophique en France (1640–1740)*. Geuthner, Paris, 1932.

POUJADE, J. (1). *La Route des Indes et ses Navires*. Payot, Paris, 1946.

POUZYNA, I. V. (1). *La Chine, l'Italie, et les Débuts de la Renaissance (13e–14e siècles)*. Ed. d'Art et d'Hist. Paris, 1935. (rev. J. B[uhot], *RAA/AMG*, 1935, **9**, 237.)

[POWELL, THOMAS.] *Humane Industry; or, a History of most Manual Arts, deducing the Original, Progress, and Improvement of them; furnished with variety of Instance and Examples, shewing forth the excellency of Humane Wit*. Herringman, London, 1661.

PRASAD, I. (1). *L'Inde du 7e au 16e siècles*, tr. H. de Saugy. Boccard, Paris, 1930. (*Histoire du Monde*, ed. E. Cavaignac, vol. 8 (1).)

PRICE, M. T. (1). 'The Assumed Isolation of China and Autochthony of her Culture.' *AMSR*, 1945, **10**, 38.

PRZYŁUSKI, J. (1). 'Les Unipédes.' *MCB*, 1933, **2**, 307.

PRZYŁUSKI, J. (5). *La Légende de l'Empereur Açoka (Açoka-Avadana) dans les Textes Indiens et Chinois*. Geuthner, Paris, 1923. (Inaug. Diss., Paris.)

PUINI C. (1). 'I Muraglione della Cina.' *RGI*, 1915, **22**, 481.

PUMPELLY, R. (1). 'Geological Researches in China, Mongolia and Japan, during the years 1862 1865.' *SCK*, 1866, **202**, 77.

PURCELL, VICTOR (1). *The Chinese in South-east Asia*. Oxford, 1951.

AL-QAZWĪNĪ, ḤAMDALLAH AL-MUSTAUFĪ (1). *Nuzhat al-qulūb* (Delight of the Hearts). See le Strange (1) and Stephenson, J. (1).

QUATREMÈRE, E. M. (1) (tr.). *Histoire des Mongols de la Perse; écrite en Persan par Raschid-el-din* (part of the *Jāmi' al-Tawārīkh*). Imp. Roy., Paris, 1836.

RADHAKRISHNAN, S. (1). *India and China*. Hind Kitab, Bombay, 1947.

RAGLAN, LORD (1). *How came Civilisation?* Methuen, London, 1939.

RAWLINSON, H. G. (1). *Intercourse between India and the Western World from the Earliest Times to the Fall of Rome*. Cambridge, 1916; 2nd ed. 1926.

RAWLINSON, H. G. (2). *Bactria; The History of a Forgotten Empire*. Probsthain, London, 1912.

RAY, P. C. (1). *A History of Hindu Chemistry, from the Earliest Times to the middle of the sixteenth century A.D., with Sanskrit Texts, Variants, Translation and Illustrations*. 2 vols. Chuckerverty & Chatterjee, Calcutta, 1904, 1925.

READ, BERNARD E. (1) [with LIU JU-CHHIANG]. *Chinese Medicinal Plants from the 'Pên Tshao Kang Mu' A.D. 1596...a Botanical Chemical and Pharmacological Reference List* (Publication of the Peking Nat. Hist. Bull.). French Bookstore, Peiping, 1936. (Chs. 12 to 37 of *Pên Tshao Kang Mu*.) (rev. W. T. Swingle, *ARLC/DO*, 1937, 191.)

READ, BERNARD E. (2) [with LI YÜ-THIEN]. *Chinese Materia Medica; Animal Drugs.*

		Serial nos.	Corresp. with chaps. of *Pên Tshao Kang Mu*
Pt. I	Domestic Animals	322–349	50
II	Wild Animals	350–387	51*A* and *B*
III	Rodentia	388–399	51*B*
IV	Monkeys and Supernatural Beings	400–407	51*B*
V	Man as a Medicine	408–444	52

PNHB, 1931, **5** (no. 4), 37–80; **6** (no. 1), 1–102. (Sep. issued, French Bookstore, Peiping, 1931.)

READ, BERNARD E. (3) [with LI YÜ-THIEN]. *Chinese Materia Medica; Avian Drugs.*
Pt. VI Birds — 245–321 — 47, 48, 49
PNHB, 1932, **6** (no. 4), 1–101. (Sep. issued, French Bookstore, Peiping, 1932.)

READ, BERNARD E. (4) [with LI YÜ-THIEN]. *Chinese Materia Medica; Dragon and Snake Drugs.*
Pt. VII Reptiles — 102–127 — 43
PNHB, 1934, **8** (no. 4), 297–357. (Sep. issued, French Bookstore, Peiping, 1934.)

READ, BERNARD E. (5) [with YU CHING-MEI]. *Chinese Materia Medica; Turtle and Shellfish Drugs.*
Pt. VIII Reptiles and Invertebrates — 199–244 — 45, 46
PNHB (Suppl.), 1939, 1–136. (Sep. issued, French Bookstore, Peiping, 1937.)

READ, BERNARD E. (6) [with YU CHING-MEI]. *Chinese Materia Medica; Fish Drugs.*
Pt. IX Fishes (incl. some amphibia, octopods and crustacea) — 128–198 — 44
PNHB (Suppl.), 1939. (Sep. issued, French Bookstore, Peiping, n.d. prob. 1939.)

READ, BERNARD E. (7) [with YU CHING-MEI]. *Chinese Materia Medica; Insect Drugs.*
Pt. X Insects (incl. arachnida etc.) — 1–101 — 39, 40, 41, 42
PNHB (Suppl.), 1941. (Sep. issued, Lynn, Peiping, 1941.)

READ, BERNARD E. (8). *Famine Foods listed in the 'Chiu Huang Pên Tshao'.* Lester Institute, Shanghai, 1946.

READ, BERNARD E. & PAK, C. (PHU CHU-PING) (1). *A Compendium of Minerals and Stones used in Chinese Medicine, from the 'Pên Tshao Kang Mu'. PNHB*, 1928, **3** (no. 2), i–vii, 1–120. (Revised and enlarged, issued separately, French Bookstore, Peiping, 1936 (2nd ed.).) Serial nos. 1–135, corresp. with chs. of *Pên Tshao Kang Mu*, 8, 9, 10, 11.

REICHWEIN, A. (1). *China and Europe; Intellectual and Artistic Contacts in the Eighteenth Century.* Kegan Paul, London, 1925. Tr. from the German edition, Berlin, 1923.

REINACH, S. (1). (*a*) *La Représentation du Galop dans l'Art Ancienne et Moderne.* Leroux, Paris, 1901, 2nd ed. 1925. (*b*) *RA*, 1900 (3ᵉ sér.), **36**, 216, 441; **37**, 244; 1901, **38**, 27, 224; **39**, 1. (See also *Amalthée; Mélanges d'Archéologie et Histoire.* 3 vols. Leroux, Paris, 1930, vol. 1, p. 19.)

REINAUD, J. T. (1) (tr.). *Relation des Voyages faits par les Arabes et les Persans dans l'Inde et la Chine le 9e siècle de l'ère Chrétienne.* 2 vols. Paris, 1845. (Re-translation of, and commentary on, the MSS translated more than a century earlier by E. Renaudot (*q.v.*).)

REINAUD, J. T. (2). *Relations Politiques et Commerciales de l'Empire Romain avec l'Asie Orientale (l'Hyrcanie, l'Inde, la Bactriane et la Chine) pendant les cinq premiers siècles de l'ère chrétienne, d'après les Témoignages Latins, Grecs, Arabes, Persans, Indiens et Chinois.* Impr. Imp., Paris, 1863. (Reprinted from *JA*, 1863 (6ᵉ sér.), **1**, 93, 297.)

REINAUD, J. T. & GUYARD, S. (1) (tr.). *'Taqwīm al-Buldān' of Abū'l-Fidā.* Paris, vol. 1, 1848 (Reinaud); vol. 2, 1883 (Guyard).

RÉMUSAT, J. P. A. (1) (tr.). *Fa Hian, 'Foe Koue Ki', traduit par Rémusat, etc.* Paris, 1836. Eng. tr. *The Pilgrimage of Fa Hian; from the French edition of the 'Foe Koue Ki' of Rémusat, Klaproth and Landresse with additional notes and illustrations.* Calcutta, 1848. (Fa-Hsien's *Fo Kuo Chi.*)

RÉMUSAT, J. P. A. (2). *Programme du Cours de Langue et de Littérature Chinoises et de Tartare-Mandchou, précédé du Discours prononcé à la première Séance de ce Cours, dans l'une des salles du Collège Royal de France, le 16 janvier 1815.* Charles, Paris, 1815.

RÉMUSAT, J. P. A. (9). 'Vie de Yelou Tchou-Tsai [Yehlü Chhu-Tshai].' In *Nouveaux Mélanges Asiatiques*, vol. 2, p. 64. Schubart and Heideloff, Paris, 1829.

[RENAUDOT, EUSEBIUS] (1) (tr.). *Anciennes Relations des Indes et de la Chine de deux Voyageurs Mahometans, qui y allèrent dans le Neuvième Siècle, traduites d'Arabe, avec des Remarques sur les principaux Endroits de ces Relations.* (With four Appendices, as follows: (i) Eclaircissement touchant la Prédication de la Religion Chrestienne à la Chine; (ii) Eclaircissement touchant l'Entrée des Mahometans dans la Chine; (iii) Eclaircissement touchant les Juifs qui ont esté trouvez à la Chine; (iv) Eclaircissement sur les Sciences des Chinois.) Coignard, Paris, 1718. Eng. tr. London, 1733. (The title of Renaudot's book, which was presented partly to counter the claims of the pro-Chinese party in religious and learned circles (the Jesuits, Golius, Vossius, etc., see Pinot (1), pp. 109, 160, 229, 237), was misleading. The two documents translated were: (*a*) The account of Sulaimān al-Tājir (Sulaiman the Merchant), written by an anonymous author in +851. (*b*) The completion *Silsilat al-Tawārīkh* of +920 by Abū Zayd al-Ḥasan al-Shīrāfī, based on the account of Ibn Wahb al-Baṣrī, who was in China in +876 (see Mieli (1), pp. 13, 79, 81, 115, 302; al-Jalīl (1), p. 138; Hitti (1), pp. 343, 383; Yule (2), vol. 1, pp. 125–33).) Cf. Reinaud (1); Sauvaget (2).

RENOU, L. (1). *Anthologie Sanscrite.* Payot, Paris, 1947.

REY, ABEL (1). *La Science dans l'Antiquité.* Vol. 1: *La Science Orientale avant les Grecs*, 1930, 2nd ed. 1942; Vol. 2: *La Jeunesse de la Science Grecque*, 1933; Vol. 3: *La Maturité de la Pensée Scientifique en Grèce*, 1939; Vol. 4: *L'Apogée de la Science Technique Grecque* (*Les Sciences de la Nature et de l'Homme, les Mathématiques, d'Hippocrate à Platon*), 1946. Albin Michel, Paris. (Evol. de l'Hum. Sér. complémentaire.)

RICHARD, L. (1). *Comprehensive Geography of the Chinese Empire.* Eng. tr. M. Kennelly. Thu-Se-Wei Press, Shanghai, 1908.

RICHARDSON, H. L. (1). 'Szechuan during the War' (World War II). *GJ*, 1945, **106**, 1.

VON RICHTHOFEN, F. (1). 'On the Mode of Origin of the Loess.' *GM*, 1882 (n.s.), **9**, 293.

VON RICHTHOFEN, F. (2). *China: Ergebnisse eigener Reisen und darauf gegründeter Studien.* 5 vols. 2 atlases. Berlin, 1877–1912.

VON RICHTHOFEN, F. (3). 'Über den Seeverkehr nach und von China in Altherthum und Mittelalter.' *VGEB*, 1876, **3**, 86.

VON RICHTHOFEN, F. (4). 'Über die centralasiatischen Seidenstrassen bis zum 200 n. Chr.' *VGEB*, 1877, **4**, 96.

RIDDELL, W. H. (1). '*Hoshi-no-Tama*; Buddhist sacred Jewel etc.' *AQ*, 1946, **20**, 113.

ROBERTS, F. M. (1). *Western Travellers to China.* Kelly & Walsh, Shanghai, 1932.

ROBERTSON, W. (1). *An Historical Disquisition concerning the Knowledge which the Ancients had of India; and the Progress of Trade with that Country prior to the Discovery of the Passage by the Cape of Good Hope.* London, 1791.

DE ROSNY, L. (1) (tr.). *Chan-Hai-King [Shan Hai Ching]; Antique Géographie Chinoise.* Maisonneuve, Paris, 1891.

DE ROSNY, L. (2) (tr.). *Hiao-King [Hsiao Ching]; Livre Sacré de la Piété Filiale.* Maisonneuve, Paris, 1889.

ROSS, E. D. (1). 'The Invasions and Immigrations of the Tatars.' *JRCAS*, 1928, **15**, 133.

ROSS, E. D. (2). 'Nomadic Movements in Asia.' *JRSA*, 1929, **77**, 1077.

ROSS, J. (1). *The Origins of the Chinese People.* Oliphant, Edinburgh, 1916.

VON ROSTHORN, A. (1). *Die Ausbreitung d. chinesischen Macht in südwestliche Richtung bis zum 4 jahrhundert n. Chr.; eine histor.-geogr. Studie.* Inaug. Diss., Leipzig, 1895.

ROSTOVTZEV, M. I. (1). *Iranians and Greeks in South Russia.* Oxford, 1922.

ROSTOVTZEV, M. I. (2). 'Parthian Art and the Motive of the Flying Gallop.' In *Independence, Convergence and Borrowing, in Institutions, Thought and Art.* Harvard Tercentenary Publication, Harvard Univ. Press, Cambridge, Mass., 1937, p. 44.

ROSTOVTZEV, M. I. (4). 'La Porte-Epée des Iraniens et des Chinois.' In *L'Art Byzantin chez les Slaves, les Balkans*, commemoration volume for T. Uspensky (vol. 4 of *Orient et Byzance*, ed. G. Millet). Geuthner, Paris, 1930.

ROSTOVTZEV, M. I. (5). *Social and Economic History of the Roman Empire.* Oxford, 1926.

ROSTOVTZEV, M. I. (6). 'L'Art Gréco-Sarmate et l'Art Chinois de l'Epoque des Han.' *ARTHA*, 1924 (no. 3), 1.

ROSTOVTZEV, M. I. (7). *The Animal Style in South Russia and China.* Princeton Univ. Press, Princeton, 1929 (no index). (Princeton Monographs in Art and Archaeol. no. 14.)

ROSTOVTZEV, M. I. (8). *Caravan Cities.* Tr. D. and T. Talbot Rice, Oxford, 1932.

DES ROTOURS, R. (1). *Traité des Fonctionnaires et Traité de l'Armée, traduits de la Nouvelle Histoire des Thang* (chs. 46–50). 2 vols. Brill, Leiden, 1948. (Bibl. de l'Inst. des Hautes Etudes Chinoises, no. 6.) (rev. P. Demiéville, *JA*, 1950, **238**, 395.)
ROXBY, P. M. (1). 'The Terrair of Early Chinese Civilisation.' *G*, 1938, **23**, 225.
ROXBY, P. M. (2). 'The Major Regions of China'. *G*, 1938, **23**, 9.

SACHAU, E. (1) (tr.). *Alberuni's India.* 2 vols. London, 1888; reprinted, 1910.
SAEKI, P. Y. (1). *The Nestorian Monument in China.* SPCK, London, 1916.
SALLES, G., FARAL, E., FILLIOZAT, L., VAILLANT, L., DEMIÉVILLE, P., DENY, J. & HAMBIS, L. (1). *Paul Pelliot.* Soc. Asiatique, Paris, 1947.
SALMONY, A. (3). *Europa-Ostasien; Religiöse Skulpturen.* Kiepenheuer, Potsdam, 1922.
SANSOM, SIR GEORGE (1). *Japan: a Short Cultural History.* Cresset Press, London, 1931; 2nd ed. 1946.
SARGENT, C. B. (1). 'Subsidised History; Pan Ku and the Historical Records of the Former Han Dynasty. *FEQ*, 1944, **3**, 119.
SARKAR, B. K. (1). *Hindu Achievements in the Exact Sciences.* Longmans Green, New York and Calcutta, 1918.
SARTON, GEORGE (1). *Introduction to the History of Science.* Vol. 1, 1927; vol. 2, 1931 (2 parts); vol. 3, 1947 (2 parts). Williams & Wilkins, Baltimore (Carnegie Institution Publ. no. 376.).
SARTON, GEORGE. (6). 'Arabic Scientific Literature.' In *Ignace Goldzieher Memorial Volume.* Budapest, 1948, pt. 1, p. 55.
DE SAUSSURE, L. (1). *Les Origines de l'Astronomie Chinoise.* Maisonneuve, Paris, 1930. (Commentaries by E. Zinner, *VAG*, 1931, **66**, 21; A. Pogo, *ISIS*, 1932, **17**, 267. This book (posthumously issued) contains eleven of the most important original papers of de Saussure on Chinese astronomy (3, 6, 7, 8, 9, 10, 11, 12, 13, 14). It omits, however, the important addendum to (3), 3*a*, as well as the valuable series (16). Unfortunately the editing was slovenly. Although the reprinted papers were re-paged, the cross-references in the footnotes were unaltered; Pogo, however, (*loc. cit.*) has provided a table of corrections by the use of which de Saussure's cross-references can be readily utilised.)
SAUVAGET, J. (1). *Introduction à l'Etude de l'Orient Mussulman; Elements de Bibliographie.* Maisonneuve, Paris, 1946. (Inst. d'Et. Islamiques de l'Univ. de Paris; sér. Initiation à l'Islam, no. 1.)
SAUVAGET, J. (2)(tr.). *Relation de la Chine et de l'Inde, redigée en +851.* (*Akhbār as-Ṣīn wa'l-Hind*). Belles Lettres, Paris, 1948. (Budé Association; Arab Series.)
SCHAEFER, G. (1). 'The Loom of Ancient Egypt.' *CIBA/T*, 1938, **2** (16), 546.
SCHAFER, E. H. (2). 'Iranian Merchants in Thang Dynasty Tales.' *SOS*, 1951, **11**, 403.
SCHEFER, C. (1). 'Trois Chapitres du Khitay Namah.' In *Mélanges Orientaux* (Internat. Congr. Orientalists, Leiden, 1883). Pub. Ec. Lang. Or. Viv. (2e sér.), no. 9.
SCHINDLER, B. (4). 'Preliminary Account of the Work of Henri Maspero concerning the Chinese Documents on Wood and Paper discovered by Sir Aurel Stein on his third expedition in Central Asia.' *AM*, 1950 (n.s.), **1**, 216. (Contains an account of the earliest, +6th cent., block printing.)
SCHLEGEL, G. (1). 'Alphabetical List of the Mikados and Shoguns of Japan, and...their year-titles or *nen-go*.' *TP*, 1891, **2**, 381.
SCHLEGEL, G. (2). 'Hennins or conical Ladies' Hats in Asia, China, and Europe.' *TP*, 1891, **2**, 422.
SCHLEGEL, G. (3). 'Chinesche Mouches.' *TITLV*, 1864, **14**, 569.
SCHLEGEL, G. (4). *Chinesische Bräuche u. Spiele in Europa.* Breslau, 1869.
SCHLEGEL, G. (6). 'The *Shui-Yang* or Water-Sheep.' *Actes du 8e Congrès Internat. des Orientalistes.* Stockholm, 1899, p. 22.
SCHMIDT, L. (1). 'Die Ursachen der Völkerwanderung.' *NJKA*, 1903, **11**, 344.
SCHMITTHENNER, H. (1). 'Die chinesische Lösslandschaft.' *GZ*, 1919, **25**, 308.
SCHNEIDER, O. (1). 'Zur Bernsteinfrage.' In *Naturwissenschaftliche Beiträge z. Geogr. u. Kulturgesch.* Dresden, 1883, pp. 177 ff.
SCHOFF, W. H. (1). *Parthian Stations by Isidore of Charax; an account of the overland Trade Routes between the Levant and India in the 1st century B.C.* Philadelphia, 1914.
SCHOFF, W. H. (2). *Early Communication between China and the Mediterranean.* Philadelphia, 1921.
SCHOFF, W. H. (3). *'The Periplus of the Erythraean Sea'; Travel and Trade in the Indian Ocean by a Merchant of the First Century, translated from the Greek and annotated, etc.* Longmans Green, New York, 1912.
SCHOFF, W. H. (4). 'Navigation to the Far East under the Roman Empire.' *JAOS*, 1917, **37**, 240.
SCHOFF, W. H. (5). 'Some Aspects of the Overland Oriental Trade at the (Beginning of the) Christian Era.' *JAOS*, 1915, **35**, 31.

SCHOMBERG, R. C. F. (1). 'Alleged Changes in the Climate of Southern [Chinese] Turkestan'. *GJ*, 1932, **80**, 133.
SCHRAMEIER, D. (1). 'On Martin Martini' (and his *Novus Atlas Sinensis* of 1655). *JPOS*, 1888, **2**, 99.
SCHUSTER, C. (1). 'A Comparative Study of Motives in Western Chinese Folk Embroideries.' *MS*, 1936, **2**, 21, with addendum 'The Triumphant Equestrian', 437.
SCHWANBECK, E. A. (1). *De Megasthene Rerum Indicarum Scriptore*. Bonn, 1845.
SCHWARZ, E. H. L. (1). 'Chinese Connections with Africa.' *JRAS/B*, 1938 (3rd ser.), **4**, 175.
SEEMANN, H. J. (1). 'Die Instrumente der Sternwarte zu Maragha nach den Mitteilungen von al-Urdi.' *SPMSE*, 1928, **60**, 15.
SELIGMAN, C. G. (1). 'Bird-Chariots and Socketed Celts in Europe and China.' *JRAI*, 1920, **50**, 153.
SELIGMAN, C. G. (2). 'The Roman Orient and the Far East.' *AQ*, 1937, **11**, 5. *ARSI*, 1938, 547.
SELIGMAN, C. G. (3). 'Chinese Socketed Celts.' *AQ*, 1938, **12**, 86.
SEMUSHKIN, TIKHON (1). *Children of the Soviet Arctic*. Hutchinson, London, n.d. (1947).
SHIAH, N. (1). 'Chinese Socketed Celts.' *AQ*, 1939, **13**, 96.
SHOR, F. & SHOR, J. (1). 'The Caves of the Thousand Buddhas.' *NGM*, 1951, **99**, 383.
SHRYOCK, J. K. (1). *Origin and Development of the State Cult of Confucius*. Appleton-Century, New York, 1932.
SIGERIST, H. (1). *A History of Medicine*. 8 vols. Oxford University Press, New York, 1951–.
SIGGEL, A. (1). 'Die Indischen Bücher aus dem *Paradies d. Weisheit über d. Medizin* des 'Alī Ibn Sahl Rabban al-Ṭabarī.' Steiner, Wiesbaden, 1950. (Akad. d. Wiss. u. d. Lit. in Mainz; Abhdl. d. geistes- und sozial-wissenschaftlichen Klasse, no. 14.)
SINGER, C. (1). *A Short History of Biology*. Oxford, 1931.
SINGER, C. (2). *A Short History of Science, to the Nineteenth Century*. Oxford, 1941.
SINHA, JADUNATH (1). *Indian Realism*. Kegan Paul, London, 1938.
SINOR, D. (1). 'Autour d'une Migration de Peuples au 5e siécle.' *JA*, 1947, **235**, 1.
SION, J. (1). *Asie des Moussons*. Vol. 9 of *Géographie Universelle*. Colin, Paris, 1928.
SMITH, ANTHONY (1). *Blind White Fish in Persia*. Allen & Unwin, London, 1953.
SMITH, D. E. (1). *History of Mathematics*. Vol. 1. *General Survey of the History of Elementary Mathematics*, 1923. Vol. 2. *Special Topics of Elementary Mathematics*, 1925. Ginn, New York.
SMITH, V. A. (1). *Oxford History of India, from the earliest times to 1911*. 2nd ed. ed. S. M. Edwardes. Oxford, 1923.
SOOTHILL, W. E. (1). *The Student's Four Thousand Character and General Pocket Dictionary*. Presbyterian Mission Press, Shanghai, 1899; often reprinted.
SOOTHILL, W. E. (2). *China and the West; a Sketch of their Intercourse*. Oxford, 1925.
SORRE, M. (1). *Les Fondements de la Géographie Humaine*. Vol. 1. *Les Fondements Biologiques*, 1947; Vol. 2. *Les Fondements Techniques*, 1948. Colin, Paris.
SOULIER, G. (1). *Les Influences Orientales dans la Peinture Toscane*. Paris, 1924.
SOWERBY, A. DE C. (1). *Nature in Chinese Art* (with two appendices on the Shang pictographs by H. E. Gibson). Day, New York, 1940.
STANGE, H. O. H. (1) (tr.). 'Die Monographie über Wang Mang' (ch. 99 of the *Chhien Han Shu*). *AKML*, 1938, **22**, no. 3.
STEIN, SIR AUREL (1). *Ruins of Desert Cathay*. 2 vols. Macmillan, London, 1912.
STEIN, SIR AUREL (2). *Innermost Asia*. 2 vols. text; 1 vol. plates; 1 box maps. Oxford, 1928.
STEIN, SIR AUREL (3). *On Ancient Central Asian Tracks*. Macmillan, London, 1933.
STEIN, SIR AUREL (4). *Serindia*. 3 vols. text; 1 vol. plates; 1 box maps. Oxford, 1921.
STEIN, SIR AUREL (5). 'Innermost Asia; its Geography as a Factor in History.' *GJ*, 1925, **65**, 377, 473.
STEIN, SIR AUREL (6). 'Notes on Ancient Chinese Documents, discovered along the Han Frontier Wall in the Desert of Tunhuang.' *NCR*, 1921, **3**, 243. (Reprinted, with Stein (7), Chavannes (12), and Wright, H. K. (1), in brochure form, Peiping, 1940.)
STEIN, SIR AUREL (7). 'A Chinese Expedition across the Pamirs and Hindukush, +747.' *NCR*, 1922, **4**, 161. (Reprinted, with Stein (6), Chavannes (12), and Wright, H. K. (1), in brochure form, Peiping, 1940.)
STEIN, SIR AUREL (8). 'The Indo-Iranian Borderlands; their Prehistory in the Light of Geography and of Recent Explorations.' *JRAI*, 1934, **64**, 188 (196).
STEIN, SIR AUREL & BINYON, L. (1). *The Thousand Buddhas; Ancient Buddhist Paintings from the Cave-Temples of Tunhuang on the Western Frontier of China, recovered and described*. 1 vol. text; 2 vols. plates. Quaritch, London, 1921.
STEPHENSON, C. (1). 'In Praise of Medieval Tinkers.' *JEH*, 1948, **8**, 26.
STEPHENSON, J. (1) (tr.). *The Zoological parts of al-Qazwīnī's 'Nuzhat'*. London, 1928.
LE STRANGE, G. (1) (tr.). *The Geographical part of al-Qazwīnī's 'Nuzhat'*. London, 1919.
STUART, G. A. (1). *Chinese Materia Medica; Vegetable Kingdom: extensively revised from Dr F. Porter Smith's work*. Presbyterian Mission Press, Shanghai, 1911.

SÜHEYL ÜNVER, A. (1). *Tanksuknamei Ilhan der Fünunu Ulumu·Hatai Mukaddimesi* (Turkish tr.). Istanbul, 1939. (T. C. Istanbul Universitesi Tib Tarihi Enstitusu, Adet: 14.)
SÜHEYL ÜNVER, A. (2). *Wang Shu-ho eseri hakkinda.* Tib Fak. Mecmuasi Yil 7, Sayr 2, Umumi no. 28 (Turkish with Eng. summary). Istanbul, 1944.
SÜHEYL ÜNVER, A. (3). 'Umuni Tib Tarihi: Bazi Resimler ve Vesikalar (Allgemeine Geschichte der Medizin; einige Bilder und Dokumente [from Arabic and Persian sources])' (Turkish and German). Istanbul, 1943. (T. C. Istanbul Universitesi Tib Tarihi Enstitusu, Adet: 24.)
SWANN, NANCY L. (1). *Food and Money in Ancient China; the Earliest Economic History of China to +25* (with tr. of [*Chhien*] *Han Shu*, ch. 24 and related texts [*Chhien*] *Han Shu*, ch. 91 and *Shih Chi*, ch. 129). Princeton Univ. Press, Princeton, 1950.
SWINGLE, W. T. (1). 'Noteworthy Chinese Works on Wild and Cultivated Food Plants.' *ARLC/DO*, 1935, 193.

AL-ṬABARĪ, ABŪ'L-ḤASAN 'ALĪ (1). *Firdaus al-Ḥikmah* (The Paradise of Wisdom), ed. Muḥammad Zubayr al-Siddiqī. Berlin, 1928. (See Siggel, 1.)
DE TAKACS, Z. (1). 'Congruences between the Arts of the Eurasiatic Migration Periods.' *AA*, 1945, **8**, 269.
TAKAKUSU, J. (1) (tr.). *A Record of the Buddhist Religion as practised in India and the Malay Archipelago (+671 to +695), by I-Tsing (I-Ching).* Oxford, 1896.
TAKAKUSU, J. (3). 'Le Voyage de Kanshin Chien-Chen] en Orient.' *BEFEO*, 1928, **28**, 1, 441; 1929, **29**, 47.
TARN, W. W. (1). *The Greeks in Bactria and India.* Cambridge, 1951.
TARN, W. W. (2). *Alexander the Great.* 2 vols. (1) Narrative; (2) Sources and Studies. Cambridge, 1948.
TAYLOR, GRIFFITH (1). (*a*) 'Ecological Basis of Anthropology.' *E*, 1934, **15**, 223. (*b*) 'Racial Migration Zones and their Significance.' *HB*, 1930, **2**, 34. (*c*) *The Block Diagram and its Ecological Uses.* Romerow Festschrift, Towarzystwo Geograficzne, Lwów, 1934.
TCHANG. See Chang.
TEGGART, F. J. (1). *Rome and China; A Study of Correlations in Historical Events.* Univ. of California Press, Berkeley, Calif., 1939.
TEICHMAN, SIR ERIC (1). 'The Motor Route from Peiping to Kashgar.' *GJ*, 1937, **89**, 297.
TÊNG SSU-YÜ & BIGGERSTAFF, K. (1). *An Annotated Bibliography of Selected Chinese Reference Works.* Harvard-Yenching Instit. Peiping, 1936. (Yenching Journ. Chin. Studies, Monograph no. 12.)
THOMAS, F. W. (3). 'Aśoka, the Imperial Patron of Buddhism.' In ch. 20, *CHI*, vol. 1, p. 499.
THORNDIKE, L. (1). *A History of Magic and Experimental Science.* 6 vols. Columbia Univ. Press, New York: vols. 1 and 2, 1923; 3 and 4, 1934; 5 and 6, 1941.
THORNDIKE, L. (8). 'Some Unfamiliar Aspects of Medieval Science.' In *Science and Civilisation*, ed. R. C. Stauffer. Centennial Celebration Volume of the Univ. of Wisconsin, Univ. of Wisconsin Press, Madison, 1949, p. 33.
TING WÊN-CHIANG (V. K. TING) (1). 'How China acquired her civilisation.' Art. in *Symposium on Chinese Culture*, ed. Sophia Zen. IPR, Shanghai, 1931, pp. 9 ff.
DE TIZAC, H. D'ARDENNE (1). *Les Hautes Epoques de l'Art Chinois d'après les Collections du Musée Cernuschi.* Nilsson, Paris, n.d.
TJAN TJOE-SOM. See Tsêng Chu-Sên.
TOMASCHEK, W. (1). 'Kritik d. ältesten Nachrichten ü.d. skythischen Norden. I. Ü.d. Arimaspische Gedicht des Aristeas.' *SWAW/PH*, 1888, **116**, 715. 'II. Die Nachrichten Herodots ü.d. skythischen Karawanenweg nach Innerasien.' *SWAW/PH*, 1889, **117**, 1. 'Die alten Thraker.' *SWAW/PH*, 1893, **128**, 1.
TOYNBEE, A. J. (1). *A Study of History.* 6 vols. RIIA, London, 1935–9.
TSÊNG CHU-SÊN (TJAN TJOE-SOM) (1). *Po Hu T'ung [Pai Hu Thung]; The Comprehensive Discussions in the White Tiger Hall.* Brill, Leiden, 1949. (Sinica Leidensia ser. no. 6.)
TSÊNG CHU-SÊN (TJAN TJOE-SOM) (2). 'The Date of Kao Tsu's First Court Ceremonial.' In *India Antiqua, a Volume of Studies presented by his friends and pupils to J. P. Vogel...*, p. 304. 1947.

VACCA, G. (1). 'Some Points on the History of Science in China.' *JRAS/NCB*, 1930, **61**, 10.
VACCA, G. (5). *Due Astronomi Cinesi del 4 Sec. AC e i loro cataloghi stellari.* Zanichelli, Bologna, 1934. (Offprint from *Calendario del r. Osservatorio Astronomico di Roma*, n.s., 1934, **10**.)
DE LA VALLÉE POUSSIN, L. (1). *L'Inde au Temps des Mauryas.* Boccard, Paris, 1930. (*Histoire du Monde*, ed. E. Cavaignac, vol. 6.)
DE LA VALLÉE POUSSIN, L. (2). *Dynasties et Histoire de l'Inde depuis Kanishka jusqu'aux Invasions Mussulmanes.* Boccard, Paris, 1935. (*Histoire du Monde*, ed. E. Cavaignac, vol. 6*b*.)

VAVILOV, N. I. (1). 'The Problem of the Origin of the World's Agriculture in the Light of the Latest Investigations.' In *Science at the Cross-Roads*. Papers read to the 2nd International Congress of the History of Science and Technology. Kniga, London, 1931.
VENTURI, P. T. (1) (ed.). *Opera Storiche del P. Matteo Ricci*. 2 vols. Giorgetti, Macerata, 1911.
VERGIL, POLYDORE (1). *De Rerum Inventoribus*. 1512, and many editions subsequently. Engl. tr. from 1546 onwards, e.g. *An Abridgement of the Works of the most Learned Polidore Virgil, being an History of the Inventors, and Original Beginning of all Antiquities, Arts, Mysteries, Sciences, Ordinances, Orders, Rites and Ceremonies, both Civil and Religious—also, of all Sects and Schisms. A work very useful for Divines, Historians, and all manner of Artificers. Compendiously gathered, by T[homas] Langley*. Streater, London, 1659.
VERHAEREN, H. (1). *L'Ancienne Bibliothèque du Pé-T'ang (Pei Thang)*. Lazaristes Press, Peking, 1940.
VLADIMIRTSOV, B. (1). *Chingis Khan*, tr. D. Mirsky. London, 1930.
VLADIMIRTSOV, B. (2). *The Social Structure of the Mongols; Mongol Nomad Feudalism*. Academy of Sciences, Leningrad, 1934.

WACE, A. J. B. (1). 'Weaving or Embroidery?' *AJA*, 1948, 52, 51.
WADE, SIR THOMAS F. (1). *A Progressive Course designed to assist the Student of Colloquial Chinese as spoken in the Capital and the Metropolitan Department*. 2 vols. 2nd ed. 1886; 3rd (abridged) ed., with W. C. Hillier; Kelly & Walsh, Shanghai, 1903.
WALEY, A. (1) (tr.). *The Book of Songs*. Allen & Unwin, London, 1937.
WALEY, A. (2) (tr.). *One Hundred and Seventy Chinese Poems*. Constable, London, 1918; often reprinted.
WALEY, A. (3) (tr.). *More Translations from the Chinese*. Allen & Unwin, London, 1919; often reprinted.
WALEY, A. (4) (tr.). *The Way and its Power; a study of the Tao Tê Ching and its Place in Chinese Thought*. Allen & Unwin, London, 1934.
WALEY, A. (5) (tr.). *The Analects of Confucius*. Allen & Unwin, London, 1938.
WALEY, A. (12). *The Life and Times of Po Chü-I (+772 to +846)*. Allen & Unwin, London, 1949.
WALEY, A. (16). *The Real Tripitaka* (life of Hsüan-Chuang, and other essays). Allen & Unwin, London, 1952.
WALEY, A. (17) (tr.). *Monkey, by Wu Chhêng-Ên*. Allen & Unwin, London, 1942.
WALKER, R. L. (1). 'August Pfizmaier's Translations from the Chinese.' *JAOS*, 1949, 69, 215.
WANG, THEODORE & LYMAN, E. R. (1). *Chronological Tables of Chinese Dynasties*. Shanghai Printing Co., Shanghai, 1902.
WANG YÜ-CHHÜAN (1). *Early Chinese Coinage*. Amer. Numismatic Soc., New York, 1951. (Numismatic Notes and Monographs, no. 122.)
WARD, F. KINGDON (1). 'Tibet as a Grazing Land.' *GJ*, 1947, 110, 60.
WARMINGTON, E. H. (1). *The Commerce between the Roman Empire and India*. Cambridge, 1928.
WARNER, LANGDON (1). *The Long Old Road in China*. Arrowsmith, London, 1927.
WARWICK, A. (1). '1000 miles along the Great Wall.' *NGM*, 1923, 43, 113.
WATTERS, T. (1). *On Yuan Chwang's [Hsüan-Chuang] Travels in India (+629 to +645)*. 2 vols. ed. T. W. R. Davis & S. W. Bushell. RAS, London, 1904–5. (Oriental Transl. Fund, vols. 14 and 15.) (See Pelliot (4).)
WEBB, JOHN (1). *Historical Essay endeavouring a Probability that the Language of the Empire of China is the Primitive Language*. London, 1669.
WEIDENREICH, G. (1). (*a*) '*Sinanthropus* population of Chou-khou-tien, with a Preliminary Report on New Discoveries.' *BGSC*, 1935, 14, 4. (*b*) 'Some Problems dealing with Ancient Man.' *AAN*, 1940, 42, 375.
WERNER, E. T. C. (1). *Myths and Legends of China*. Harrap, London, 1922.
WESTON, S. (1). *A Chinese Chronicle by Abdalla of Beyza translated from the Persian*. London, 1820. (See Müller, Andreas (1).)
WHEELER, R. E. M. (1) [with GHOSH, A. & DEVA, K.]. 'Arikamedu; an Indo-Roman Trading Station on the East Coast of India.' *ANI*, 1946 (no. 2), 17.
WHEELER, R. E. M. (2). 'Archaeology and the Transmission of Ideas.' *AQ*, 1952, 26, 180.
WHEELER, R. E. M. (3). 'Romano-Buddhist Art; an Old Problem Restated.' *AQ*, 1949, 23, 4.
WHEWELL, WILLIAM (1). *History of the Inductive Sciences*. Parker, London, 1847. 3 vols. (crit. G. Sarton, *A/AIHS*, 1950, 3, 11.)
WHITE, LYNN (1). 'Technology and Invention in the Middle Ages.' *SP*, 1940, 15, 141.
WIEGER, L. (1). *Textes Historiques*. 2 vols. (Ch. and Fr.) Mission Press, Hsienhsien, 1929.
WIEGER, L. (2). *Textes Philosophiques*. (Ch. and Fr.) Mission Press, Hsienhsien, 1930.
WIEGER, L. (3). *La Chine à travers les Ages; Précis, Index Biographique et Index Bibliographique*. Mission Press, Hsienhsien, 1924. (Eng. tr. E. T. C. Werner.)

WIEGER, L. (4). *Histoire des Croyances Religieuses et des Opinions Philosophiques en Chine depuis l'origine jusqu'à nos jours*. Mission Press, Hsienhsien, 1917.

WIEGER, L. (5). *Chinois Ecrit; Précis, Grammaire, Phraséologie*. Tientsin, 1929.

WIEGER, L. (6). *Taoisme*. Vol. 1. *Bibliographie Générale*: (1) Le Canon (Patrologie); (2) Les Index Officiels et Privés. Mission Press, Hsienhsien, 1911. (crit. P. Pelliot, *JA*, 1912 (10e sér.), 20, 141.)

WIEGER, L. (7). *Taoisme*. Vol. 2. *Les Pères du Système Taoiste* (tr. selections of Lao Tzu, Chuang Tzu, Lieh Tzu). Mission Press, Hsienhsien, 1913.

WILBUR, C. M. (1). *Slavery in China during the Former Han Dynasty (−206 to +25)*. *FMNHP/AS*, 1943, **34**, 1. (Pub. no. 525.) Also *JEH*, 1943, **3**, 56.

WILHELM, HELLMUT (1). *Chinas Geschichte; Zehn einführende Vorträge*. Vetch, Peiping, 1942.

WILHELM, HELLMUT (8). 'The Background of Tsêng Kuo-Fan's Ideology.' *ASEA*, 1950, 3, 90.

WILHELM, RICHARD (1). *Short History of Chinese Civilisation*, tr. J. Joshua. Harrap, London, 1929.

WILHELM, RICHARD (2) (tr.). *I Ging [I Ching]: Das Buch der Wandlungen*. 2 vols. (3 books, pagination of 1 and 2 continuous in first volume). Diederichs, Jena, 1924. Eng. tr. C. F. Baynes (2 vols.) 1950. Bollingen, Pantheon, New York.

WILHELM, RICHARD (3) (tr.). *Frühling u. Herbst d. Lü Bu-We* (the *Lü Shih Chhun Chhiu*). Diederichs, Jena, 1928.

WILHELM, RICHARD (4) (tr.). *Liä Dsi [Lieh Tzu]; Das Wahre Buch vom Quellenden Urgrund; Tschung Hü Dschen Ging [Chhung Hsü Chen Ching]; Die Lehren der Philosophen Liä Yü Kou und Yang Dschu*. Diederichs, Jena, 1921.

WILHELM, RICHARD (6) (tr.). *Li Gi [Li Chi]*. Diederichs, Jena, 1930.

WILKINS, W. J. (1). *Hindu Mythology, Vedic and Puranic*. Thacker & Spink, Calcutta, 1913.

WILLIAMS, S. WELLS (1). *The Middle Kingdom; A Survey of the Geography, Government, Education, Social Life, Arts, Religion, etc. of the Chinese Empire and its Inhabitants*. 2 vols. Wiley, New York, 1848; later eds. 1861, 1900, London, 1883.

WINTERSTEIN, H. (1) (ed.). *Handbuch d. vergleichende Physiologie*. Fischer, Jena, 1924.

WITTFOGEL, K. A. (1). 'Chinese Society and the Dynasties of Conquest.' In *China*, ed. H. F. McNair. Univ. of Calif. Press, Berkeley, 1946, p. 112.

WITTFOGEL, K. A., FÊNG CHIA-SHÊNG *et al.* (1). 'History of Chinese Society (Liao), +907 to +1125.' *TAPS*, 1948, **36**, 1–650. (rev. P. Demiéville, *TP*, 1950, **39**, 347; E. Balazs, *PA*, 1950, **23**, 318.)

WOODROFFE, SIR J. (pseudonym: A. Avalon) (1). *Śakti and Śakta*. Ganesh, Madras, 1929; Luzac, London, 1929.

WOOLLEY, L. (1). *Ur of the Chaldees*. London, 1929; Penguin Books, London, 1938.

WORCESTER, G. R. G. (1). *Junks and Sampans of the Upper Yangtze*. Inspectorate-General of Customs, Shanghai, 1940. (China Maritime Customs Publ., Ser. III, Miscellaneous, no. 51.)

WORCESTER, G. R. G. (3). *The Junks and Sampans of the Yangtze; a study in Chinese Nautical Research*. Vol. 1. *Introduction, and Craft of the Estuary and Shanghai Area*. Vol. 2. *The Craft of the Lower and Middle Yangtze and Tributaries*. Inspectorate-General of Customs, Shanghai, 1947, 1948. (China Maritime Customs Publ., Ser. III, Miscellaneous, nos. 53, 54.) (rev. D. W. Waters, *MMI*, 1948, **34**, 134.)

WRIGHT, H. K. (1). 'The Thousand Buddhas of the Tunhuang Caves.' *NCR*, 1922, 4, 401. (Reprinted, with Stein (6, 7) and Chavannes (12), in brochure form, Peiping, 1940.)

WU CHIN-TING (1). *Prehistoric Pottery in China*. Courtauld Institute & Kegan Paul, London, 1938.

WU CHING-CHHAO (1). 'Chinese Immigration in the Pacific Area.' *CSPSR*, 1928, **12**, 543; 1929, **13**, 50, 161.

WU. G. D. See Wu Chin-Ting.

WU KHANG (1). *Les Trois Politiques du Tchouen Tsieou [Chhun Chhiu] interprétées par Tong Tchong-Chou [Tung Chung-Shu] d'après les principes de l'école de Kong-Yang [Kungyang]*. Leroux, Paris, 1932. (Includes tr. of ch. 121 of *Shih Chi*, the biography of Tung Chung-Shu.)

WU KHANG (2). *Histoire de la Bibliographie Chinoise*. Leroux, Paris, 1938. (Bibliothèque de l'Institut des Hautes Etudes Chinoises, no. 5.)

WU LU-CHHIANG & DAVIS, T. L. (2) (tr.). 'An Ancient Chinese Alchemical Classic; Ko Hung on the Gold Medicine, and on the Yellow and the White; being the fourth and sixteenth chapters of *Pao Phu Tzu*,' *PAAAS*, 1935, **70**, 221.

WÜST, W. (1). 'Buddhismus und Christentum auf vorderasiatisch-antiken Boden.' *FF*, 1932, **8**, 19.

WYLIE, A. (1). *Notes on Chinese Literature*. First ed. Shanghai, 1867. Ed. here used Vetch, Peiping, 1939 (photographed from the Shanghai 1922 ed.).

WYLIE, A. (2). 'History of the Hsiung-Nu' (transl. of the chapter on the Huns in the *Chhien Han Shu*, ch. 94). *JRAI*, 1874, **3**, 401; 1875, **5**, 41.

WYLIE, A. (3). 'The History of the South-western Barbarians and Chao Sëen [Chao-Hsien, Korea]' (tr. of ch. 95 of the *Chhien Han Shu*). *JRAI*, 1880, **9**, 53.
WYLIE, A. (10) (tr.). 'Notes on the Western Regions, translated from the *Ts'een Han Shoo* [*Chhien Han Shu*] Bk. 96.' *JRAI*, 1881, **10**, 20; 1882, **11**, 83. (Chs. 96A and B, as also the biography of Chang Chhien in ch. 61, pp. 1–6, and the biography of Chhen Thang, in ch. 70.)
YANG CHIA-LO (ed.) (1). *Encyclopaedia Quatuor Bibliothecarum*. World Book Co., Shanghai, 1946. Cf. Bibliography B.
YANG CHING-CHI (1). *Among the Aboriginal Tribes of Kuangsi*. Chinese Folklore Society, Sun Yat-Sen University, Pingshek, Kuangtung, n.d., prob. 1944.
YANG LIEN-SHÊNG (3). *Money and Credit in China; a Short History*. Harvard Univ. Press, Cambridge, Mass., 1952. (Harvard-Yenching Institute, Monograph Series, no. 12.)
YATES, J. (1). *Textrinum Antiquorum; an account of Weaving among the Ancients*. London, 1843.
YETTS, W. P. (1). 'The Shang-Yin Dynasty and the Anyang Finds.' *JRAS*, 1933, 657.
YETTS, W. P. (2). (*a*) 'Taoist Tales.' *NCR*, 1919, **1**, 169; 1920, **2**, 37. (*b*) 'Taoist Tales; a Rejoinder.' *NCR*, 1921, **3**, 65.
YETTS, W. P. (3). 'Links between Ancient China and the West.' *GR*, 1926, **16**, 614.
YETTS, W. P. (13). 'The Horse; a Factor in Early Chinese History.' *ESA*, 1934, **9**, 231.
YETTS, W. P. & HOPKINS, L. C. (1). 'A Chinese Bronze Ritual Vessel.' *JRAS*, 1933, 107.
YULE, SIR HENRY (1) (ed.). *The Book of Ser Marco Polo the Venetian, concerning the Kingdoms and Marvels of the East, tr. and ed., with Notes, by H.Y....*, ed. H. Cordier, Murray, London, 1903 (reprinted, 1921), 2 vols., with a third volume *Notes and Addenda to Sir Henry Yule's Edition of Marco Polo*, by H. Cordier, Murray, London, 1920.
YULE, SIR HENRY (2). *Cathay and the Way Thither; being a Collection of Medieval Notices of China*. Hakluyt Society Pubs. (2nd ser.) 1913–15. (1st ed. 1866.) Revised by H. Cordier. 4 vols. Vol. 1 (no. 38), *Introduction; Preliminary Essay on the Intercourse between China and the Western Nations previous to the Discovery of the Cape Route*. Vol. 2 (no. 33), *Odoric of Pordenone*. Vol. 3 (no. 37), *John of Monte Corvino and others*. Vol. 4 (no. 41), *Ibn Battuta and Benedict of Goes*. (Photographically reproduced, Peiping, 1942.)

ZANELLI, A. (1). *Le Schiave Orientali in Firenze nei Sec. 14 e 15*. Florence, 1885.

补 遗

BROWN, C. H. (1). 'Some Structural Proteins in *Mytilus edulis*.' *QJMS*, 1952, **93**, 487.
BRÜCKNER, E. (1). 'Klimaschwankungen und Völkerwanderungen in der alten Welt.' *MGGW*, 1915, **58**, 210.
BRÜCKNER, E. (2). 'Klimaschwankungen seit 1700 nebst Bemerkungen ü.d. Klimaschwankungen der Diluvial-Zeit.' *Abhdl. herausgeg. v. A. Penck*. Vienna, 1890, **4**, no. 2.

COHEN, J. (1). 'On the Project of a Universal Character.' *M*, 1954, **63**, 49.
CORDIER, H. (9). 'Notes pour servir à l'Histoire des Etudes Chinoises en Europe, jusqu'à l'époque de Fourmont l'ainé.' In *Nouveaux Mélanges Orientaux; Mémoires, Textes et Traductions publiés par les professeurs de l'Ecole Spéciale des Langues Orientales Vivantes à l'occasion du 7ème Congrès International des Orientalistes réuni à Vienne*. Paris, 1886, p. 399. Reprinted in *Mélanges d'Histoire et de Géographie Orientales*. Paris, 1914, vol. 1, p. 75.
CORDIER, H. (10). 'Fragments d'une Histoire des Etudes Chinoises au 18e siècle.' In *Centenaire de l'Ecole des Langues Orientales Vivantes*. Imp. Nat. Paris, 1895. (On Fourmont, de Prémare, Vandermonde, J. T. Needham, d'Inçarville, etc.)
CURRY, J. C. (1). 'Climate and Migrations.' *AQ*, 1928, **2**, 292.

FERRAND, G. (5). 'Les Relations de la Chine avec le Golfe Persique avant l'Hégire.' Art. in *Mélanges offerts à Gaudefroy-Demombynes par ses amis et anciens élèves, 1935–1945*. Maisonneuve, Paris, 1945.

HOPKINS, L. C. (36) (tr.). *The Six Scripts or the Principles of Chinese Writing*, by Tai Thung. Amoy, 1881. Reprinted by photolitho, with a memoir of the translator by W. Perceval Yetts, Cambridge, 1954.

MASPERO, H. (14). *Etudes Historiques; Mélanges Posthumes sur les Religions et l'Histoire de la Chine*, vol. 3, ed. P. Demiéville. Civilisations du Sud, Paris, 1950. (Publ. du Mus. Guimet, Biblioth. de Diffusion, no. 59.)

MASPERO, H. (20). 'Les Origines de la Communauté Bouddhiste de Loyang.' *JA*, 1934, **225**, 87.
MASPERO, H. (22). 'Un Texte Taoiste sur l'Orient Romain.' *MIFC*, 1937, **17**, 377 (*Mélanges G. Maspero*, vol. 2). Reprinted in Maspero (14), pp. 95 ff.
MEDHURST, W. H. (1) (tr.). *The Shoo King* [*Shu Ching*] *or Historical Classic, being the most ancient authentic record of the Annals of the Chinese Empire, illustrated by later Commentators.* Shanghai, 1846. (Word by word translation with inserted Chinese characters.)

PANIKKAR, K. M. (1). 'Asia and Western Dominance.' Allen & Unwin, London, 1953.
PULLEYBLANK, E. G. (1). *The Background of the Rebellion of An Lu-Shan.* Oxford, 1954.

ROWLAND, B. (2). *The Art and Architecture of India—Buddhist, Hindu, Jain.* Penguin Books, London, 1953. (Pelican History of Art series.)

SAINSON, C. (1) (tr.). *Histoire particulière du Nan Tchao; Nan Tchao Ye Che* [*Nan Chao Yeh Shih*]. Imp. Nat. Paris, 1904. (Pub. Ec. Lang. Or. Viv. (5e sér.) no. 4.)
DE SAUSSURE, R. (1). 'Léopold de Saussure (1866–1925).' *ISIS*, 1937, **27**, 286.
SELIGMAN, C. G. (4). 'Further Notes on Bird-Chariots in Europe and China.' *JRAI*, 1928, **58**, 247.
SOOTHILL, W. E. (5). *The Hall of Light; a Study of Early Chinese Kingship.* Lutterworth, London, 1951. (Includes a translation of the *Hsia Hsiao Chêng.*)
LE STRANGE, G. (2). *Palestine under the Moslems.* London, 1890.

WIENS, H. J. (1). 'The "Shu Tao", or Road to Szechuan.' *GR*, 1949, **39**, 584.
WINFIELD, G. (1). *China; the Land and the People.* Sloane, New York, 1948. (crit. J. Needham, *PA*, 1949, **22**, 282.)

YONGE, C. M. (1). 'Form and Habit in *Pinna carnea* Gmelin.' *PTRSB*, 1953, **237**, 335.
YÜ PING-YAO & GILLIS, I. V. (1). *Title Index to the Ssu Khu Chhüan Shu.* French Bookstore, Peiping, 1934.

索　引

说明

1．本卷原著索引由穆里尔·莫伊尔（Muriel Moyle）女士编制。其中除个别条目外，一般未收脚注中出现的事项。

2．本索引据原著索引译出，个别条目有所改动。

3．索引按汉语拼音顺序排列。第一字同音时，按四声顺序排列；同音同调时按笔画多少和笔顺排列。

4．各条目后面的数字，均指原著页码。数字加*号者，表示这一条目见于该页脚注。

5．除外国人名条目外，均未附原名或英译名。

A

B

C

D

E

F

G

H

J

K

L

M

N

O

P

Q

R

S

T

W

X

Y

Z